珠江治水概览

（1949—2020）

水利部珠江水利委员会珠江水利综合技术中心　主编
郑　斌　刘艳菊　陈　翔

黄河水利出版社
·郑　州·

图书在版编目（CIP）数据

珠江治水概览：1949—2020/郑斌，刘艳菊，陈翔主编. —郑州：黄河水利出版社，2023.7

ISBN 978-7-5509-3583-9

Ⅰ. ①珠… Ⅱ. ①郑…②刘…③陈… Ⅲ. ①珠江-水利史-1949-2020 Ⅳ. ①TV882.4

中国国家版本馆CIP数据核字(2023)第095834号

责任编辑　王璇　　　　责任校对　王单飞

封面设计　张心怡　　　责任监制　常红昕

出版发行　黄河水利出版社

地址：河南省郑州市顺河路49号　邮政编码：450003

网址：www.yrcp.com　E-mail: hhslcbs@126.com

发行部电话：0371-66020550

承印单位　河南新华印刷集团有限公司

开　　本　787 mm×1 092 mm　1/16

印　　张　17.25

字　　数　400千字

版次印次　2023年7月第1版　　2023年7月第1次印刷

定　　价　98.00元

珠江治水概览（1949—2020）

编辑委员会

顾　问　张宇明　郑冬燕　王　丽

主　编　郑　斌　刘艳菊　陈　翔

前 言

珠江是我国南方最大的河流。它与长江、黄河、淮河、海河、松花江、辽河并称为中国七大江河。

珠江流域片包括珠江流域、韩江流域、澜沧江以东国际河流（不含澜沧江）、粤桂沿海诸河和海南省诸河，涉及云南、贵州、广西、广东、湖南、江西、福建、海南 8 省（自治区）以及香港特别行政区（简称香港特区）、澳门特别行政区（简称澳门特区）。

珠江流域地理位置为北纬 21° 31' ~ 26° 49'，东经 102° 14' ~ 115° 53'。流域范围跨越我国的云南、贵州、广西、广东、湖南、江西 6 个省（自治区）及越南社会主义共和国东北的一小部分。全流域面积 45.37 万平方千米，在我国境内是 44.21 万平方千米，约占全国总面积的 4.6%。流域主要由西江、北江、东江及珠江三角洲诸河等四个水系组成。西江、北江两江在广东省三水市思贤滘、东江在广东省东莞市石龙镇汇入珠江三角洲，经虎门、蕉门、洪奇门、横门、磨刀门、鸡啼门、虎跳门及崖门等八大口门汇入南海。

全书以时间顺序和重大事件为脉络，从国家水利战略和流域统筹治理的全局，实事求是、以叙为主，叙议结合，概述珠江流域片从中华人民共和国成立到 2020 年的珠江治水，目的是传播流域治水经验和认识，为以后珠江治理提供基础参考资料。

全书共分七章：第一章为中华人民共和国成立前珠江治水概述；第二章为改革开放前的珠江治水；第三章为改革开放 30 余年的珠江治水；第四章为水利高质量发展阶段的珠江治水；第五章为流域长期坚持的治水措施；第六章为珠江治水经验与认识；第七章为锚定目标再出发。本书另附有参考文献和珠江治水大事记（1949—2020）。

本书在编写过程中得到张宇明、郑冬燕、王丽等多位专家的悉心指导，同时获得珠江流域水土保持中心监测站尹斌的大力支持和帮助，在此表示诚挚的感谢！

本书是一部断代体例反映珠江流域片治水的文献，由于编写人员经验不足，书中史事叙述详略、材料的应用难免有不当或疏漏之处，希望广大读者、研究者以及熟悉珠江流域片治水史事的同志多加指正，以便完善。

郑 斌

2023 年 3 月

目 录
CONTENTS

第一章　中华人民共和国成立前珠江治水概述

从文字记载上，珠江治理保护一般追溯到秦始皇二十八年（前 219 年），秦始皇使监禄凿通湘水漓水之渠——灵渠。汉有连州龙腹陂蓄水灌溉；唐有相思江的运河开凿、邕州司马吕仁高蓄水成湖减轻洪害；宋有徽宗年间始筑农田工程桑园围、广州六脉渠、凌陂；明有鲍家屯古代水利工程、文公渠、盘江新坝。这些代表性的水利工程记载着珠江水利的发展，均为独立建设，无流域概念，无统一的机构协调。

乾隆朝后期，珠江三角洲洪水灾害有增无减。道光九年（1829 年）朱士琦《上粤中大府论西江水患书》认为，过去围垦沙田稀少，水道畅行，西流消长有期；今大量围垦筑坝，与水争地，水道愈垦愈窄，下流壅塞，西北两江齐涨，消不如期。而加高堤围只是“急计非本也”，必“须宽其河身，畅其流行”。凡“入海下流石坝未筑者禁，已筑者拆，此本计也”。同一时期，广东巡抚祁土贡则认为，洪患成因是“固由基之不坚，亦因下游河道淤塞所致”。因此，在任期间，他将“南海之乌茶埽、三水之榕塞、清远之石角三大围加用石工修筑巩固，借资捍卫”；同时，对灵洲山南獭矢埽及佛山各河进行疏浚，“一律深通”，以为洪水来时便可“旋长旋消”。

这些疏宽、浚深河床之举，都是在局部地区的河段进行的，不到几年，泥沙淤积如故，作用不大。正如《筹潦汇述·忧时子来书》所说：“试观沙口入佛山，不过十里余之程，数十年间所挖不下数十次。乃系今年挖，明年积，仍无计可施”。道光初年著名学者凌扬藻在《粤东水利》中曾介绍番禺人方恒泰关于珠江三角洲火灾的分析，认为前代水灾较少是由于“海口宽，河面阔”。此后海坦围垦渐盛，“增一顷沙田即减一顷河面，田愈多，河愈窄，沙愈滞，水愈高，近水村庄不得不筑基围以自卫”。但是，基围的无计划大量兴建，进一步消减了河道的行洪断面，“围筑遇涨，而奔驶益紧；涨大逢潮，而冲激尤横；潮与涨敌，而坚围溃矣”。洪水受海潮顶托，水患更加严重。而这时人们知道再高筑堤围以抵御，显然是不够的，而“自应究其致患之所以然也”。方恒泰认为，在三角洲顶端应疏浚北江之芦苞涌及下游的横江沙、雷公沙、佛山沙腰等处水道，使洪水顺利下泄。此外，应严格禁止继续围垦坦田，以免进一步恶化泄水河道，即便如此，泄水河道也绝对恢复不到古代的宽阔，因此还须从上游减少三角洲来水。东江、西江、北江三江中以西江水量最大，他建议应从西江主要支流新兴江的上游向南开一条人工河道，穿过分水岭，下游与汉阳江相衔接。此外，只需要对天然的新兴江、汉阳江加宽浚深，将西江来水的四成由这条人工分水道排泄入海，则三角洲的洪水威胁将大为缓解，同时还有沟通航运的作用。道光十三年（1833 年）冯志超也提出这一建议。类似的分泄两江洪水的方案还有一些，但分洪河道中间都有高山阻隔，施工困难，迄今未施行。

近代珠江下游及三角洲地区水灾损失日趋严重，各个时期所研究的珠江治理方案也均以防洪为主要目标。在清末和民国初年，珠江下游几次遭受大水灾侵袭之后，社会各界有关人士和水利机关提出许多以防洪为主要目标的治理建议：植树造林、开挖减洪河、疏浚河道、修建水库、修建堤防等。其中有些建议在后来的工作中被采纳或有一定的参考价值，还有一些论点，直至当代还被人们反复提出，要求研究采纳。1946—1948 年，珠江水利工程总局拟订的《珠江治本计划草案》和《珠江治本计划工作进行方案》分别指出："珠江治本之目的应以防洪为主要""珠江治导之目的，在于上中游保持水土，多元性启发水利，冀减下游洪患；下游整治尾闾，巩固堤防，以水利发展流域经济。治导之原则，当在降低洪水高峰，增加河道泄洪量，蓄流、整滩、筑港，以济工商航运，兼得水电灌溉之利"。

这一期间，流域机构也逐渐明晰，1914 年，督办广东治河事宜处在广州成立，这是第一个由当时政府在珠江流域设立的水利机构。1925 年 7 月，改督办为处长。1927 年 10 月，复改为督办，直隶于中央政府。1929 年 7 月，广东治河处改组为广东治河委员会，掌管广东全省修筑堤防闸坝、疏浚河道、建港开埠以及一切预防水患发展、水利筹款施工事项。1934 年 12 月，全国经济委员会下设水利委员会成为全国水利总机关后，对直辖各流域水利机关进行整理。在报请中华民国国民政府中央政治会议通过的整理方案中，明确指出广东治河委员会是主管珠江流域之水利机关，职责重要。1936 年 10 月，全国经济委员会将广东治河委员会改为广东水利局，隶属于广东省建设厅并受全国经济委员会的指导监督，事业范围限于广东境内。1937 年 9 月，珠江水利局宣告成立，隶属于经济部，业务区域包括珠江全流域及韩江等干支流，并兼办广东省政府委托办理的地方水利事业。1938 年 9 月，珠江水利局西迁南宁，再迁重庆，1940 年冬又迁到桂林。1941 年冬，珠江水利事业区域规定为广东、广西、贵州三省（自治区）。1945 年抗日战争胜利，珠江水利局于是年冬迁返广州，1947 年改称水利部珠江水利工程总局。一方面对修守废弛、遭受洪水及战争严重破坏的珠江下游堤防进行修复，另一方面开始筹划全流域的水利治本计划。中华人民共和国成立后，流域统一治理概念逐渐明晰，1979 年 8 月，成立水利部珠江水利委员会，当年 10 月正式开展工作。

第二章　改革开放前的珠江治水

中华人民共和国成立后，中国共产党和中央人民政府高度重视水利建设，把水利事业看作农业和国民经济的命脉、基础设施和基础产业。党和国家领导人毛泽东、周恩来、刘少奇、朱德等都关心珠江的治理开发，周恩来总理曾多次对珠江治理开发的重大项目的建设作出指示。珠江流域系统地建立了从中央到地方的各级水利行政和事业管理机构，设立了勘测、水文、规划、设计、科研等专业配套的院（站、所），颁布了一系列的管理法规；通过普通和专门的大、中专院校，培养了大批专业人才；投入了大量的财力和物力，对珠江进行系统规划，综合开发，加强管理；开展了水资源的全面普查，进行了综合利用规划，建设了为数众多的大、中、小型水利工程。珠江进入有计划的综合治理开发阶段。

1949 年年底至 1957 年，“一五”国民经济建设计划结束。这一时期珠江的治理开发带有恢复、整理和打基础的性质，水利工程建设以小型为主并有重点地发展大中型工程。在经历了国内长期的战争和 1947 年及 1949 年的大洪水之后，珠江的堤围损毁严重，人民生产和生活缺乏保障，把防治水害、恢复和发展农业生产、争取国民经济的根本好转放在首位。政务院确定珠江在 1951 年的建设方针与任务为：“以巩固东江、北江、西江堤防，保证普通洪水位不成灾为目标。汛期中，争取有记录以来最高洪水位不致成灾。”流域内各省在接收和整顿旧的水利机构与队伍的同时，普遍建立了防洪指挥机构，拟订了防汛抢险和堤围修建、管理办法，修整了各江被毁堤围和农田灌溉工程，疏浚了一些主要航道。这一时期建成了广东境内西、北江金安、新江、清西等较大联围，疏浚了珠江三角洲的沥滘、陈村、甘竹滩等航道，修复了芦苞水闸，兴建了华南第一座船闸——南海、顺德桑园围人字水船闸，续建完成了贵州境内红水河涟江引水工程。至 1952 年年底，流域各省堵口复堤、修建小型水利工程取得很大成效，农业生产基本恢复到中华人民共和国成立前的水平。在防洪问题获得初步缓和之后，从 1953 年我国建设第一个五年计划起，珠江的治理开发重点由堵口复堤转向提高防洪能力和解决灌溉排涝。开展了大规模的联围筑闸，修建了 63 千米长的保卫广州及其附近地区的北江大堤和珠江三角洲的樵北大围、中顺大围，建成北江西南水闸、西江广东境内当时最大的下泰和围排灌站；西江广西境内的三禄水库，石榴沙、禄水江万亩以上灌区，南盘江云南境内的麦子河水库，北盘江贵州境内的兴西湖水库等第一批中型水库和一批小型引、蓄水工程，开展了珠江流域第一座兼顾灌溉效益的中型水电站——流溪河电站的建设。这些工程为抵御普通洪水，改善和扩大灌溉、排涝，稳定农业生产和完成“一五”计划的任务创造了基本的条件。“一五”期间珠江的治理开发，遵循有计划、按比例发展的原则和基本建设程序，重视基础工作。这一时期国家先后在流域内设立了珠江水利工程总局、水利部广州勘测设计院、电力部广州电力设计院、珠江水利委员会（下设珠江流域规划办公室），部署开展珠江流域规划工作。

珠江水利工程总局等有关单位多次组织查勘队，对西江、北江、东江干支流进行查勘，开展了勘测、规划等前期工作，初步完成了水文测站网布设。同时，设立地方基层水利机构，组织水利人员培训，建立水利基本队伍，这些基础工作在组织上和技术上为以后的建设打下了基础。

1958 年至 1965 年，遵照“鼓足干劲，力争上游，多快好省地建设社会主义总路线”的精神，贯彻中央提出的“蓄水为主、小型为主、社队自办为主”和“适当地发展中型工程和必要的可能的某些大型工程，并使大中小型工程相互结合有计划地逐渐形成为比较完整的水利工程系统”的水利建设方针，流域内各省（自治区）加强了组织建设，先后成立水利（电力）厅（局），加强规划前期工作，与中央有关部门互相配合，编制了《珠江流域开发与治理方案》（草案）和一批中小河流规划。同时，号召和组织群众，掀起了前所未有的兴修水利热潮，形成了全党全民大办水利的局面。在西江、北江、东江和三角洲各水系的干支流上，建成了流溪河、新丰江、镇海、大沙河、显岗、西津、大王滩、凤亭河、青狮潭、武思江、屯六、那板、六陈、达开、东风、独木、六郎洞等大中型骨干水利水电工程和数以万计的小型蓄水引水工程。其中，1960 年，在南盘江支流建成的装机 2.5 万千瓦的六郎洞水电站，是我国第一个利用地下水能的电站。1960 年在北江支流南水水库建设中使用定向爆破技术成功地筑成南水水库大坝。1962 年，在东江支流上建成的库容 139 亿立方米（装机容量 29.25 万千瓦）的新丰江水库，是珠江流域最大的水库；1964 年在郁江干流上建成的库容 30 亿立方米、装机容量 23.44 万千瓦的西津水电站，是珠江流域第一个低水头河床式水电站，其船闸通航 1000 吨级船队，是当时国内最大的船闸。此外，在珠江三角洲、北江、南盘江建成了一批规模较大的机电排灌工程和向香港特区供水的东深供水工程，并开始设立水利科学研究机构，开展了土工、水工、结构材料和灌溉、水土保持等试验研究。这一时期兴建的大批水利工程，尤其是大中型水利工程，是在河流水利规划的基础上进行的，绝大多数项目工程布局合理，成为骨干工程，并在工程建设中培养出一支建设骨干队伍，为珠江的综合治理开发奠定了基础，对流域的经济建设发挥了很大作用。1962 年，按照国家对国民经济实行的“调整、巩固、充实、提高”的方针，流域内各省（自治区）停建、缓建了一批工程，缩短了战线，集中力量对前段时间兴建的工程进行设计复查，对未按设计完成的工程进行续建配套，巩固提高。

1966 年至 1978 年，实施第三个五年计划提出的“大寨精神，小型为主，全面配套，加强管理，更好地为农业增产服务”的水利建设方针，珠江的治理开发出现继续发展的势头。这一时期，水利工程建设仍取得了一定的成绩，续建或新建成澄碧河、青狮潭、龟石、拉浪、洛东、麻石、合面狮、潭岭、南水、泉水、长湖、枫树坝等大中型水库、电站和北江支流连江渠化航运梯级及东江引水等工程。山区小水电建设采用了双曲薄拱坝、混凝土大坝防震加固、微水头发电、岩溶地基处理等工程技术。

第一节　珠江流域开发与治理方案

1959 年完成的《珠江流域综合规划报告摘要》，这是第一部流域性规划。其规划方针：

综合利用。对灌溉、防洪、发电、航运等综合考虑，上、中、下游统筹兼顾，以达到最合理、最大限度地开发水力资源的目的。灌溉规划针对本流域雨量多而不均、河流众多、土地分散的特点，贯彻“以蓄为主，以小型为主，以社办为主”的“三主”方针和以小型为主，中型为辅，结合兴建必要与可能的大型工程措施的原则，拟订了下列具体规划原则：①按照不同降水分布与各地作物组成的情况，划分流域为不同的灌溉分区，并针对流域水量充沛的特点，一般按照95%保证率推算各地需要的用水量；根据土地资源分布，进行流域的水土资源平衡，并考虑与发电、防洪、航运的综合利用。②着重研究大片干旱地区和代表性的县的工程措施与灌溉方法作为典型，以解决大片干旱地区的规划；并用典型县推广。③在灌溉规划工作中，在重点地区进行大、中、小型工程的比较。对小型工程，根据群众的经验充分利用水源，并将分散孤立的灌区尽可能联成一个完整的灌溉系统，以充分发挥小型工程的作用。④三角洲网河区则根据具体情况，分别利用潮水自流灌溉、提水灌溉及当地径流分别解决。⑤三角洲网河区防咸规划结合上游兴建电站，提高枯水流量冲咸，并结合联围筑闸、引淡蓄水防旱等方法解决。⑥排涝规划是以减少客水来源、就地分散蓄水，河网化结合灌溉养鱼和改变生产方式等进行规划的。

防洪规划是以点、线、面结合，大、中、小结合，上、中、下游统筹兼顾，以蓄为主、以泄为辅的原则进行的：①安排全面治水的措施，考虑农田水利、水土保持及植树造林、田间蓄水等群众性综合工程措施对洪水径流的影响。②培修下游的堤防，标准逐步提高。上游水库未修成前，堤防按照保护重要城市和农田面积大小，分别规定不同的标准。③选择综合效益较大的水库为近期开发工程，担负一定的防洪任务。④三角洲防洪问题以培修堤围、开河分洪、洼地滞洪、扩宽堤距、挖深河道、西、北江分治等各种方案进行比较，选定合理方案；同时根据规划的要求，向上游地区提出合理的防洪要求。⑤根据各地历史洪水灾害情况及重要城市的防洪要求，研究采用以防御百年一遇的洪水为防洪标准。

水能规划的原则是最大可能和最合理地综合开发水力资源，确定梯级开发方案。根据流域煤炭资源少、水力较为丰富的特点，以及国家“水主火从”的长远建设方针，尽量先选择开发综合效益较大的电站，以满足工农业和交通运输业的需电要求。具体规划原则：①在综合利用原则下，确定充分利用水力资源的梯级开发方案，并将所有水利枢纽中的流量和水头加以充分利用。②防洪库容尽最大可能与兴利库容相结合。③水库调节性能较差的，尽可能多装机组，在洪季多发电；水库调节性能较好的，在枯季多发电，即考虑电力系统的补偿调节。④根据国民经济的发展，按1962年与1967年两个水平年的电力要求，考虑灌溉、防洪、航运等综合利用需要及根据国家“水主火从”的长远建设方针，确定工程项目的开发程序。

航运规划的原则是：①确定梯级开发方案时，考虑流域及跨流域的需要，进行梯级布置。②根据货运量的增长，以逐步提高航道的标准和港埠的开发及船型的拟定。③在航运措施规划中当前以炸礁并治、改善航道为主，并结合电站的兴建，达到逐步渠化梯级来提高通航能力。④当前兴建水库时，对船闸的安排，应按远景规划的要求进行规划或预留船闸位置。

第二节　第一座兼顾灌溉效益的中型水电站——流溪河水电站

一、流溪河水电站

流溪河水电站位于广东省从化县（现为广州市从化区，下同）境内小车村下游峡谷处，控制集水面积539平方千米，占流溪河流域面积的23%。水电站设计多年平均径流量约6.75亿立方米，水库正常蓄水位235米，相应库容3.25亿立方米，死水位213米，死库容0.86亿立方米，总库容3.87亿立方米。水电站设计装机容量4×1.05万千瓦，设计多年平均发电量1.54亿千瓦·时。经过50多年的运行，水电站进行部分改造，有4台1.2万千瓦水轮发电机组，总装机容量为4.8万千瓦，设计多年平均发电量为1.55亿千瓦·时。

流溪河水电站是广东省第一座中型水电站，水库为不完全多年调节水库。它是国内最早建成的混凝土双曲拱坝，以发电为主，兼顾灌溉、防洪等综合利用的枢纽工程。1969年初，为增加蓄水，提高效益，在大坝溢流堰顶增建了7个高2.26米（有效高度为2米）、长11.5米的充气橡胶坝，也是广东省首次建成的全充气橡胶坝。1970年6月，在水库上游40多千米处的莲麻兴建了一个跨流域引水工程，将增江1个小支流水引入水库，设计年引水量5000万立方米。1970年，广东省电力系统缺电严重，多向国家送电，在附近一小溪峡谷处建了一座水头22米、装机两台共80千瓦的小水电站以补替部分厂用电。

在20世纪50年代，流溪河水电站是广东省的重点工程，不但受到省部级领导的重视，还得到了中央领导的关怀。该工程不仅在建设上取得了好、快、省的效果，更重要的是，还为我国水电建设积累了宝贵的经验并培养了一批人才。当年参加电站建设的设计施工队伍，后来逐步发展成为我国水电建设的重要力量。

1953年，广东省农林厅水利局就流溪河进行查勘、规划，建议建库蓄水灌溉、发电。1955年，广州市再度提出开发流溪河水力资源，缓解广州用电，时值赣南地区矿产开发也急需用电，经国家计划委员会批准列入第一个五年计划，流溪河水电站正式启动建设。水电站初步设计由上海水力发电设计院（现为上海勘测设计院有限公司）负责，勘测工作和技术设计及施工详图则由广州水力发电勘测设计院（现为广东省水利电力勘测设计研究院）负责完成。1956年7月，水电站正式动工兴建，1958年6月，下闸蓄水，1958年8月15日，第一台机组投产运行，其他三台机组分别于1958年9月、11月和1959年1月投产运行。

（一）坝址优选为流溪河工程顺利进展提供了前提条件

流溪河水电站坐落于广东省从化县（现为广州市从化区）境内小车村下游长约3.8千米的峡谷中，峡谷区主要为侏罗系白垩统花岗岩地层，基岩大面积出露。坝址处岩石新鲜坚硬，风化较浅，无大的断裂构造。两岸地形对称，水面宽仅约20米，岸坡坡角为50°～55°，是一个较为理想的适宜修建拱坝的坝址。在施工过程中，仅在右拱座下游约5米处揭露一条宽约1米的陡倾角辉绿岩脉风化带，走向与拱座近于平行，最终确定沿风化带开挖网格形井洞回填混凝土并作固结灌浆处理。引水隧洞沿线及地下厂房地质也较好。仅在调压井井口明挖施工过程中，靠近调压井中心勘探孔揭露了一条断层，将调压井围岩分为两半。好在当时地下厂房和高压斜井尚处于施工准备阶段，在调整了调压井位置后，避开了那条断层。良好的地质为水电站的顺利建设提供了极为重要的条件。施工中出现的地质问题对设计和施工只有局部影响，瑕不掩瑜。但也说明，当时还处于经验不足阶段，地面地质工作做得不够。

（二）洪水的启示提升了工程设计

1957 年 5 月中旬，流溪河流域连降暴雨，黄竹塑施工生活区 7 天总降水量高达 800 毫米，平地水深近 1 米。当流溪河洪峰到来时，发现北岸地下厂房一侧水位明显高于南岸。该处河道呈 90° 的急拐弯，地下厂房正位于凹岸，急流通过时因离心力而产生横向超高，洪水过后实测洪痕已高于厂房各洞进口及开关站地面设计高程。厂区水文站位于下游约 500 米处，地下厂房所在地无水位站，设计洪水位是推算水面坡降求得的。从流溪河地下厂房设计洪水位的变更中得到一个重要的启示：对于每一个具体工程项目都应进行认真细致的考察与分析，力求对其环境条件有一个全面的符合实际的认识，使工程建设立于不败之地。

（三）苏联专家的帮助优化了设计施工

流溪河水电站建设主要依靠我国自己的力量，也有苏联专家的贡献。1956—1957 年，苏联水能、水工、地质、施工以及混凝土温度控制等专家曾先后去流溪河工地指导设计和施工。1957 年 2 月下旬，以瓦西林柯为首的苏联专家组在水电总局李锐局长率领下来到流溪河，对工程进行了系统讨论，肯定了坝址与坝型，建议调整泄洪布置，将全部坝上表孔泄洪改为以右岸泄洪洞为主，辅以坝上表孔自由溢流。这不但大大简化了拱坝的泄洪消能结构和下游防冲保护措施，而且对加快拱坝施工尤为有利。地下厂房和地面开关站也确定采用平行于岸坡集中布置的方案。对拱坝混凝土温度控制的基本要求，在 1957 年 3 月也予以确定。从总体上看，流溪河工程的布置是成功的。唯地下厂房过于靠近岸边，上游东端南侧最小岩体覆盖厚度偏薄。

（四）设计施工密切合作推动工程顺利进行

流溪河工程建设是在边设计、边施工的情况下进行的。工程设计先由上海勘测设计院（现为上海勘测设计院有限公司）负责，1957 年，交广州设计院（现为广东省水利电力勘测设计研究院）继续进行。在建设过程中，设计与施工单位建立了良好的合作关系。对工程中的重大问题，设计院主动与工程局交换意见，工程局也及时将施工中遇到的问题反映给设计院并提出建议。

一个好的合作事例是引水隧洞开挖断面的确定：流溪河引水隧洞按不衬砌及衬砌分别采用不同的开挖直径，施工前依据勘探资料大体上加以划分。具体分段是在隧洞开挖过程中，由设计、地质及施工人员定期到现场共同商定，使设计既符合实际，又满足了工程质量与施工进度要求。设计与施工单位合作的基础是共同搞好工程建设。在流溪河工程施工期间，设计人员除与施工人员充分交换意见外，还进行了技术交底，使设计要求在施工中认真贯彻。例如，拱坝基础开挖结束时已临近汛期，尽管工期紧迫，仍坚持将河床坝基反复清理至新鲜完整的基岩。左岸一条顺河向破碎带设计规定槽挖深度 4 米，为保证基础处理质量，施工单位主动加深至 8 米。设计与施工方面对问题的看法也很难完全没有分歧。例如，为多获得 5 米水头，设计要求在地下厂房下游天然河床上开挖出一条长约 500 米的尾水渠。施工方面考虑水下开挖的困难，并担心运行期长，尾水渠还可能回淤，建议将长尾水渠改为一条较短的尾水洞。但设计方面认为，改渠为洞将影响机组运行稳定，一时未予同意。于是工程局组织专人作了尾水调压计算，并建议利用地形在地下厂房尾水管出口增设露天调压池，双方意见终于取得一致。可见，只要从搞好工程建设的大局出发，从实际出发，设计与施工是不难取得共识的。

（五）严把工程质量

流溪河水电站受到各方面的好评。当时参加工程设计和施工人员的经验较少，技术水平不高，更缺乏现代化的设计与施工手段。正因为如此，大家对工作比较认真，力求把工程搞好。为了建好双曲拱坝，设计对坝基开挖处理和检查验收以及混凝土施工质量提出了较为严格的要求。拱坝上下游均为圆弧面，横缝为扭曲面，为了控制好各浇筑块尺寸，工程局组织专人负责逐层逐块计算，这在当时是一项繁重且需耐心细致的工作。为制作曲面模板，建立了模板放样间并摸索出一整套放样方法。在第一块混凝土浇筑前，还在场外进行立模演习，要求立模误差不大于 5 毫米。为保证混凝土施工质量，提前培训了一批试验人员并建立了试验室，进行现场原材料及混凝土试验和质量控制。如何进行混凝土温度控制，当时也是一个新课题。为降低骨料温度，采用坑道取料和搭棚遮盖料仓；夏季浇筑混凝土加冰拌和，工地制冰能力不足，从广州运来冰块补充；混凝土拌和楼设于距坝仅 80 米处，以减少温度回升。初期因缺乏管材，坝体混凝土用冷却井散热，降温效率甚低且温度分布很不均匀，难以满足坝体一、二期冷却要求。为此，工程局向广东省委写了专门报告，请求进口 3 万米冷却管，此事得到时任广东省委书记陶铸同志的全力支持，报告送上一个星期后问题就得到解决，1957 年 7 月中旬，坝体冷却改用了水管。横缝面处理也是一个问题，工地无风砂枪，经过试验，在模板上喷涂浓缩纸浆废液塑化剂，拆模后随即用钢丝刷刷毛至露砂，使灌浆后的横缝面结合良好。上述技术措施为保证工程质量打下了良好基础。同时，质量检查与事故处理制度也十分严格并得到认真贯彻执行。一次，因模板变形过大，在横缝面上产生面积达几平方米的蜂窝，为此，大坝工区专门召开了职工大会，树立了人人重视和关心工程质量的优良作风。按当时规定，现场质量检查人员有停工权，由于施工人员认真负责，在拱坝施工过程中，停工权只行使过一次。为降低引水隧洞不衬砌段的糙率、减少超挖和不影响围岩的稳定，隧洞开挖采用了光面爆破技术，并从测量放样到钻孔装药爆破建立了一整套质量保证体系。对钻孔这一关键工序更是从严掌握，采取定人、定岗及工序间交接验收的管理办法予以保证。包括不良地质洞段在内，按竣工断面计算，全洞实际平均超挖仅 17 厘米。均质土坝工程质量也很好，渗透系数控制在 10^{-7} 厘米每秒量级。

（六）艰苦奋斗、勤俭节约

流溪河水电站当时虽是广东省的重点工程，但由于国家财政还不宽裕，每年投资都很紧张，从中央到地方十分强调艰苦奋斗、勤俭节约。流溪河工程首先在设计上采用轻型拱坝，引水隧洞部分洞段不用混凝土衬砌，地下厂房布置十分紧凑，使单位千瓦概算投资降低到 1100 元。

施工中还采取了如下节约措施：①全部生活及办公房屋都采用当地廉价的竹结构，并大量利用当地廉价劳动力。②施工机械以中小型为主，场内运输以窄轨铁道和卷扬道提升为主，只有拱坝混凝土系统用了拌和楼、门式起重机和胶带输送机。③临时工程能省则省，导流隧洞不衬砌，上游围堰采用堆石体过水断面型式，堆料仓采用竹筋混凝土隔墙等。充分利用附近的天然砂石料和引水隧洞开挖料轧制碎石，既解决了级配平衡问题，又保证了工程质量。

流溪河水电站（《人民珠江》供）

二、流溪河灌区

流溪河灌区位于珠江三角洲流溪河中下游的低丘平原地带，有一小部分位于白坭河、新街河水系内，横跨从化县、花县（现为广州市花都区，下同）及广州市白云区，人口60多万，设计灌溉面积41.4万亩❶，有效灌溉面积32.65万亩。1952年，广东省农林厅水利局编制“广东省流溪河水利事业计划概要”，1953年再编制“广东省流溪河水利建设事业初步设计书”，拟建流溪河水库，以防洪、灌溉为主，结合发电，规划水库蓄水5.28亿立方米，防洪、灌溉受益土地面积44万亩。1954年，水利部提出地方水利工作以整理与巩固现有工程、开展中小型农田水利建设为重点，对新办的较大灌溉工程则应采取慎重态度的方针。此后，流溪河水利工程规划转向以开发水力资源为主的综合利用。上海水力发电设计院于1956年4月基本完成流溪河水电站初步设计，同年，水电总局与广东省合力组成流溪河水力发电工程局负责施工。1958年12月，4台机组全部投产发电。电站的建成促进了该河的梯级开发和全面规划。

❶1亩=1/15公顷，下同。

1958年2月，广东省水利厅工程局编制《流溪河灌溉工程设计任务书》，计划在广州市从化县大坳乡横截流溪河筑闸坝，引用流溪河水电站发电尾水口区间河水，灌溉大坳以下流溪河两岸约40万亩农田，接着又编制了《流溪河灌溉工程扩大初步设计书》，批准后交广州市流溪河工程指挥部施工。灌区分左干渠及右总干渠系统。左干渠流经从化县的神岗、太平与广州市郊白云区的钟落潭、竹料、太和、三元里等地，全长44.3千米。沿途有支渠16条，总长105.2千米，还有和龙、磨刀坑、红路3座水库可补水入左干渠，设计灌溉面积11.8万亩，有效灌溉面积10.97万亩，实际灌溉面积10.59万亩。右总干渠流经从化县龟咀、牛心岭，入花县回龙、六齐岗、保良，至梨园分水闸后又分为花（县）干渠及右干渠。右总干渠长27.2千米，沿途有支渠7条，总长6千米，设计灌溉面积3.6万亩，有效灌溉面积2.9万亩，实际灌溉面积2.8万亩；花干渠长47千米，有支渠14条，共长92.7千米，设计灌溉面积10.6万亩，有效灌溉面积9.43万亩，实际灌溉面积9.11万亩。花干渠可补水入洪秀全水库及集益水库。右干渠长14.5千米，有支渠9条，总长25.6千米，设计灌溉面积15.4万亩，有效灌溉面积4.18万亩，实际灌溉面积4.04万亩。该地处于渠尾端，水量不足，于1965—1970年在右干渠渠首段流溪河李溪坝址修闸坝，拦截大坳至李溪两坝堰区间径流补充右干渠灌区。李溪引水总干渠长2千米，下分李溪花干，长14.1千米，支渠1条，长11千米；李溪郊干，长31千米，支渠15条，总长40.5千米，合计有效灌溉面积5.17万亩，实际灌溉面积4.99万亩（李溪坝后建有装机425千瓦的小电站）。总计流溪河灌区设计灌溉面积41.4万亩，有效灌溉面积32.65万亩，1990年实际灌溉面积31.53万亩，干支渠道总长461.1千米，附属建筑物共1900余座。灌区工程于1958年8月开工，1959年4月竣工，完成土方350万立方米、石方27万立方米、混凝土1500立方米，共用224万工日。

1959年成立流溪河灌区总管理处，设于大坳坝，1970年在李溪坝设有管理处，均直属广州市水电局。广州市白云区及花县分设管理处，由区或县水电局领导，同时业务上接受总管理处的管理。另设有灌区工程管理联席会议，由广州市水电局、白云区水电局、花县水电局等分管工程管理的副局长，以及流溪河总管理处、李溪坝管理处与各区、县工程管理处的主任参加，每年召开会议1~2次，决定工程岁修、用水计划、征收水费标准及规章制度等重大事项。

流溪河灌区效益显著，历史上苦旱的花县南部与广州市郊白云区30余万亩农田一跃变为旱涝保收的高产稳产农田，灌区工程建成后，先后经受1963年、1977年春旱，1966年、1969年秋旱，仍保证了农业用水需要。全灌区30余万亩耕地1982年平均亩产643千克，其中花县1982年粮食产量比中华人民共和国成立初期增长2.32倍，比工程修建前的1957年增长1.7倍。人民生活显著改善，农村电气化、农业机械化和林、牧、副、渔等生产也得到发展。

第三节　海南最大的水库——松涛水库

松涛水库北起纱帽岭，南至细水山区，东面与琼中县接壤，西与白沙县毗邻。水库正常高水位190米，相应库容25.95亿立方米；按千年一遇洪水设计，相应水位191.90

米，库容 28.78 亿立方米；按可能最大洪水校核，相应水位 195.30 米，库容 33.40 亿立方米，是多年调节水库。松涛水库集水面积达 1496 平方千米，水库面积达 130 平方千米，总库容 33.45 亿立方米。库区枢纽工程由主坝 1 座、副坝 7 座、溢洪道 1 座、输水隧洞及导流洞各 1 座组成。水库蓄水后，库内有 300 座山岭变成了岛屿。主坝为碾压式均质土坝，坝顶高程 197.1 米，最大坝高 80.1 米，是海南省建成的最高的土坝。坝顶宽 6 米、长 730 米，防浪墙顶高程 198.1 米。

工程于 1958 年 7 月开工，1961 年冬停工，1963 年 10 月复工，1968 年大坝主体完工。1958 年 7 月，解放军某部第二分队奉命挖掘导流洞，标志着兴建松涛水库的序幕全面拉开。1960 年 2 月，在水库兴建的关键时期，周恩来总理专程到儋县（现为儋州市，下同）考察松涛水库建设情况，并为松涛水库题写库名。1963 年，松涛水库首次成功放水。1961 年 9 月，大坝停工，劳动力转为开发灌区，至 1963 年 3 月，输水洞打通，尾水渠按临时断面通水。总干渠长 6.5 千米，以下分东、西干渠，西干渠先挖至儋县沙河水库，以后至乐园长 26 千米，东干渠前段 6 千米及那大分干渠前段 6.5 千米按临时断面挖通，开始发挥效益。1964 年大坝复工，至 1967 年 6 月，按设计完成。

本库规划时，曾进行过灌区范围的论证，确定灌区东至南渡江下游左岸，南至大塘河右岸、珠碧江下游右岸，西濒北部湾，北临琼州海峡。1958 年，曾以“橡胶为纲”的开发方针，规划灌溉热带经济作物 312.2 万亩；1963 年，以“橡胶为纲，粮食为基础”的开发方针，规划灌溉面积 390.0 万亩，其中农耕地 203.4 万亩，轮休地 55.6 万亩；1973 年，按土地利用规划成果复查规划，取消轮休地，列灌溉面积 291.7 万亩，其中农耕地 222.0 万亩；1990 年，灌区续建配套工程总体规划，取消了橡胶灌溉，灌溉面积为 205.0 万亩，其中水田 128.8 万亩，水浇地 76.2 万亩，为海口、老城、儋州、洋浦开发区和城市年供水 4.7 亿立方米，确定成现在规模。

由于水文系列的延长，径流数据几经变更，在历次规划设计中，着重分析了年径流系列，至 1990 年，定水库多年平均水量（扣除蒸发、渗漏损失）为 15.0 亿立方米。洪水数据的改变，影响着工程规模，曾研究过溢洪道的不同堰顶高程、不同泄流宽度、不同孔数的方案，至 1965 年，确定水库正常蓄水位 190.0 米、堰顶高程 181.0 米、5 孔 9.4 米 ×12.0 米弧形闸门的工程规模。溢洪道建成后，遇有洪水数据变动，曾使用汛期限制水位；曾进行过同频率入库洪水与天然洪水比较研究，决定使用入库洪水；再进行校核频率入库洪水与可能最大洪水比较，与可能最大洪水相当。1956 年，进行设计洪水的综合分析，选定最高洪水前确定大坝工程规模，进行主、副坝的安全加固。水库安全加固后，按千年一遇洪水设计、万年一遇洪水校核，校核入库洪水位 195.3 米，与可能最大洪水位相当。取消汛期限制水位，转入正常运用，总库容 33.45 亿立方米，兴利调节库容 20.83 亿立方米，坝顶高程 197.1 米，最大坝高 80.1 米。

水库建设期间，得到广东省委、省政府的大力支持，组织技术干部、技工数百人及机械设备数百台支援施工，组织解放军和公安部队支援导流洞和输水隧洞施工。省委、省政府要求松涛水库施工一年拦洪，二年蓄水，保证施工安全，尽快发挥效益。海南区党委和行政公署号召“全岛支援松涛水库建设，各行各业为水库建设让路”。组织 11 个县的干部 1600 多人，民工 6 万多人施工；成立以区党委副书记为书记的水库党委和以行署副主任为局长的工程局，领导施工。

大坝是水库的主体工程，围水导流、大坝填筑是保证施工安全的关键措施。水库党委和工程局进驻大坝领导施工，发动和依靠技术干部，精心设计，精心施工；组织民工，大搞群众运动，抢筑大坝。采取分期围水导流、分期抢筑大坝前堤的技术措施，战胜洪水。分期导流是在围堰下筑涵洞导流；导流洞与围堰同时施工，围堰填至131.3米高程后，堵涵蓄水；1959年4月，围堰填至148.0米高程，导流洞凿通，南渡江改道经导流洞下泄，取得一年拦洪的首战胜利。接着，抢筑大坝前堤170米断面，部署坝址163米高程临时溢洪，1960年2月完成，抵御100年一遇洪水。随即抢筑大坝前堤185米断面，开挖溢洪道进水渠宽40米，临时溢洪，1960年8月完成，抵御千年一遇洪水，保证水库工程施工期的防洪安全。大坝暂停施工，遣返部分民工回乡生产。

输水枢纽包括进水渠、隧洞、水电站、尾水渠，以石方为主，覆盖输水灌溉的咽喉，部署1.5万人与大坝同时开工。大坝170米前堤完成后，水库党委和工程局迁驻南丰，部署总干渠、东干渠和那大分干渠上段建筑物及流量10立方米每秒的渠道临时断面施工，1962年冬完成。大坝185米前堤完成后，再增加输水枢纽施工力量，1962年年底隧洞通水。1963年春，利用尾水渠临时断面放水16立方米每秒，供儋县、临高县春耕用水，补水北门江天角潭水坝、文澜江波莲水坝，共灌溉12.3万亩，取得施工四年开始灌溉的巨大胜利。1963年，继续完成上述渠段的全断面工程。1964年，大坝全断面填筑，溢洪道、水电站、输水工程和副坝全面施工，分别设立大坝、南丰工程指挥部领导施工。1968年9月，南丰电站发电；1969年，水库工程建成。

松涛灌区分总干渠、东西干渠、分干渠和支、斗、农渠六级渠道。1964年设灌区工程指挥部，全面领导施工。水库党委和工程局迁驻那大，加强领导。渠道施工的原则是"东西并重，先东后西"。儋县开挖西干渠，其他受益市、县开挖东干渠，建筑物施工设工区和工程队进行，逐年向东向西进展。1967年，组织文昌、琼海、定安、屯昌四县支援东干渠施工，定地段、定工程量、定投资，连同建筑物包干施工，劳动力和时间由各市、县灵活安排，施工高潮期民工达19.5万人。1969年，基本完成总干渠、东干渠、西干渠至乐园段，那大、福山、黄竹、白莲东、大成等分干渠，共长302千米，建筑物1144座，为改变灌区干旱面貌打下了物质基础。1970年，广东省革委会和海南区进行验收后，工程转入管理运用，灌溉面积已达63.8万亩。

海南人民在党的领导下，贯彻党的方针路线，大搞群众运动，组织社会主义劳动竞赛；进行工具改革，提高工效；开展安全生产，搞好环境卫生，提高出勤率；自力更生，艰苦奋斗，自制工具，自制炸药，勤俭节约；大搞副业生产，种菜种薯，养猪捕鱼，改善民工生活；开展文体活动，激励了民工的建设热情。在工程建设中，党委机关随施工重点变动，迁移驻地，深入实际，亲临指挥，紧密依靠群众，发挥了技术人员的作用，坚持施工质量，周密部署，使整个工程紧凑、连续而协调地施工，取得了一年拦洪、四年开始灌溉、十年建成高标准大型水利工程的胜利，为海南岛的开发建设树立了榜样。

松涛水利工程的建设，贯彻"远近期结合，大中小结合，农场与公社结合"和"统一规划，统一安排，统一管理"的原则。在松涛水库建设的同时，灌区各市、县兴建了中型水库 12 宗、水坝 6 宗、小（1）型水库 33 宗和 537 宗塘坝。1970 年起，继续配套灌区各县内的风蛟、大塘河、白莲西、黄竹、松林岭等分干渠和大量支、斗、农渠；兴建了东干渠的跃进、福山反调节水库；加固了松涛水库和中小型工程；加固了渠道，并做好了防渗，共建成松涛上三级渠道 444 千米、下三级渠道 1933 千米、中小型工程渠道 1979 千米，形成了大中小、蓄引提联合运用的大型灌溉系统。控制灌溉面积 177 万亩，1978 年实际灌溉面积 106.59 万亩，1990 年实际灌溉面积 123.56 万亩，松涛灌区已成为海南省面积最大、水利条件最好、稳产高产的粮食生产基地。

海南建省成立经济特区后，实现了粮食自给、加快了开发、发展了市场经济、发挥了松涛水利的基础产业作用，由珠江委设计院（现为中水珠江规划勘测设计有限公司）帮助进行松涛灌区续建配套工程总体规划，增加灌溉面积 81.44 万亩、供水 4.70 亿立方米。松涛灌区的续建配套，迅速提高了海南省的粮食产量，扩大向开发区和城市供水。松涛水利工程既是海南经济特区建设开发的先锋，又是海南经济特区经济发展的后盾，松涛水利工程将进一步发挥基础产业的作用，为经济特区建设作出更大贡献。

松涛水库（海南省水利厅供）

第四节　鹤地水库——青年运河工程

鹤地水库地处雷州半岛北部，部分为化州市西部地区，库区跨越到广西壮族自治区的陆川、博白二县，处于九洲江中游。坝址控制流域面积 1495 平方千米，其中广东区域 430 平方千米、广西区域 1065 平方千米。水库正常蓄水位 40.5 米，死水位 34 米，调洪库容 4.67 亿立方米，校核洪水位 43.25 米，总库容 11.44 亿立方米。坝址多年平均径流量 14.21 亿立方米。水库以灌溉为主，结合防洪、发电和航运等综合利用。

库区枢纽工程有主坝 1 座，副坝 36 座，溢洪道 2 座，输水洞、船闸各 1 座及电站 2 座。

鹤地水库灌区渠系从北至南贯穿大半个雷州半岛。总干渠名为雷州半岛青年运河，主河全长 76 千米，设计最大过水能力 120 立方米每秒。大干渠有东海河、西海河、东运河、西运河、四联干渠 5 条，共长 195 千米；干渠 155 条，长 1164 千米；支渠 1467 条，长 4041 千米。在运河中段建有 1 座西涌节制闸，用以调节上下游水位和流量，并设有船闸 1 座，可通航 40 吨以下船只。在距遂溪县城 1 千米的东海河上建有新桥大渡槽 1 座，是鹤地水库灌区最大的渠系建筑物，全长 1206 米，分为 40 跨，双悬臂支承，双柱式槽墩，最大墩高 29.5 米，渡槽底宽 5.5 米，槽身高 3.5 米，设计过水流量 13.25 立方米每秒，可通航 20 吨船只。

工程于 1958 年动工建设，1959 年建成并投入使用。根据 1956 年广东省亚热带开发计划的安排，为消灭雷州半岛旱患，1958 年 5 月，中共湛江地委在广东省支持下，决定兴建鹤地水库——青年运河工程，并成立雷州青年运河建设委员会。工程于 1958 年 6 月 10 日动工，库区工程高峰期民工达 5 万余人，至翌年 9 月，基本建成。1960 年 5 月，各主要干渠建成，开始部分发挥效益。1963 年春，库区、灌区建成。1973 年，提出建设鹤地水库扩建工程，拟建 1 座新主坝取代 32 座副坝，缩短坝线 6730 米，增加集水面积 53 平方千米，扩充兴利库容 1.18 亿立方米。扩建工程于 1975 年 6 月开工。1983 年因国家压缩基建投资而停工缓建。

鹤地水库航拍（湛江市水文局供）

第五节　青狮潭水库、灌区

青狮潭水库位于广西壮族自治区灵川县青狮潭镇，是一个以灌溉为主，供水、发电、防洪、航运、养鱼、旅游等综合利用的大型水库。水库正常蓄水位 225 米，死水位 197.15 米，是多年调节水库。枢纽按千年一遇洪水设计、万年一遇洪水校核，加固设计采用可能最大洪水校核。青狮潭水库总库容 6 亿立方米，有效库容 4.05 亿立方米。电站总装机容量 1.28 万千瓦，保证出力 4130 千瓦，年利用小时 4180 小时，年平均发电量 5 350 万千瓦·时。青狮潭水库主要建筑物有大坝、溢洪道、灌溉发电隧洞、水电站厂房、东西干渠等。

工程于 1958 年 9 月 20 日破土动工，1961 年基本完成大坝、溢洪道、灌溉发电引水隧洞等主体建筑物。1961—1964 年，东西干渠相继建成通水。从此，灵川、临桂二县及桂林市郊区数十万亩干旱土地得到自流灌溉，变成旱涝保收的良田。

青狮潭灌区位于西江支流桂江上游，包括灵川县、桂林市郊、临桂县的低山丘陵和平原地带，漓江自北向南穿过灌区，共有 16 个乡（镇），总耕地面积 44.7 万亩，农业人口为 31 万。灌区主体工程是桂江支流甘棠江上大型的青狮潭水库，总库容 6 亿立方米。另有 29 宗塘坝水库，调节库容共 1827.2 万立方米；工程包括水库、电站以及甘棠江、潦塘河引水灌溉工程。灌区于 1964 年 8 月建成，1980 年最大实际灌溉面积 42.42 万亩，为珠江流域内当时实际灌溉面积最大的灌区。灌区农业生产以种双季稻为主，其次种植花生及黄豆，为广西商品粮生产基地之一。渠系工程包括两条干渠，共长 115 千米。东干渠自枢纽引出越过甘棠江东行，穿过湘桂铁路后南行，到刘家村跨过漓江达桂林市东郊，全长 51.5 千米，设计流量 13 立方米每秒，灌溉 13.86 万亩耕地。西干渠自枢纽引出西行转南行，至大庙以支渠与原甘棠江引水工程连通，再蜿蜒南下直达分牌圩，全长 63.5 千米，设计流量 24.5 立方米每秒，灌溉 30 万亩耕地。支渠 9 条，共长 106 千米；分、斗渠 443 条，共长 555 千米；干、支、斗渠总长 776 千米。附属建筑物共 2672 座，主要有隧洞 4 座、渡槽 84 座、倒虹吸管 17 座、跌水 32 座、排水涵洞 135 座、输水涵洞 13 座、分水闸 41 座、节制闸 40 座、铁路涵洞 16 座、侧堰 31 座、虹吸式泄洪管 3 座、测流桥 28 座、公路桥 165 座、人行桥 527 座，另有跌水电站 3 座，总装机 1975 千瓦。

青狮潭水库（《人民珠江》供）

1957年，水利部布置进行的西江流域规划中，在甘棠江上选定的坝址在临桂县甘棠江上游西江汇入东江的汇合口上游的狼脊背村，集雨面积284平方千米，是该规划的较大的灌溉水库之一 。1957年12月至1958年5月，桂林专区水电局、临桂县水电局配合自治区水利电力厅勘测设计处对该工程进行查勘、测量、计算。由于原规划的坝址不能满足灌溉用水的需要，施工场地狭窄， 布置困难，土坝度汛难度大，土料缺少且运输困难，经比较，将坝址从狼脊背下移到原坝址下游2.5千米处的青狮潭乡青狮潭峡谷口处。大坝可以拦截甘棠江上游的东江和其支流西江、七都河的全部来水，集雨面积达到474平方千米，施工场地较宽，取土场也较近。1958年6—9月，桂林专区水电局副局长吴景泰工程师组织自治区水利电力厅在桂林专区的工作组和桂林专区水电局的技术人员在工地进行青狮潭水库的设计工作。同年9月，提出"临桂县青狮潭水库工程设计书"。同年，自治区中型水电工作会议初步确定了青狮潭水电站的机型，列为水电站设计项目。1959年3月，完成"青狮潭水电站初步设计书"并上报。1959年5月，自治区水利电力厅决定：青狮潭水库工程由水利电力厅勘测设计院重新设计。同年9月，水利电力厅勘测设计院提交了"甘棠江青狮潭水利电力枢纽初步设计书"，桂林专区水电局编写"青狮潭水库灌区工程初步设计报告"。

1958年9月20日，该工程破土动工，同年11月，成立青狮潭水库工程指挥部。按临时军事编制，将6.6万名民工组成4个师和2个独立营、21个团的建制投入工程建设。青狮潭水库工程规模巨大，技术性强，施工地形陡峻狭窄。施工用的炸药、水泥、钢材奇缺，施工机械如运输汽车、装载机、挖掘机、振动碾、羊脚碾奇缺，运料全凭人挑肩扛。以临桂县的力量为主，有桂林郊区、桂林市驻军、大专院校师生参与，终于完成了数百万立方米的土石方工程，这在当时，的确是一件难事。

当年，桂林地委、专署及临桂县委、县政府决心领导全体参加建设的干部和民工建设青狮潭水库。临桂全县动员了1/3的劳动力，桂林郊区、桂林市部队院校也动员了数以千计的干部、民工和部队指战员投入水库修筑。他们发扬敢想敢干的大无畏精神和共产主义风格战胜种种困难：没有经验，派人到外县外省去取经；技术人才不足，则就地开办训练班，在实际工作中培养人才；工具和原材料缺乏，就自力更生办水泥厂、炸药厂和开展增产节约运动；缺乏机械设备，施工工效不高，就大搞技术革新，改革运输工具，运土采用手推车、滑道，或用竹排并联从水上运土，还推广了活钩快速倒土等方法来提高填坝工效。工地人多，生活条件差，就组织人力种菜养猪，开展安全卫生运动。库区需要搬迁1.28万人，他们以无私奉献的精神，让出肥沃富饶的3.7万亩耕地和1.04万间房屋，拿着为数不多的安置费和生活补贴，迎着种种困难迁到他乡重建家园。参加施工的全体人员，抛开了个人利益，轻伤不下"火线"，重伤不叫苦，不少同志废寝忘食，甚至把婚事延搁下来，把个人、家庭的困难置之度外。1960年7月2日，西干渠通水，水库开始发挥效益；1963年4月15日，西干渠全线通水，1964年下半年，东干渠建成通水；1964年8月，水库大坝建成；1966年9月，溢洪道建成。自此，甘棠江水被拦蓄起来，不再泛滥成灾；有了水库调节，7—11月的秋冬旱季灌区农田的灌溉用水有了保证，灌区的灌溉面积从1963年的9.5万亩发展到1966年的25万亩。

1966年7月，水电站的地下厂房开始施工。1969年5月16日、9月5日、11月29日，青狮潭水力发电站的1号、2号、4号机组分别建成发电；1972年6月27日，3号机组由电站职工自己安装成功，投入发电运行。至此，青狮潭水库、灌区及水电站全部按设计要求建成。由于填筑大坝时全部用人挑肩扛、石碌碾压，施工质量差，1960—1980年，大坝一直带“病”低水位运行。为贯彻落实1975年全国防汛和水库安全会议提出的提高水库安全标准的要求，1979年10月，广西水电厅设计院（现为广西壮族自治区水利电力勘测设计院有限责任公司）编制完成了“青狮潭水库安全复核和加固工程初步设计书”。这次是按1‰频率洪水设计，按可能最大洪水校核。1982年9月17日，青狮潭水库大坝第一期加固工程开工，1984年4月完成。1984年10月，开始进行在土坝坝轴线增设混凝土防渗心墙的加固施工，1987年11月底竣工。1987年12月，第二期大坝加固工程开工，1990年竣工。从此，青狮潭水库摘掉了病库险库的帽子，水库抗洪能力提高到可能最大洪水标准。1988年8月广西洪水期间，青狮潭水库拦蓄洪水总量3亿多立方米，错开了漓江大洪峰，大大减少了洪水给桂林市造成的损失。在大坝加固期间，为挖掘工程潜力，充分发挥工程效益，贯彻1983年2月1日自治区人民政府《关于从青狮潭水库试调水入漓江以改善枯季旅游通航的批示》精神，1986—1990年，又完成了漓江补水整治工程的灌区渠系防渗、加固、配套工程101项，使渠系水有效利用系数从1986年的0.46提高到1990年的0.52，达到了把浪费掉的水节省下来蓄积在水库中，到枯水期向漓江补水，以改善旅游通航的目的。补水整治工程结束后，在保证1984年以来农田灌溉面积42.24万亩的基础上，1987年12月22日至1988年3月7日，连续给漓江补水77天，共补水1.62亿立方米，充分显示了补水整治工程的巨大作用。

第六节 流域当时最大的水库——新丰江水利枢纽

新丰江水利枢纽位于我国广东省河源市境内、珠江水系东江支流新丰江下游亚婆山峡谷出口处，距河源市约6千米，是东江流域控制性工程。电站大坝为单支墩大头坝，高程124米，汇水面积5140平方千米。新丰江水库属完全多年调节，当时是华南地区最大的水库。校核洪水位123.60米，设计洪水位121.60米，正常高水位116.00米，死水位93.00米；总库容138.96亿立方米，有效库容64.91亿立方米。电站装有4台国产机组，现装机总容量33.61万千瓦。水库以供水为主，兼顾发电、防洪、航运等，是一座综合利用的水利枢纽。

1956年1月，新丰江水电工程经国家计委（现为国家发展改革委，下同）立项，并列入国家重点建设项目之一。1958年7月15日，工程正式开工，1960年10月25日，首台机组并网发电，1962年，土建工程竣工，创造了当时国内同类水电工程建设速度最快和工期最短的纪录。随后，其他三台机组分别于1961年、1966年、1976年投产发电。

新丰江水电站也是我国自行设计、施工、安装的大型水电站。电站前期在1958年5月就从流溪河工程抽调40多名技术人员，进行新丰江水电站工地交通道路、职工居住的宿舍，以及施工布置等各项施工前的准备工作。当时从广东各大专区派来的民工及解放军战士近3万名建设者，在工地上吃粗米杂粮，住油毛毡工棚，硬是用土箕、撬棍和十字镐等简单的劳动工具，手挖肩扛筑起了105米高的新丰江雄伟的拦河大坝。新丰江水库修建前，由于20世纪50年代我国尚无地震安全性评价的法律法规，大坝设计时没有考虑抗震设防。1960年7月下旬，周恩来总理明确指示，要科技人员赴现场进行研究。分析认为新丰江库区的地震活动与水库蓄水有一定关系，建议设计烈度从Ⅵ度设计提高到Ⅷ度。1961年3月开始按Ⅷ度设防兼顾Ⅸ度的标准对大坝进行加固，经受住了1962年3月19日库区6.1级地震，使其成为世界上第一座经受6级地震考验的超百米高混凝土大坝。当初的主要功能是发电，兼顾防洪和灌溉，电站的兴建，使电力成本减少，农业排灌站的兴起为区域农田灌溉创造了有利条件，农业生产大幅增收；后续在广东工业用电方面发挥了很大作用。随着东江流域城市群的发展，对水的需求发生了变化，新丰江水库“水”的饮用价值远远高于发电。

经专家们多次实地调查研究发现，新丰江是珠江流域东江水系最大的支流，蕴藏着丰富的水力资源，地理位置适中。因此，1956年1月，新丰江水电工程经国家计委立项，并列入国家重点建设项目之一，勘测工作由华东水电工程局广州勘测处负责。1958年4月3日，国家计委批复同意新丰江亚婆山一级方案。

1958年4月29日，水利电力部新丰江水力发电工程局成立，全面负责工程的建设。国家和广东省都十分重视工程的建设，1959年5月21日，广东省委第一书记陶铸视察工地，并题词“新丰江水电站”。施工初期，水电总局调来列车电站解决用电困难问题，广东省和河源县及时供应钢材、木材和水泥等大量物资。中国人民解放军862部队调来1个营用1个多月时间修通了进场公路，又承担导流明渠开挖。从广州、惠阳、佛山和韶关等各专区派来参加建设的民工主要承担左右岸碎石和河槽砂卵石的开采、上下游围堰土石方的填筑和坝基开挖等工作。从广州市、各建筑公司调来的人员和流溪河工地转移的技术工人承担木模、钢筋的制作与安装以及厂房混凝土的浇筑工作。从香港特区和澳门特区回来参加工程建设的技术工人分配到机械维修制造和起重运输等部门工作。1959年，工地人数达到最高峰，约2.7万人。

工程建设期间，工期要求非常紧迫，施工条件十分艰苦，物资稀缺，机械设备很少，主要靠“人海战术”，人员缺乏经验。虽然施工条件十分艰苦，但战斗在工地的广大建设者，在党委的正确领导下，充分发挥社会主义建设的优越性，以高昂的革命干劲，克服重重困难，艰苦奋斗，战天斗地，战胜一个又一个困难，如三战洪水、抢修围堰和抗震加固等工作中尽管遇到许多困难，但建设者都毫不退缩，顽强拼搏，有的同志甚至献出生命。烈士的英雄壮举，大大激发了广大建设者的战斗热情，纷纷化悲痛为力量，发扬革命英雄主义精神，跨急流、爬陡坡，平时一身汗、雨时一身泥，住的是油毛毡工棚、吃的是粗茶淡饭，工薪也相当微薄。当年流传水电建设3种苦：风钻、出渣和混凝土；水电建设3件宝：土箕、撬棍和十字镐。可见，当年水电建设者是如此艰辛！功夫不负有心人，工程进展基本上按原计划完成。1958年5月26日，明渠开挖，10月30日，拦河坝混凝土开始浇筑，11月5日，明渠开挖结束。1959年3月19日，上游围堰合龙断流，10月20日，下闸蓄水。1960年4月22日，新丰江水电厂成立，6月15日，1号机组开始试运转发电，10月25日，1号机组正式并网发电，创造了当时国内同类水电工程建设速度最快和工期最短的纪录。随后，2号机组于1961年10月4日并网发电，3号机组因受大坝抗震加固的影响推迟到1966年5月3日才并网发电。由于开通了泄水隧洞，从而提高了水库泄洪能力，4 号机组的压力钢管就失去了泄洪功能，因此在 1976 年开始安装 4 号机组，并于 12 月 29 日并网发电。至此，电厂 4 台机组全部投产。据统计，在 2 号机组并网发电前，1 号机组共发电 3.76 亿千瓦·时，年平均发电 3.76 亿千瓦·时；在 3 号机组并网发电前，1 号、2 号机组累计发电 36.64 亿千瓦·时，年平均发电 6.66 亿千瓦·时；在 4 号机组并网发电前，1 号、2 号、3 号机组累计发电 126.18 亿千瓦·时，年平均发电 7.89 亿千瓦·时。

大坝三期抗震加固。水库蓄水后，水位逐渐上升，1960 年下半年开始，库区地震频繁。7 月 18 日，库区发生较强烈地震，中国科学院和水利电力部组织有关人员到现场调查。9 月，水利电力部决定进行新丰江大坝第一期抗震加固，主要是用“人字斜墙”将各支墩连接，以增加横向稳定，标准按抗震烈度Ⅷ度设防、Ⅸ度校核。第一期抗震加固工作从 1961 年 3 月 12 日开始，1962 年 5 月结束。正当第一期大坝抗震加固工作即将完成时，1962 年 3 月 19 日 4 时 18 分，库区发生震级为 6.1 级、烈度为Ⅷ度、震源深度为 5 千米的强烈地震，是建库以来最强烈的一次地震，对大坝和厂房都产生了不同程度的破坏，引起了各方的高度关注。3 月 26 日，水电总局张昌龄总工程师带领 10 余名专家到工地检查。5 月，水电部在北京开会研究大坝再加固问题。11 月 20 日，开始进行第二期大坝加固，将坝体空腔 43 米高程以下用混凝土填实，增加抗滑稳定，标准按抗震烈度 9.5 度与百年洪水位 116 米组合，1965 年完工。大坝虽然经过两期抗震加固，并可利用 4 号机组压力钢管作为泄洪的备用设施，但考虑到将来可能发生更大的地震和 4 号机组会安装等因素，仍需要增设更大的泄洪设施，第三期大坝加固方案就是在这样的背景下产生的，方案主要内容：全部封堵大坝下游侧颈部空腔和第一期加固的人字前墙连为一体，组成前沿厚墙，以防头部破坏，并开凿左岸泄水隧洞，作为加大泄洪能力和必要时放空水库的救急措施。第三期大坝加固工作从 1965 年 11 月开始，1969 年基本完成。1969 年 9 月 20 日，新丰江水电站整体工程竣工，正式移交给电厂管理，标志着电厂立项建设期结束。

新丰江水库（水库管理处供）

第七节　流域第一个地下水能电站——六郎洞水电站

六郎洞水电站位于云南省红河州和文山州交界处的丘北县新店乡，是中国第二个五年计划期间投资兴建的16个水电站之一，也是中国第一座在岩溶地区直接利用地下水发电的水电站。六郎洞河为一地下河流，河水自喀斯特溶洞中流出，经5.2千米的明流后汇入南盘江，落差为104米，平均坡降为2%，全河流域面积846平方千米，其中明流段流域面积为39平方千米。该电站引用南盘江右岸支流六郎洞地下水发电，地表水经地下河汇集于天然喀斯特溶洞——六郎洞，地下水量丰富。经截流堵漏形成溶洞内调节水库，由3368.33米长的地下引水隧道引水至主厂房发电，尾水泄入南盘江。坝址控制流域面积807平方千米，多年平均流量22.6立方米每秒。水库正常蓄水位1086.0米，总库容27.1万立方米，有效库容23.74万立方米，为日调节地下水库，电站装机容量25兆瓦。电站首部枢纽包括溢洪道、冲沙闸、堵洞工程、进水口和地下水库等建筑物，布置在六郎洞洞口，采用干砌块石封堵溶洞，混凝土和钢筋混凝土板防渗将洞内水位抬高，形成日调节地下水库。电站于1958年2月开始施工，1960年2月投产发电，同年3月竣工。

1958年电站开工建设，在施工机具十分落后的情况下，创造了工作面月进尺162.9米和日进尺12.15米的隧洞开挖的当时全国先进纪录；3.3千米长的隧洞贯通时，两洞中心仅有二三百毫米的偏差；摸索掌握了在地下地质条件十分困难的情况下，战胜塌方频繁的全新施工方法；采用隧洞开挖与混凝土衬砌平行施工作业，尤其在国内首先使用自行设计和制造的风动输送混凝土泵浇筑顶拱的施工方法，既保证了安全，又加快了工程进度。六郎洞水电站的建成，使中国在研究岩溶发育的规律和利用地下水修建水电站方面积累了经验。在水源调查和研究岩溶发育规律的基础上，采用堵塞溶洞和防渗处理，以提高水位，形成岩溶地下水库的布置方案，经过长期运行检验是成功的；进水口布置在溶洞内，从暗河引水，以防止地下水结垢的做法是合理的；进水门喇叭段采取岩塞爆破一次成型通水的施工方案也是正确的。

第八节　流域第一个大型水利枢纽——西津水利枢纽

西津水利枢纽位于广西横县的郁江，是当时全国最大的低水头河床式径流电站，属于闸孔式混凝土重力坝，坝址流域控制面积77300平方千米，是一座以发电、通航为主，兼有灌溉要求的大型水利枢纽。西津水利枢纽主坝坝型为混凝土宽缝重力坝，最大坝高41米，枯水期的季调节水库，无防洪能力。设计正常蓄水位63.59米，控制在62.09米运行，相应的调节库容为4.4亿立方米。百年一遇设计洪水时，坝上游水位为65.79米，相应库容19.13亿立方米；千年一遇校核洪水时，坝上游水位为69.29米，相应库容为30亿立方米，下泄流量30700立方米每秒。电站最大水头21.7米。安装2台57.2兆瓦、2台60兆瓦的机组，总装机容量为234.4兆瓦。设有两级船闸，可通过1000吨级的船队。

工程于1958年10月开工，1961年4月土建基本完成，1964年6月7日，1号机组并网发电。作为珠江流域最早建成投产运行的大型水利枢纽，为保证工程质量采取了多种措施。

一、坚持现场设计，优选设计方案

工程坚持现场设计，对重大技术数据，先经过现场室内试验，取得可靠试验数据后，再经技术领导、技术骨干和有关设计人员参加的“内三”（内部三把关）结合会议确定，对设计方案、原则和重大技术难题，通过科研、设计和建设单位的“外三”（外部三审定）结合会议共同审定或报上级主管部门审批。当施工图交付施工时，坚持召集设计、施工有关人员在现场会审，发现问题及时修改。对施工中一般性的技术问题，施工单位的技术负责人、工程师有权处理。在工程设计中，随着实践和认识的不断深入，有时进行必要的修改、补充也是难免的。为了加快工程建设，根据施工单位提出的合理建议，在确保工程质量的条件下，对机型作出过修改。实践证明，设计优选西津作为郁江第一期开发工程，并坚持现场设计，有利于设计合理和方便施工，为西津电站的建成打下了坚实基础。

二、坚持奋发图强，发扬艰苦创业精神

当时商品经济很不发达，生产力很低，百业待兴，这是一个很突出的矛盾。根据党中央的战略部署，经济建设要保持一定的速度，这就需要采取多方面的措施。西津建设的实践证明，坚持奋发图强，发扬艰苦创业精神，是充分发挥有限的人力、物力、财力潜能的有效途径。建设初期，队伍是新组建的，从各方面抽来的几十个技术干部以及一批大、中专毕业生及技校学生，绝大多数没有建设水电站的经验，技术工人主要是从农村招来的铁匠、木匠、石匠和新培养的学徒。到 1959 年元月，广西壮族自治区党委决定西津与昭平电站合并，从昭平工地转来 1055 人，这时西津工地施工的技术力量才有所加强。施工机械，只有几十台陈旧的小设备，几乎全靠肩挑人抬组织施工。在这样简陋的条件下要建成西津电站，相当艰难。特别是当时已近枯水期，按常规先搞生活设施，组织设备进场后再开工。这样就要失去第一个枯水期，水下工程施工就要拖后一年。为此，西津第一期截流工程采取低水土石围堰，这样土法上马，要多耗点人力，截流时间要多几天，但可赢得一年时间，争取全局主动。1958 年 8 月，西津水力发电厂工程局（简称工程局）成立，10 月 10 日，开始截流准备，12 月 14 日，工地党委进行“集中优势力量，决战十昼夜，确保截流成功”的战地动员，15 日，集中 100 多名职工、民工，在郁江两岸，从陆地、水上同时进行立堵、平堵。在一无汽车、二无斗车的情况下，水陆并进，硬是按预定时间，于 12 月 24 日 16 时截流成功。初战胜利，人心振奋，增强了克难制胜的信心。工地党委认真贯彻党中央“调整、巩固、充实、提高”的八字方针，从 1960 年起，先后精减职工七次，当时正是厂坝开挖、混凝土和二期导流施工高峰，工地党委组织增产节约，人员要精减，任务要完成。厂坝混凝土施工，因施工准备力量不足、组织不当，混凝土准备影响了浇筑，施工进展缓慢。为了提高工效，对工效低的各个施工环节进行了技术改造，实现了运输车子化、立模滑轮化、仓面板标准化、清洗打毛风动化、材料堆放规格化，迅速扭转了混凝土准备工作拖后腿的被动局面。为

了推进技术进步，对重大关键性的设备，工程局有计划地进行了添置。1959年，共投资1069万元购置施工设备，使施工由土法上马转到“土洋”结合阶段，到船闸施工时，已基本达到机械化施工。为了适应机械化施工的转变，从各部门抽调技术干部到一线作为技术骨干，从技术工人中选拔干部学徒，参加木工、混凝土工等技术工种的培训，还开办技术学习班，培训生产干部、技术骨干。施工设备的更新、技术人员的培训，有效地保证了机械化施工的需要，全员劳动生产率不断提高。1959年，每人每年679元，1960年，提高到每人每年1028元，为西津建设高速度创造了技术条件。西津机组是苏联制造、水轮机直径为8米的大型机组，在我国是首次安装，厂家认为，没有他们的专家参加指导安装，技术是过不了关的。这种机组不仅技术复杂，而且制造中隐患也不少，安装难度大。水利电力部指示，依靠本国专家摸着干。于是，工地成立了以工地党委书记为首的安装领导小组，认真学习国内外水电安装的先进经验，建立严格的整套技术管理制度，重要工艺先试验，安装好了经过试运不行时，就推倒重来。总之，摸着石头过河，一步一步摸索前进，历尽艰辛，克服一个又一个技术难关，1号机组终于安装成功，实现了优质发电，把我国大型机组安装技术推进到一个新的水平。2号机组仅用8个月就安装投产发电。

三、坚持质量第一、从实从严的科学态度

建设工程质量不好，就不能保证工程安全，就没有经济效益。西津在主体工程开工初期，通过贯彻全国基建质量检查会议精神，逐步建立、完善工程质量的保证、检查、监督、反馈体系。工程局、工区设有专职质量监督、检查机构，队、班组建立了群众自检制度，做到层层把好质量关。基础处理、隐蔽工程，建成完整的验收记录。混凝土配合比均通过试验优选，从砂石生产、水泥强度等级、拌和入仓均有专人专责取样检查；浇筑混凝土均留有试验块作为检验强度的依据，钢筋加工均有合格资料方准配料。机电安装工程，设有专职质量技术管理小组，严格贯彻合格证制度，上道工序未验收合格，不准下道工序施工。对土建、安装工程的缺陷，以达到设计标准为原则。对施工中出现严重质量问题的项目，不惜推倒重来。凡是部署、检查生产，同时要部署保证质量的措施，检查质量程度。在贯彻百分计奖、打分评比的制度中，坚持质量有否决权。凡发生重大质量事故，坚持召开质量事故专题分析会议。找出原因，分清责任，制定预防措施，重大质量事故坚持严肃处理。为了保证工程结构安全，即使完工了，经检查达不到设计要求的部位，也要进行补强处理。在工程建设中，施工与设计在某些技术问题上看法不一致的事是常有的，工地党委领导一方面坚持现场设计，勇于改革，另一方面充分尊重设计人员的正确意见，坚持严格按应有的施工设计修改程序办，绝不盲从独断技术问题。对有重大争议的设计问题，一般都请水利电力部派工作组来工地论证解决。工程竣工后，设计上没有留下重大设计争议与隐患的问题。

四、掌握洪水规律，打好枯水期的歼灭战

西津建设正确地运用集中优势力量打歼灭战的方针主要表现在：一是控制总进度的水下工程，规模大，牵涉面广，制约因素多，按正常情况，施工工期不能保证，集中优

势力量在枯水期速决全胜，带来全局主动。二是建立强有力的生产指挥系统，坚持奖罚严明，一切行动听指挥。三是对主攻施工方案，部署周密，组织措施得力，充分准备，留有余地，立于不败之地。四是主要领导亲临前线坐镇。五是坚持一个时期只能有一个中心，各项工作围绕中心，服从中心，保证中心任务完成。六是强有力的思想动员工作先行。

五、管理也是生产力，不断提高科学管理水平

企业管理也是生产力的重要组成部分。西津的实践证明，在推进技术进步的同时，不断提高科学管理水平，推进工程管理现代化，就能为多快好省地建成水电工程，提高投资效益创造必要条件。西津建设初期，群众热情高，干劲大，进度也快，但企业管理未引起应有的重视，造成企业管理混乱，问题很突出。返工浪费大，安全、质量事故多，人力、物力消耗大，工程成本超支多；计划完不成，群众意见多。工程局从 1961 年开始，采取一系列措施，狠抓了企业科学管理。在工地党委领导下，党、政、技领导各有明确职权范围，各司其职。各级干部、工人建有岗位责任制。全局实行两级核算、三级管理，一切生产、经济活动都必须通过计划。没有计划不能开工，不予结算。贯彻全面经济核算，工区、厂站实行内段独立核算，队、段、车间实行半核算，班组实行定额核算，所有单项工程，开工有预算，月末有结算，完工有决算。定期进行经济活动分析，查漏洞，定对策。施工机械建立完善的管、用、养、修制度。工程质量建立了监督、检查、保证、反馈体系。技术上建立以总工程师为核心的完整技术管理体系，对重大技术措施，坚持一切通过试验。建立健全设计把关、图纸会审、技术处理权限等各级技术人员的责权制度。坚持凡有施工项目，相应都有保证质量、安全措施。材料管理建有收、发、保、退制度与节约有奖办法。制定全面劳动力管理办法，全局所有单位，都实行定员定额，按出勤的工日定任务。建立了按任务、质量、安全、成本四大指标打分评比的百分计奖办法，把奖、罚、评比同四大指标直接挂钩，有效地调动了各单位、全体职工多快好省地全面完成任务的积极性。西津企业管理，由初期吃大锅饭、实报实销，转变到中期的专业管理，后期的定、包、奖的经营管理，取得了良好效果：厂坝工程验收质量为良好，安装、船闸工程验收质量为优良；后期基本上消灭了重大安全、质量事故，一般性事故也很少；全员劳动生产率逐年有较大幅度提高，以 1962 年为 100% 计，1963 年为 122%，1964 年为 183%，1965 年为 218%，大体积混凝土每立方米水泥消耗平均 190 千克，1965 年降到 150 千克以上，钢筋制安，模木加工、安装，混凝土浇筑一条龙，风钻开挖等主要施工定额都达到国家定额水平，施工机械利用率和完好率、人工工时利用率和出勤率，都达到国家规定标准。西津建设管理，到后期已转变为“一严”：全部管理从严要求；“二细”：施工作风、工艺做到精细；“三准”：几乎所有单位、月月、项项工程全面完成计划；“四狠”：一抓到底不获全胜不放手；“五争”：把竞争机制引到工程局内部，各单位之间争取多快好省地全面完成任务成为风气。

六、强化思想政治工作，坚持正确的政治方向

西津建设的实践证明，只要掌握了思想政治工作的规律，并运用到职工思想政治领

域中去，运用到生产活动的全过程中去，就能有效地提高职工的精神境界与主人翁的责任感，可冲破前进中的各种难关，夺取胜利。工地党委根据上级党委、政府的指示、决定，结合工程建设的实际，明确提出每一个阶段或一定时期的方针、任务，抓住每一个阶段的主要矛盾，提出中心任务、目标和完成任务的具体要求，使整个工程建设始终坚持正确的政治方向。西津建设初期，技术力量、装备的低水平同建设规模的高要求矛盾很突出，在干部中有较大争议。工程局及时提出了“自力更生，奋发图强”“土法上马，由土到洋”的建设方针，统一了干部认识，夺取了当年准备当年截流的胜利。

实践是检验真理的标准，西津建设的实践证明，无论从设计、施工、生产运行或是从投资效果来检验，西津坚持实事求是、一切从实际出发的思想作风，建成高质量的西津电站实在难能可贵。西津水利枢纽全部机组安装后每年可发电 30 多亿千瓦·时，这些廉价的电力为工业发展提供了极大的动力。同时，还可以利用来水为农业发展电力排灌使电站上下游数十万亩常遭受干旱威胁的农田得到灌溉，农业生产的面貌得到显著改善。水库蓄水后，西津至南宁的航运条件也得到改善，几百吨的货船通向上下游各个城市，也是发展渔业的好场所。

西津水利枢纽（《人民珠江》供）

第九节　西、北江洪水的重要屏障——北江大堤

北江大堤是位于北江下游左岸的堤防，是广州市防御西江和北江洪水的重要屏障，是一级堤防。大堤从北江支流大燕河左岸的骑背岭起，经大燕河河口清远市的石角镇，沿北江左岸而下，再经三水市（今为佛山市三水区）的芦苞镇、三水市城区西南镇至南海市（今为佛山市南海区）的狮山止，干堤全长 63.34 千米。为减轻洪水对北江大堤的压力和控制进入广州的流量，大堤设芦苞、西南两个分洪闸，下接芦苞涌和西南涌两条分洪河道。在宋、明时期，这一带地域已开始筑堤防御洪潮。清远市的石角围（今北江

大堤石角段）始建于明代，名为清平围。这些堤围至清初虽分散未成为完整堤系，但已具一定规模，且其防护范围较广，关系广州的防洪安全，北江大堤成为完整堤系之前，防洪能力甚低，在1915—1949年的35年间，有1915年、1931年、1947年、1949年等4次大洪水严重决堤致灾。经历了1915年大洪水水淹广州后，于1924年建成芦苞水闸（旧闸），以节制北江洪水经芦苞涌入广州。

1949—1950年，由当地政府动员民众进行各堤段堵口复堤工程。从1951年冬开始至1953年，广东省人民政府就统一安排由清远县（现为清远市）石角围至南海县沙口堤段进行比较全面的复堤培修工程。这两次培修堤段包括：清远县石角、七乡，三水县乐塘、上梅饰、下梅饰、长洲社、清塘、永丰（后称六合围），格塞西、魁岗、大良、良凿、狮山等围。本次培修堤段长66.7千米，共完成主要填土方194万余立方米。除完成填筑土方外，对重点堤段还进行了险工的整治：石角段界牌上游奶牛潭段在堤外打板桩建筑防渗隔水墙；下灵洲段塌岸处抛石砌筑挑水坝等防渗及护岸；长潭段新筑外坡丁坝3座以及长潭、黄塘灰窑下抛石护坡等。共处理险患6段，新筑丁坝4座，拆迁堤上村庄1个共40户，新建村庄1个（称解放村）。这两次修复工程规模较大，清远、花县、三水、南海等县组织大批民工进驻工地，按县（区）划分堤段，进行土方填筑，为按时完成工程，各县均成立指挥机构，三水县成立六合围工程指挥部。当时施工主要靠人力肩挑，日上堤人数曾达6万多人，填土夯实也没有机械，动员附近村庄拉耕牛上堤踏土及用桩槌、木棍人工打实填土，后期曾从湖北省招募熟练打硪工8人来工地传授打硪技术（夯实填土）。为加强施工管理，确保工程质量，三水县指挥部于开工前选派水利人员7名到中山石岐镇参加珠江专区第一期江堤训练班学习，并就地培训验收土方、管理施工技术人员100多名。

1951年北江发生一次较大洪水，当时石角堤身单薄，隐患甚多，洪水高涨期间，堤基渗漏破坏严重，到处出现管涌、喷砂情况。当时，珠江水利工程总局（简称珠江局）副局长刘兆伦、顾问麦蕴瑜亲自到石角指挥。事后，提出兴建“遥堤工程”（婆基头—蚬壳岗）作为第二防线的建议，得到了赞同，并指定由北江工程队负责“遥堤工程”的规划设计工作。遥堤工程于1952年12月1日开工，至1953年完成。施工技术管理由珠江局北江工程队负责，由广东省公安厅组织人员进行施工。堤身填土夯实聘请黄河大堤硪工队来作夯土技术指导（是广东省在中华人民共和国成立后第一次推广黄河大堤械工夯土经验）。堤身填土大部分采用堤外红砂岩风化土，经分层夯实后施工质量较好。仅有堤线南部一小段，当堤身填筑至堤顶时，有10余米内坡出现塌滑、坡脚隆起。经在堤上钻孔检查，才发现该处堤基下埋有浅层淤土，根据资料分析试验后，决定在内坡塌滑、隆起范围加土重压作平衡滑塌措施，经过加土后滑塌范围逐渐稳定，使堤身最终填筑至设计高程。

1954年12月3日，广东省人民委员会作出“加固北江大堤工程”的决定后，为全面培修北江大堤，成立北江大堤委员会，并同时成立北江大堤工程指挥部。大堤沿线所在的清远、三水、南海三个县分别成立指挥分部，各指挥分部由各县县长任指挥。沿堤县属各区（镇）也分别成立指挥所，由各区（镇）长担任指挥所的指挥。12月上旬，全线干堤培修工程开工。这次大培修是中华人民共和国成立后工程项目多、堤段长、组织动员民工数量较大的一次，遵照广东省人民委员会的决定，从粤北、粤西、粤中辖区的清远、三水、南海、番禺、花县、罗定、信宜、高要、鹤山、云浮、新兴、郁南及广州、佛山等县（市、区），组织动员民工总人数达7.5万人，正式定名为北江大堤，并按防御1915年决堤洪水设计。工程于1955年2月竣工。

1968年经受了一场约20年一遇的洪水袭击，大堤暴露出不少险情。虽安全度过，但防洪抢险极为紧张，原黄塘段就发生蚁穴跌窝等20余处，全线有二分之一堤段渗漏严重。为确保大堤的防洪安全，广东省革命委员会于1969年12月决定组织全堤培修大会战，并同时成立“北江大堤工程大会战指挥部”，沿堤线分别成立清远、三水、南海、广州（包括花县及市郊）和佛山等3县2市的指挥分部，负责各分管堤段施工。清远县负责骑背岭至界牌堤段；三水县负责长岗至芦苞涌口堤段；南海县负责西南及南海境内堤段；广州市负责芦苞涌口至黄塘赤花基堤段；佛山市负责河口堤段。参加大会战的劳动力除包括上述各县（市、区）所管辖地区的社（队）农民外，还有工人、学生等队伍参加会战，总指挥部设在芦苞水闸。这次培修堤围大会战分两期安排施工：前期工程于1970年1月5日开工，至春节前完成培修填土、沙方150万立方米。这期会战施工进度较快，民工积极性很高，为赶在春节前完成任务，最高出勤劳动力达12.5万人，除一小部分民工住进工地附近居民房屋外，大部分均沿堤架搭塑料帐篷住宿，日夜奋战，仅用10天就基本完成首期培修计划任务。后期工程于1971年冬至次年春进行，仍按前期分工负责堤段出动民工进行施工。这期工程因受省内疏河风影响，在开工前后曾因施工方案未决而影响施工部署，经过现场观察、研讨后，仍决定以培堤为主结合疏河的方案安排施工。这期大堤的培修也尽量在堤外河滩取土，在芦苞闸下有两段干堤为了裁直堤线特别加宽（堤顶宽达23米）。后续4~5年内也进行了部分堤段的维修和培高，达到原施工设计标准。

北江大堤（《人民珠江》供）

第十节 香港特区、澳门特区供水工程

一、东深供水工程

香港特区位于广东省南部珠江口东侧，包括香港岛、九龙半岛等236个大小岛屿，总面积1084平方千米。该地区多年平均降雨量2224毫米，年中分配不均，全境没有湖泊或河流容纳这些雨水以利采用，同时地狭人多，缺乏兴建大水库的自然条件，供水问题突出，历史上曾出现过多次水荒。1902年大旱，每日仅供水1小时。1929年大水荒，港九地区9个储水塘有5个干涸见底，需派车运深圳河水、派船运珠江口淡水应急，当年因水荒而逃离香港特区的约有20万人。1960年，香港特区遭受罕见的旱情，水井干涸，溪水断流。1963年又奇旱，实行严厉“制水”，每4日供水4小时。香港特区于1863年建成薄扶林（蓄雨）水塘并随之完成了配套供水工程，为香港岛有自来水供应之始。随后又建成银崎、大榄涌、石壁等水塘，利用海湾修建了船湾、万宜两大储淡水湖，总储水容量约5亿立方米，以储蓄东江水。另在大榄涌水塘附近海边建了日产18万立方米的海水淡化厂，因其成本昂贵而不常用，只作为后备水源供应急用。此外，还建有海水冲厕系统以节省淡水的消耗，1986年冲厕用海水1.07亿立方米。

1960年3月，深圳水库落成，深圳水库除完成原定灌溉农田、供水深圳任务外，如香港特区同胞需要，可引水供应香港特区同胞以解决部分用水难的问题。1960年11月15日，宝安县人民委员会与港方签订协议，每年由深圳水库向香港特区供水2270万立方米。1963年，广东、香港特区同遭大旱，港方致电广东省省长陈郁要求帮助解决水荒困难。广东省政府表示可以大力帮助，除继续由深圳水库尽力供水外，还同意港方派船到珠江口内免费运取淡水。是年，港方派船到珠江口运水818万立方米，深圳水库向港供水1177万立方米。为长远计，港方提议提引东江水供给香港。陈郁省长指示广东省水电厅研究方案。刘兆伦厅长组织有关技术人员进行多方案比较，推荐采用从东江取水沿石马河多级提水倒流的跨流域供水方案。

1964年1月21日，我国政府决定兴建东深工程向香港特区供水。广东省水电厅设计院（简称广东院）1964年进行东深工程设计，工程布局是在东江边至桥头卫挖一新开河，引进东江水，由桥头、司马、马滩、塘厦、竹塘、沙岭、上浦、雁田8级抽水泵站共46米及6座拦河闸坝拦引，使东江水沿石马河倒流入雁田水库跨过分水岭而流入深圳水库，通过管道输送到香港特区。从东江边到深圳河边全长约83千米，共装33台电动水泵，动力共6别975千瓦。

工程于1964年2月20日破土动工，由广东省东深工程指挥部组织施工，全国14个省（市）、五六十家工厂和广东省的几十家工厂优先为工程加工制造并协助安装设备，铁路、公路、航运等部门优先安排运输。工程按计划1年内建成，按协议规定1965年3月1日开始向香港特区供水，使香港特区改变不能全日供水的局面。由于要在次年春季开始供水，绝大部分土建工程需要在汛期施工。施工过程中经历了5次台风暴雨的侵

袭，旗岭、马滩工地的围堰分别 3 次被洪水冲垮，特别是 1964 年 10 月中旬的 23 号强台风，持续时间长，还使石马河出现施工期 50 年一遇的大洪水，给工程施工造成了极大困难。此外，工程项目多、地点分散、施工机械不足、以人力为主、高峰期需动用工人及民工 2 万多人等，均增加了施工的难度。由于各级政府重视，工程建设得到全国有关部门和工程所在的县、人民公社人力物力的大力支持。为工程加工制造机电设备的上海、西安、哈尔滨等 14 个省（市）的五六十家工厂和广东省内几十家工厂以及铁路、公路、水运、民航等部门发扬了协作精神，优先为工程的设备进行加工以及运输安装。建设者克服了重重困难，终于在 1 年的时间里完成了包括 240 多万立方米土石方和 10 万立方米混凝土与钢筋混凝土在内的全部建筑安装工程，使用工程费 3584 万元。

随着香港特区经济日益发展，人口增加，港方不断提出增加供水量的要求。广东省为满足香港特区同胞的要求，于 1973 年对东深供水工程进行第一期扩建。主要项目为深圳水库供水钢管扩建、扩挖新开河，除桥头站外，其余 7 站均各增加 1 台水泵，使电动水泵增至 40 台，动力增至 8555 千瓦。扩建工程在确保供水、灌溉的前提下，分期分批在枯水、停水季节突击施工，分别投入运行。1973 年 3 月，供水钢管工程动工，1978 年 8 月，工程全面竣工投产。1978 年 11 月 29 日，广东省代表冯志仁与港方代表麦德霖在广州重新签订协议，议定每年对香港特区供水量增加到 1.68 亿立方米。1979 年，港方再次提出增加供水要求。1980 年 5 月 14 日，广东省代表魏麟基与港方代表麦德霖在广州签订补充协议，协议规定自 1993 年至 1994 年供水 2.2 亿立方米开始，逐年递增，1994 至 1995 年，达到年供水量 6.2 亿立方米。1981 年，东深供水工程进行第二期扩建。工程主要内容包括：新建东江抽水站 1 座，扩建沿线 7 个抽水站新厂房，增加抽水机组 26 台，新建 1 条深圳水库坝下直径 3 米的输水钢管及从坝后到深圳河边长 3 500 米的混凝土管道，过水能力为 16.8 立方米每秒；利用水力落差在丹竹头和深圳水库坝后兴建 2 座小水电站，共装机 6 400 千瓦；新建渠道、扩挖河道，深圳水库加高 1 米等。第二期

东深供水——深圳水库（水库管理处供）

扩建工程边供水、边施工、边扩大供水，施工任务艰巨复杂。主体工程由广东省水利水电第三工程局承包施工，1981 年初动工，1987 年 10 月全部竣工。东深供水工程从始建到二期扩建耗资 3.17 亿元，完成土石方 640 万立方米、混凝土约 38 万立方米，共装 66 台电动水泵，动力共 3.29 万千瓦，对香港特区年供水量最大可达 6.2 亿立方米。

二、对澳供水工程

澳门特区位于中国南部珠江口西侧，是中国大陆与中国南海的水陆交汇处，毗邻广东省，与香港特区相距 60 千米，距离广州 145 千米。澳门特区由澳门半岛和氹仔、路环二岛组成，陆地面积 32.9 平方千米。澳门特区三面环海，一年中有两次太阳直射，辐射强烈，蒸发旺盛，具有热量丰富、水汽充足、高温多雨的气候特点，属亚热带海洋季风气候。区内无河流湖泊，可蓄地表水条件差，不具备建大、中型水库的条件，淡水资源奇缺，长期以来澳门特区居民主要靠收集雨水和雨季抽取青洲河水作为水源。随着 20 世纪 50 年代以后澳门特区经济社会发展和人口激增，居民用水之难已达前所未有的程度。除水井、水塘供应少量淡水外，主要靠抽前山河口的河水，1935 年成立澳门自来水公司，水厂设在青洲，净化能力为每日 8 万 ~9 万吨。1958 年，坦洲联围（今为中珠联围）建了 5 座水闸控制西江水进入前山河涌，澳门青洲水厂抽取淡水来源减少且水质下降，抽水的时间也愈来愈短，而澳门特区人口与工商业不断发展，生活与工业用水愈感不足。

1959 年，澳门中华总商会理事长何贤表示愿做无偿贷款 250 万港元，兴建银坑与竹仙洞 2 座水库供水工程。澳门特区知名人士何贤、马万祺等，以澳门中华总商会的名义致函广东省人民政府请求援助。经过中央批准，位于珠海湾仔的竹仙洞水库作为对澳门特区供水的重要水利工程正式开工建设，并于 1960 年 3 月建成投入使用。同年 7 月，湾仔银坑水库竣工，珠海对澳门特区供水的历史由此拉开序幕。

第三章　改革开放30余年的珠江治水

1979—2011年，30余年珠江的治理开发，正值中国改革开放、经济体制转变的重要时期，改革开放的不断深入给珠江水利事业注入了新的活力和动力。珠江治水以治理、开发、利用、管理、保护并重为原则，以减轻水旱灾害、综合高效利用水资源、保护生态环境为目标，在实践中不断加深对珠江治水规律的科学认识，形成“维护河流健康，建设绿色珠江”的治江理念。

随着1978年年底改革开放政策的实施，流域水利工作的重点也转移到“加强经营管理，讲究经济效益，实行转轨变型，全面服务”，改革水费计征办法，发展综合经营，在管理体制、资金使用、经营服务等方面实施了一系列的改革，并随着《中华人民共和国水法》的实施而开始逐步走上依法治水的轨道。

1979年8月，珠江水利委员会（简称珠江委）成立后，会同流域内各省（自治区）水利、电力、航运等部门，编制完成了全面系统的《珠江流域综合利用规划报告》，开展了重点工程的勘测、可行性研究等前期工作，使流域治理和水资源开发、工程建设有了科学的依据；以水电为主，对红水河进行了大规模的梯级开发，建成恶滩（6万千瓦）、大化（40万千瓦）、岩滩（121万千瓦）、天生桥二级（一期88万千瓦，二期44万千瓦）等大型水电站，还兴建了南盘江支流黄泥河上的大寨（6万千瓦）、鲁布革（60万千瓦）水电站，并在广东流溪河上游兴建装机容量占世界同类电站第二位的广州抽水蓄能电站（120万千瓦）；开展了广州至南宁1000吨级航道和可停泊3.5万吨级集装箱货轮的珠江口黄埔新沙港等航运工程建设；对防卫广州的北江大堤和广西的南宁大堤等重点堤防，分别按百年一遇和20年一遇洪水标准进行了培修，对一批险工病库进行了除险加固，对珠江河口结合围垦进行了整治开发；为满足城市和工业迅速增加的用水要求兴建了一批供水工程，完成了对香港特区供水的东深工程二期扩建，开始三期扩建，完成了引西江水供珠海、澳门特区的对澳供水工程；水土保持和水资源保护也提上了重要的议事日程。

在鲁布革、天生桥和珠江口磨刀门等工程建设中，引进了国外的资金和先进的管理办法、技术设备，在资金和管理等方面实施了一系列的改革措施，取得了较好的效益。在工程规划设计和施工中广泛应用了国内外的先进技术，通过30余年的治水实践，全流域在建成了大批国民经济建设中不可缺少的水利基础设施的同时，还建立了各级水利管理机构，培养了一支水平较高的水利建设和科技队伍。勘测、水文、规划、设计、施工、科研各专业配套齐全，掌握了建设各种类型的水库、水电站的技术，为流域的进一步综合治理开发奠定了坚实的基础。但流域治理开发的程度还比较低，与流域的经济发展不相适应。主要问题是：洪涝灾害治理的标准尚低，防洪问题仍很突出。

全流域受洪水威胁的耕地有1390万亩，占全部耕地面积的18%。受洪水威胁的人口2000万，占流域总人口的24%，受洪水威胁的主要地区是人口稠密、经济较发达的珠江三角洲地区和沿江平原地带。除东江和北江大堤防洪标准较高外，西江、北江尚无控制性水利枢纽，堤防只有5~20年一遇防洪能力。

水情测报、预报和防汛指挥的设施也较落后。水资源开发利用程度还不高，与国民经济发展不相适应。耕地的灌溉保证率不高，发展也不平衡。全流域一般年份受旱耕地有1000多万亩，经常使农业生产遭受损失。南北盘江、左右江、柳江、桂江、北江等流域的岩溶地区、边远山区，除灌溉缺水外，还有500万人、300万头大牲畜缺乏饮用水。水电开发只占流域可开发电量的17%，多数水电站调节性能差，流域内缺电率达1/3，工农业生产的发展受到制约。

水运航道缺乏系统的整治和全面的规划管理，一些河流存在碍航问题。云南、贵州两省受交通制约，矿产以运定产，珠江天然的水运优势未很好地发挥出来。水土流失和水污染虽进行了初步治理，但有部分地区日趋严重。全流域有水土流失面积5万多平方千米。云贵高原部分地区水土流失造成的石化现象，已威胁到当地群众的生存。城市及工矿附近河段的污染日益恶化，尚未得到很好的治理。多年来，国家在珠江流域有重点地安排兴建了一些大型水电工程，由于国家和地方财力有限，对防洪、治涝、农田水利、水源保护等方面投入的资金较少，珠江的治理开发跟不上各省（自治区）经济建设的要求，迫切需要通过全流域的统筹规划，多方筹措资金，加快综合治理和开发，以促进全流域经济建设的发展。

1988—1998年，这一时期，珠江的水利建设在改革开放中取得了新的进展，开创了新的局面，但因国内一度出现忽视水利的倾向，水利建设资金削减幅度过大，给流域水利建设带来了不利影响，不少工程老化失修，效益衰减，对防洪抗旱和农田灌溉产生了较大的影响，中央察觉这一情况，1989年作出大力加强农业和水利的决策，重新强调水利是农业的命脉，是国民经济的基础设施和基础产业，实行对水利投入的倾斜政策，使流域重新掀起整治江河、兴修水利的高潮。珠江片水利工作以提高经济效益为中心，除害与兴利、服务与经营结合，巩固与发展、治理与开发、建设与管理并重，逐步建立起水利投资体系、水利资产经营管理体系、水利价格和收费体系、水利法治体系、水利服务体系五大体系。1993年5月，国家批准《珠江流域综合利用规划》，确定堤库结合的流域防洪体系，促进广州、南宁、梧州、柳州等重点防洪城市和珠江三角洲等地区主要防洪堤的培修加固建设，进一步提高重点地区的防洪能力，其中最为突出的是西江和北江的防洪建设。

但是，珠江水利的发展明显滞后于经济和社会发展的需求。水旱灾害加重的趋势日益呈现，连续发生“91·6”（1991年6月）南盘江和北盘江大水、“94·6”（1994年6月）珠江大水、“95·8”（1995年8月）风灾、“96·7”（1996年7月）柳江大水、“97·5”（1997年5月）北江山洪等严重的洪涝灾害，水利作为国民经济和社会发展的基础设施与基础产业的重要地位和重要作用日益被全社会所认识。这一时期，“八五”计划实施，《中华人民共和国水土保持法》（简称《水土保持法》）、《中华人民共和国防洪法》（简称《防洪法》）和《水利产业政策》颁布实施，水利投入逐年增加，大江大河的综合治理取得重要进展，中小河流治理有所加快，对水利的发展战略、产业结构、产业组织、投入机制等进行了调整与改造。工作的重点是：以国民经济持续、稳定、协调发展的方针为指导，以《珠江流域综合利用规划》为基础，遵循“量力而行，保证重点，稳步发展，注重效益”的原则，支持地方逐步实现《珠江流域综合利用规划》确定的近期工程治理开发目标，促进2000年国民生产总值翻两番总目标的实现。这期间战胜“94·6”（1994年6月）珠江大水；以促进重点项目的前期工作为基础，开展飞来峡、百色、大藤峡、马鹿塘、思贤滘、榕江、长洲、孟洲坝、濛里、白石窑等一批大中型水利水电工程的可行性研究、初步设计和技术施工设计，进行红河、澜沧江、瑞丽江等国际河流的综合利用规划，飞来峡、五里冲、斗晏、左江、响水、大朝山等一批重点工程相继开工建设；鲁布革、岩滩、大广坝一期、白石窑、天湖、天堂山、珠海对我国澳门特区供水、东深供水三期、开平大沙河供水、大亚湾供水、三亚赤田等一批工程建成；以加快中小河流治理和改造现有灌区为重点，对瑞丽江、北仑河、澜沧江下游等国际河流进行治理，完成了一批重点病险水库的加固任务，建成大广坝一期工程等，农业灌溉结束了徘徊不前的局面，新增有效灌溉面积36.67万公顷；对珠江三角洲及珠江八大出海口门整治、港澳近海水域的治理进入深入研究的阶段，提出了规划成果；完成了一批具有学术价值、实用价值和经济效益的科研成果，为地方经济发展发挥了积极的作用；城乡供水、农村饮水、水力发电、水土保持，水资源保护等取得较快发展，同时在水利投入、管理体制等方面进行大胆的探索，水利的经营管理水平不断提高，水利经济得到发展。所有这些，对于战胜严重的洪涝灾害、保障粮食生产和各行各业对水的需求、改善生态环境等方面提供了保障作用。但是珠江片水利的发展明显滞后于经济和社会发展的需求，水利投入不足，水利建设发展不平衡，水利行业比较贫困，大江大河的洪水威胁依然严重，治理任务十分艰巨，除险加固、续建配套、更新改造任务仍然十分繁重。

1999—2011年，这一时期，“十五”计划和“十一五”计划实施，“西部大开发”战略实施，新水法颁布，党的十五届三中全会把水利摆在全党工作的突出位置，提出水利建设的方针和任务，作出关于“灾后重建、整治江湖、兴修水利”的决定，明确水利工作的要求，国家加大对水利的投入，掀起以防洪工程为重点的水利建设高潮。以水利部党组新时期治水思路为指导，坚持科学治水、依法治水、团结治水，深化改革，加快发展，珠江水利得到前所未有的发展。

（1）防洪是流域这一时期水利建设的重点。流域防洪建设紧紧围绕《国务院办公厅转发水利部关于加强珠江流域近期防洪建设的若干意见的通知》（国办发〔2002〕46号）要求，按照民生水利和可持续发展水利的要求，围绕“维护河流健康，建设绿色珠江”的总体目标，堤防建设已完成或基本完成的城市防洪工程有广州、南宁、柳州、梧州等重点城市的堤防工程，以及南渡江左堤、韩江梅州大堤、潮州南北堤等；北江大堤达标加固工程主体工程建设全面完成，可防御北江百年一遇洪水；南盘江干堤、红河河口大堤，以及深圳、珠海、贵港、桂林等城市堤防工程已经完成。中顺大围、樵桑联围、佛山大堤以及顺德第一联围、容桂联围、沙坪大堤等珠江三角洲重点联围达标加固工程基本完成。正在抓紧达标建设的有景丰联围、江新联围等重点堤围，以及贵港、桂林、百色等城市部分堤防工程。海堤建设方面重点安排了广东汕头大围、珠海西区海堤（白蕉联围、乾务联围、赤坎联围、小林联围、鹤洲北海堤）、深圳西部海堤，广西北海、钦州、防城港海堤，海南海口海堤，以及其他共有的Ⅰ、Ⅱ级海堤的除险加固达标建设。

（2）水库枢纽工程。重点实施了百色、龙滩等控制性工程，对进一步完善流域防洪工程体系起到了重要作用，韩江棉花滩水库已建成投产。桂林市防洪及漓江补水枢纽工程川江和小溶江水利枢纽、北江乐昌峡等水利枢纽工程相继开工建设。计划开工建设湖南莽山水库、广东高陂水库等枢纽工程。此外，大藤峡水利枢纽、桂林市防洪及漓江补水枢纽工程斧子口水利枢纽、柳江洋溪和落久水利枢纽、韩江高陂水利枢纽、南渡江迈湾水库等干、支流防洪控制性工程前期工作正在稳步推进。

病险水库除险加固方面，全面完成了列入“全国病险水库除险加固工程专项规划”的流域各省（自治区）大中型病险水库除险加固项目，重点项目实施情况完成较好。完成《全国病险水库除险加固专项规划》中大型水库27座、中型水库325座、小型水库5990多座。这些病险水库除险加固任务完成后，将提高下游地区或城市的防洪能力，避免遭受水库失事所带来的洪灾风险，同时发挥了水库的灌溉、发电、供水等经济效益。

（3）珠江口门整治。重点安排了珠江河口磨刀门水道、洪奇门与横门交汇口的清淤疏浚、泄洪整治和控导工程，保持河道及口门的顺畅。

（4）水资源开发利用。水源工程建成的有柴石滩、王二河、玉舍、板洞水利枢纽工程，韩江潮州水利枢纽工程；完成了东深供水改造、大亚湾供水、深圳东部供水等城市供水工程的建设；重点实施了广州西江引水工程、黔中水利枢纽工程、广东竹银水源工程等重点水源工程，其中广州西江引水工程建成通水运行，有效地保障了广州亚运供水安全。加快实施了“润滇”“滋黔”等重点水源工程建设，其中“润滇”有7座中型水源工程开工建设，“十五”期间开工建设的“润滇”大部分工程已基本完工或主体工程完工；“滋黔”工程大部分已开工建设。广西基本完成7项沿海基础设施建设大会战水利供水一期项目，北海铁山港区二期供水工程等二期5个项目正在抓紧实施。海南大隆水库建成运行，大广坝二期、红岭水库等大型水库已开工建设或基本完成，云南大庄水库、贵州独洞水库等一批中小型水源工程基本完成并将发挥效益。广西钦州郁江调水工程、防城港木头滩引水工程、广东深圳东部供水工程（二期）等调、引水工程正按计划推进。

（5）水土保持生态建设。珠江上游南北盘江地区、红河上中游、东江源区等地水土流失治理成效显著，重点实施了珠江上游南北盘江石灰岩地区水土保持综合治理工程、岩溶地区石漠化综合治理试点工程、崩岗防治重点建设工程、东江上游水土保持重点治理工程、红河上中游水土流失重点治理工程等项目，有效地抢救和保护了项目区水土资源，改善了当地群众生产生活条件，促进了群众脱贫致富和地方经济发展。珠江的水土保持监测网络体系逐步完善，建立健全了各级水土保持监测机构，有省级监测机构8个、市级监测机构23个、县级监测机构5个。

（6）水资源保护。流域各级水行政主管部门积极开展水资源保护工作，划定了地表水功能区，并经本级政府批准，使水资源的保护有了坚实的基础、科学的依据。水资源保护规划全面完成，核定水域纳污能力和限制排污总量工作有条不紊地开展。全面完成入河排污口普查登记工作，基本摸清了流域入河排污口的数量、位置、废污水排放量及相应的污染物含量，建立了入河排污口档案，为新建、改建和扩建入河排污口审批、水功能区管理、饮用水水源保护、入河排污总量控制等水资源保护工作提供了依据。根据中央节能减排工作部署及有关法律法规要求，划定了珠江建设项目温排水控制红线，严格控制珠江干支流及网河区热污染。水资源开发利用、用水效率、水功能区限制纳污红线等水资源管理“三条红线”正在抓紧制定，进一步推动了水资源管理与保护工作的顺利开展。初步开展了云南抚仙湖、星云湖等高原湖泊水资源保护与水生态修复工程建设的探索。桂林市水生态系统保护与修复试点工作取得了重大突破，开展了漓江流域水生态监测规划编制及湿地、水生生物栖息地、生物监测技术等专项研究。各地加大了节能减排工作力度和污水处理力度，特别是珠江三角洲地区加大投入治理河涌，成效显著，网河区部分河道水环境明显改善。

（7）农村水利建设。流域各省（自治区）采取多种方式加大对农村饮水安全工程建设力度，大力发展乡镇供水及农村自来水，因地制宜地修建小型、微型水利工程。大型灌区续建配套与节水改造稳步推进。海南松涛、大广坝灌区，云南曲靖、蒙开个灌区，广西合浦、达开灌区等大型灌区续建配套与节水改造工程顺利开展，广东雷州青年运河节水改造工程、黔中水利枢纽一期灌区工程全面启动，广西桂中治旱乐滩水库引水灌区等大型灌区开工建设。通过灌区续建配套与节水改造，农业综合生产能力得到明显提高，农村水电电气化建设有序开展。

（8）能力建设及前期基础工作。进一步加强了前期基础工作，加快了基础设施、科研保障、“三水”能力建设，提升了流域社会管理和公共服务水平。珠江防汛抗旱总指挥部成立。“十一五”期间，由珠江委牵头成立了由云南、贵州、广西、广东、福建省（自治区）人民政府和珠江委组成的珠江防汛抗旱总指挥部（简称珠江防总）。珠江防总的成立，从体制上理顺了关系，对加强流域洪水调度和枯水期珠江水量统一调度，保障流域人民群众生命财产安全和供水安全，促进流域经济社会可持续发展，发挥了重要的作用。一是完善了流域规划体系，根据流域水利发展的需要及水利部的部署，组织编制了《珠江流域近期防洪建设的若干意见》及其实施意见、《珠江流域防洪规划》《澳门附近水域综合治理规划》《珠江河口综合治理规划》《珠江流域取水许可总量控制指标方案》《韩江水量分配方案》《珠江水资源综合规划》等。二是根据流域水利建设的新形势、新要求，及时调整前期工作方向和重点，加大了流域防洪骨干枢纽、骨干堤防及西部地区水利项目的前期工作力度，组织开展了大藤峡水利枢纽前期，珠江上游南、北盘江水土保持生态建设等项目工作。三是加强了水利科学研究和基础工作，开展了流域治理与发展重大问题的研究，组织完成了西、北江干流及三角洲的枯水期和洪水期水文、水质同步测验，珠江八大出海口门的数学模型和物理模型试验研究，组织开展了珠江重点堤防工程普（复）查等基础工作，以及流域骨干水库统一调度、珠江上游石漠化治理等专题研究，为流域的治理、开发和管理提供了基础资料和技术支撑。珠江水文、水资源监测的基础设施设备状况有明显的改善和加强，水文测报能力有较大的提高。

（9）改革与管理。加强流域水行政管理的制度建设，制定了规范规划计划、水资源论证、河道建设管理等管理办法和办事制度，流域水行政管理逐步走向规范化、制度化。建设项目规划同意书制度，河口管理、河道管理范围内建设项目管理、水土保持监督管理、建设项目水资源论证和取水许可制度等得到全面实施。流域水资源统一调度和管理得到进一步加强。水资源管理三条“红线”正在抓紧制定，实施最严格的水资源管理制度条件逐步形成。流域水资源保护与水污染防治协作机制进一步理顺。节水型社会建设稳步推进。

（10）水利信息化建设通过实施珠江防汛抗旱指挥系统（一期）工程、珠江委电子政务（一期）工程、珠江水情测报系统及决策支持数据中心项目、珠江骨干水库统一调度管理信息系统等重点工程，业务应用得到推广。建成了珠江防汛抗旱总指挥部会商中心，实现各种决策信息的汇集和显示，为决策指挥创建了一个现代化多功能的中心场所。

（11）科研能力建设。珠江委充分利用国家重大科技专项、科技支撑（攻关）计划、自然科学基金、“863”计划等国家计划，“948计划”、公益性行业科研专项、重点推广计划等水利部计划以及省（自治区）科技计划等，针对流域水问题，在流域防洪减灾、水资源优化配置、水量调度、水资源保护与生态修复、水土保持、咸潮治理、河流健康评估等重大水问题研究方面取得了新进展，部分研究成果达到国内先进或领先水平。

（12）水利前期工作。一是完善流域规划体系，组织编制了各类专业（专项）规划；二是加大了流域重点项目的前期工作力度，重点推进了大藤峡水利枢纽、柳江洋溪水利枢纽、郁江老口水利枢纽等项目的前期立项工作。

第一节　珠江流域第一部综合规划

根据国家要求，自1980年起，珠江委组织流域内各省、自治区和有关部门分工协作，进行了流域规划的补充修订，重点研究了防洪、除涝、开发水电、发展航运、河口治理、灌溉、城市供水、水土保持等规划，于1986年提出了《珠江流域综合利用规划报告》，并在此基础上，于1989年编写了《珠江流域综合利用规划纲要》，1993年经国务院批准。随后，根据流域综合规划，各有关地区相应编制了必要的区域和专业规划。

一、防洪治涝规划

根据珠江洪水峰高量大、灾害集中在经济发达的中下游地区的特点，防洪规划按“上中下游统筹兼顾、泄蓄兼施、以泄为主”的方针，采取堤、库结合的措施，提高主要河段的防洪能力。加高加固浔江、西江、北江、东江和西、北江三角洲堤防；结合水资源综合利用，兴建红水河龙滩、右江百色、黔江大藤峡等水库，并与已建的北江飞来峡，东江新丰江、枫树坝、白盆珠等水库优化调度，有效发挥拦洪作用。通过堤库结合，可以使浔江、西江堤防防洪标准提高到30年一遇，珠江三角洲一般堤防和重点堤防防洪标准分别提高到40年一遇和100年一遇，北江大堤能防御北江300年一遇洪水和1915年洪水，南宁市堤防防洪标准提高到100年一遇，东江中下游堤防防洪标准提高到100年一遇。除涝规划的重点是珠江三角洲、浔江和西江等3个易涝区，采取整治堤内排水系统、修建水闸、增加电排装机等措施，扩大除涝面积，提高除涝标准。20世纪90年代以来，珠江先后发生了“94·6”和“98·6”等大洪水和特大洪水，出现了新情况和新问题，珠江委于1998年年底组织全流域开展防洪规划，2000年提出了《珠江防洪规划简要报告》，实施病险水库加固和河道疏浚，进一步补充完善了防洪体系，并加强了非工程措施建设。

二、水力发电规划

珠江水电开发有广阔的前景。除加快红水河水电基地梯级电站建设外，还安排建设西江中下游、北江、东江及北盘江、黄泥河、柳江、郁江、桂江、贺江等支流电站。其中重点建设项目有：红水河的龙滩（装机容量4000兆瓦）、黔江的大藤峡（装机容量1200兆瓦）等。此外，在中小河流上也积极发展中小型水电站。

三、航运规划

规划选择西江航运干线（南宁至广州），右江、南盘江、北盘江及红水河航线，柳江、东江、北江、贺江、桂江和珠江三角洲主要水道及其出海航道为航运建设重点，使碍航闸坝复航，提高现有河道的通航能力。西江航运干线通航标准为1000吨级，成为流域水运的大动脉。南盘江、北盘江及红水河通航标准为250～500吨级，分担云、贵两省煤、磷等矿产资源外运任务。柳江、右江、桂江、贺江、北江、东江的通航标准为50～100吨级。广州至黄埔港的通航标准为3000～5000吨级，黄埔出海航道为20000～35000吨级。规划总目标是：以建立西江航运干线为主干，上游打通3个沟通云贵的通道，即南线的右江、北线的柳江及黔江和中线的南、北盘江及红水河；下游开发3个深水出海口门航道，即崖门（含虎跳门）、横门和磨刀门。远景设想建设湘桂、粤赣、平陆等3条运河，沟通长江和珠江两大流域间的水运，并为广西、云南、贵州打通较近的出海口。

四、河口治理开发规划

珠江河口有8个入海口门，水流扩散，浅滩发育、潮沟纵横、流态紊乱，增加了三角洲河口区治理开发的复杂性。

治理的原则：有利于排洪纳潮，改善和发展航运，促进滩涂围垦和水产养殖，改善生态环境。

规划的主要任务：①制定各入海水道岸线及河口治导线。重点是广州至虎门水道、磨刀门水道及伶仃洋水道。②结合河口治理，开发滩涂资源。重点是磨刀门、蕉门、洪奇门和横门等河口及伶仃洋、黄茅海两海区。岸线及河口治导线规划以维持和稳定海区现状的喇叭形河口形态为原则，合理控导河口延伸方向，保持河口稳定，畅通尾闾，加大泄洪输沙能力。

五、灌溉及城乡供水规划

灌溉规划着眼于巩固提高现有工程，加强管理，挖潜配套，扩大效益。同时，加强节约用水管理，推广节水灌溉技术。流域内耕地比较分散，灌溉水源主要依靠中小河流，部分灌区水源由综合利用的大型水利枢纽提供。城市供水的重点是广州、深圳、珠海和其他沿海城市，包括向香港特区和澳门特区供水。云贵高原边缘地带的滇东南、黔南以及桂西、桂北一带，交通不便，经济落后，许多地方人畜饮水困难，在这些地区主要发展农田灌溉和中小型水电及人饮工程，改善人民生活用水条件。如贵州采取小水池（窖）工程措施，广西推广地头水柜集雨灌溉工程等。

六、水土保持规划

将全流域划分为上游云贵高原区、中游喀斯特区和下游丘陵平原区3个类型，因地制宜地采取谷坊、拦沙坝等工程措施和种草、造林、封山育林、陡坡地退耕还林等生物措施，由点到面、由单项措施到综合治理、由分散治理到连片小流域治理，有计划地分片实施。上游地区以南盘江、北盘江1.5万平方千米的水土流失区作为重点防治区。全流域共规划综合治理的小流域470条，治理面积1.8万平方千米，确定以综合治理为手段、合理利用水土资源为核心，改善当地经济发展条件，建立具有良性循环的生态环境系统。

七、水资源保护规划

考虑采取综合措施，包括：严格控制工业污染源；综合治理市政废污水；加强面源污染防治；利用水利工程调节枯水流量，增加河流纳污能力，并强化水资源保护管理，完善水质监测站网建设，使流域内大多数河段水质达到Ⅱ、Ⅲ类标准，其余河段水质达到Ⅲ、Ⅳ类标准。

第二节　红水河第一个大型水电站——大化水电站

大化水电站位于珠江水系西江干流红水河中游的广西壮族自治区大化县，地处南宁、河池、百色三地区的中心，是红水河水电基地10级开发的第六个梯级，上游是岩滩水库，下临百龙滩水库，是红水河上兴建的第一座大型水电站。电站坝址控制流域面积112 200平方千米，正常蓄水位155米，死水位153米，校核洪水位169.63米，总库容8.74亿立方米。枢纽建筑物由混凝土重力坝和左右岸土坝、混凝土溢流坝、河床式厂房、升船机等组成，枢纽以发电为主，兼有航运、灌溉等效益。电站工程勘测设计工作始于1973年，1975年6月通过初步设计审查，同年10月动工兴建，1983年12月1号机组发电，1985年6月工程竣工。电站一期装机容量400兆瓦，装置4台轴流转桨式机组。1998年，广西桂冠电力股份有限公司对一期工程4台水轮机开始进行扩容改造，2002年5月，4台机组全部改造完成，装机容量扩至456兆瓦。扩建工程装机容量110兆瓦，于2007年7月动工建设，2009年6月底实现投产发电，至此，总装机容量达到566兆瓦。

国务院于1987年12月23日以《国务院关于同意广西壮族自治区设立大化瑶族自治县及调整部分县行政区划给广西壮族自治区人民政府的批复》（国函〔1987〕208号）批准成立大化瑶族自治县。1988年3月，大化瑶族自治县开始筹建工作，同年10月20日大化瑶族自治县正式成立，由都安、巴马、马山三县沿红水河两岸的边缘接合部组成，隶属河池地区，县政府定于大化水电站所在地即大化镇。电站的勘测工作始于1973年，分两个阶段进行。1973年1月至1975年6月进行初步设计阶段勘测，1975年9月至1983年12月配合施工进行技术施工阶段勘测。勘测高峰期（1973—1975年）投入的技术力量有地质人员 15 人、测量人员 15 人，钻探 6 台机组共 90 人，硐探 70 余人。工程建设早期处于边勘测、边设计、边施工的状态。1973 年 1 月，广西水电勘测设计院勘测队进入红水河大化河段进行勘测，初步拟于大化或其上游 35 千米处的百马选择坝址。1974 年七八月间，对两坝址进行比较论证，选定大化坝址。同年 12 月，对大化坝址的Ⅰ、Ⅱ两条坝线进行比较，确定采用Ⅰ坝线。1975 年五六月间，广西壮族自治区会同水电部工作组进行电站初步设计阶段审查，确认可以建库建坝。初步设计和技术施工阶段，勘测工作主要针对以下几个地质问题：区域构造稳定及地震问题；水库左岸苑山地段岩溶渗漏问题；坝基分布有缓倾角断裂问题。1975 年 3 月，广西水电勘测设计院提出“红水河大化水电站初步设计报告”；6 月，广西区计委等会同水电部工作组在南宁审查，通过了审查纪要，同意初步设计方案；9 月，水电部下文批复并列入国家建设计划。电站原定右岸安装 4 台单机容量为 10 万千瓦的水轮发电机组，另在左岸安装 2 台单机容量为 2.5 万千瓦的贯流式机组。为了减少国家近期建设投资，设计提出了将电站建设规模分两期兴建的合理主张，近期兴建右岸河床式厂房，装 4 台单机容量为 10 万千瓦机组，保证出力 10.68 万千瓦，年发电量 21.05 亿千瓦·时。远期待上游龙滩、岩滩等高坝梯级电站兴建后，红水河的洪枯流量得到很大调节，大化水电站的保证出力将提高到 34.3 万千瓦，那时在左岸另兴建 2 台 10 万千瓦机组的左岸厂房。两期总装机容量达 60 万千瓦。1978 年 12 月，经报请水电部审查，同意此分期建设方案。为此，电站的枢纽布置中设计预留了左岸厂房的建设位置，并采取了必要的工程措施，以求在远期左岸厂房建设的同时，保证右岸厂房的正常运行。

水电站于 1975 年 1 月开始筹建，10 月 28 日正式动工兴建。1975 年 1 月，广西水电基建公司第一工程处 60 多名职工从麻石电厂开进大化进行施工准备；2 月 3 日，大化水电站工程指挥部成立。工程指挥部成立后，立即全面开展各项施工准备工作。1975 年，改建工地至周鹿 25 千米泥石公路；之后，新建左岸坝头至大化乡 3.5 千米泥石公路；1976 年，修建工地至马山三级沥青公路 23 千米，作为场外交通干线；开通场内交通道路，从右岸坝址通往上下游砂石料场简易泥石路两条 5.3 千米；铺设砂石料专用机动车道 1 条；架设连接右岸前后方的王秀河大桥、连接左右岸的红水河大桥、连接左岸前后的东风桥，共长 626.1 米。还先后解决了工地的供电、供水、供风三系统及有关设备、设施的布置安排，落实了砂石料场及施工用房。1975 年 10 月，主体工程开工时，有职工 2959 人，都安、马山、河池的民工 3900 人。最先进场的职工暂住古感附近农民家，边搭建竹笪油毡房边作施工准备；先后进场的民兵团 300 人及新招工人 2300 多人，均住竹笪油毡房。

大化水电站工程的施工导流采用了分段围堰，分两期导流，均在河床内进行。一期导流以先围电站厂房为主体的右岸大基坑，束窄河床约一半，由原河床导流，同时左岸滩地利用枯水季不修围堰进行施工。一期围堰为混凝土围堰，1975 年 10 月 28 日动工，历时 15 个月，1977 年 4 月完工。修筑低堰挡水施工，虽然赢得了时间，节省了投资，但由于挡水标准太低，以致围堰修建后 3 年度汛，2 年基坑被淹，给汛后清淤造成极大困难，耗费了相当大的人力和物力。二期导流围堰围深河槽，利用河床式厂房的流道和排沙廊道宣泄枯水期导流流量，汛期用深河槽的过水土石围堰过流。

厂房导流。二期导流标准选定为12月1日至次年4月15日枯水时段，20年一遇流量2350立方米每秒。大化厂房参与导流时间为1980年2月至1982年5月，历时28个月。

大化厂房导流成功，是国内厂房导流量最大、历时最长、水头最高的一次重要工程实践。

过水土石围堰。由于二期基坑工程量大，施工要经历两个枯水期，因此二期上游围堰采用过水土石围堰。该围堰长218米，最大堰高40米，堰体不同部位采用不同的护面结构：上游坡下部为软排体和抛石护面，堰顶及其以下3~4米垂直高度范围的上下游边坡设置钢筋石笼、钢筋网和混凝土护面，下游坡为堆石护面。基坑过水前做到上、下游均衡充水。由于过水土石围堰经过模型试验验证，采取了严谨的保护和充水措施，建成后过水9次，历时1664小时，最大过水流量9130立方米每秒，堰顶最大水深11.3米，最大单宽流量51立方米每秒每米。汛后检查，堰体完好。红水河水深流急，给大化截流带来不少困难。经过精心策划和试验验证，大化二期截流工程施工积极有序地进行。1980年汛前做好了位于龙口部位的拦石栅，5月开始在汛期利用船只进行平堵预抛，汛末采用单戗堤单向立堵进占。截流施工共计出动各种车辆、推土机、挖掘机等机械设备96台，创当时单戗堤单向立堵日抛投强度1286米的国内最高纪录，并且一次闭气成功，质量良好。

坝基础开挖于1975年10月动工，1982年1月底完工。主体工程开挖分3个阶段进行。1975年10月至1979年4月为第一阶段，主要是右岸一期围堰内的重力坝、闸检室、升船机、挡水段、上游航道、厂房和1号溢流坝段的基础开挖；同时进行左岸闸检室、重力坝、8~12号溢流坝及右岸开关站基础的开挖。1980年11月至1982年1月底为第二阶段，主要施工部位是位于二期基坑内的深河床部位的2~7号溢流坝基础。因该坝段左右已浇筑混凝土，为防止开挖放炮时飞石及爆破震动影响损坏混凝土建筑物，对开挖顺序、炮眼设计和爆破作业等均有严格控制措施与要求，施工难度较大。在施工中，发现两条近于水平状、连续延伸的大断层。1981年，电力工业部、自治区建委会同设计、施工单位实地研讨决定，修改部分设计：2~7号坝前增设深10米、宽6米的深齿墙和底宽5米、长20米、厚5~7米的防渗混凝土铺盖；坝后增设两道坝。共增加土石方开挖量约8000立方米。1982年秋至1985年为第三阶段，主要是通航建筑物的基础开挖。电站工程的混凝土施工，大体分为4期进行。1976年1月至1977年5月，进行右岸第一期围堰和两岸接头重力坝混凝土施工。1978年5月至1980年4月，进行一期厂坝混凝土施工，同时进行左岸8号溢流坝以左的8个坝段和8个重力接头坝段的混凝土浇筑。1981年1月至1982年5月，主河道截流后进行2~7号溢流坝水下部分的混凝土施工。厂坝工程竣工后自1985年年底至1988年年底，进行右岸升船机本体及上、下航道的混凝土施工。在混凝土施工中，工程施工部门克服困难，改进施工方法，大胆使用新技术，确保了混凝土质量，同时还节约了大量水泥和木材等原材料。

使用人工机制砂石料。红水河大化河段合格的砂石料甚少。电站建设初期用砂大部分从100多千米以外的武鸣、宾阳等地运入。1976年，高峰运砂车日达200多辆，为了确保工程质量，降低成本，工程指挥部决定在上、下游分别建设砂石料场，建成了月产6万立方米的人工机制砂石料生产系统。大化水电站人工砂石料的开发使用，为岩滩特大型水电站施工解决了砂石料问题提供了宝贵的经验。电站工程混凝土施工普遍使用组合钢模板，滑、拉模，以钢代木。到 1983 年，钢模板使用量已达到模板安装总量的 75.4%，节约木材 3370 立方米，提高工效 1.22 倍，而成本仅是木模的 40%，而且拆装快，混凝土浇筑造型精度高，表面光滑，质量显著提高。此外，还成功地使用钢模板防锈脱模剂。在室内外湿热条件下，此种脱模剂的防锈率为机油、黄油的 20 倍，且易脱模，达到了优质高效的目的，此项科技成果为当时国内首创。电站工程混凝土施工前后共掺合粉煤灰 52124 吨，节约率为 13.2%。同时掺用混凝土减水缓凝剂，节约水泥 12741 吨，提高了混凝土质量。1983 年 3 月，开始第一台机组底环吊装，10 月 25 日，机组本体安装全部完成，随后进行充水试验和 72 小时试运行，12 月 1 日，机组正式并网发电。4 台机组累计总安装工期 27 个月，平均每台机组安装工期 6.75 个月，实际总工期比计划总工期提前 247 天，安装质量优良。电站金属结构安装总质量为 4877 吨（不含启闭机），闸门安装从 1980 年开始，至 1985 年基本完工。经验收，工程质量优良，操作方便，启闭灵活，漏水量小于部颁标准，尤其是溢流坝工作闸门几乎不漏水，受到有关专家和同行的好评。

大化水电站工程建设，坚持质量第一，普遍开展了全面质量管理活动，推广应用了混凝土围堰和过水土石围堰、预裂爆破、浆状炸药“双掺”、人工砂、以钢代木等一系列新技术、新工艺、新材料，共获得 22 项国家、部、自治区和广西电力系统科技进步奖。工程质量优良，荣获 1987 年国家优秀工程银质奖。

大化水库（《人民珠江》供）

第三节　第一个国际招标工程——云南鲁布革水电站

鲁布革水电站位于云南省罗平县和贵州省兴义市交界的深山峡谷之中，是我国第一个使用世界银行贷款、部分工程实行国际招标的水电建设工程，被誉为我国水电建设对外开放的一个“窗口”。电能通过 4 条 220 千伏、2 条 110 千伏线路分别送往昆明和贵州兴义等地，水电站是西电东送工程的第一个水电站，1993年就开始向千里之外的广州送电。水库最大库容1.11亿立方米，水电站由首部枢纽、引水发电系统、地下厂房三部分组成。水电站装有4台15万千瓦水轮发电机，年发电量27.5亿千瓦·时。

鲁布革水电站1973年开始规划设计工作，1976年开始施工进点，1981年6月，国家批准建设，并把它列为国家重点工程。1982年11月，首部枢纽导流洞开工；1985年11月15日，大坝施工截流；1988年11月21日，水库下闸蓄水；1988年12月27日，第1台机组并网发电；至1991年6月14日，4台机组全部投产。1992年12月，水库通过国家竣工验收。

1957—1965年，昆明勘测设计院对黄泥河进行了多次查勘和初步规划。1966年编制的"黄泥河梯级开发报告"推荐大桥、鲁布革两库两级开发方案，并建议首先开发支流九龙河上的大寨电站。1967年水利电力部确定干流按大桥、老江底、鲁布革三级开发。1972年11月，昆明勘测设计院提出了"黄泥河梯级开发补充报告"，推荐全河一库七级方案，共利用落差969米，总装机容量73.95万千瓦，总年发电量39.46亿千瓦·时，总保证出力29.5万千瓦，即在支流上游建阿岗水库作为梯级的主要调节水库，其下游为落水洞、腊庄、大寨、大桥、老江底、鲁布革及乃格等六级，鲁布革至乃格共利用落差372米，装机48.2万千瓦，是全河梯级的主要工程。大桥水库由于淹没农田较多，可在阿岗水库之后，待云贵两省粮食产量达到更高水平时兴建。1973年，水利电力部正式下达了鲁布革水电站的勘探设计任务。鲁布革水电站勘探设计工作开始后，对于鲁布革至乃格河段的开发方案根据当时的条件及有关各方面的意见，作了进一步的研究，比较了鲁布革高坝（高105米）、中坝（高80米）及低坝（高35米）方案，以及该河段一级开发和两级开发方案。1976年10月29日至11月6日，云南省革命委员会和水利电力部在罗平召开会议，同意鲁布革至乃格河段采取一级混合式开发方案。考虑到大桥水库一时难以建设，故明确上游阿岗水库和鲁布革水电站为一组电源，黄泥河按一库六级开发。1978年8月，昆明勘测设计院提出"鲁布革水电站初步设计"定为中坝方案上报，同年10月，经云南省革命委员会会同水利电力部工作组审查，确定正常蓄水位1130米，坝高约100米。1979年11月，昆明勘测设计院按初步设计审查意见，提出了"首部枢纽布置及堆石坝设计专题报告"。至此，鲁布革水电站的开发方案及工程规模完全确定，成为云南当时最大的水电站，也是全省水、火电站中单机容量唯一达到15万千瓦的电站。

1981年年底，国家建设委员会批准了电站工程的初步设计，同时决定立即动工兴建，经过必要的施工准备，主体工程于1982年正式开工。生产准备单位鲁布革电厂筹建工作组于1983年10月诞生了，主要任务是配合鲁布革工程管理局办理土建招标以及拟建曲靖基地规划等前期工作。在此之前，中国水利水电第十四工程局有限公司于1976年开始进点，进行了部分施工准备工作，初步设计批准后，进一步开展了施工准备工作，引水隧洞也进行了部分开挖。1981年5月，电力工业部计划司布置研究在鲁布革工程上利用世界银行贷款。昆明勘测设计院于1981年6月编制了《鲁布革电站初步设计》（英文版），作为初步评估资料提交上级和世界银行进行研究。1981年9月，世界银行代表团4人来华，开始对鲁布革工程进行预评估。由此，按照世界银行惯例，开始了鲁布革工程利用世界银行贷款的“项目准备”工作。昆明勘测设计院在有关部门的配合及澳大利亚雪山工程公司的协助下，及时完成了设计复核、招标文件编制、参与招标评标等工作。1984 年 3 月 12 日，中国政府和世界银行签署了鲁布革工程贷款协议。按协议，由世界银行贷款 1.454 亿美元，用于鲁布革工程引水隧洞系统土建工程、电站主变压器设备、系统输变电工程等项目。

根据鲁布革的具体情况和世界银行的规定，鲁布革引水隧洞系统土建工程进行了竞争性国际招标，这是我国土建工程和水电工程的第一个国际招标工程。经过对 7 家合格投标书的详细评估后，于 1984 年 6 月 16 日由业主向日本大成株式会社（TAISEI）发出中标通知书，7 月 14 日，在昆明由鲁布革工程管理局代表业主与日本大成公司正式签订了鲁布革水电站引水系统工程承包合同。1984 年 7 月 31 日，鲁布革工程管理局作为工程师单位向日本大成公司正式发布了开工命令，同年 10 月正式开工，于 1988 年 7 月 22 日竣工。

由于鲁布革工程是中国水电系统对外开放、首次利用世界银行贷款、进行国际招标的工程，经过 1983 年到 1987 年的实践证明，此举十分成功，经济效益显著，不仅节约了大量投资，而且加快了工程进度，降低了人力、物力消耗，缩短了工期，同时引进了世界先进施工和设计技术。1988 年 12 月 27 日，鲁布革电厂首台机组（4 号机）投产发电，1989 年 9 月，第二台机组（3 号机）投产发电，全体职工齐心协力，以安全生产多发电、支援现代化建设为己任，面对从未接触过的大型发供电设备，在缺乏运行管理和检修维护经验的情况下，战胜了种种困难，排除了外部干扰和内部条件差等种种难题，创造了新机长周期安全生产 300 天的纪录，提前 19 天完成全年国家发电计划，年发电量 12.4 亿千瓦·时，超发电量 3.2 亿千瓦·时，为国家指令性计划的 135%。

鲁布革水库（云南省水文局供）

1987年9月，国务院召开的全国施工会议提出了推行鲁布革经验，具体有四条：第一，最核心的是把竞争机制引入工程建设领域，实行铁面无私的招标投标；第二，工程建设实行全过程总承包方式和项目管理；第三，施工现场的管理机构和作业队伍精干灵活，真正能战斗；第四，科学组织施工，讲求综合经济效益。鲁布革经验对中国的工程施工管理能力的提升有着很大的推动作用。国家有关部委1987年确定了18家企业作为运用这种新管理模式的试点，1990年，又审批通过了第二批试点企业，使试点企业总数达到50家。鲁布革工程在管理上全面进行改革的经验及其取得的成功，有力地推动了工程管理的改革和发展。1991年6月，鲁布革水电站四台机组全面投产。我国具有现代意义的项目管理，起始于20世纪80年代，具有里程碑价值和象征意义的是鲁布革水电站引水隧洞工程。

第四节　国内第一个抽水蓄能电站——广州抽水蓄能电站

广州抽水蓄能电站位于广东省广州市从化区吕田镇，属于纯抽水蓄能电站，是大亚湾核电站、岭澳核电站的配套工程，总装机容量2400兆瓦。上水库位于召大水上游的陈禾洞小溪上，下水库位于九曲水上游的小杉盆地，是广东电网主力调频电厂。电站第一期于1993年到1994年开始服役，共有4台300兆瓦发电机。第二期于1999年到2000年开始服役，共有4台300兆瓦发电机。

广东省自从实行特殊的经济政策后，工农业生产发展较快，电力负荷急剧增长，峰谷差悬殊，最小负荷率低；广东电网以火电为主，而大多数火电机组为最小技术出力很高的高温高压凝汽式燃煤机组，只宜安排在基荷运行；同时，大亚湾核电站投产后，从安全经济出发，也只适宜基荷运行。因此，为了增加网内调峰容量，配合核电和大容量火电建设，迫切需要在靠近负荷中心的广州附近兴建抽水蓄能电站。经论证，蓄能电站装机120万千瓦是适宜的。电站投入系统后起到调峰、填谷的作用，使核电站长年满载运行，可把低谷电量变为调峰电量，增加售电收入；比火电调峰经济；还能改善系统经济运行条件，为系统提供备用容量，经济效益和社会效益均十分显著。

广州抽水蓄能电站由广东省电力工业总公司、国家能源投资公司和中国广核集团有限公司联合投资建设。按政企分开、将投资的所有权与经营权分离的原则，组建了广东抽水蓄能电站联营公司，作为广蓄（广州抽水蓄能电站的简称）项目的业主单位。由项目业主负责电站的筹款、建设、运营、还贷以及国有资产的保值、增值的全过程管理；承担投资风险，真正建立起一种投资主体自求发展、自觉协调、自我约束、讲求效益的运行机制，这是投资建设领域建立社会主义市场经济体制的实际运作。这种贷还结合、建管结合的形式，无疑会对提高基本建设的经济效益起到重要作用。在建设管理中，业主要用市场经济的办法，优化资源配置，动员社会力量组织电站建设。广蓄称此为“小管理，大承包”。业主单位择优选择咨询公司进行技术及管理咨询，择优选择设计方案进行工程设计，择优选择监理单位担负工程建设管理，择优选择施工企业承担施工任务，择优采购机电设备、施工机具，择优采购原材料等。这样做，从项目本身而言，可以择优选择最佳生产力要素，实现资源优化配置；从宏观角度看，由于竞争机制的引入，迫使各类企业努力提高管理水平，在社会竞争中求生存、求发展，从而使水电建设乃至整个国家的建设水平得到提高，意义十分深远。业主要运用“项目管理”的科学原理，认真推行建设监理制和招标承包制，这是新管理体制的重要内容。其中，建设监理制是一种在工程建设中受国家计划和经济合同的约束，能有效地控制投资，提高工程质量，加快工程进度的监督、管理体制。广蓄工程建设中，选择了独立的工程监理单位，按“监督、管理、协调、帮助、服务”的方针，行使监理职能，既严格执行合同，又公正而实事求是地处理各类问题，保证了工程建设的顺利进行，确保了工程总目标的实现。施工单位重合同、守信誉、抓管理、讲效益，认真按项目法组织施工，创造了工程建设的高速度、高质量、高效益；设计单位主动为工程服务、为业主服务，不断优化设计，搞好设计服务，保证了工程对设计的需求。值得指出的是，广蓄电站在推进技术进步，广泛而大胆地采用新技术、新材料、新工艺方面也卓有成效。业主单位——广蓄联营公司对电站建设负有全责，因此也必须赋予相应的权力。广蓄联营公司拥有较大的经营自主权，因此能够掌握工程建设的主动权。业主单位的责任越重、权力越大，对领导成员的要求也就越高。广蓄联营公司的领导，既懂业务、懂管理，又有很强的改革意识，这就为工程建设高速优质地进行提供了重要保证。

广州抽水蓄能电站的投产，对保证大亚湾核电站的安全稳定生产，对广东电网和我国香港中华电力公司电网优化结构、安全经济运行和提高供电质量，起到了重要作用。

广州抽水蓄能电站（广州抽水蓄能电站供）

第五节 北江流域控制性工程

一、飞来峡水利枢纽

飞来峡水利枢纽位于北江干流中下游，广东省清远市辖区内。飞来峡水利枢纽属河道型大型水库，设计多年平均发电量5.54亿千瓦·时，坝址控制流域面积34097平方千米，占北江流域面积的73%，正常蓄水位24米，死水位18米，调洪库容13.36亿立方米，校核洪水位33.17米，总库容19.04亿立方米。水利枢纽主要建筑物由拦河大坝、船闸、发电厂房和变电站组成。河床式厂房安装4台35兆瓦灯泡贯流式水轮发电机组。船闸由上下闸首、闸室和相应设备组成，设计年货运量为467万吨，可通过500吨级的组合船队。水库淹没耕地及其他土地约4万亩，迁移人口近4万人。飞来峡水利枢纽是广东省最大的综合性水利枢纽工程。它以防洪为主，兼有发电、航运、供水和改善生态环境等作用，是北江流域综合治理的关键工程。

1992年，国务院批准兴建飞来峡水利枢纽；1993年，飞来峡水利枢纽工程建设总指挥部成立。枢纽工程于1994年10月动工兴建，1995年被水利部确定为部属12项重点工程之一。1996年10月，成立广东省飞来峡水利枢纽建设管理局，1998年大江截流，1999年3月水库蓄水，同年10月，全部发电机组并网发电，工程全部完工。

我国第一任水利部部长傅作义提出过兴建飞来峡水利枢纽工程。1975年，钱正英任水利部部长时，兴建飞来峡水利枢纽工程重新提上日程。20世纪70年代后期，钱正英部长亲自到广东清远召开论证会议，并要求抓紧钻探和选址工作。由于一直以来受“投资巨大，战时不安全”的观点影响而延误。1982年，北江中下游遭受特大洪涝灾害，清远县城被淹，清西平原一片汪洋，广州城危在旦夕。1994年5月，一场惊动党中央和国务院的北江洪涝灾害发生了。7月9日，中央、部级领导亲临清远视察灾情，慰问灾区人民，督促抓紧恢复生产，加快重建家园。洪灾刚过，1994年10月18日上午，飞来峡水利枢纽工程奠基典礼便隆重举行了。

（一）建管合一的管理体制

当国务院批准兴建飞来峡水利枢纽之后，广东省人民政府在1993年下半年便成立了由欧广源副省长任组长的广东省飞来峡水利工程建设领导小组，随后成立了飞来峡水利工程建设总指挥部。1996年3月，广东省机构编制委员会批准成立广东省飞来峡水利枢纽建设管理局，隶属于广东省水利厅。1997年，广东省人民政府第十七号令颁布了《广东省飞来峡水利枢纽管理办法》，明确了广东省飞来峡水利枢纽建设管理局是飞来峡水利枢纽的建设和管理机构。在此基础上，广东省委、省政府提出“六年工期，五年完成，全优工程，把飞来峡建成具有现代水平的水利枢纽”的建设总目标，广东省水利厅又提出了“建管合一，综合经营一起上”的要求。明确要求集水库投资多元化、资产产权明晰化、供电供水价格商品化、水库服务（船闸等）有偿化于一体，实现良性运行。这种管理机制，在广东省水利建设史上也是一大创新。

（二）优化设计

飞来峡水利枢纽勘测设计由水利部珠江水利委员会勘测设计研究院承担。为了实现广东省委、省政府提出的“六年工期，五年完成”的目标，对枢纽总体方案进行进一步优化设计，这为提前完工赢得了时间。按照1987年提出的初步设计，采取的是明渠导流过船通航的办法，即在北江干流右岸，重新挖一条宽400米、长1千米多的导流明渠。开挖土方500万立方米，浇筑混凝土11万立方米，需要两年多时间。为了节省时间，飞来峡水利枢纽的设计者进一步优化枢纽总体布置方案，提出用河床导流，将主坝混凝土建筑左移300米，让出右边主河床一部分进行导流。这样不仅减少了导流工程开挖量，保证了引洪、施工和通航的水量、水深，还可使临时工程和永久工程同时动工，既减少了投资，又使两个枯水期的工程能在一个枯水期完成，为实现广东省委、省政府提出的目标赢得了宝贵的时间。

（三）监理实行“三控制”

飞来峡水利枢纽工程监理由广东省水利电力勘测设计研究院承担。该工程监理实行总监理工程师负责制，下设4个部1个室，即合同部、土建部、机电部、环保迁安部和办公室。“三控制”为工程质量控制、工程进度控制、投资控制。

1. 工程质量控制

为有效控制工程质量，他们建立了一整套监理服务质量保证体系，建立了飞来峡水利工程质量检查及工程验收规定、土坝基础排水砂井验收规程等一系列监理工作规程。对质量控制采取的措施包括：成立专职质检机构，配备专职质检人员，建立规章制度，成立工地试验室等，实行开工签证制度、质量月报制度、开箱检查制度等。经过检测，单元工程优良率为86.7%，分部工程优良率为84.3%。从1995年起，该工程每年年底开展质量自评活动，通过自评寻找薄弱环节，保证工程质量，历年质量自评分都在91分至94分之间，水利部两次组织的重点工程质量检查，该工程质量评分分别为92分、93分。

2. 工程进度控制

为保证用5年时间保质保量建成飞来峡水利枢纽工程，建设监理受总指挥部的委托，编制工程控制性进度计划。进度控制的主要措施：一是严格审查施工单位的施工组织设计；二是召开各种协调会，定期检查、督促关键项目的施工进度；三是规定关键项目的作业程序、工期，制订实施计划。

3. 投资控制

施工阶段的投资控制以合同为依据，着重审核工程进度款支付申请，按进度计支合格工程进度款；及时处理工程变更事宜，分析评估工程变更对投资的影响；复核各项工程量，检查对比完成情况，跟踪投资，加强对工程及费用变化部分的审核；实事求是地处理工程索赔（补）事项；及时了解有关工程造价的政策和建筑安装设备材料的价格变动，按期办理合同规定的调价；严格审核竣工结算，及时办理竣工项目的工程结算；在工程实施过程中寻求通过优化设计优化施工，以挖掘潜力节约投资。根据已经明确的设计项目及工程量，预计工程部分的实际投资不会突破相应的动态总投资。

（四）采用新技术精心施工

要实现提前一年完工的目标，优化设计虽然创造了有利条件，但要实现这一目标，必须勇闯三关：一期围堰：要将两个枯水期的工程量集中在一个枯水期内完成；基坑基础开挖，用近一年时间，排干围堰内积水，将枢纽建筑物建筑基面以上20米厚的覆盖层开挖运走，完成12万立方米混凝土浇筑。主体工程建筑，用不到两年时间完成厂房、溢流坝、船闸等主体建筑，承担施工任务的广东省水电二局、三局，广东省机电安装公司迅速集结飞来峡工地。在施工中他们大胆采用新技术，如掺用氧化镁解决混凝土温控问题，混凝土防冲部分表面掺入硅粉以解决抗磨蚀问题等，为保证工期和质量起到了很好的作用。从工程开工到1998年10月28日，4年的时间里，建设者们辛勤劳动，勇闯三关，实现了截流。承担发电机组安装的广东省水电安装公司，采取非常规的工期安排，通过机电安装网络计划的优化来确保工程发电总目标的如期完成。

建成后的飞来峡水利枢纽与北江大堤、泄江天然滞洪区、芦苞涌西南涌分洪工程组成北江中下游防洪工程体系，通过利用飞来峡水库蓄洪、潖江滞洪区滞洪、北江大堤拦洪等综合措施，基本形成了北江下游防洪体系，可使广州、佛山等珠三角发达地区的防洪标准由100年一遇提高到300年一遇。库区形成干、支流渠化河道116千米，使通航标准大大提高。自1999年投入运行以来，枢纽先后成功抗击了“05·6”珠江流域超百年一遇特大洪水、“06·7”北江50年一遇洪水及2013年近五十年一遇“8·19”洪水；参与珠江水量统一调度。同时，参与处置北江下游镉污染和镉超标应急调水工作，配合做好了抗击2008年南方罕见冰灾和广州亚运会、亚残运会保水保电工作，在全面发挥好枢纽设计功能的基础上，顺应了新时期推进民生水利的新要求，很好地发挥了水资源调配的功能，为促进和谐社会建设作出了积极贡献。枢纽工程先后荣获中国水利工程优质（大禹）奖、国家优质工程鲁班奖和中国土木工程詹天佑奖。

飞来峡水利枢纽（张会来摄）

二、乐昌峡水利枢纽

乐昌峡水利枢纽工程地处广东、湖南两省交界。枢纽集雨面积4988平方千米，坝址多年平均径流量43.61亿立方米，多年平均流量138立方米每秒。水库正常蓄水位154.5米，死水位141.5米，防洪限制水位144.5米，设计洪水位162.2米，校核洪水位163.0米，总库容3.44亿立方米，防洪库容2.11亿立方米，调节库容1.04亿立方米，为季调节水库。它是一座以防涝为主，结合发电，改善下游灌溉、航运、供水等综合利用的Ⅱ等大型水利枢纽。枢纽主要由拦河坝、发电厂房及对外交通道路等组成。拦河坝为碾压混凝土重力坝，发电厂房为地下式厂房，位于左岸坝肩山体内，电站安装3台混流立式水轮发电机组，总装机132兆瓦。

1959年，珠江流域综合治理规划提出兴建北江流域控制性工程——乐昌峡水利枢纽，2007年4月，被列入珠江流域防洪规划北江中上游防洪枢纽工程，2008年1月开工建设，2011年10月主体工程完工，2013年6月26日，全部机组并网发电，工程完工。

乐昌峡水利枢纽工程建设工期紧、任务重、施工场地狭窄，高峰期施工强度高，工程规模大，投资多，参建单位多，施工干扰大，需协调的问题多，使工程建设管理工作面临较多困难和挑战。

（一）总指挥部充分发挥指导、监督和协调作用

总指挥部成立后，即组织指挥部有关部门研究和制定适合乐昌峡水利枢纽工程建设特点的各项规章制度共11个，并在工程建设过程中不断完善建章立制工作。主体工程全面开工建设后，工作重心转移至现场。2009年8月27日，总指挥部在乐昌市正式挂牌，全面进驻乐昌峡水利枢纽建设现场，靠前指挥工程建设，全面指导、监督和协调工程建设。同时，建立完善了会议制度并坚持每月召集所有参建单位召开工程建设管理工作会议，听取各标段或项目完成情况和下月工作计划，协调和解决工程建设中的技术、进度以及征地问题，有效地推进了工程建设进度。

为确保工程质量，实行百分之百第三方检测制度。为确保实现广东省政府确定的建设“优良工程”的建设目标，总指挥部决定并执行对工程实行百分之百第三方质量检测制度，对工程施工质量进行全面控制。工程实行百分之百第三方质量检测制度在广东省水利工程建设史上属第一次。根据前期检测情况，实行百分之百第三方质量检测制度效果良好。据统计，枢纽单元工程合格率100%，优良率92%。

（二）重视验收，作为质量保障体系的重要环节

总指挥部制定了《广东省乐昌峡水利枢纽工程验收管理规定》《乐昌峡工程单元工程验收实施办法》《工程变更管理实施细则》等制度，对关键单元和重要隐蔽工程及大坝开仓等，均实行严格的“五总”联合（预）验收制度，并召开工程验收规程专题讨论会完善验收工作。对于重大的阶段验收如大江导（截）流阶段验收、工程蓄水验收均提前制订验收计划，成立相关验收协调工作组。

（三）科学决策，加快工程建设

在工程建设管理中，主体工程骨料选择成了第一大难题。在初步设计审批阶段，总指挥部就非常重视骨料的碱活性反应对碾压混凝土坝的危害。从设计单位在乐昌峡附近包括乐昌市范围确定的22个石料场，最后到将军山石料场。该料场的石料在技术上符合要求，碱活性反应指标在规范要求指标以内，可以通过其他手段控制其微小碱活性反应危害，而且该料场正在经营的石料，转让费用合理，关键是它可以通过改造生产线以最快的速度投产，完全符合工程建设紧迫的形势。

（四）创新管理机制，提高工程管理水平

在全面实行工程建设监理制的前提下，总指挥部还推行了设计监理制度、项目总控管理模式。根据工程实际情况，择优开展了包括工程建设过程中的重大变更和移民工程的造价咨询工作，同时积极发挥总指挥部专业技术委员会的优势，为工程在高边坡开挖处理、坝基开挖处理、大坝浇筑温控处理等方面提供科学决策依据。项目总控管理借助现代信息技术，开发项目总控管理信息系统，实现工程信息多手段、全方位和可视化管理，促进工程建设管理规范化、现代化。

（五）重视技术创新，实现质量目标

为解决枢纽建设各种技术难题，总指挥部经过广泛调研，深入研究，结合工程实际组织开展科技攻关、试验研究以及工艺技术创新，为大坝溢流堰选型、导流隧洞方案选择、闸门设计和制作等提供了基础性作用。组织开展了碾压混凝土快速筑坝技术、南方多雨区高边坡稳定分析、入库洪水预警预报及洪水动态调度关键技术等科学研究。

乐昌峡水利枢纽工程是北江上游防洪体系的关键性控制工程，是广东省城乡水利防灾减灾工程建设重点项目之一，也是广东省城乡防灾减灾重点建设项目，是广东省“十大民心工程”之一。总指挥部和项目法人在广东省委、省政府正确领导下，科学决策，精心组织，高质量完成了项目建设任务。

乐昌峡水利枢纽（张会来摄）

第六节　西江流域骨干工程

一、天生桥一级水库

天生桥一级水库位于贵州省安龙县和广西壮族自治区隆林各族自治县交界处的南盘

江干流上，是红水河第一级水库，为西电东送的重点工程，也是珠江流域西江水系上游的南盘江龙头水库。坝址集水面积 50139 平方千米，多年平均径流量 193 亿立方米。天生桥一级水库以发电为主，设计防洪标准是 1000 年一遇洪水，校核防洪标准是 10000 年一遇洪水，水库设计洪水位 782.87 米，校核洪水位 789.86 米，正常蓄水位 780.00 米，死水位 731.00 米，总库容 102.57 亿立方米，调洪库容 29.96 亿立方米，兴利库容 57.96 亿立方米，死库容 25.99 亿立方米，属年调节水库。

水库由大坝、溢洪道、输水洞、电厂等组成。主坝坝型是混凝土面板堆石坝，坝顶高程 791.00 米，最大坝高 178.0 米，坝顶长 1104.0 米，坝顶宽度 12.0 米：溢洪道为岸边开敞式，堰顶高程 760.0 米，设 5 扇 13.0 米（宽）×20.0 米（高）闸门，最大泄量 21750 立方米每秒；灌溉发电输水洞进口底高程 711.5 米，最大泄量 1204 立方米每秒；泄洪洞为圆形隧洞，直径 9.6 米，进口底高程 660.0 米，最大泄量 1766 立方米每秒；电站有 4 台机组，单机装机容量为 30 万千瓦，年发电量 52.26 亿千瓦·时。电站出线为 1 回 500 千伏直流向华南送电，另有 4 回 220 千伏线路向广西、贵州送电。工程建成后，可增加下游已建大化、岩滩和天生桥二级等电站保证出力共 88.39 万千瓦，增加年发电量 40.77 亿千瓦·时。

工程于 1991 年 6 月正式开工，1994 年年底实现截流，1998 年年底实现第一台机组发电，2000 年竣工。1998 年 8 月，天生桥一级水库正式蓄水；1998 年 12 月，一级电站 4 号机组投产发电。1999 年 12 月，3 号机组投入运行。2000 年 10 月 17 日，水库蓄水至正常水位 780.0 米运行，年底大坝施工全部完成。2000 年 9 月，2 号机组投入运行，12 月，1 号机组投入运行，至此，四台机组全部投入运行。

（一）坚持改革，求实创新，促使工程建设不断推进

中国南方电力联营公司天生桥电站建设管理局全体职工在公司党组的领导和支持下，在困难面前不但没有屈服，而且表现出敢于战天斗地、开拓进取的大无畏精神，充分运用科学技术，发挥自己的优势，在非常严峻的形势下，逐步扭转了长期的被动局面，基本实现了工程各阶段原定计划目标。

自筹建开始，公司领导就明确提出：天生桥一级电站是国家与省（自治区）合资建设实现西电东送的第一个项目，工程建设管理要走改革之路。具体地说，实行的是业主负责制、工程监理制和工程项目招标承包制（简称“三制”）。中国南方电力联营公司天生桥电站建设管理局作为业主，在公司理事会的领导下，认真履行业主职责，作为公司的派出机构。由公司授权，负责工程建设现场全面管理，发挥业主在现场组织协调的核心作用，保证了各单位间工作的协调一致和各个施工环节的紧密联系，以及各项目计划的顺利实施。根据工程管理的实际需要，电站建设管理局通过招标承建制邀请长江水利委员会（前期为湖南水电设计院与水电八局联合），组织天生桥一级电站工程监理部，负责工程建设的计划、质量和资金的控制以及协调工作。当选择项目施工队伍时，天生桥主体工程项目，甚至临时工程项目，均是通过招标方式，择优选择承包单位的。业主和所有与工程有关的单位之间都是以合同为纽带的，把大家紧密地联结在一起，用合同的方式规定了各自的权利和义务，做到了目标明确，责权清楚，为工程顺利实施打下了良好的法律基础。天生桥电站建设的实践证明，实行“三制”有利于保证工程质量，加快工程进度，降低工程造价。

概括起来是：加强自我、三个依靠、团结协作、科技决胜。

（二）加强自我

作为现场管理的组织者，中国南方电力联营公司天生桥电站建设管理局（简称建管局），筹建开始时仅几个人，逐步扩大到30人的队伍。要管好这个百万级电站的建设，在加强学习，吸取国内，特别是广蓄等许多工程管理经验的同时，大胆开拓创新，不断完善，逐步形成了自己的管理体系。首先，中国南方电力联营公司天生桥电站建设管理局先后在全国范围有关设计、施工和管理单位，物色引进具有丰富水电工程建设经验的工程技术管理及计划、经济管理人员近30人，担任各级重要岗位工作，成为建管局管理的中坚力量。与此同时，还从外单位选聘了一些具有丰富工作经验的同志，充实电站建管局的组织管理力量。其次，采取请进来、派出去（包括出国培训）的方法，对各类管理干部进行工程再教育，进一步提高理论水平和管理能力。派出人员到国外进行计划合同管理、质量管理、设计施工技术管理培训；邀请国内外专家来工地讲课。接着，制订各类规章制度和工作程序达48项，做到办事有章可循，有法可依，并逐年进行修订，不断补充完善，使管理工作逐步做到制度化、程序化、科学化，并用计算机进行管理，提高了工作效率。最后，加强队伍建设，在电站工程建设实践中，培养、造就出一批年轻的技术骨干，并不断充实到各级负责岗位上，有力地促进了工程建设进程。要求大家做到廉政、勤政，在各方面起表率作用。

（三）三个依靠

天生桥一级电站地处黔桂边境界河南盘江上，是少数民族聚居的地区。建管局远离广州本部，在当地与任何一个单位均无行政隶属关系，全部工作均通过经济杠杆，按照合同管理原则，平等、协商进行。在工作实践中，要搞好工程建设管理工作，需要做到“三个依靠”。一是依靠当地各级政府。要搞好移民征地、社会治安，创造良好的施工外部环境，都需要当地政府的支持，否则，将寸步难行。要尊重地方政府，遵守当地法律，尊重民族风俗习惯。对当地政府某些亟待解决的困难给予力所能及的支持和帮助是必要的。资助当地政府在工地设置公检法机构，以维持工地治安。通过政工联席会和治安综合治理协调会等会议制度，以保持彼此经常性的联系和沟通，统一协调工地的治安工作，为施工营造并保持了良好的外部环境。二是依靠上级主管部门。从天生桥一级电站情况看，包括设计、施工各单位与电站建管局一样，都在同一电力系统范畴，与上级主管部门均有密切的联系。当业主与各单位间发生经济纠纷而难以解决时，请上级主管部门出面协调往往容易得多。三是依靠监理、设计人员。把监理、设计人员当作自己的左右臂，充分相信、依靠他们，发挥他们的技术优势，尊重和维护监理、设计人员的权威性，支持他们在现场的组织协调和“三控制”作用。

（四）团结协作

组织工程建设如同组织一次军事战役，各军兵种必须密切团结协作，方能取得战斗的胜利。电站建设管理局遵照公司的要求，提出了“组织、管理、协调、服务”的工作方针，并把对各单位的服务、协调工作，摆到重要位置上。与参建各单位建立起互信、互谅的友好关系，互相尊重，互相支持，充分调动了各方的积极性，保证了计划任务的顺利完成。在具体做法上，通过定期的三部（设计、监理和管理）例会和四部（三部加施工）例会，经常性的技术、质量、计划讨论会，经济分析会，充分听取各方的意见，公正公平地处理各种问题。对施工单位存在的困难，在不违背合同原则下，实事求是地尽可能给予支持和帮助，这对促进工程建设是重要的。警民共建是天生桥一级电站建设的一个特点。

（五）科技决胜

坚持科技是第一生产力的观点，重视科技在工程建设中的作用。

（1）重视专家咨询的作用。鉴于天生桥一级电站工程规模大、地质条件复杂，修建如此高的面板堆石坝国内还缺乏设计经验，也缺乏施工、管理经验。为此，各级领导对邀请国内外专家进行咨询十分重视。除了邀请国外专家组成的咨询团常驻工地，还邀请国内知名专家组成专家组，根据实际需要，不定期为整个工程提供决策性咨询服务，利用专家的权威和正确决策对统一思想、统一计划、增强信心起了重要的促进作用。8年来，国内专家组进行了全局性的咨询活动10次。

（2）重新科学安排施工计划，调整承包任务。如C3标、C4标推迟1年开工后，不但使总进度计划推迟1年，而且导致河床两年汛期过水又损失工期半年。若再按原计划组织施工，那么按原计划蓄水发电是完全不可能的。经深入工作，并征得上级部门的同意，决定在C3标、C4标迟迟不能决标的情况下于1994年初将大坝左右坝肩的基础开挖（40余万立方米）、溢洪道表土剥离开挖和厂房后边坡开挖（近100万平方米）任务分别从C3标和C4标中分割出来，另择承包单位提早施工，抢回半年多的工期。

（3）采取工程技术措施，水库提前蓄水。由于河床两年汛期过水，大坝填筑无法达到原计划高程，因而溢洪道的施工进度与大坝施工进度也不协调。经研究决定，按大坝填筑能力与逐年度汛导流安排，对坝体应达到的高程，提出逐年的阶段目标（1997年汛前为725米高程，1998年汛前为768米高程），相应地将原设计混凝土面板分两期浇筑改为分三期浇筑，溢流堰混凝土推到汛后浇筑，堰基面从原设计752米高程降到745米高程（同引渠），这样既可保证1998年安全度汛，又能将水库提前蓄水，为发电提前了1年的工期。发电系统本身工期问题也相当突出。厂房土建与大坝一样，推后了开工日期，机电安装迟迟无法开展。对此情况，除加大土建投入外，通过调整结构措施，按轻重缓急安排施工，减轻了安装的工期压力。机电安装充分发挥了主观能动性与创造精神，在业主、监理、设计的支持下，在不具备吊装条件下，安装单位采用既实用又科学的办法，将座环、蜗壳一件件吊入机窝进行拼装焊接；厂房屋面未封顶，定子不能组装下线，就在“蒙古包”下面作业，这些办法，为发电提前约8个月的工期。

（4）鼓励优化设计和施工工艺。从工程开工以来，电站建管局一直鼓励并支持包括设计、施工在内各方人员进行设计优化，并获得了可观的经济效益和工期效益。导流洞堵头原设计40米长，经优化缩短为21米，工期大大缩短，保证了导流洞堵头汛期的安全运行；溢洪道陡槽段原中间设有中隔墙，由于排水及结构的复杂性，无法保证汛前完工。在提出取消中隔墙建议后，设计单位进行了深入的研究，取消了中隔墙，仅这项建议节约投资近千万元，更重要的是确保了工程在汛前完工和度汛的安全。此外，增加资源投入也是缩短工期的重要措施之一。由于受2次过水及1997年6—8月移民阻工的影响，施工单位难以完成1998年汛前大坝填筑及二期混凝土面板的任务。于是，施工单位组织了100多台载重汽车，于1997年第4季度连续3个月创造了填筑100万立方米每月的好成绩，为1998年二期混凝土面板浇筑及防御500年一遇标准洪水打下了可靠基础。电站厂房土建从1998年7月起，施工单位加大了投入，改一班制为二班或三班工作制，充分提高了时间及空间利用率，月月超额完成计划，厂房土建发生了很大的变化，扭转了土建拖安装的被动局面。

（六）坚持“百年大计，质量第一”的方针

天生桥一级电站工程是高坝大库，对工程质量一点也马虎不得，一旦出了质量问题，轻则返工，造成经济损失，重则留下隐患，给下游人民的安全带来严重威胁。对此，电站建管局、地方各级政府，以至中央的领导都十分关注，不断要求务必把工程的质量和安全工作抓好。保证工程质量是管理工作的首要任务。为此：

（1）经常强调质量、安全的重要性，要求管理人员树立高标准的质量意识和强烈的责任心，严格把好质量关。

（2）建立专门的质量安全管理机构，设置专职安全员，负责建立各项目的质量保证和监控体系，建立健全质量管理的规章制度。在实施中基本上做到了以工序管理为基础的过程控制。

（3）实行质量奖罚制度。对质量不合格的工程坚决要求返工或给予经济上的处罚、通报批评。对优质工程则给予奖励。几年来，电站建管局在上级主管部门的领导和大力支持下，运用经济的、科学的各种措施，加强管理，最终抢回了失去的工期，保证了工程质量。

天生桥一级水库（《人民珠江》供）

二、岩滩水电站

岩滩水库位于红水河中游广西大化瑶族自治县境内，是红水河梯级开发的第五级水库，是广西第一座超百万千瓦的大型水电站，上接红水河开发的控制性工程龙滩水电站，下临大化水电站。坝址控制流域面积106580平方千米，正常蓄水位223.0米，死水位212.0米，调洪库容10.56亿立方米，校核洪水位229.2米，水库总库容34.3亿立方米，多年平均径流量558.1872亿立方米。电站一期工程装机容量121万千瓦，保证出力24.5万千瓦，多年平均年发电量56.6亿千瓦·时，用500千伏电压供电给广西、广东、我国香港特区。二期安装2台30万千瓦混流式水轮发电机组，总装机容量181万千瓦，年均发电量75.47亿千瓦·时。

枢纽主要建筑物由拦河坝、坝后发电厂房、开关站和通航建筑物组成。重力坝坝顶高程233米，坝顶总长525米，最大坝高110米，是国内首项坝高超过百米的碾压混凝土高坝。大坝分为厂前挡水、溢流、升船机挡水、左岸挡水4个坝段。4条直径10.8米的引水压力钢管埋在坝内，是国内水电站首项最大直径钢管。发电厂房位于右岸坝后，与坝轴线平行布置，为半封闭结构。安装4台单机容量为30.25万千瓦的混流式水轮发电机组。电站最大水头665.5米，最小水头37.0米，设计水头59.4米。通航建筑物设于溢流坝段底孔左侧，包括上、下引航道在内的建筑物总长830米，采用均衡重力式垂直升船机，过船吨位250吨，年货运量180万吨，最大提升高度69.5米。溢流坝段设15米×21米（宽×高）的表孔7孔，堰顶高程202米，采用宽尾墩与戽式消力池联合消能。

1985年11月，广西电力工业局与水利电力部签订了“岩滩水电站建设项目包建合同”，约定1984年7月开始施工准备，1988年截流，1993年7月1日第一台机组发电，1995年竣工；静态总概算16.32亿元，其中工程建设费14.37亿元，由广西电力局负责建设，包干使用，并以此作为考核依据。经过建设者们的共同努力，岩滩电站工程提前一年于1987年11月1日截流成功；第一台机组提前9.5个月于1992年9月16日正式并网发电。按当时的工程进度，1993年5月溢流坝工程完成，弧形闸门全部放下，1993年2号、3号机组投产，1994年4号机组投产，电站工程全部竣工。

（一）改革水电建设管理体制

岩滩水电站筹建初期，是以自营方式展开的。水利电力部明确了岩滩水电站建设以广西电力工业局为业主，负责电站的集资、建设、还贷、运行和管理。广西电力工业局以国家批准的初步设计和概算为依据，同水电部签订了“岩滩水电站建设项目包建合同”，实行工程总承包，做到“五包”“三保”。广西电力工业局为了搞好工程建设，成立了广西电力开发公司，后又改组为广西岩滩水电站工程建设公司，作为代理业主的建设单位，从而使岩滩水电站建设的机制实现了转换。岩滩水电站工程建设公司是独立自主进行经营管理和监理的法人企业，按照《工程承包公司暂行办法》的规定代业主行使职权，履行合同和义务。以包建合同为依据，制订总规划、总目标和实施目标的具体年度计划及措施，实行目标管理。新体制的建立，使岩滩水电站工程建设以追求效率和经济效益为目的，力求以最少的投资、最快的速度、最好的质量建设电站。

（二）实行承发包责任制

岩滩水电站建设步入新的体制，引进了竞争机制。在各个建设项目中，积极实行多种形式的招标承包制。为保证岩滩工程建设的高速度、高效益，主要采用了以下五种承发包方式：

（1）招标承包。岩滩工程发包的大小项目共619个，概算总投资为163200万元，其中在国内招标承包的大项目12个，在国际上招标承包的项目38个。

（2）按概算一类费用切块承包。在工期短、材料消耗最少、不易形成乙方竞争的情况下，采用了此种方式，如对外永久公路，大桥发包总价为3102万元，结算较概算投资降低10%。

（3）按施工图预算加2%预备费包干。在制约条件少、时间短的情况下，此方式是可取的。主要项目有110千伏输电线路，发包总价和结算价较概算投资节约10%。

（4）议标发包。岩滩明渠混凝土32万立方米和主变压器设备等，是以议标方式发包的,承包总价与概算投资比较是持平,或者超支。由于明渠开挖已由葛洲坝工程局承包，为减少施工干扰，明渠混凝土采取了一对一的方式议标给他们。又如，岩滩主变压器等级为500千伏，技术复杂，国内尚无生产厂家，只有少数几个大变压器厂具备试制条件，难以形成较广范围的竞争，因此采取了一对三的议标方式。议标承包，尽管无节约甚至超过概算，但在技术上有特殊要求和物价上涨幅度大的条件下，是一种可行的方式。

（5）按概算投资降5%包干。在广西水电工程局已进场，场内交通、砂石生产、混凝土拌和系统和水、电五大临建工程已全面开工的情况下，按概算投资降低5%的幅度切块发包给广西水电工程局。

实践证明，以上五种承发包方式，在不同程度上保证了岩滩工程建设的高速度、高效益；具有机会均等、公正、平等竞争等优点，对国家及电站建设、施工企业和职工都有好处，基本能实现最佳经济效益。

（三）实行工程建设监理制

岩滩水电站建设在国内率先实行工程监理制。具体做法是把原来由技术处、工程处质检站、经营处等对施工单位的多头管理，改为工程施工的质量、进度、结算、协调等项工作，由监理工程师全面负责。在电站工程建设施工中，由相对独立的专业技术与智力密集型的监理机构实施建设监理。岩滩工程的监理单位是建设单位的派出机构，在行政上与业主和建设单位是隶属关系；但是，业主和建设单位对其授予独立的监理权力，如监理工程师处和机电处等监理单位拥有审批施工图纸、决定开工停工、认可或否认工程质量、审核已完工程量、签署工程付款凭证、结算工程价款、对施工进行奖罚等监理工程师所应有的权力。同时也明确规定了监理工程师应负的责任，如组织协调好各方的关系，控制好工程质量、进度和投资。监理单位同时又是建设单位的职能部门，这样可以减少管理层次，大的问题协调起来比较灵活和有效。主要做法是：

（1）严格控制工程质量、进度。主要从五个方面把关，即控制原材料和混凝土质量、严格工序检查、建立现场质量登记制度、及时进行工程质量验收、严格实行奖罚制度等。重大施工措施和施工进度计划必须经监理工程师审查；实行监理工程师例会制度；加强施工现场管理，及时协调解决施工单位之间的各种矛盾，确保施工计划的实施。

（2）严格投资的监理和管理。对已完成的工程量进行检验并对隐蔽工程量事先测算，由监理工程师认真检验施工单位报送的工程量，经设计、监理、施工三方共同签字认可，作为竣工结算的依据；对施工中每月预结算的计算方法及报表方式作出规定，认真审查工程结算项目和材料使用情况，通过这些具体办法，有效地控制和节约工程投资。

（四）建立新型的甲、乙方关系

岩滩水电站建设的甲、乙方关系，建立在平等、互利、相互支持、相互帮助的基础之上。在合同签字后，甲、乙双方都要信守合同，在经济、工期、质量等各方面，坚决按合同办，是严格的合同关系，而在工作上，在电站建设总目标方面，又像是兄弟关系，相互支持、帮助，齐心协力，同舟共济。一个大型水电工程，建设过程中遇到的困难和问题是可想而知的，如果甲、乙双方不同心协力，无休止地扯皮、争利益、互相埋怨、指责、拆台，没有一种协调、和谐的关系，工程是难以搞好的。主要做法是：

（1）关心施工单位，把乙方的困难视为自己的困难，认真加以研究解决，如乙方的基地和住房有困难、施工设备运不到工地等，都认真研究，拿出资金帮助解决，当天气炎热时，从本单位管理费中支出14万元买清凉饮料发给乙方职工，鼓舞了士气。

（2）抓质量一丝不苟，有问题以帮为主，做到工作不扯皮，以大局为重，千方百计加快施工进度。在施工中不免会出现质量和其他各种问题，作为甲方不是指责、埋怨，而是牵头召开事故或质量分析会，帮助施工单位做好缺陷处理。当资金不到位、设备订购不及时时，出面解决，甚至帮助采购。

（3）抓工期，重效益，重奖重罚，说到做到，凡工程提前完成的就重奖。如葛洲坝工程局提前一年截流，重奖450万元；中国水利水电第四工程局安装处安装1号机组，提前8天发电，重奖32万元。

（4）充分发挥和调动各方面的积极性，乙方、设计单位、设备制造厂家、岩滩建设银行等都为岩滩工程作出了贡献，尽最大努力，为他们提供较好的工作和生活条件，设立奖励基金，从各方面关心照顾他们，调动他们的积极性，加速电站建设。总之，甲方千方百计为乙方着想，也本着向乙方学习的态度，积极地和乙方搞好关系，共同为加快岩滩电站建设步伐而出谋献策。

（五）采取措施提高投资效益，依靠科技进步积极采用新技术

在岩滩水电站工程建设和各项管理工作中，十分注重科技进步，大力推广各种新技术、新工艺，取得了较好的经济效益。例如，在厂坝基础开挖中，经反复分析和勘察，组织并邀请国内外水电和地质专家进行勘察论证，并采取了必要的措施，将部分建基面比初步设计提高1~3米，不仅保证了工程质量，而且加快了施工进度，减少开挖量10万立方米以上，节省了投资。又如，围堰和大坝的施工，采用碾压混凝土筑坝技术，工程质量完全符合要求，较常规混凝土节约水泥用量55%以上，并大大加快了施工速度。在进水压力钢管的施工和机组安装中，邀请国内外专家进行咨询，在技术上进行论证，从而使公司机电处提出的在进口渐变段取消钢板衬砌，而采用钢筋混凝土结构的建议得到采纳，这个项目节约钢板870吨。电站的弧形闸门，采用预应力锚索闸墩，由华东水电勘测设计院设计，中国水利水电科学研究院进行咨询，并进行预应力结构模型试验及有限元计算，从而确定缩短预应力锚索长度，节约高强钢丝约257.5吨，节约投资约100万元。溢流坝消能形式原来采用消力戽形式，经与科研人员共同研究，提出了在原消力戽的基础上加上宽尾墩的消能结构，通过广西壮族自治区水利科学研究院及中国水利水电科学研究院的水工模型试验验证，认为其消能效果比原消能结构提高30%~40%；由于涌浪高度明显降低，面流流速明显减少，因此下游护坡长度也相应减少，初步估算可节约护坡工程投资100万元以上。岩滩电站厂坝基础属辉绿岩，质地坚硬，技术人员提出减少固结灌浆的建议，经世界银行技术咨询团及国内外专家对基岩特性进行咨询和论证，最后决定只在帷幕区及裂隙发育区进行局部固结处理，以满足渗压及应力的要求，使固结灌浆减少6万余米。另外，在对土石围堰局部结构简化、改革施工房屋结构、减少施工用地、减少河岸边坡混凝土护坡工程量，以及施工措施、工艺流程、施工机具、仪器仪表等方面，广泛听取和采纳各种合理化建议，解决了许多重大技术难题，加快了施工进度，取得了很好的投资效果。

（六）狠抓工程质量，加快工程进度

只有抓好并保证工程质量，才是最大的节省，才会有最好的效益。水能资源是成本最低的再生能源，水电建设工期越短，建成发电时间越早，获得的经济效益和社会效益就越大。水电工程建设是充分发挥投资效益的关键，是在确保工程质量的基础上缩短建设工期。正是以此为指导思想，采取一系列行之有效的措施：一是把实现提前一年截流、发电、竣工作为工程建设的总目标。二是各项工程发包，坚持工期必须按标书或建设单位的要求进行。三是以重奖或重罚措施保工期。四是选择施工队伍时，若节约投资与保证工期发生矛盾，就按舍投资而保工期的策略作出决定。岩滩水电站截流时间提前一年，1号机组发电提前九个半月，仅一台机组的提前发电量，即可为广西增加工业产值35.6亿元，效益是十分显著的。

（七）优化设计，充分挖掘潜力

为了调动设计人员的积极性，鼓励他们采用新技术、新结构、新材料和优化设计方案，在岩滩建设银行的积极支持下，与设计院签订了“岩滩水电站工程设计节约投资分成合同书”，规定在保证初步设计要求的规模、质量和安全的条件下，因优化设计而形成的节约可提成分配。工程量有减少的，按概算一类费用的单价，计算节约投资并以此论奖；反之则罚。采用这个办法，有力地调动了设计人员优化设计、精心设计和挖掘潜力的积极性，收到了很好的效果。已验收结算的明渠开挖、碾压混凝土围堰和右岸一期大坝混凝土，设计节约金额达到1905万元。有人担心，实行设计节约投资分成办法，有可能导致设计部门降低安全度，造成“近期节约、远期浪费”。事实上，建设和设计单位深知质量是水电工程的命根子，绝不会也不能片面追求节约而影响工程质量和安全。因此，岩滩水电站的设计人员对工程设计质量是认真负责的。

（八）精打细算，严格控制概算投资

搞水电工程建设，需要大量的投资，而我国正处在社会主义初级阶段，用于建设的资金并不十分充裕，这就要求精打细算，用好每一分钱，尽量节省投资把电站建设好。主要采取了如下措施：

（1）严格按计划控制投资使用。

（2）在确保不影响主体工程建设的前提下，对临建项目按节约合用的原则进行必要的削减或降低标准。如削减左岸拌和楼投资169万元；把部分施工楼房改为半永久平房，节约投资275万元；把施工房屋建设减少14万平方米，节约投资1540万元。

（3）依靠和发挥建设银行的职能作用，加强资金管理与监督，尽量节省投资。如电站发电机组订购，每台由6800万元降到5800万元。

（4）努力节省原材料，降低消耗，如制定节约“三材”的总目标，实行目标管理；在混凝土中掺用粉煤灰、外加剂和使用机制砂，大幅度提高散装水泥比例，并改用配料准确、损耗极低的日本进口拌和楼，使大坝常规混凝土的水泥单耗量由概算每立方米216千克降到137千克以下；在厂坝混凝土招标文件中明确规定，混凝土施工要95%以上以钢代木或采用混凝土预制模板，最大限度地节约木材等。初步结算，从1985年到1991年已节约水泥22.2万吨、木材10.2万立方米、钢材8650吨；因材料节约相应减少材料差价的补贴支出可达到4536万元。

岩滩水电站（陆永盛摄）

三、龙滩水库

龙滩水电工程位于红水河上游的广西河池市天峨县境内，是国家实施西部大开发和“西电东送”的重要标志性工程，是南盘江红水河水电基地十级开发方案的第四级，是红水河开发的控制性水库。流域面积98 500平方千米，占总流域面积的71%，坝址多年平均径流量517亿立方米。前、后期总库容分别为162.1亿立方米、272.7亿立方米，调节库容分别为111.5亿立方米、205.3亿立方米，前期为年调节水库，后期则跨入多年调节。龙滩水库按正常蓄水位400米设计、375米建设，前、后期装机容量分别为420万千瓦、630万千瓦，占红水河十级总容量的35%与40%；前、后期年发电量分别为156.7亿千瓦·时与187.1亿千瓦·时。

龙滩水库枢纽由挡水建筑物、泄水建筑物、引水发电系统及通航建筑物组成。拦河大坝为碾压混凝土重力坝，装机9台的地下发电厂房系统布置于左岸山体内，通航建筑物布置在右岸。大坝坝轴线为折线形，主河床段坝轴线与河流流向接近垂直，右岸通航坝段右侧坝轴线向上游折转30°，左岸进水口坝段坝轴线向上游折转27°。前期坝顶高程382.00米，最大坝高192.00米，坝顶长761.26米；后期坝顶高程406.50米，最大坝高216.50米，坝顶长849.44米。

1993年7月18日，国家计委批复了龙滩水库利用外资可行性研究报告。1997年10月，属于龙滩水库前期工程的龙滩大桥建成。1999年12月26日，龙滩水电开发有限公司在南宁成立，龙滩工程由此明确了投资项目法人。2000年11月3日，龙滩水库前期工程——场内右岸公路开工。2001年7月1日，主体工程开工。2003年11月6日实现大江截流；2006年9月30日下闸蓄水，2007年7月1日第一台机组发电；2009年12月7台机组全部投产。

龙滩工程是我国已投产发电的水电工程中仅次于长江三峡工程的第二大水电工程，是一个与青藏铁路、“西气东送”同时被列为国家西部大开发战略的十大标志性工程，同时也是“西电东送”的战略项目之一，是红水河梯级开发的控制性龙头骨干工程。

经过半个多世纪的勘测、规划、设计和施工建设，一个延续50多年的梦想在红水河流域变成了现实。龙滩水电工程的规划、勘测、设计和研究工作始于20世纪50年代中期，前后经历近半个世纪，由于工程的规模、技术难度和施工技术都是世界级的，尤其移民任务艰巨，要取得一致认识，克服各种困难，顺利开工，很不容易，50年后，这座完全由中国人自己投资、自己设计、自己建设的工程已投产发电，而且在建设中做到质量优良、进度提前、施工安全、环境秀美，成为21世纪水电大开发的成功典型。仅是工程的勘测论证，就耗时48年。早在1951年年底，广西壮族自治区政府就派出一支由8名技术人员组成的勘测队，在20名保卫人员的护卫下，赶着驮满行李、勘测仪器的马队，跋山涉水奔赴红水河畔，进入崖高水险的龙滩处女地进行实地勘测。此后，1953年、1956年、1957年、1958年、1969—1972年，先后有珠江水利工程局第二查勘队和广西有关部门联合派出的查勘队，电力部成都水力发电勘测设计院（现为中国电建集团成都勘测设计院有限公司）、珠江水利委员会、广西水电设计院（现为广西壮族自治区水利电力勘测设计研究院有限公司）、广州水力发电设计院（现为广东省水利电力勘测设计研究院有限公司）等派出的查勘队以及苏联水电专家考尔涅夫等，共7批10个单位100多名水电专家、学者、技术人员，对广西境内红水河沿岸进行查勘，选择建设电站的坝址。仅1957年秋，一支由50多人组成的水电普查队，就徒步走了1500多千米进行红水河流域水电勘测工作。长年反复地勘测，取得了龙滩坝址大量的地质、水文数据资料。1981年3月，电力部和广西壮族自治区政府在广西南宁召开龙滩选坝会议，经过反复论证比较，最终选定了龙滩坝址。前后历经近30年。

工程的规划、设计和研究工作，也是一个复杂的过程。1959年，珠江水利委员会在其编制的“珠江流域开发与治理方案”中，第一次提出了龙滩的规划指标。1970年，广西水电局规划队再次对红水河开发利用进行规划，其中包括对龙滩的规划。1978年，广西壮族自治区成立水利电力规划小组，对包括龙滩水电工程在内的红水河水能开发进行全面的十级梯级规划，提出了规划指标。20年间，众多水电规划单位和专业人员，对龙滩水电工程的装机容量、坝型选择、枢纽布置、机组选择等进行了反复地比较、论证，以求达成共识。1978—1984年，中国水电顾问集团中南勘测设计研究院（简称中南院）对龙滩水电工程进行了初步设计。1990年8月，能源部主持召开龙滩水电工程初步设计审查会，同意龙滩水电工程按正常蓄水位400米设计、375米建设。龙滩枢纽布置设计为河床布置碾压混凝土重力坝，采用挑流消能的泄水建筑物，左岸布置安装9台机组的地下厂房，右岸布置通航建筑物。在枢纽布置确定之后，中南院开始了具体的工程设计工作。龙滩工程规模巨大，其碾压混凝土坝、巨型地下洞室群、垂直提升升船机、超大容量水轮发电机组等的技术难度在世界水电工程中史无前例。为解决这些工程技术难题，中南院联合国内的科研单位进行了大量的科学研究工作，研究的课题涉及工程地质、大坝工程、地下引水发电系统、机电工程等。

1992年初，龙滩水电工程已经基本具备了开工建设的条件。1992年4月，国务院批准原则同意建设龙滩水电工程。从1992年广西壮族自治区政府成立龙滩水电站工程筹备处开始，龙滩水电工程的追梦者采取“小步走，不断线”的方针进行工程建设的前期准备工作。从1992年年底开始，在财力非常有限的情况下，国家电力公司、广西壮族自治区政府和广西电力局共同筹措到近6.60亿元资金，为龙滩工程“小步走，不断线”提供了有力的资金保障。1992年5月25日，预算投资2亿元从龙滩坝址至南丹县火车站长81千米的丹峨二级公路破土动工，标志着前期准备工作的开始。1997年，龙滩大桥及丹峨二级公路上当时广西最长的大坳隧道建成，前期工程准备工作取得了突破性进展。1999年3月，国家电力公司、广西壮族自治区人民政府、贵州省人民政府协商，决定共同投资建设龙滩水电工程。国家电力公司、广西电力有限公司、广西开发投资有限公司、贵州省基本建设投资公司作为发起人签订了合资组建龙滩水电开发有限公司（简称龙滩公司）的协议。2001年3月，龙滩项目贷款协议在北京签署，龙滩工程的建设资金终于尘埃落定。2001年6月13日，国务院第104次总理办公会议审查批准了龙滩水电工程的开工报告，国家计委以《关于下达2001年第四批基本建设开工大中型项目计划的通知》（计投资〔2001〕1122号）正式批准龙滩水电站开工建设。2001年7月1日，龙滩工程建设厚重的帷幕终于拉开了。2002年11月，中国大唐集团公司承接了国家电力公司和广西电力有限公司所拥有的龙滩公司的股权，成为控股股东。

龙滩工程动工之初，龙滩公司就提出了打造“精品龙滩、绿色龙滩、和谐龙滩”，努力把龙滩工程建设成精品工程、样板工程，争创鲁班奖、国家优质工程金质奖的总体目标。龙滩工程建设整体上设计按四大阶段性目标进行，即2001年7月1日开工，2003年12月截流，2007年12月第一台机组发电，2009年12月第七台机组发电。四大目标的实施过程中，龙滩工程将创建三项世界第一：世界最高的碾压混凝土重力坝、世界最大的地下厂房和世界提升高度最高的升船机。此外，龙滩工程还在多个具体项目上创建了多个“世界之最”“亚洲之最”“中国之最”，如世界最大的空冷水轮发电机组、世界最大的组合式变压器、世界最大的岩锚梁，以及大坝碾压混凝土单仓日浇筑15816立方米的世界纪录、地下工程月挖12000立方米的施工世界纪录，还有开挖宽24米、高26米、洞身段长850米的亚洲最大导流洞等。

为了创优质工程，龙滩公司成立了由设计、施工、监理等参建各方的主要负责人共同组成的龙滩工程质量管理委员会，全面组织、领导龙滩工程的质量管理工作，制定了《龙滩工程质量管理办法》，明确建设各方的质量责任，实行质量管理与经济挂钩的办法，设立了龙滩工程质量考核奖励基金，每月进行考核评比。质量管理的结果，使主要工程建筑物、机电设备和金属结构安装做到外美内优，单位工程各项技术参数和指标都达到或超过了《水电工程达标投产考核办法》的要求。

（一）坚持绿化、美化和工程建设同步发展

在环境保护、水土保持工作中，努力做到“思想认识、机构人员、管理措施、建设投资、规划设计、综合监理”六到位。自工程开工先后投入2.43亿元环保水保专项投资确保绿色龙滩建设，取得了显著的效果。麻村、大法坪砂石料场生产废水处理采用了世界一流的环保处理技术，在全国水电建设领域率先实现了砂石生产废水“零排放”。其他所有的污染物排放也都达到了国家标准。生活垃圾、建筑垃圾均进行了处理，整个工地井然有序。龙滩建设者还优化了施工布置，减少了山林土地的占用。为保护物种基因，对库区珍稀植物进行了移植保护，建起了龙滩珍稀野生植物保护园。为保证库区生态良性循环，库区还放流数百万尾鱼苗。龙滩工程每年发出的巨大电能，可满足近千万人的用电需求，相当于每年减少火电燃煤56万吨，从而减少二氧化碳、二氧化硫、粉尘等有害物质的排放。进入龙滩坝区，映入眼帘的龙滩大桥两侧是美丽的花园，坝区道路两旁是绿色的草地、披翠的山坡、花园式的营地、整齐宽敞的加工厂房，没有一般水电工地那样的尘土飞扬、污水横流、乱石遍地的场景。龙滩水库，波光粼粼、绿岛点缀，万顷湖面上江鸥翱翔、白鹭翩翩。整个龙滩已打造成景色宜人的绿色生态公园。

（二）重视和库区移民的和谐关系

为了龙滩工程的建设，广西、贵州两省（自治区）10个县近8万人离开了祖祖辈辈生活的家园，为了让他们安居乐业，龙滩工程近百亿的资金、三分之一的建设投资概算用在了移民安置补偿上。漂亮整齐的移民新村建成以后，一系列具体实惠的扶持政策，为他们过上和谐、安康、幸福的生活提供了基本保证。龙滩公司还十分注意处理和地方政府的关系。工程建设的税金有力地支持了地方经济，使龙滩成为所在地财政收入增长的强大引擎，促进了县域经济的大发展，也换来了地方政府为工程建设的和谐互动、倾力相助。

“小业主、大监理”名副其实。这些管理人员是来自全国30多个知名水电工程的管理、设计和施工单位的骨干，中高级以上职称专业技术人员的比例占80%以上。他们在各自的岗位上充分发挥自身的技术优势和管理优势，对设计、施工、监理等参建单位行使组织、管理、协调和监督的职能。“大监理”则是指龙滩工程庞大的监理队伍。龙滩公司通过招标，择优选择了四川二滩国际工程咨询有限责任公司、四川二滩建设咨询工程公司、中国水利水电建设工程咨询中南公司、成华联营体（华东水电工程咨询公司与成都院四川二滩国际工程咨询有限责任公司联合体）、湖北长峡工程建设监理有限公司等23家监理公司逾500名监理人员进场进行全程监理。相对于“小业主”来说，执行监理工作的单位和人数要大得多。“大监理”受“小业主”的委托，依照合同代表业主行使“四控制一协调”的监理职能（控制进度、质量、投资、安全文明施工，协调参建各方关系），对所监理项目进行全方位、全过程、全天候监理。为使“小业主，大监理”模式真正发挥威力，规定只有经监理单位检查签认的工程项目才能申请工程价款结算，否则，不给予结算和支付。监理单位按照“公正、独立、自主”的原则开展监理工作，采用巡视和旁站监理进行现场监督，不合格的施工材料一律清退，偷工减料的施工队伍一律逐出工地，质量不达标的项目一律返工。对关键部位、关键工序、特种施工、隐蔽工程采取全过程旁站监理。龙滩工程建设未发生过任何质量事故，安全无事故，进

度满足节点要求，投资控制在概算以内，“小业主，大监理”管理模式起到了关键作用。

（三）实行阳光招投标模式

邀请检察机关全程介入招标投标过程并进行监督，以排除人为因素的干扰，杜绝腐败行为。龙滩工程总投资330亿元，招标分为土建、机电、技术、服务、采购等五个部分。最引人瞩目的有17亿元机组设备采购标和34.60亿元的土建工程五大标（3.6亿元的Ⅰ标左岸导流洞及边坡工程、2.90亿元的Ⅱ标右岸导流洞及边坡工程、19.50亿元的Ⅲ标大坝工程、8.60亿元的Ⅳ标地下厂房工程及Ⅴ标通航建筑物工程）。这块大“蛋糕”的分切，引起国内甚至世界几百家施工企业、监理公司和设备供应商的高度关注和激烈角逐。龙滩公司建立了一套完整的招标投标管理制度，依法组建了评标机构，建立了评标专家制度，特别是首创了邀请检察机关全程介入招标投标各个重要环节，优选出顶尖的参建单位和供货商，为龙滩工程建设的顺利进行提供了强有力的保证。

（四）“联责考核奖罚”激励机制

龙滩工程有30多家参建单位、上万名建设者。“联责考核奖罚”模式，就是龙滩公司拿出工程合同价款2%的资金作为奖励基数，并与同时从施工单位工程合同价款中提取的4%一起，用作奖励基金。结合参建单位的工程进度、质量、安全文明施工等三方面的业绩，对参建单位进行考核，根据考核结果进行奖罚。“联责考核奖罚”机制激励参建单位提高工程履约意识和管理水平，对施工进度的完成、工程质量的提高、安全责任事故率的降低，提高文明施工水平，起到了积极的推动作用。

龙滩工程是世界级的工程，工程技术难度大，技术含量高，地质条件复杂，在国内乃至世界同类型水电工程建设中均属罕见，唯有通过科技创新，才能解决设计、科研及施工中碰到的各种难题。尤其围绕着大坝、地下厂房等工程开展的科技攻关贯穿于工程建设的始终。龙滩工程大坝高216.50米，是世界最高的碾压混凝土重力坝，属于环保型、节约型、安全型大坝。这种坝型的优点是，坝体升高快，有利于尽快投产获得巨大效益，是21世纪最有发展前途的坝型；缺点是，碾压混凝土浇筑温控难题突出。龙滩工程之前，国内外还没有在高温多雨的夏季大规模浇筑碾压混凝土的先例。设计单位在国家重点科技攻关的基础上，组织开展关键技术问题研究，优化施工设计和施工技术，通过大量现场生产性试验，采用优化混凝土配合比，加强冷却，采用高温型高效缓凝减水剂、中（低）热水泥、高掺粉煤灰技术等一系列的施工措施，在混凝土预冷、拌和、运输、入仓到大坝浇筑、养护的流水线上，建立完善的温控体系，终于使夏季高温碾压混凝土浇筑及200米级碾压混凝土筑坝技术在龙滩实现了重大突破。2005年，龙滩工程在长达8个月高温、次高温季节里仍然全天候施工，为工程建设赢得了宝贵时间。2006年6月，出席“中国碾压混凝土坝建成20周年暨龙滩200米级碾压混凝土筑坝技术交流会”的中国水力发电工程学会碾压混凝土筑坝专业委员会主任王圣培等专家称赞“龙滩大坝是我国水电建设新的里程碑”，并在会议上向全国水电系统总结和推广龙滩工程的筑坝技术。在2007年11月3—4日召开的第五届碾压混凝土坝国际研讨会上，龙滩工程作为中国的唯一代表，获得由国际大坝委员会、中国大坝委员会和西班牙大坝委员会授予的“碾压混凝土国际里程碑工程”的荣誉。包括引水、地下厂房和尾水三大系统的龙滩地下引水发电系统，是世界最大、最复杂的引水发电系统工程，创造出比合同工期提前

47天建成，而且达到了施工建设“零事故”目标的奇迹，其原因主要是在地下厂房的施工中创造性地运用了“新奥法”（新奥地利隧道修建方法）。龙滩工程通过科技攻关在“新奥法”中融入“薄层开挖，适时支护”的施工技术，使围岩及时得到支护抗力，防止围岩卸荷位移，确保了地下厂房洞室的稳定和施工的安全。施工单位根据工程特点对先进的预裂爆破、光面爆破、接力微差顺序起爆、深孔梯段爆破技术等综合优化，使之形成适合厂房施工的集成技术。监理部门也首创双向同步光爆开挖技术，成型效果非常理想。在龙滩工程，科技创新显现了巨大的生产力。

龙滩工程从勘测设计到投资建设，包括施工、监理、设备制造等，都是我国自行解决、自主完成的。龙滩工程投资330亿元，包括资本金、银团贷款、临时贷款和财政贴息等。尽管来源不同，但都是“中国人自己投资”。20世纪末，我国建设资金有限，曾考虑用世界银行贷款建设龙滩工程。但按世界银行有关规定，很可能会形成“国外巨头承包、国内企业提供劳务”的被动局面，中国民族企业将错失依托龙滩工程实现自我发展的机遇。龙滩工程建设期长，投资巨大，筹资任务艰巨，为了节约筹资成本，龙滩公司努力建立健全投（融）资管理体系，规范投资行为，积极拓宽融资渠道，争取利息优惠，较好地完成了资金筹集计划，保证了工程建设的顺利进行。

承担龙滩工程这项世界顶级水电工程设计任务的是荣获过“鲁班奖”的中南院。他们倾全院之力，在碾压混凝土坝、巨型地下洞室群、垂直提升升船机、大容量水轮发电机等具体的工程设计工作中，取得了大量优化设计的重大成果。龙滩工程由中国人自己建设。30多家参建单位、20多家监理单位、上万名建设者，都是中国水电建设的“王牌之师”。中国葛洲坝水利水电工程集团有限公司、中国水利水电第七工程局、中国水利水电第八工程局、中国水利水电第十四工程局、中国能源集团广西水电工程局有限公司、武警水电第一总队等实力雄厚的全国6大水电工程建设单位，承担龙滩主要工程建设；由国际、国内知名的四川二滩国际工程咨询有限责任公司、四川二滩建设咨询工程公司、中国水利水电建设工程咨询中南公司、华东水电工程咨询公司与成都院四川二滩国际工程咨询有限责任公司联合体等单位的监理队伍，用国际土木工程界公认的、最严格的“菲迪克条款”对龙滩工程进行监理；由东方电气集团东方电机有限公司、哈尔滨电机厂有限责任公司承担水轮发电机组的制造工作；由全国著名的水电工程专家，包括“两院”（中国科学院和中国工程院）院士潘家铮，中国工程院院士陆佑楣、谭靖夷、马洪琪等10多位专家，作为龙滩工程建设科技攻坚的“智囊团”，帮助解决各种“世界级”的疑难问题。正是这些龙滩工程的设计、科研、施工、监理和管理的建设者让全世界认识到中国水电人攀登世界水电建设最高峰的勇气、智慧、信心和能力。

贵州、广西两省（自治区）沿红水河岸26个县，其中22个是国家重点扶持的贫困县，贫困人口多达1000万人，少数民族有近30个600万人，是我国西部最贫困的大石山区之一。龙滩工程的建设带动当地建材、冶金、机械、农牧业和第三产业的极大发展，为他们带来了发展和致富的新希望。龙滩工程330亿元的投入可拉动国民需求超过800亿元。此外，红水河大小险滩约300处，因为无法全线通航，流域内丰富的煤炭、有色金属等资源无法变成经济优势，沿岸人民守着“金山”却只能望“山”兴叹，难以脱贫致富。

建成后的龙滩库区，将淹没红水河三分之二的主要险滩，实现250吨级以上船只从贵州平里港沿红水河长驱千里直抵珠江口及香港特区、澳门特区，成为沟通黔、桂、粤三省（自治区）通江达海的“黄金水路”。红水河1200千米航道全面通航，其运力相当于又修造了一条南昆铁路，沿岸各族人民便可“靠山吃山”，走上富裕之路。龙滩工程装机容量占红水河总开发容量的40%，因而雄踞红水河十个梯级电站之首。建成后，每年所发出来的巨大电能，除50%满足广西用电需求外，尚有50%输往广东。以燃煤、燃油、火电为主的广东因二氧化碳和酸雨严重危害生态环境，每年造成经济损失逾40亿元，其中人群健康损失近7亿元，农业林业损失达20亿元，已经对广东经济和社会的可持续发展产生严重影响。以龙滩为龙头的红水河梯级电站及西南水电群为广东送去了清洁水电能源，将形成东西部资源优化配置、环保优势互补和经济可持续发展的双赢局面。

龙滩水库（《人民珠江》供）

四、长洲水利枢纽

长洲水利枢纽坝址位于梧州市长洲镇，水库坝址控制流域面积30.86万平方千米，多年平均流量6120立方米每秒，100年一遇洪峰流量为48700立方米每秒，1000年一遇洪峰流量为57700立方米每秒，2000年一遇洪峰流量为60300立方米每秒，正常蓄水位20.60米，死水位18.60米，汛期限制水位18.60米，总库容56.0亿立方米，正常蓄水位时库容18.6亿立方米。长洲水利枢纽是一座以发电为主，兼有航运、灌溉和养殖等综合利用效益的大型水利枢纽。

长洲水利枢纽工程等别属一等工程，工程规模为大（1）型。枢纽主要建筑物有船闸、混凝土泄水闸、混凝土重力坝、左右岸接头坝、碾压土石坝、河床式厂房、开关站及鱼道等。长洲水库属低水头径流式水利枢纽，主要建筑物从左到右为内江左岸土石坝段、左岸接头重力坝段、开关站、厂房、12孔泄水闸、右岸接头重力坝段；长洲岛土石坝段；中江左岸接头重段、15孔泄水闸、右岸接头重力坝段；泗化洲岛土石坝段；外江开关站、过鱼道、厂房、16孔泄水闸、右岸接头重段、双线船闸、右岸土石坝段。

坝顶全长3469.76米，坝顶高程除外江船闸及右岸接头重力坝段桥面系统为37.9米外，其余为34.4米，最大坝高56.0米。枢纽工程泄水闸、电站厂房及连接左右岸的重力坝和碾压土石坝、鱼道首部（挡洪闸）按100年一遇洪水设计，校核洪水标准类建筑物采用1000年一遇，碾压土坝按2000年一遇洪水校核。防冲建筑物的设计洪水标准采用50年一遇。

2000年11月16日，梧州市委、市政府决定成立长洲水利枢纽筹备建设领导小组。2001年7月19日，国务院副总理温家宝对建设长洲水利枢纽工程作了重要指示。2002年9月25—29日，长洲水利枢纽可行性研究报告审查会在北京召开，并获水利部水利水电规划设计总院（简称水规总院）审查通过。2003年11月22日，梧州市三百项目大会战指挥部举行新闻发布会，宣布长洲水利枢纽建设项目启动仪式于12月27日举行。工程于2004年10月正式开工建设，2009年12月竣工。

虽然进入21世纪后长洲水利枢纽才开建，但实际上该工程的筹建工作在20世纪80年代中期就开始了。当时根据发展的需求，共青电站的技术干部张具瞻等带着在梧州建设水电站的这一使命踏上了征程。为此，他跑遍了梧州的山山水水，最后把目光锁定在养育了一代代梧州人的西江上，并在1978年梧州市召开第一次科技大会上提出了建设长洲水利枢纽的构想。此后，张具瞻和一批热心于梧州发展，致力于梧州一定要建设大型水利枢纽工程的专家及领导便为此奔走了二十多个春秋。

（一）树立精品意识和先进的管理理念

长洲水电开发有限责任公司作为建设责任主体，有强烈的精品意识和先进的管理理念。自公司成立伊始，即提出了“建精品工程　树水电丰碑”的建设目标，在公司内部强化精品意识的同时利用各种途径向参建各方宣传、阐述“精品工程”的理念。考察、学习优秀水电工程实例和经验，并在主要工程项目的招标文件与合同中明确提出“精品工程”的要求，使建设各方明确目标、形成共识，向长期水电建设实践中经常发生的顽症宣战，在合同约束下共同为建设精品工程而努力。同时把相关的标准和条件落实到各种考核条例中认真检查、实施奖惩。业主负责制是实践证明适应中国国情的成功建设管理模式。业主作为建设的责任主体必须发挥核心、主导作用，有效组织和协调设计、监理及各参建单位充分发挥监理的现场管理职能。按照合同明确职责和义务，充分调动各方资源和积极性，实施均衡生产，实现各阶段目标。广西长洲水电开发有限责任公司始终坚持分层次的管理方式，发挥核心主导作用，广泛宣传公司的管理思路和计划，邀请参建单位参加公司工作会议，明确目标、统一步调。采取定期召开工程协调会、日常检查和现场办公等形式加大工程项目计划落实管理力度。对工程建设中存在的问题紧密跟踪、动态管理、高效协调。对重大方案和措施掌握决策和控制权，紧急时刻敢于负责与决断，树立了良好的形象和威信，取得了良好效果。建设“精品工程”要提倡投资效益意识，“精品工程”最终体现在投资效益上，工程管理要以效益为目标。效益主要体现在建设成本、今后运行成本的控制和收益增加上。长洲水电开发有限责任公司从建设初期就建立了全过程动态分析、目标成本控制的制度，建设管理上以低于概算、内部管理上以低于预算为目标，同时从设计开始就力求降低能耗和运行成本，一直努力争取合理电价和政策优惠，并取得了实质性成果。

（二）注重初期筹划，优化整体方案

工程初期设计深度不足，优化空间大。长洲水电开发有限责任公司十分重视此时的整体方案优化工作。通过设计优化，将施工导流方案改为“三段五期”导截流方案，使首台机组发电工期由原44个月缩短为39个月。通过优化施工总布置减少永久征地20余公顷、临时用地46.67公顷，减少居民搬迁400多人；提出参建单位依托城市办公和生活的新思路，减少现场建房22000平方米。通过对左岸填筑土料、重复挖填的综合平衡，节约投资近1000万元。通过对下游引航道的修改等措施，节省了大量的资金。优化的结果不但节省投资，而且简化了施工，缩短了施工工期，提高了项目效益。

（三）坚持“四二二”目标控制

同步实现安全生产和达标。投产“四二二”建设管理目标是公司根据长期的水电建设实践总结和提炼出的工程建设管理体系的重要组成部分。按照该目标，在工程建设实施过程中通过对安全、质量、进度和造价四项管理要素进行全方位、全过程的监控，实现安全、质量事故“双零”，从而使长洲水利枢纽工程成为符合设计目标、达标投产和具有市场竞争能力的“精品工程”。建设“精品工程”，安全生产是实现一切目标的基础。长洲水电开发有限责任公司始终坚持“一切事故都是可以避免的”的安全理念，建立了以各单位一把手为第一责任人的安全生产管理体系，签订安全责任状，全面落实安全责任制，明确监理的安全责任。对施工单位及分包单位实施统一的安全管理，形成层层负责、责任到人的安全保障体系。认真开展作业面危险点源的辨识和预控工作。落实反事故措施和安全技术劳动保护措施，搞好施工现场的安全文明生产工作，按照制定的《安全文明生产管理办法》严格考核、奖惩。实现了连续7年人身伤亡和设备事故“零目标”。通过开展安全文明施工和有效的管理创造一个安全、文明、有序、和谐的工作环境，良好的环境促进人员文明有序的行为；强化对重点和难点的控制，采取定期检查和随机抽查相结合、专项整治与专项活动相结合，使安全文明施工管理中的人、事、物、环境等要素任何时候都处在控制之中。建设“精品工程”必须把质量放在首位。为了保证工程质量，首先，选择一流水电建设队伍。招标时充分考虑当前国内主要水电施工单位的资质、履约能力和信誉情况，择优选择投标单位。长洲水利枢纽工程三家主要施工单位中两家为水利水电施工特级企业，另一家则具有国内最大的船闸施工经验。其次，针对水电工程普遍存在外观质量粗糙的情况，在签订合同中即明确规定标准和奖罚措施，同时保证必要投入，对重要部位单列部分模板措施费，确保外观质量。最后，加强过程控制，从原材料检验、工序验收、重要工程项目的现场见证等方面均制定了严格的管理制度和保证措施。采取质量巡视并每月对工程项目的质量进行持续性监督，形成由业主、监理及各施工方运转有序的闭环式质量管理。对施工全过程各因素进行预防性质量控制，力求将事故消除在未发生之前或萌芽状态。

（四）为实现精品工程目标，进一步发挥监理的作用，严格落实“三检”制，从入口处把关、过程中控制

严格控制构成工程实体的原材料；严格规范工艺流程；保证施工机械设备及工器具的优良性能；加强外观质量的控制。通过对影响质量的各种要素的控制，使工程质量始终处在可控、在控状态。为实现建设精品工程的目标，公司还采取了一系列管理手段：一是加强合同管理，从合同拟订、协商、签订、执行、结算各环节进行科学规范的管理；二是强化设计、监理、施工等方面的管理，采取各种有效手段控制工程造价，使造价控制渗透到工程管理的各环节中。

（五）依靠科学技术和先进手段

加大对工程项目的科技投入，不断提高工程建设的科技含量，是建设“精品工程”的必备条件。要提高施工效率、加快施工进度；要提高工程质量、提升工程品质；要降低工程成本、提高经济效益，科学技术是根本途径。科技含量稀薄、工艺陈旧的平庸末流工程永远不可能跻身于“精品工程”之林。在运用科学技术方面，公司做了以下工作：在特长大坝变形观测中应用三维转角激光观测系统，这项技术的研发是一场革命性的创新，对提升我国特长坝的观测技术水平具有特别重要的意义；同时又降低了工程的观测造价及运行费用。长洲鱼道工程为国内第一座大型鱼道，成为中国鱼道建设史上的一道里程碑，同时填补了我国鱼道研究与建设的空白。与此同时，加快了技术装备的更新，大力采用降低成本、提高质量、便利施工的装备，采用新兴工艺代替传统工艺，为建设“精品工程”注入新的活力。全面采用大型滑模施工，显著加快了外江和内江闸坝的施工进度。此外，通过运用科学知识和科学技能武装员工，提高员工的知识水平和劳动技能，运用计算机、网络等技术改造、扩充管理手段不断提高管理水平，向现代管理、科学管理、精细管理逐步迈进。

（六）全方位的风险控制机制

水电建设的复杂性决定了建设工程不可避免地存在各种自然和技术风险、合同风险。如何规避或减小风险是一个管理难题。长洲水电开发有限责任公司十分重视工程的风险控制，从编制招标文件开始就注重对工程风险的管理。在招标文件中采取业主与承包商风险合理分摊的原则，要求承包商投保施工设备及员工意外伤害等保险。同时，长洲水电开发有限责任公司及时投保建设安全险，包括合同内的永久工程、业主提供的永久设备、材料、船舶、施工工地范围内的第三者责任等，尽可能转移和分散可能遇到的风险。同时，严把设计和施工组织关，控制技术风险。聘请专家，召开工程分析、研讨会议，对重大设计和方案进行分析和审查；聘请专门机构长期跟踪复审设计图纸，减少设计缺陷，包括严格审查施工单位资质、选择一流施工企业承担主要施工任务等。在合同管理方面请专家和外部审计机构参与招标和合同审查，防范合同陷阱。合同结算支付采用严密的流程。当内部审计主合同支付达85%时，必须经专门审计机构审计方可结算，控制合同付款风险。纪检和审计还介入招标过程的监督，对经营管理的重要部位和关键环节监督检查，依法规范管理和健全内控监督机制。

（七）电站检修维护采取委托专业公司管理新模式

按照公司的要求，长洲水利枢纽实行业主监管下的委托制管理模式。将发电设备维护和检修、船闸运行和维护、库区泵站运行和维护委托社会化、专业化的设备检修公司负责。按合同履行义务、支取费用，打破了“大而全”“万事不求人”的传统生产组织形式，提高了管理效率和效益，对优化配置企业人力资源、强化核心业务与核心竞争力起到了重要作用，符合国际先进的管理模式。

长洲水利枢纽（何华文摄）

（八）敢为人先的创新精神

创新是发展和提升效益的核心动力。根据长洲库区淹没人口少、生产安置人口和土地多的特点，根据董事会的意见，长洲水电开发有限责任公司积极探索新的工作思路，大胆提出库区移民以长期补偿方式代替原规划的一次性补偿的传统移民外迁安置方式。实行长期补偿方案后，异地安置移民6181人和6个移民点不需再搬迁和建设，节省征地约857.8公顷，不但可保证征地移民费用可控，而且能保证征地移民进度与发电要求进度同步，又使移民长期可获得持续稳定的收入，有利于社会的长期稳定。结合长洲项目地处城市郊区的实际情况，长洲水电开发有限责任公司决定走社会化道路，在施工现场除布置现场指挥部及正常的施工工厂外，业主公司、施工企业的办公、生活区全部依靠城市解决，减少建设用地60多公顷、减少居民搬迁400多人，既避免了重复建设、降低了工程造价，又便于现场工地管理，提升了文明施工水平。此外，长洲项目对进场道路、坝区项目施工影响到的城市自来水厂、输电线路等的改造也结合城市现有或新建项目进行，极大地调动了政府对项目支持的积极性，也减少了工程投资，缩短了施工时间，达到了双赢的目的。

（九）构造良好的外部环境

构造良好的外部环境是企业在市场竞争中不可缺少的重要资源，是企业得以良性发展不可缺少的基础条件，水电建设尤其需要地方政府的大力支持。长洲水电开发有限责任公司主动接受地方政府的领导，及时向地方政府汇报情况、取得支持。积极响应政府船闸扩容的要求，将工程建设尽量融入地方经济。与当地政府相关部门及社会组织经常保持沟通与合作，积极参加地方各类活动，支持公益事业。如联合开展文艺活动、组织大型无偿献血活动。在征地拆迁中，本着实事求是的原则及时补偿群众损失，在抗洪抢险中捐助受灾群众，优先支援地方救灾等。建立了良好的企业形象，取得了良好的工程建设外部环境，同时赢得了地方政府及群众的大力支持。在外江截流遇到困难时，梧州市委、市政府调动全市的力量大力支持运送石料、迁移移民、维持现场秩序，使截流得以顺利完成。

2010 年 8 月，通过注册评定等级为甲级。2015 年，广西西江集团投资股份有限公司紧邻一、二线船闸右侧又扩建成两座三千吨级船闸。

五、邕江大堤

邕江是西江水系郁江的南宁河段的别称，上起江南区江西镇宋村的左、右江汇合点，下至邕宁区与横县交界的六景镇道庄村，全长 133.8 千米，流域面积约 6120 平方千米，水面面积约 26.76 平方千米。史料记载，邕州城墙自宋代修筑以来，频受洪水侵害。从清代光绪初年（1875 年）至 1949 年间，南宁修建了 6 千米长的埌边堤，堤顶高程 76 米，可防御 5 年一遇洪水，保护市郊农田面积 2500 亩和南宁飞机场（今古城路大板一区一带）及部分街道。1968 年，增建埌东土堤长 1.7 千米，津头土堤长 1.6 千米，堤顶高程 78 米，使津头村、广西医学院（今广西医科大学）一带得到保护。

南宁市于 1968 年 8 月发生洪水，邕江水位 76.06 米，洪峰流量 13 300 立方米每秒，受淹面积 83.83 平方千米，淹没市区街道 176 条，农田面积 6 万余亩，受灾人口 41 万人，市内交通中断、水电停供、商业停市，当年直接经济损失 3215 万元。1971 年 9 月，南宁市革命委员会提出修建邕江防洪大堤的报告，同年 12 月 31 日，成立邕江大堤修建指挥部，经广西革命委员会批准，邕江大堤于 1972 年 1 月 5 日正式开工建设。广西革命委员会批复兴建的南宁市邕江防洪大堤，东起民生码 .1 头，西至西乡塘，全长 9.24 千米，要求能防御 77.5 米洪水的侵袭。大堤开工后不久，南宁市革命委员会根据关于“不但要建江北防洪堤，江南也要建；要考虑城市，也要照顾郊区；既保工业，也保农业”的指示，决定扩大工程建设规模，修改设计方案，由广西水利电力局勘测设计院负责设计，原工程于 1972 年 11 月暂停施工。1973 年 3 月 5 日，广西水利电力局向广西革命委员会报送《关于南宁防洪工程江北西段复工的意见》，自治区命委员会于 4 月 11 日批复，同意由二坑起至边阳街尾（1+080 至 1+780）地段复工，并强调“在初步设计未经水利电力部批准和下达投资以前，应就大堤指挥部现有的施工力量，组织施工，不得增加劳动力。所需投资在自治区水利投资中暂垫支”。

1973 年 6 月，广西水利电力局勘测设计院编制出“南宁市防洪工程初步设计书”，8 月，上报水利电力部；9 月 11 日，获水利电力部批准。初步设计的防洪标准是：市区堤为 20 年一遇，郊区堤为 10 年一遇。市区堤有江北东堤、江北西堤、河南堤。郊区堤有沙井堤、石埠堤、西明江堤、白沙堤。两岸堤防共长 46.72 千米。防洪工程初步设计经批复后，9 月全面恢复施工。

邕江防洪大堤长达 40 多千米，工程潜力大，任务艰巨，建堤之时又值国民经济处于困难时期，国家只能投入有限的建堤资金，大堤指挥部根据自治区党委和南宁市委关于自力更生、艰苦奋斗的指示精神，采取专业队伍与群众义务劳动相结合的方式进行工程施工。当时全市军民积极响应党的号召，踊跃到大堤参加义务劳动。施工中，鉴于没有现代化的挖掘机械和装载运输工具，清基、取土主要靠锄头、铁铲、肩挑人抬，靠大量采用人力双轮木板车运输土方，靠船队运输河沙、片石。

据不完全统计，从1971年12月30日至1977年12月，参加建堤义务劳动人员共达75.21万人次，义务劳动完成土方60多万立方米，既节省了大量资金，又加快了建堤步伐。经过近10年的建设，至1981年主要完成堤防长28.85千米，防洪闸14座，交通闸52座；排涝泵站11座，总装机容量5005千瓦，穿堤涵管80处，护岸工程共长4.26千米；但其中部分工程尚未达到设计要求。1985—1986年，南宁市连续2年发生相当于5~7年一遇的洪水，已建成的堤防工程经受了考验；对所发现的险情，市政府和有关部门先后拨款300万元进行处理。1987年，国家防汛抗旱总指挥部将南宁市列为全国25个重点防洪城市之一。当年，珠江水利委员会西江局编制出“南宁市防洪堤收尾续建、除险加固工程修改补充报告”，自治区水利电力厅和水利部珠江水利委员会分别对该报告给予了审核和审批。南宁市的堤防工程按报告中提出的30多个项目继续进行加固和续建；1988年，实现了北岸市区防洪大堤的封闭。1992年，根据国务院关于全国25个重点防洪城市要率先做好城市防洪规划工作的要求，水利部珠江水利委员会设计院南宁分院和南宁市城市规划设计院共同编制出“广西南宁市防洪规划报告”，该报告经自治区水利电力厅、水利部珠江水利委员会和水利部的审查后，1995年8月，自治区人民政府给予批复。在该规划报告中提出了南宁市新的防洪标准：近期为防御50年一遇洪水，远期为防御100年一遇洪水，即在近期将南宁市区堤防逐步完善建设到防御50年一遇洪水的防洪标准，远期百色水库建成后，预留防洪库容16.4亿立方米，堤库联合运用，使南宁市的防洪能力提高到防御100年一遇的洪水标准。远景结合老口水利枢纽的滞洪作用，防洪能力将提高到防御100年一遇以上洪水。

南宁市堤防工程按新的防洪标准逐步进行改建和扩建。其中：按20年一遇标准续建郊区的白沙堤长6.66千米；按50年一遇标准扩建江北东堤和西园堤段，共长5.94千米；同时改建沙井堤，扩建大坑泵站、竹排冲泵站和亭子泵站。至2001年年底，已建堤防共长40.722千米，防洪闸16座，交通闸35座，排涝泵站20座，总装机容量13220千瓦，设计总抽排流量117.55立方米每秒，穿堤涵管99处，护岸工程长14.43千米。2001年7月，南宁市发生1937年以来的大洪水，邕江水位达77.42米，超过警戒水位5.42米，洪峰流量13400立方米每秒（接近20年一遇）。由于防洪堤打下了良好的基础，经全市军民连续10多天的抗洪抢险，保住了南宁市的安全。

但此次发生的洪水，却暴露出原堤防工程存在的问题：部分堤防施工质量较差，高水位时易发生沉陷、裂缝和管涌；江南堤部分堤顶高程没有达到设计高程；部分堤段弯曲、不顺直、距河岸太近，在水流的冲蚀作用下，堤段河床边坡不够稳定；现有防洪堤堤顶宽度不一，土堤、土石混合堤大部分堤顶宽3.5~5米，但部分浆砌石堤和钢筋混凝土堤堤顶宽度仅0.6~0.8米，宽窄不一的堤顶，其上不能通车，堤后又无抢险道路，给防汛抢险造成很大的困难。

2001年7月17日，时任国务院副总理、国家防汛抗旱总指挥部总指挥温家宝在视察南宁市抗洪救灾工作时，指示要把防洪体系建设作为南宁市城市建设中最重要的基础设施抓紧抓好，抓出成效；自治区党委、自治区人民政府也作出了加快南宁市防洪工程建设的重要指示。南宁市委、市人民政府抓住这个有利契机，决定按“高起点规划，高标准建设”的要求建设邕江防洪体系，把邕江两岸堤防扩建为集防洪、交通、旅游、商业等功能为一体的堤路园工程；成立以市委书记李纪恒、市长林国强为组长的南宁市防洪体系建设领导小组，下设邕江防洪堤江北中堤建设指挥部，由市委常委、副市长黄家仁担任指挥长，市政协副主席林明担任副指挥长。与此同时，城市规划部门重新组织邕江沿线的城市规划。

2001 年 9 月，南宁市城市规划设计院在法国夏氏建筑设计事务所完成的邕江两岸景观总体规划设计的基础上，编制出邕江北岸（桃源路口至中兴大桥）堤路园的规划。2002 年 8 月，继续提出邕江两岸堤路园的规划方案。2001 年 11 月和 2002 年 10 月，市人民政府分别对上述 2 次堤路园的规划方案给予审批。为了完善和深化堤路园的规划设计方案，珠江水利委员会南宁勘测设计院于 2002 年 8 月编制出“广西南宁市防洪工程可行性研究报告”，提出防洪工程最终建设规模：防洪堤共长 59.93 千米，排涝泵站 22 座，总装机容量 29484 千瓦，总抽排流量 293 立方米每秒，防洪排涝闸 20 座，交通闸 38 座，穿堤涵管 81 条，上下堤码头 161 座，抢险道路共长 62.92 千米，护岸工程长 19.63 千米；工程总静态投资 201269 万元。邕江两岸堤路园的防洪标准为 50 年一遇（防御 79.74 米洪水），堤顶宽 8 米，道路为城市次干道 Ⅰ 级，红线宽度 40 米；其中，中间分隔带 3 米，两侧车道宽各 11.5 米（双向 6 车道），两侧人行道宽各 7 米，沿线在两侧人行道和中间分隔带种植各种南亚热带植物，并在临江面设置多处供游人休闲的花园和绿地，形成邕江两岸层次丰富的绿色长廊。

堤路园工程项目建设业主分别是南宁市邕江堤岸建设发展有限责任公司、南宁市水利局和邕江防洪大堤修建管理处。江北堤路园堤段，长 21.403 千米；2001 年 12 月，开始征地拆迁，2002 年 5 月 15 日，开工建设；2004 年 10 月 26 日，全线建成通车，命名为江北大道。江南堤路园堤段，长 15.961 千米；2004 年 11 月，开始征地拆迁；2005 年 9 月 29 日，建成通车，命名为江南大道。沙江堤路园堤段，长 1.385 千米；2006 年 7 月，开工建设；2007 年年底，建成通车。至此，江北和江南建成 50 年一遇防洪标准防洪堤共长 38.749 千米，另外，江南 20 年一遇防洪标准防洪堤（白沙堤）长 6.66 千米，总共 45.409 千米。在堤路园的建设中，新建、扩建和改建一批排涝泵站和其他附属工程设施，至 2007 年年底，共有排涝泵站 18 座，装机 90 台，总装机容量 27996 千瓦，总抽排流量 277.12 立方米每秒，防洪闸 19 座，交通闸 29 座，穿堤涵管 40 处，抢险道路 48.389 千米，护岸工程长 20.85 千米，工程累计总投资 19.1125 亿元，保护城市面积 131.44 平方千米，保护人口约 146.07 万人。

堤路园工程的建成，发挥了多功能作用，形成了富有活力的“四线”：一条坚固的防洪线，堤路园构成了邕江两岸完整的防洪体系，能防御 50 年一遇的洪水，与百色水库的联合调度运行，可使南宁市的防洪能力提高到防御 100 年一遇的洪水，从此结束了南宁频频遭受洪水为患的历史，昭示着邕江与南宁和谐共处，城市得以安全，市民得以安居乐业；一条畅通的交通线，堤路园与 10 多座跨江大桥和城市主干道互接互通，形成了江南江北两岸大道贯穿城市东西方向的交通主轴线和以邕江为轴心“东西延长、南北扩张”的城市发展新格局，并为在五象新区建设新南宁和之后新旧城市融为一体创设了便捷的交通条件；一条亮丽的风景线，堤路园的绿化美化不仅形成了邕江两岸浓郁的滨水园林景观带，同时极大地改善了城市的生态环境，为南宁市这座“中国绿城”增添了新的亮点；一条繁荣的经济线，堤路园建成后激发了邕江两岸的区域活力，促进了沿线土地升值，带动了城市开发和商贸繁荣。这些新功能极大地提高了南宁市这座区域性国际城市的城市品位，为南宁市大发展创造了有利条件。

南宁邕江大堤（曾祥忠摄）

六、梧州大堤

梧州市位于广西东南部，浔江、桂江相汇成西江的交汇处，集广西700多条河流水量，流经梧州的出水量约占广西总径流量的85%以上。1987年7月，梧州市被列为全国首批25座重点防洪城市之一。梧州市区由桂江分隔成河东、河西两大片城区，2大片城区主要依靠已建成的河西防洪堤和河东防洪堤抵御洪水。

梧州市河西防洪堤全长8.73千米，坐落在梧州市浔江左岸和桂江右岸的河流堆积一级阶地上，其中浔江堤段长6.89千米，桂江堤段长1.84千米。堤防采取堤路分开形式，

梧州大堤（何文华摄）

按 50 年一遇洪水标准设防，设计水位 26.10 米，堤顶设计高程 26.60~ 27.60 米。建造的堤型有土堤、土石混合堤、浆砌石堤、空箱式钢筋混凝土堤。整个河西堤于 2001 年全部完工。河西堤分浔江和桂江两段，河西堤原防洪标准仅相当于 30 年一遇，未达到规划防洪标准 50 年一遇的要求，需进行达标加固。工程于 2019 年 11 月开始施工，计划 2022 年 12 月 31 日前完工。

梧州市河东防洪堤工程位于梧州市河东区，呈半圆状拱卫河东城区。河东防洪堤北起龙母庙上游桂林路，东止于西江三路云龙大桥脚，全长约 3.6 千米。该工程主要由防洪墙和堤内排水系统组成，主要建筑物有钻孔灌注桩和沉管灌注桩、防渗墙、钢筋混凝土防洪墙、交通闸、护岸、堤后集水渠等。防洪堤按 10 年一遇洪水标准设计，主要建筑物等级为 2 级，次要建筑物等级为 3 级。工程于 2002 年 10 月开工建设，2003 年 9 月建成。

七、柳州大堤

柳州市防洪工程主要有均质土堤、浆砌石堤、混凝土堤、土石混合堤、钢筋混凝土堤等，土堤高度多为 20~35 米，堤、路结合，堤顶宽 10~20 米，其余堤防高 20~23 米，堤、路分开，堤顶宽 2~5 米，抢险道路宽 5~8 米。

1988 年 8 月 31 日、1994 年 6 月 19 日、1996 年 7 月 19 日，3 次洪水，损失达上百亿元。 1994 年 10 月，柳州完成城市防洪规划，同年年底，成为全国重点防洪城市，正式纳入国家防洪工程建设总体规划。 1995 年 5 月 8 日，柳州市防洪工程河西堤破土动工，随后白沙堤、三中堤、莲花堤、竹鹅堤、崩冲堤、航监、雅儒泵站等相继投入建设。 不久，广西壮族自治区人民政府主持专题办公会，决定投资 12 亿元，支持柳州防洪堤建设。之后，国务院从总理基金中拨给柳州 1 亿元。1996 年 9 月 16 日，柳州市主要领导亲自担任防洪工程建设指挥部的指挥长，柳州市 180 多万人民在党和政府的领导下，一是全力提高征地和拆迁进度，对所有沿线单位公用设施一律拆除；所有居民房屋拆迁按国家最低价考虑补偿；拆迁补偿节省防洪资金 1 亿元以上，大大缓解了资金压力。二是特事特办，减免防洪工程建设各种费用。先规划防洪堤线，再调整城市规划红线，对施工用工程车专门印发 800 万元免费票实施特别通行；供电部门对排涝泵站的增容费减免 1000 多万元。柳州防洪工程规模宏大，总投资 12 亿元。柳州市委、市政府号召全市人民动员起来，有钱出钱、有力出力。由柳州市防洪工程建设资金募集委员会组织，全面开展“爱我柳州，筑堤防洪”“建防洪大堤，保家园平安”等大型而深入的活动。全市集体和个人踊跃捐款达 700 多万元。2000 年 3 月，国家开发银行给予柳州市人民政府 4.358 亿元的专项贷款，建设了 10.2 千米防洪大堤和 13 座泵站。2000 年 6 月 12 日，柳州市中华人民共和国成立以来第五次特大洪水安然无恙。全市直接免除洪灾经济损失 1.96 亿元。 在建设防洪工程的同时，防洪堤上的景观绿化和视觉美化，尽可能扩大了防洪工程的综合利用功能。护岸结合道路，改善了城市交通；泵站结合排水，增加了排污功能。2006 年年底，一期工程（包括河西堤、华丰湾堤、雅儒堤、柳州饭店堤、三中堤、白沙堤、河东堤、鸡喇堤、木材厂堤等 9 个堤段）已基本完建投入使用并发挥效益，二期工程的鹧鸪江堤、静兰堤，2008 年年底发挥防洪效益。

第七节　西部大开发的重要标志性工程之一——右江百色水利枢纽

右江百色水利枢纽位于广西壮族自治区百色市的郁江上游右江河段上，是一座以防洪为主，兼有发电、灌溉、航运、供水等综合利用的大型水利枢纽，是珠江流域综合利用规划中治理和开发郁江的一座大型骨干水利工程，是国家“十五”计划实施西部大开发的重要标志性工程之一。

水库坝址以上集雨面积1.96万平方千米，正常蓄水位228米，相应库容48亿立方米；最高洪水位233.45米，相应总库容56亿立方米；水库调节库容26.2亿立方米，属不完全多年调节水库。枢纽主要建筑物包括碾压混凝土主坝1座、地下厂房1座、副坝2座、通航建筑物1座。工程于2001年10月开工建设，于2002年10月截流，2006年10月竣工。

百色水利枢纽工程前期工作始于1957年，设计单位断断续续进行了大量的勘测设计工作。1993年8月，中水珠江规划勘测设计有限公司和广西水利电力勘测设计研究院有限公司联合编制了“广西右江百色水利枢纽可行性研究报告（修改本）”，1993年12月，该报告通过了水利水电规划设计总院的审查，并于1994年1月将审查意见报水利部。当时，该项目拟作为利用外资的地方项目。1995年，世界银行开始对百色水利枢纽工程进行考察并提出提供4亿美元贷款的意向。1996年6月，广西水利电力勘测设计研究院有限公司编制了“右江百色水利枢纽项目建议书”，并于同年由广西壮族自治区计委上报国家计委，1997年2月，该项目建议书经中国国际工程咨询公司评估后上报国家计委。1998年3月，国家计委以《印发国家计委关于审批广西百色水利枢纽工程项目建议书的请示的通知》（计农经〔1998〕311号）文通知百色水利枢纽工程已经国务院批准立项，在批准立项文件中明确了工程开发目标，明确了通航建筑物水上部分为第二期工程，明确拟用世界银行贷款4亿美元的意见，并要求据此编制可研报告。

为了积极推行水利工程建设“三项制度”改革，经广西壮族自治区人民政府批准，成立了广西右江水利开发有限责任公司（简称右江公司），公司的主要任务是“全面负责百色水利枢纽的准备、实施、管理和右江各梯级的滚动开发”，1997年7月29日，公司正式挂牌运行。因为建设资金由世界银行贷款改为全内资方案，2001年1月，第一次工程建设领导小组会议后，以资本金为纽带，对广西右江水利开发有限责任公司在调整股东股比的基础上重组公司董事会及领导班子，公司随后开展了定机构、定工作职责、定岗位及人员编制、定管理原则的“四定”工作，按岗择优选人，力求达到精简高效、人尽其责的现代企业要求，全方位落实项目法人责任制，严格执行招标投标制和建设监理制。

1997年10月，施工准备工程开工，广西壮族自治区人民政府自筹资金3.3亿元投入工程前期工作和施工准备工程，公司通过招标选择施工单位，在2001年年底前先后完成了左右岸进场公路、跨右江平坪大桥、导流隧洞、左右岸上坝公路、110千伏施工变电站等施工准备工程的建设。主体工程开工前，公司委托具备资质的招标代理机构主持一系列公开招标活动，包括碾压混凝土主坝、水电站工程、副坝工程、通航建筑物上游引航道、主要机电设备、金属结构及启闭设备采购，水泥、钢筋和粉煤灰等主要材料的供应商和运输商等，通过水利部珠江水利委员会、自治区公证处的监督，在充分体现公开、公平、公正的情况下择优选择了承包商。公司作为建设群体的核心，严格遵循合同协调设计、监理、施工以及地方等各方面的关系，实行目标管理，形成以业主为核心，对国家负责；遵循“小业主，大监理”的主导思想，以监理为保证，以设计为依托，以施工为主体，共同对业主负责的有序机制。同时，公司要求参建各单位有高起点、高环保意识，高水土保持标准，开创安全第一、文明施工、铸造精品工程的新境界。在工程实施过程中，公司除了依靠水利部水利水电规划设计总院对重大设计变更方案进行审查，还聘请国内知名水电专家组成的专家咨询组对重大技术问题提供专题咨询意见，通过参建各方技术人员的充分论证，依靠技术进一步提高工程质量，解决了工程施工过程中遇到的诸多难点。根据工程既定的节点目标，参建各方集思广益、群策群力，形成了“责任分，目标合；局部分，整体合；合同分，效益合”的团结一致、锐意进取的氛围。在这些精干高效队伍的共同努力下，百色水利枢纽主体工程于2001年10月11日举行开工典礼，经过6年奋战，2007年9月，主体工程各单位工程通过了珠江水利委员会主持的投入使用验收。公司以企业管理的形式顺利完成了百色水利枢纽工程的建设。工程于2021年9月27日荣获第十八届中国土木工程詹天佑奖。

百色水利枢纽在建设期和运行期均得到了党和国家领导人的深切关怀。

百色水利枢纽（右江公司供）

第八节　韩江流域控制性工程——棉花滩水库

棉花滩水库位于福建省永定区境内的汀江干流棉花滩峡谷河段中部。水库坝址以上控制流域面积7907平方千米，正常蓄水位173.0米，死水位146.0米，调节库容11.22亿立方米，校核洪水位177.8米，相应的总库容20.35亿立方米。电站年发电量15.2亿千瓦·时，主要由拦河主坝、副坝、泄洪建筑物、左岸输水发电系统、开关站等建筑物组成。工程以发电为主，兼有防洪、航运、水产养殖功能。

1958年，国家重点项目棉花滩水电工程正式动工，1959年，控制基建规模时，棉花滩水电工程停工。此后，工程一拖就是几十年。1998年4月1日工程开工；1998年9月12日实现大江截流；1998年12月6日开始浇筑大坝混凝土；1999年11月10日机电安装标工程开工；2000年12月18日大坝下闸蓄水；2001年4月29日、7月9日、11月13日和12月30日，4台机组分别投入商业运行。

中华人民共和国成立后，国家"一五"计划中，棉花滩（汀江）水库赫然在列。1978年，水电部华东水电勘测设计院开展棉花滩水库可行性研究和初步设计，历经4年完成并上报中央。1982年10月，水电部与福建省政府联合召开审查会，明确了棉花滩要建百米高坝，库容20多亿立方米，装机60万千瓦。1985年，水电部发文批准"审查会议纪要"，但因为建设资金和移民问题无法落实，工程再次下马。1992年2月，国家计委决定安排棉花滩项目利用亚洲开发银行2亿美元贷款。同年11月，能源部、国家能源投资公司批复移民安置规划。1993年5月，国家计委批复项目建议书。1994年10月，时任全国人大常委会副委员长、农工党中央主席卢嘉锡向党中央、国务院提交了建设建议。1997年12月，国务院176次总理办公会议同意棉花滩水库开工建设。1998年3月19日，国家计委正式下达开工令。

棉花滩水电站由福建省电力有限公司、福建投资开发总公司和福建省龙岩市水电开发有限公司三方集资兴建。集资三方投资比例分别为60%、22%和18%；外资采用亚洲开发银行贷款。在棉花滩水电站的建设过程中，实行项目法人责任制、工程建设监理制、工程招标投标制和全面实行合同管理制等先进的管理体制，强化了工程的动态管理，较好地控制了工程投资，并积极引进国内外先进设备和先进技术，克服了建设中遇到的困难，如期完成电站建设。

一、完善的前期工程是搞好主体工程建设的重要条件

棉花滩水电站工程于1991年获得初步设计审查通过，经过长达6余年的前期准备，1998年3月获国家计委批复开工。在这一段时间里，公司一方面抓好开工立项准备工作，另一方面抓好"三通一平"等前期工作。经过几年的努力，在主体工程开工前完成了左右岸上坝公路、导流洞、尾水施工支洞、兼作厂房顶拱施工支洞的新风洞、大坝左右岸坝肩180米高程以上边坡的开挖施工用变电站、施工单位营地建设等前期工程。充分的前期准备工作提高了业主对合同的履约水平，减少了索赔，大大缩短了开工后的准备时间，使主体工程承建单位在进点后即可开始主线路工作面的施工。而前期准备工作除了"三通一平"，对与工程相关的工作如招标准备（尤其是设备招标的准备）、库区移民、环保监测、水位监测、地震监测等相配套工作也树立了超前意识。

棉花滩工程实行项目法人责任制、工程建设监理制和招标投标制，赋予了项目公司较大的责任和权力，促使工程建设在各项法律法规的约束下精心组织、科学管理，追求工程建设最大的效益。以此为出发点，将招标承包制全面深入地贯彻到工程建设管理的实践中。在实施工程建设之前，在公司管理层中对整个工程今后要实现的建设水平有一个整体概念，并将这些概念细化到招标投标的文件中。鉴于当时市场条件逐步成熟，法

治框架基本具备，对招标文件根据工程建设的需要严格把关，尤其是部分设备的采购招标。在招标过程中不片面追求低报价，而是根据工程的特点结合施工单位的特长、经验和信誉，综合考虑择优选定。设备尤其是一些辅助设备系统的采购也有针对性地进行招标，对投标方的资质、信誉和业绩有充分的掌握并在招标文件中严格设定投标条件，以保证产品质量。以设备采购为例，公司在建设之初就确立了电站今后将实行“无人值班、少人值守”，采用的设备应当是具有国际水平的（在编制设备招标文件时将这一要求融汇其中），严格要求产品的各项性能指标、使用业绩和供应商的信誉，确保了设备的质量，极大地提高了机组的投产水平。

二、科学安排施工计划工期

精心组织、科学安排整个工程的建设，提高发电效益是一项重大的课题。工程开工前组织了专家咨询会专题研究进度安排。大坝、厂房两大土建标成为两条主线，互相干扰不大。影响首台机组投产发电的主要因素是地下厂房土建工程（包括机电设备安装施工）。而地下厂房进度控制的关键则在40余万立方米的洞挖量：主厂房、主变、尾调三大洞室，4条引水隧洞（包括4条高约60米的竖井段）、2条尾水隧洞、1条引水下平洞、1条施工支洞、高约116米的电梯电缆竖井等工程。根据同类工程的经验，平均水平是19~20个月完成地下厂房开挖。比较先进的广蓄Ⅰ期和Ⅱ期工程，厂房开挖分别是17.5个月左右。如果安排得合理，棉花滩工程可以将原计划工期提前3个月即3年零6个月首台机组发电。由于前期准备工作充分，两台三臂凿岩台车和两台露天钻及自带设备能及时到位，工程建设资金落实，可以在开工后3年零3个月实现首台机组投产。在定标后的合同谈判阶段，考虑到中国水电十四局是一支擅长地下厂房施工的队伍，又有着广蓄工程的施工经验，应当有能力再将工期提前，在双方协商的基础上，最终确定了3年投产发电的目标。在实践中，中国水电十四局不负众望，地下厂房的开挖仅用了16.5个月，为首台机组于2001年主汛期到来之前投产奠定了基础。闽江工程局也在开工头一年就取得了“当年开工、当年截流、当年浇筑混凝土”的业绩，并用37个月的时间完成了高115米的大坝碾压混凝土浇筑。这一切都表明，充分的前期准备工作、科学的组织安排、充足的资金，以及合适的施工承包企业是取得最优工期的四大要素。

三、搞好设计优化

棉花滩水电站的初步设计报告是1987年编制完成的，当时采用的是常态混凝土拱坝、左岸地下厂房方案。1990年年底，初步审查时提出采用碾压混凝土重力坝方案并对枢纽结构进行相应的优化（包括厂房内采用岩壁吊车梁结构）。1997年，又对开敞式220千伏开关站进行优化，改为洞内GIS室。这些都是在做了大量的勘探试验研究工作基础上取得的成果。在施工过程中也处处注意根据工程实际开展设计优化工作。第一个枯水期的挡水围堰原设计是混凝土围堰，挡水标准是3月份10年一遇。实施过程中考虑到为使闽江工程局能集中力量搞好大坝混凝土施工，根据当年来水情况将标准优化为2月份10年一遇的过水土石围堰，集中力量将大坝混凝土在3月初浇到围堰高程，顺利实现了当年的安全度汛。实践证明，这些设计的优化在很大程度上缩短了工期，降低了施工导流费用。大坝工程工期比原方案节约投资 2500 万元（1987 年价格水平），节省工期一年。采用洞内式 GIS 开关站后避免了大量的土石方明挖和边坡支护工程量，节省工程资金 1000 万元，同时也极大地避免了施工期的干扰。这些都是设计优化的结果。由于历史的原因，棉花滩水电站工程设计和地勘工作分属两个设计院，给管理增加了协调工作量，也使设计优化工作的难度加大。尽管在合同签订中明确由主体设计院总负责，但由于种种复杂的原因，在实施过程中难免有扯皮现象，今后应当尽量避免这种做法。当前，国内有若干项目开展了设计招标和设计监理制度，虽尚处在初步阶段，但不失为一种有益的探索。

四、做好工程资金流的动态管理

在主体工程的建设管理工作中对整个进度资金流的预测和控制是一项重要的工作。提供充足的资金、控制好资金流是保证工程进度和质量的重要手段。在棉花滩工程的投标阶段，为了确保在承包单位进点后有充足可靠的设备，标书中明确甲方将提供大坝标 4 台振动碾、1 台露天钻；提供地下厂房标 2 台三臂凿岩台车、2 台露天钻和 1 台混凝土泵车并明确在工程的进度款中均摊逐月扣回。这种做法在一定程度上保证了工程的进度和质量，但由于当时对资金流没有进行有效的分析和控制，在开挖和混凝土浇筑过程中出现资金不均衡现象。如某个施工阶段甲供材料、甲供设备、预付款、质保金及税金等的扣款与承包单位的投入产出失衡，造成该时段施工单位资金的困难。项目公司从而需要在合同允许的范围内进行调节，以减少因资金问题造成对工程进度和质量的影响。这种状况表明，在确定工程进度安排之后对工程施工过程中的资金流分析要根据合同确定的边界条件进行数学模拟，计算出最合理的投入产出关系，确保承包单位能有适当比例的流动资金周转，动态地控制好资金流的使用，为工程的顺利进行提供保障。

五、引进专业机电调试队伍

棉花滩工程机电设备的调试工作一改过去通常都是由机电安装承包商完成的做法，另行聘请了国网福建电力有限公司电力科学研究院承担。这种模式的好处是能从第三者角度细致地做好各项委托调试工作，及时发现并纠正设备本身和安装过程中存在的问题，减少移交后消缺的工作量，使工程设备投产水平得以提高，极大地避免了以往工程中电气试验不完善、错点率较高的现象。

六、重大技术问题的决策途径

项目公司作为一个以管理为主的机构，要求精简高效。因此，内部的工程技术人员多是管理型的，专业面有限。为处理好工程建设过程中出现的重大技术问题，充分利用了外部的技术力量，分阶段、有针对性地外聘专家到公司做中长期服务，以帮助解决日常工作中出现的技术问题。公司在建设期间长期聘请了 5 位富有水电工程设计施工经验的专家在几个专业部门负责技术把关。发挥监理单位和设计单位的积极性，利用其后方强大的技术储备力量进行咨询，帮助解决工程技术管理过程中的阶段性问题。在棉花滩

棉花滩水库（珠江委档案馆供）

工程监理和设计的合同中，项目公司对有关咨询均提出了具体的要求，以特咨团或专家咨询组的形式帮助解决一些专业性较强的重大技术问题。对一些重大的技术问题如工期、总进度安排、每年的进度修订、碾压混凝土筑坝技术、人工砂石料生产等，项目公司还组织了专家咨询组开展专业技术咨询活动。棉花滩工程在建设过程中正是充分利用了公司外部的技术力量对工程几次转折性过程中出现的技术问题进行适时、正确的决策，确保了工程“三大控制”目标的实现。如水泥品种的确定、人工砂石料干法生产工艺碾压混凝土配合比的确定、次高温期碾压混凝土浇筑的温控问题、工程总进度计划的拟订等都是在外部专家的大力协助下完成的。当然，这些重大技术问题的决策也需要董事会的参与，因为这些问题不仅是技术问题，还涉及投资。

七、严格合同管理，处理好索赔问题

项目公司作为业主单位，是工程建设的核心机构。它与其他参建单位的关系是以经济合同来确立的。能否树立起一个科学的合同管理观念，事关能否正确处理各参建方的关系。项目公司应当首先成为履约的典范，自身要严格遵守合同中的约定和承诺，同时也要促使各方严格履约，依照合同办事，严格合同管理。合同各方都应做到“有理、有利、有节”，以事实为依据、以合同为准绳，通过友好协商使各方能够在合同的基础上建立一种实事求是和互信互谅的合作关系。

在此基础上，要正确处理好合同的争议索赔问题。作为承包方要避免两种极端现象的出现：一是怕得罪业主不敢索赔；二是凡事无论大小轻重索赔单满天飞。应当说，合同的争议索赔是合同管理工作的延续，是新的立约。因边界条件变化而产生的变更要正确利用合同索赔。这个工具使之成为调节合同双方关系的杠杆。在全国的水电站建设中，棉花滩水电站的甲乙双方率先聘请了水电工程建设经济合同争议调解委员会(咨询机构)作为第三方，在一定程度上促进了合同索赔工作的顺利开展。此外，对索赔事项应当确定时效性并在合同中给予明确规定，而过去许多国内合同对此往往重视不够，给合同管理带来了不利影响。要阶段性地对索赔工作及时进行清理，尽量使资金使用在本工程中。同时对业主而言，要克服那种索赔是承包单位的“专利”的意识，可用业主对承包商的索赔这一工具进行反调节。

棉花滩水电站工程的建设取得成功主要表现在：工期短，从开工到第一台机组发电仅用了 3 年时间，属国内同类电站的先进水平；质量好，在工程施工中未出现质量事故，已验收工程的合格率为 100%，优良率达到 80% 以上；投产水平高，投产机组的状况、投产土建装修等配套工程均较完善，施工过程中未发生一起职工伤亡事故；投资省，总投资比原初步设计概算节省近十亿元；制度新，公司实行精简高效的机构设置和人员聘用制度。这一切都大大提高了电站上网电价的竞争力，为今后的发展打下了良好的基础，也实现了福建人民尤其是闽西老区人民期盼了 40 年的愿望。

第九节　维护河流健康，建设绿色珠江

随着流域工业化、城镇化以及农业现代化进程加快，对水资源安全保障的要求更高，人类活动对河流生态系统的胁迫也日趋严重，传统治水模式已不适应新形势下治理珠江的要求，坚持治理、开发与水生态环境保护并重，是一个历史发展的必然趋势。未来，随着流域经济社会的不断进步，迫切要求以水资源的可持续利用支撑经济社会的可持续发展，要求转变治江理念，统筹考虑工程本身和生态环境方面的整体效益，考虑区域经济社会发展与水资源、水环境的关系，协调上下游、左右岸关系，促进经济发达地区与欠发达地区共同发展。因此，新的治江理念必须遵循“人水和谐”的思想，即在考虑人类自身需求的同时要兼顾整个生存环境与河流生态系统的其他利益，尽量降低人类活动对生态环境的不良影响，最终实现人与自然和谐相处，实现人类社会的可持续发展。这就要求我们转变传统的治江方式，走人水和谐、可持续发展之路。要求在一个完整的流域系统内，经济社会活动与生态环境协调发展，这就是建设绿色珠江的基本思想。

建设绿色珠江，要按照人口资源环境相均衡、经济社会生态效益相统一的原则，以“环保、高效、协调”为核心理念，一方面最大限度地提高了水资源开发利用的效率，控制开发强度，调整空间结构，使流域经济社会活动所产生的水环境问题最小化，给自然留下更多修复空间；另一方面通过科学合理的治江措施，最大限度地减少水灾害对生态环境和经济社会的破坏程度，营造生态友好的水文化氛围，把珠江建设成一条“山清水秀、人水和谐、生机盎然”的母亲河，给子孙后代留下山青、水净、河畅、岸绿的美好家园。

为切实保护好、治理好、利用好珠江，为子孙后代留下一条健康的珠江，珠江委在分析珠江特点和总结多年治江实践的基础上，提出了“维护河流健康，建设绿色珠江”的治江总体目标。2009 年 3 月，珠江委就绿色珠江目标、内涵、框架在委内广泛征求意见，同时简化绿色珠江评价指标体系，编制了《健康珠江评价指标体系结构与评价方法》，进一步推动“维护河流健康，建设绿色珠江”总体目标的进程。

一、 战略格局

珠江流域地域辽阔，河流水系分布复杂，流域内地形地貌、土壤植被、气象特性、水资源与水环境承载能力以及人类活动方式等差异较大，经济社会发展很不平衡，对河流的治理、保护和开发利用存在较大的差别。根据流域的水资源特点及开发利用状况，按照全国主体功能区战略部署和绿色珠江治江理念，合理布局，着力构建“绿源、绿廊、绿网、绿景”四大战略格局。

（一）绿源

绿源即绿色生态源区。流域上游区域多为山地，为河流源头区域，水土流失严重，水资源与水环境承载能力低，生态环境脆弱。按照《全国主体功能区规划》珠江流域分布情况，该区域大部分位于南岭山地森林及生物多样性生态功能区、桂黔滇喀斯特石漠化防治生态功能区两个重点生态功能区内，并分布着多个禁止开发区，黔中、滇中两个国家重点开发区也分布于这一带，水资源保护任务重，水资源保障要求高。因此，该区域定位是流域水生态环境重点保护区域，应以国家重点生态功能区为屏障，以生态敏感区域为保护重点，推进水源涵养、水土保持生态建设与环境保护，同时在保护的前提下建设民生水利，保障区域基本用水需求，形成西江、北江、东江三大流域源头绿色生态区域。

（二）绿廊

绿廊即河流健康廊道。流域中下游区域为低山丘陵与盆地，水量丰富，生态环境较好，耕地与人口比较集中，人类活动频繁，这里有北部湾国家重点开发区部分区域以及流域沿江经济带，也是华南农产品主产区，对水利要求较高。因此，该区域定位是流域水生态环境重点防护区域，应以西江、北江、东江三江主要干支流水生态防护为重点，预防局部水生态环境恶化；通过防洪体系建设、水环境保护与治理、水资源优化配置体系建设、滨水生态建设等措施，形成流域洪水通道、清水走廊、生物廊道三大河流廊道。

（三）绿网

绿网即活力三角洲水网。珠江河口网河地区为平原地带，系河流尾闾，河网密布，人口集中，经济发达，是珠江三角洲国家优化开发区域，水资源开发利用程度高，局部水生态环境破坏严重。因此，该区域定位是流域水生态环境重点修复区域，应以珠江三角洲网河区生态修复为重点，通过水网生态修复、河口综合治理、供水布局优化等措施，形成河海畅通、生态良好、供水安全的水网。

（四）绿景

绿景即和谐优美水景观。珠江流域自然人文条件优越，物产丰富，山川秀美，它所孕育的岭南文化源远流长，在中国文化大谱系中占有十分重要的地位。依托珠江这条秀美的中国南方大河，加强流域治理、保护及开发利用与区域独特人文景观、自然景观的融合，打造“一江两岸”生态廊道及具有少数民族文化和岭南水文化特色的水景观。

二、战略目标

围绕绿色治江理念，推进“维护河流健康，建设绿色珠江”建设进程，着力构建“绿源、绿廊、绿网、绿景”四大战略格局，全面提升流域防灾减灾能力、水资源供给保障能力、水环境与生态保护能力及流域综合管理能力，维护河湖健康，支撑流域经济、社会与资源环境的全面、协调和可持续发展，逐步实现“山清水秀，人水和谐、生机盎然”的绿色珠江的美好愿景，使珠江山清水秀，“一江两岸”适栖宜居、环境优美，充满活力。

（一）生态环境得到有效保护，人民生存环境有保障

流域水土流失得到有效治理，森林植被覆盖率不断提高，流域水土涵养能力增强，环境敏感区得到有效保护。至2030年，林草植被覆盖率将提高到62%，水土流失治理率将达到70%，人畜饮水困难和饮水安全问题将得到全面解决。

（二）河流健康得到切实保障，河流综合功能得到有效发挥

洪水安澜通道基本形成，县级以上防护对象防洪达标率达到95%以上，洪灾损失率明显减小；流域清水走廊基本形成，用水总量控制在630亿立方米，万元工业增加值用水量下降75%以上，优于Ⅲ类水质以上河长占评价河长达到95%以上，江河湖泊水功能区水质全面改善，重点水功能区水质达标率达到95%以上，城镇供水水源地水质全面达标，供水保障程度达到95%以上；生物廊道基本形成，生态用水保障程度达到95%以上，生物多样性明显提高。

（三）三角洲水网活力明显增强，支撑“珠三角”经济圈可持续发展

三角洲河网与海洋水流畅通，泄洪纳潮能力不断增强，能安全下泄50年一遇流域洪水，结合上游水库调蓄，使三角洲地区防洪标准达到100年一遇，绿色水运长足发展；三角洲网河区污水处理率提高到95%以上，河流水环境明显改善；一体化安全供水网络基本形成，三角洲城乡供水能够得到有效保障，供水保障率达到97%以上。

（四）流域水景观明显改善，水文化得到传承

流域秀美的自然水景观全面维系，水利工程与地区独特的人文景观相融合，“一江两岸”生态廊道及具有西南少数民族文化和岭南水文化特色的水景观全面推广。

（五）远景展望

珠江陆域更加青翠秀丽，河流水质优良，重点水功能区水质全面达标，水生物种丰富多样，河流生态功能达到良性循环，人与水和谐相处，水景观优美，水文化传承，“山清水秀、人水和谐、生机盎然”的绿色珠江美好愿景将全面呈现。

第四章　水利高质量发展阶段的珠江治水

2011—2020年，“十二五”“十三五”计划实施，国家提出“节水优先、空间均衡、系统治理、两手发力”的治水思路，推动新阶段水利高质量发展。随着《中共中央 国务院关于加快水利改革发展的决定》（中发〔2011〕1号）的出台及中央水利工作会议和党的十八大的召开等，国家进一步明确了水利发展方向，加大了水利投资力度，珠江水利事业迎来了跨越式发展的重大机遇。

党的十九大报告把坚持人与自然和谐共生纳入新时代坚持和发展中国特色社会主义的基本方略，把水利摆在九大基础设施网络建设之首，提出一系列重要论述和重大部署，深化了水利工作内涵，指明了水利发展方向，充分体现了我们党对水利工作的高度重视。党的二十大报告中指出，高质量发展是全面建设社会主义现代化国家的首要任务，明确提出优化基础设施布局、结构、功能和系统集成，构建现代化基础设施体系。水利是实现高质量发展的基础性支撑和重要带动力量。适度超前开展水利基础设施建设，不仅能为经济社会发展提供有力的水安全保障，而且可以有效释放内需潜力，发挥投资乘数效应，增强国内大循环内生动力和可靠性，具有稳增长、调结构、惠民生、促发展的重要作用。珠江委认真贯彻落实党的二十大精神，按照水利部的部署，开展一批重大战略性水利工程开工建设，资源统筹调配能力、供水保障能力、战略储备能力进一步增强。

发展成果如下所述：

（1）流域治水理念的提出。党的十八大以来，中央对全面深化改革、推进生态文明建设等作出了一系列重大部署，并将水利放在生态文明建设的突出位置，提出了新的明确要求。珠江委在分析珠江特点和总结多年治江实践的基础上，提出了“绿色珠江建设战略规划”，从绿色理念与可持续发展的战略高度提出流域治理、保护、开发的总体布局，着力构建“绿源、绿廊、绿网、绿景”四大战略格局，最终实现“山清水秀、人水和谐、生机盎然”的绿色珠江愿景，努力将珠江打造成水生态文明建设流域典范。水安全保障工作以习近平新时代中国特色社会主义思想为指导，深入贯彻落实“节水优先、空间均衡、系统治理、两手发力”的治水思路，全面推进水利改革发展各项工作，为全面建成小康社会和实施重大国家战略提供了坚实的水利保障。

（2）基础建设取得新进展。鉴江供水枢纽、乐昌峡水利枢纽、清远水利枢纽、公明水库、莽山水库、红岭水利枢纽等相继完工。大藤峡水利枢纽、邕宁水利枢纽、洛久水利枢纽、洋溪水利枢纽、高陂水利枢纽、西江干流治理等一大批流域控制性工程进展顺利。南宁、柳州、贵港等重要防洪城市原规划建设堤防相继建成，广东汕头大围达标加固工程完成，广西北部湾城市群北海、钦州、防城港市及海南省标准海堤建设顺利实施，主要防洪保护区防洪防潮标准得到提高。云南德厚、云南阿岗等一批重大工程建成发挥效益。桂中治旱乐滩引水、驮英水库、百色水库等灌溉配套工程已经实施。同时，流域内启动了一批重大项目，文山州清水河水库、六盘水市英武水库、黔东南州忠诚水库、长塘水库、天角潭水利枢纽工程、迈湾水利枢纽工程陆续开工。红河州弥泸灌区、红河州石屏灌区、都匀市清水江剑江河段水生态修复与治理工程、大藤峡水利枢纽灌区、龙云灌区、下六甲灌区、环北部湾广西水资源配置工程、粤东灌区续建配套与节水工程、珠三角水资源配置工程、海南省琼西北供水工程、南繁基地（乐东、三亚片）水利设施项目、牛路岭水库水资源配置工程、海口市南渡江龙塘坝改造工程、昌化江水资源配置工程、三沙市水资源配置工程等一大批水资源配置工程陆续上马。广东西江干流治理、广东流溪河流域水生态环境治理修复（碧道示范段）、海南天角潭水库等工程开工建设。

（3）水旱灾害防御工作取得新胜利。紧盯超标准洪水、水库失事、山洪灾害“三大风险”，强化洪水预报预警预演预案，精细组织调度运用，有效防御了西江、北江、东江干流多次编号洪水和强台风，最大程度地减轻了洪涝灾害损失。

（4）农村水利发展成效显著。农村饮水安全建设任务全面完成，开工建设广西桂中治旱乐滩水库引水灌区一期工程、海南大广坝水利水电二期（灌区）、海南红岭灌区；推进广东雷州青年运河灌区、广西合浦水库灌区、贵州兴中灌区、云南曲靖大型灌区、海南松涛灌区等大型灌区和武宣石祥河灌区、覃塘平龙灌区等115个中型灌区的续建配套与节水改造工程建设。广西西津电灌总站、红水河电灌总站、左江电灌总站等大型泵站更新改造相继完成；农村水电电气化县建设超额完成。

（5）最严格水资源管理效果体现、水资源刚性约束作用逐步增强。流域大力推进节水型社会建设，贯彻落实最严格水资源管理制度，水资源效率指标明显提高，用水总量得到有效控制。制定并落实了流域水资源开发利用控制、用水效率控制、水功能区限制纳污“三条红线”，开展了最严格水资源管理考核工作；完成水功能区划及纳污能力核定，强化水功能区管理及入河排污口整治。严格水资源论证审查和取水审批，对用水总量接近或者超过控制指标的地区禁止或限制审批新建取水项目。对流域5省（自治区）共3621项现行用水定额开展全面评估，印发《珠江流域规划和建设项目节水评价实施方案的决定》（珠水节水〔2020〕132号），29%的县级行政区达到节水型社会标准。西江、北江、东江（石龙以上）、韩江、柳江、黄泥河、北盘江、九洲江、黄华河、罗江、谷拉河、六硐河（含漕渡河）等12条跨省河流水量分配方案得到批复。各省（自治区）也相继出台了跨地（市）河流水量分配方案，基本建立了覆盖流域和省、市、县三级行政区的用水总量控制指标体系，开展了地下水管控指标确定工作。持续开展西江、韩江等跨省江河水量统一调度，全力保障流域用水安全。执行最严格的水资源管理制度，强化取水口核查登记与用水统计监测，用水得到有效管控，节水成效显著。

水生态文明建设稳步推进，完成了桂林市全国水生态系统保护与修复试点建设，完成广州、东莞、南宁、琼海等16个全国水生态文明城市试点建设，深圳、珠海、佛山、东莞、江门等重点城市跨界水污染治理和内河涌综合整治工作，增强了城市河涌防洪排涝能力。开展广东碧道和那考河水环境治理、云南高原湖泊生态修复等水生态保护与修复工程建设，制订并实施东江等6条重要河湖生态流量保障方案，编制北部湾地区重点区域地下水超采治理与保护方案，推动水系连通及水美乡村建设试点和河湖健康评估，开展全国重要饮用水水源地安全保障达标建设和饮用水水源监督性监测，河湖水环境质量得到持续改善。持续开展水土保持及水生态修复，加大了珠江上游、红水河流域、珠江中下游及东江源区水土流失综合治理力度，完成水土流失治理面积 4.46 万平方千米，人为水土流失得到有效遏制。水土保持监测网络和水保服务体系逐渐完善，生产建设项目的监督管理工作得到进一步加强。

（6）涉水事务监督管理取得新突破。珠江委累计督查水利工程 4824 处，河段湖片 2561 个。全面开展河湖“清四乱”、陈年积案“清零”等专项行动，完成流域 11 宗河湖重点陈年积案“清零”，强力拆除柳江 12 栋水上别墅等违法建筑，清理整治珠江河口狮子洋水域堆渣填土 67 万立方米。同时，省级水行政主管部门强化涉水事务监督管理，设立了专门机构、组建了专门队伍、制定了制度，开展了河湖、水资源、水利工程、水土保持等督查。

（7）重点领域改革加快推进。全面建立河湖长制，设立各级河湖长约 13 万名，推进建立韩江省际河流河长协作机制。《珠江水量调度条例》立法取得新进展。指导地方完成农田水利设施产权改革和创新运行管护机制试点工作。深化小型水库管理体制改革样板县创建，充分发挥典型引领作用，促进小型水库管护主体、管护人员和管护经费进一步落实，珠江流域 11 个县（市、区）被确定为第一批深化小型水库管理体制改革样板县。

（8）流域综合管理能力显著提高。组织完成《珠江河口管理办法》（1999 年水利部令第 10 号）立法后评估工作，全力推进《珠江水量调度条例》立法进程。流域规划体系逐步完善，《珠江流域综合规划（2012—2030 年）》《粤港澳大湾区水安全保障规划》《珠江—西江经济带岸线保护与利用规划》以及南盘江、北盘江、贺江、郁江等流域综合规划获得批复；编制完成《珠江水资源保护规划》《珠江水中长期供求规划》《珠江中下游重要河道治导线规划》《珠江流域重要河段河道采砂管理规划》等，流域水利规划体系进一步完善，有效指导了流域保护、治理和开发。强化取水许可管理与监督；加强水政综合执法，建立了水政监察总队与支队分工明确的巡察监督机制，妥善处理一批重大省际水事纠纷，依法行政，否决了一批不符合国家产业政策的高耗水、高污染建设项目，有效遏制了水资源无序开发和过度开发势头；加大水功能区划管理及水土保持监督检查力度，加强重点水利工程的建设监管、农村水利等涉水管理。成功应对了广西龙江镉污染、贺江水污染等水污染事件，突显了流域机构在应对突发水污染事件中不可替代的作用。

组织重要河道地形及统一高程系统测量、水文设计成果复核、珠江三角洲及河口同步水文测验等工作，有序开展第三次水资源调查评价。建成了一批流域省际河流省界断面、重要控制断面水文水资源监测站以及珠江河口原型观测试验站，配备了一批水政监察设施及执法设备，推进西江生态调度模拟试验厅、磨刀门出口水域模拟试验设施等基础设施建设，流域水文监测和基础研究能力得到提升。建立了珠江水资源信息共享基础平台，防汛会商系统等信息化技术有效应用，水利信息化水平进一步提高。科技创新体系逐步完善，珠江压咸补淡关键技术与实践、珠江河口复杂动力过程及复合模拟技术研究等多项成果获省部级奖项，并得到了积极推广应用。不断加强跨境合作，开展我国澳门特区划界水利专题研究，为水利部与我国澳门特区政府签署澳门特区附近水域水利事务管理合作安排提供了技术支撑；为我国澳门特区内港海傍区内涝治理提出了规划方案。

第一节　节水优先

一、节水型社会建设

节水优先是保障国家水安全的战略选择，节水也是解决我国水资源短缺问题的根本出路。以实现水资源节约集约安全利用为目标，深入实施国家节水行动，强化水资源刚性约束，提高水资源利用效率，加快形成节水型生产生活方式，推动珠江经济社会高质量发展。珠江委高度重视流域片节水管理，在严格落实用水总量控制制度、用水定额管理制度、节水“三同时”制度、计划用水管理制度、节水型社会试点建设等多方面开展了大量工作。流域片用水总量控制、用水定额管理等各项工作均严格按照最严格水资源管理制度要求得到落实。珠江流域片共有 8 个城市列入“全国节水型社会建设试点”城市范围，其中广东省深圳市、广西壮族自治区北海市、云南省曲靖市、海南省三亚市列入第二批，广东省东莞市、广西壮族自治区玉林市和云南省玉溪市列入第三批，海南省海口市列入第四批，8 个城市均已按要求完成中期评估和竣工验收工作，并被授予“节水型社会建设示范区”，取得了较好的社会效益、经济效益和生态环境效益。在总结节水型社会建设试点经验的基础上，全面开展县域节水型社会达标建设，是落实节水优先方针的重要举措，对加快实现从供水管理向需水管理转变，从粗放用水方式向高效用水方式转变，从过度开发水资源向主动节约保护水资源转变，具有十分重要的意义。通过推进县域节水型社会达标建设，可以全面提升全社会节水意识，倒逼生产方式转型和产业结构升级，促进供给侧结构性改革，更好地满足广大人民群众对美好生态环境的需求，增强县域经济社会可持续发展能力，促进社会文明进步。

自 2001 年起，水利部组织开展全国节水型社会建设试点工作，各试点城市开展了各具特色的一系列工作。主要做法包括：一是组织编制规划，制订实施方案。各试点城市根据自身实际和水资源禀赋条件，按照水利部印发的《开展节水型社会建设试点工作指导意见》（水资源〔2002〕558 号）和《节水型社会建设规划编制导则》（2008 年 5 月），积极开展规划编制等工作。按照经批复的规划和实施方案，各试点城市紧紧围绕体制与机制建设、制度建设与实施、示范点建设管理等方面内容，组织开展试点建设。二是成立组织领导机构和工作机构。各试点城市均成立了由多个市政府工作部门组成的节水型社会建设试点组织领导机构和工作机构，分解落实节水型社会建设试点工作各项任务，形成了政府主导、部门协作、公众参与的工作机制。三是着手制定法规规章。各试点城市根据自身特点，出台多项与节水息息相关的法律法规和规范性文件，严格实行取水许可和水资源论证制度；依法实行水功能区划管理；严格按照规定征缴水资源费，水资源费使用合理规范；完善并实施了计划用水和用水统计制度。四是多渠道筹集资金，落实重点项目，开展示范点建设并逐步推广。各试点城市以贯彻落实最严格水资源管理制度为契机，高度重视并不断加大投入，建设节水和水资源配置及保护工程，深化节水宣传，大力推进节水型社会建设，基本建成一个以保障供水安全、各具地方特色的节水工程体系，大大提高了试点城市节水与水资源保护意识。

通过多年的试点建设，各试点城市水资源管理能力不断加强，产业结构不断优化，供水保障能力也得到有效增强，水资源利用效率明显提高，取得了良好的经济效益、社会效益和生态环境效益，并在各省（自治区）形成了良好的节水氛围，起到了有效的示范和带动作用，大大推动了节水工作。至 2012 年，各试点城市节水情况各项指标见表 4-1 。

表 4-1　珠江流域节水型社会建设各试点城市 2012 年主要成效

城市	用水总量 / 亿立方米		万元国内生产总值用水量 / 立方米每万元		农田灌溉水利用系数		工业用水重复利用率 /%		城镇供水管网漏损（失）率 /%		水功能区水质达标率 /%	
	试点期前	试点期后	试点期前	试点期后	试点期前	试点期后	试点期前	试点期后	试点期前	试点期后	试点期前	试点期后
曲靖	14.45	8.80	331.00	166.0	0.45	0.50	40	93.30	18.70	15.70		52.0
北海	13.08	11.08	606.00	370.0	0.40	0.45	48	58.00	19.00	12.00		100.0
深圳	17.30	19.00	29.80	20.0			88	70.00	12.97	14.00	83.3	72.2
三亚	2.38	2.88	321.00	125.0	0.53	0.60	60	74.00	18.00	12.00		100.0
玉溪	9.19	7.81	186.00	79.0	0.50	0.55	50	87.55	15.00	12.60	38.0	72.5
玉林	27.95	26.49	578.00	438.0	0.42	0.46	34	72.69	20.00	14.30	40.0	70.0
东莞	22.67	20.44	71.90	40.8	0.54	0.64	25	64.50	13.50	12.06	12.0	51.0
海口	6.01	6.05	125.00	76.8	0.50	0.54	76	82.20	21.00	15.96	75.0	100.0

通过积极探索与实践，各试点城市基本都摸索出一条适合自身实际和水资源特点的节水之路，并取得了比较可喜的成绩，部分城市的节水水平已经走在全国的前列，甚至达到发达国家的水平。在试点期间，珠江委根据水利部、全国节约用水办公室的统一部署和要求，积极参与并大力推进珠江流域片各节水型社会建设评估和试点工作。尤其 2009 年以来，会同地方省级水行政主管部门陆续组织开展了流域内全国节水型社会建设试点中期评估和验收工作，加强督促指导，促进各阶段工作的落实。曲靖市、北海市、深圳市、三亚市和玉溪市、玉林市、东莞市被水利部、全国节约用水办公室授予第二、三批“全国节水型社会建设示范区”称号。节水试点工作得到有力推动，流域节水型社会建设工作也正进入一个崭新的阶段。

2018 年以来，珠江委深入贯彻落实习近平总书记“十六字”治水思路（节水优先、空间均衡、系统治理、两手发力），指导地方深入推进节水型社会建设，分别于 2020 年和 2022 年将流域达标建设复核工作列为珠江委督办事项。5 年来，珠江委高效完成达标建设复核任务，累计完成流域 5 省（自治区）、205 个县（市、区）达标建设复核，派出检查组 42 批次、302 人次，对 48 个县（市、区）、405 家用水单位开展现场核查，形成达标建设年度复核及“回头看”报告 20 份并报水利部。

水利部、全国节约用水办公室等报道或转载珠江委达标建设工作成效 100 余篇。

一是推进流域片5省（自治区）节水型社会建设顺利开展。水利部公布了4批节水型社会建设达标县（市、区）名单，流域片5省（自治区）141个县级行政区纳入名单，流域达标建设创建率达29%，云南、贵州、广西、广东、海南5省（自治区）达标建设创建率分别为37%、31%、29%、25%、17%，其中云南、贵州提前达成国家节水行动方案2022年30%的目标。2022年，51个县（市、区）已通过珠江委复核并报水利部。二是助推流域片5省（自治区）提高用水效率和效益。通过节水型社会建设，2021年珠江流域片人均综合用水量380立方米、耕地实际灌溉亩均用水量678立方米，分别比2017年下降48%、5%，5省（自治区）万元国内生产总值用水量48.7立方米（当年价）、万元工业增加值用水量23.8立方米（当年价），分别比2017年下降24%、40%，水资源集约节约利用水平进一步提高。三是促进形成流域全社会节水合力。深入基层复核监管，强化节约用水导向，推进水利部、流域、地方三级联合宣传，推动多部门、多行业开展节水行动，形成全社会节水合力，营造节水社会建设的浓厚氛围，释放严格节水、有力监管的强烈信号。

二、用水总量指标控制

开展水量分配实施工作是落实《中华人民共和国水法》和中央一号文件精神、推进依法行政管理的基本要求，是实行最严格水资源管理制度、实现水资源可持续利用、强化流域管理的迫切需要。水量分配是对水资源可利用总量或者可分配的水量向行政区域进行逐级分配，确定行政区域生活、生产可消耗的水量份额或者取用水水量份额。充分考虑流域与行政区域水资源条件、供用水历史和现状、未来发展的供水能力和用水需求、节水型社会建设的要求，妥善处理上下游、左右岸的用水关系，协调地表水与地下水、河道内与河道外用水，统筹安排生活、生产、生态与环境用水。《水量分配暂行办法》（水利部令第32号）自2008年2月1日起施行，同年，珠江委积极开展水利部第一批水量分配方案的编制工作，珠江流域片第一批韩江、东江（石龙以上）、北江、北盘江、黄泥河，第二批柳江、西江共7条跨省江河流域水量分配方案得到批复，第三批九洲江、罗江、黄华河、谷拉河、六硐河5条跨省江河流域水量分配方案编制完成，进入申报程序。

已批复各条江河水量分配方案如下所述。

（一）韩江流域水量分配方案

韩江流域位于粤东、闽西南地区，流经广东省、江西省、福建省，干流全长470千米，流域面积3.01万平方千米，多年平均水资源总量272.9亿立方米，其中地表水资源量272.3亿立方米。流域水资源相对丰富，局部地区用水矛盾突出，部分河段水污染日趋严重，水生态环境逐渐恶化。为合理配置水资源，维系良好生态环境，促进水资源可持续利用，保障流域经济社会可持续发展，依据《中华人民共和国水法》，制订本方案。

2030水平年，韩江流域河道外地表水多年平均分配水量分别为：广东省33.84亿立方米、福建省14.01亿立方米、江西省0.10亿立方米。韩江流域不同来水情况下，福建省、江西省、广东省水量份额由珠江委会同福建省、江西省、广东省水行政主管部门根据韩江流域水资源综合规划成果、河道外地表水多年平均水量分配方案，结合韩江流域水资源特点、来水情况、区域用水需求、水源工程调蓄能力及河道内生态用水需求，在韩江流域水量调度方案中确定。

1. 下泄水量控制指标

确定长治、下坝、大东、横山、潮安等 5 个断面为韩江流域水量分配控制断面，断面下泄水量控制指标见表 4–2。福建省出境水量以长治、下坝、大东水文站实测径流量核定；韩江流域出口水量以潮安水文站实测径流量核定。

表 4–2　韩江流域主要断面 2030 水平年下泄水量控制指标

断面名称	下泄水量 / 亿立方米			
	多年平均	50%	75%	90%
长治	83.9	81. 2	62.9	48. 9
下坝	9. 9	9.6	7. 4	5. 8
大东	9. 3	9. 0	7. 0	5.4
横山	93. 6	89. 8	67.4	50. 1
潮安	233. 3	224. 9	172. 0	130. 8

2. 最小生态下泄流量控制指标

韩江流域选择长治、下坝、大东、横山、潮安 5 个主要控制断面，断面最小生态下泄流量控制指标见表 4–3。

表 4–3　韩江流域主要断面最小生态下泄流量控制指标

断面名称	长治	下坝	大东	横山	潮安
最小生态下泄流量 / 立方米每秒	55.0	6.5	6.0	62.0	128.0

（二）东江流域（石龙以上）水量分配方案

东江是珠江流域三大水系之一，流经江西省、广东省，干流全长 520 千米，流域面积 2.72 万平方千米，多年平均水资源总量 273.9 亿立方米，其中地表水资源量 273.8 亿立方米。流域水资源相对丰富，局部地区用水矛盾日益突出，部分河段水污染日趋严重，水生态环境逐渐恶化。为合理配置水资源，维系良好生态环境，促进水资源可持续利用，保障流域经济社会可持续发展，依据《中华人民共和国水法》制订本方案。

2030 水平年，东江流域（石龙以上）河道外地表水多年平均分配水量分别为：江西省 3.33 亿立方米、广东省 43.43 亿立方米。

东江流域（石龙以上）不同来水情况下江西省、广东省水量份额，由珠江委会同江西省、广东省水行政主管部门根据东江流域水资源综合规划成果、河道外地表水多年平均水量分配方案，结合东江流域水资源特点、来水情况、区域用水需求、水源工程调蓄能力及河道内生态用水需求，在东江流域水量调度方案中确定。

1. 下泄水量控制指标

确定罗浮、细坳、博罗 3 个断面为东江流域（石龙以上）水量分配控制断面，断面下泄水量控制指标见表 4–4。江西省出境水量以罗浮水文站、细坳水文站实测径流量核定，东江流域（石龙以上）出口水量以博罗水文站实测径流量核定。

表 4–4　东江流域（石龙以上）主要断面 2030 水平年下泄水量控制指标

断面名称	下泄水量 / 亿立方米			
	多年平均	50%	75%	90%
罗浮	14.7	14.3	11.2	8.9
细坳	12.6	12.2	9.5	7.5
博罗	228.0	220.5	173.9	137.9

2. 下泄流量控制指标

东江流域选择罗浮、细坳、博罗 3 个主要控制断面，断面下泄流量控制指标见表 4–5。

表 4–5　东江流域（石龙以上）主要断面下泄流量控制指标

断面名称	下泄流量 / 立方米每秒
罗浮	10
细坳	9
博罗	212

注：1. 罗浮、细坳断面下泄流量为枯水期月平均最小生态下泄流量；
2. 博罗断面下泄流量为满足压咸要求的压咸期月平均最小下泄流量。

（三）北江流域水量分配方案

北江是珠江流域第二大水系，流经湖南、江西、广西、广东四省（自治区），干流全长 468 千米，流域面积 4.7 万平方千米，多年平均水资源总量 510.3 亿立方米，其中地表水资源量 510.2 亿立方米。流域水资源时空分布不均，枯季缺水问题突出，用水矛盾凸显。为合理配置水资源，维系良好生态环境，促进水资源可持续利用，保障流域经济社会可持续发展，依据《中华人民共和国水法》制订本方案。

2030 水平年，北江流域河道外地表水多年平均分配水量分别为：湖南省 3.96 亿立方米、江西省 0.05 亿立方米、广西壮族自治区 0.01 亿立方米、广东省 49.05 亿立方米。北江流域不同来水情况下各有关省（自治区）水量份额，由珠江委会同有关省（自治区）水行政主管部门根据北江流域水资源综合规划成果、河道外地表水多年平均水量分配方案，结合北江流域水资源特点、来水情况、区域用水需求、水源工程调蓄能力及河道内生态用水需求，在北江流域水量调度方案中确定。

1. 下泄水量控制指标

确定坪石、石角 2 个断面为北江流域水量分配控制断面，断面下泄水量控制指标见表 4-6。湖南省出境水量以坪石水文站实测径流量核定，北江流域出口水量以石角水文站实测径流量核定。

表 4-6　北江流域主要断面 2030 水平年下泄水量控制指标

断面名称	下泄水量 / 亿立方米			
	多年平均	50%	75%	90%
坪石	29.64	28.52	22.20	17.36
石角	405.46	390.81	305.01	239.13

2. 下泄流量控制指标

北江流域选择坪石、石角 2 个主要控制断面，坪石、石角断面下泄流量分别为 10 立方米每秒、250 立方米每秒。其中，坪石断面下泄流量为枯水期月平均最小生态下泄流量，石角断面下泄流量为满足最低通航水深和压咸要求的压咸期月平均最小下泄流量。

（四）北盘江流域水量分配方案

北盘江是珠江流域西江水系左岸一级支流，流经云南省和贵州省，干流全长 444 千米，流域面积 2.66 万平方千米，多年平均水资源总量为 149.4 亿立方米，其中地表水资源量为 149.4 亿立方米。流域水资源相对丰富，局部地区用水矛盾突出，部分河段水污染日趋严重，水生态环境逐渐恶化。为合理配置水资源，维系良好生态环境，促进水资源可持续利用，保障流域经济社会可持续发展，依据《中华人民共和国水法》制订本方案。

2030 水平年，北盘江流域河道外地表水多年平均分配水量分别为：贵州省 15.55 亿立方米、云南省 3.18 亿立方米。北盘江流域不同来水情况下贵州省、云南省水量份额，由珠江委会同贵州省、云南省水行政主管部门根据北盘江流域水资源综合规划成果、河道外地表水多年平均水量分配方案，结合北盘江流域水资源特点、来水情况、区域用水需求、水源工程调蓄能力及河道内生态用水需求，在北盘江流域水量调度方案中确定。

1. 下泄水量控制指标

确定大渡口、董箐 2 个断面为北盘江流域水量分配控制断面，断面下泄水量控制指标见表 4-7。云南省出境水量以大渡口水文站实测径流量核定，北盘江流域出口水量以董箐断面实测径流量核定。

表 4-7　北盘江流域主要断面 2030 水平年下泄水量控制指标

断面名称	下泄水量 / 亿立方米			
	多年平均	50%	75%	90%
大渡口	35.22	34.40	28.10	23.27
董箐	113.17	110.02	88.55	72.13

2. 最小生态下泄流量控制指标

北盘江流域选择大渡口、董箐 2 个主要控制断面，断面最小生态下泄流量控制指标见表 4-8。

表 4-8　北盘江流域主要断面最小生态下泄流量控制指标

断面名称	最小生态下泄流量 / 立方米每秒
大渡口	20
董箐	50

（五）黄泥河流域水量分配方案

黄泥河是珠江流域西江水系南盘江左岸一级支流，流经云南省和贵州省，干流全长 235 千米，流域面积 8271 平方千米，多年平均水资源总量 57.75 亿立方米，其中地表水资源量 57.75 亿立方米。流域水资源总体丰富，但时空分布不均，枯季缺水问题突出，用水矛盾日益凸显。为合理配置水资源，维系良好生态环境，促进水资源可持续利用，保障流域经济社会可持续发展，依据《中华人民共和国水法》，制订本方案。

2030 水平年，黄泥河流域河道外地表水多年平均分配水量分别为：云南省 5.22 亿立方米、贵州省 1.81 亿立方米。黄泥河流域不同来水情况下贵州省、云南省水量份额，由珠江水利委员会会同贵州省、云南省水行政主管部门根据黄泥河流域水资源综合规划成果、河道外地表水多年平均水量分配方案，结合黄泥河流域水资源特点、来水情况、区域用水需求、水源工程调蓄能力及河道内生态用水需求，在黄泥河流域水量调度方案中确定。

1. 下泄水量控制指标

确定长底、岔江 2 个断面为黄泥河流域水量分配控制断面，断面下泄水量控制指标见表 4-9。云南省出境水量以长底水文站实测径流量核定；黄泥河流域出口水量以岔江水文站实测径流量核定。

表 4-9　黄泥河流域主要断面 2030 水平年下泄水量控制指标

断面名称	下泄水量 / 亿立方米			
	多年平均	50%	75%	90%
长底	32.21	31.56	25.13	20.33
岔江	44.95	44.38	36.18	29.44

2. 最小生态下泄流量控制指标

黄泥河流域选择长底、岔江 2 个主要控制断面，断面最小生态下泄流量控制指标见表 4-10。

表 4-10　黄泥河流域主要断面最小生态下泄流量控制指标

断面名称	最小生态下泄流量 / 立方米每秒
长底	12.4
岔江	19.7

（六）西江流域水量分配方案

西江为珠江主干流，发源于云南省曲靖市乌蒙山余脉马雄山东麓，流经云南、贵州、湖南、广西、广东 5 个省（自治区），主要一级支流有黄泥河、北盘江、柳江、郁江、桂江、贺江等，干流全长 2075 千米，流域面积 35.31 万平方千米，多年平均水资源总量 2302 亿立方米。为合理配置水资源，维系良好生态环境，促进水资源可持续利用，保障流域经济社会可持续发展，依据《中华人民共和国水法》，制订本方案。

2030 水平年，西江流域地表水多年平均来水条件下，向本流域分配的河道外总水量 345.59 亿立方米，其中云南省 39.13 亿立方米、贵州省 36.31 亿立方米、湖南省 0.73 亿立方米、广西壮族自治区 238.40 亿立方米、广东省 31.02 亿立方米。

不同来水条件下，西江流域主要跨省支流右江、桂江和贺江流域河道外地表水 2030 年水量分配方案见表 4-11~ 表 4-13。

表 4-11　右江流域水量分配方案

省级行政区	来水频率	分配水量 / 亿立方米
云南	50%	2.39
	75%	2.47
	90%	2.47
	多年平均	2.32
广西	50%	24.58
	75%	25.42
	90%	25.51
	多年平均	24.05
合计	50%	26.97
	75%	27.89
	90%	27.98
	多年平均	26.37

表 4–12　桂江流域水量分配方案

省级行政区	来水频率	分配水量 / 亿立方米
湖南	50%	0.39
	75%	0.40
	90%	0.41
	多年平均	0.39
广西	50%	29.94
	75%	31.22
	90%	32.34
	多年平均	29.87
合计	50%	30.33
	75%	31.62
	90%	32.75
	多年平均	30.26

表 4–13　贺江流域水量分配方案

省级行政区	来水频率	分配水量 / 亿立方米
湖南	50%	0.11
	75%	0.12
	90%	0.12
	多年平均	0.11
广西	50%	11.27
	75%	11.76
	90%	12.18
	多年平均	11.25
广东	50%	3.17
	75%	3.34
	90%	3.48
	多年平均	3.17
合计	50%	14.55
	75%	15.22
	90%	15.78
	多年平均	14.53

1. 主要控制断面

确定八大河、天生桥、天峨、迁江、瓦村、西洋街（洞巴）等16个断面为西江流域水量分配控制断面。其中，八大河、瓦村、西洋街（洞巴）、龙虎、大宁、木双、信都（白沙）、桂粤8个断面为省界控制断面；天生桥、天峨、迁江、隆安、贵港、京南、梧州、高要8个断面为西江主要干支流的控制断面。多年平均及不同来水频率下西江流域主要断面下泄水量控制指标见表4-14。流域内各省（自治区）出境水量以省际交界断面实测径流量核定，西江流域出口水量以高要站实测径流量核定。

表4-14 西江流域主要断面下泄水量控制指标

断面名称	来水频率	下泄水量/亿立方米
南盘江八大河（滇桂交界）	50%	150
	75%	123
	90%	79.7
	多年平均	149
南盘江干流天生桥	50%	162
	75%	134
	90%	86.5
	多年平均	162
红水河干流天峨	50%	442
	75%	366
	90%	305
	多年平均	451
红水河干流迁江	50%	609
	75%	507
	90%	424
	多年平均	622
驮娘江瓦村（桂滇交界）	50%	34.5
	75%	25.2
	90%	18.3
	多年平均	36.4
西洋江西洋街（洞巴）（滇桂交界）	50%	9.7
	75%	7.5
	90%	5.9
	多年平均	10

续表 4-14

断面名称	来水频率	下泄水量 / 亿立方米
右江干流隆安	50%	140
	75%	115
	90%	94.5
	多年平均	144
郁江干流贵港	50%	415
	75%	336
	90%	278
	多年平均	429
恭城河龙虎（湘桂交界）	50%	6.5
	75%	5.3
	90%	4.2
	多年平均	6.5
桂江干流京南	50%	161
	75%	133
	90%	109
	多年平均	164
大宁河大宁（粤桂交界）	50%	15.1
	75%	11.9
	90%	9.5
	多年平均	15.6
东安江木双（桂粤交界）	50%	20.8
	75%	16.4
	90%	13.0
	多年平均	21.5
贺江信都（白沙）（桂粤交界）	50%	65.3
	75%	51.5
	90%	40.9
	多年平均	67.4
浔江梧州	50%	1916
	75%	1680
	90%	1484
	多年平均	1941

续表 4-14

断面名称	来水频率	下泄水量 / 亿立方米
西江桂粤（桂粤交界）	50%	1976
	75%	1717
	90%	1508
	多年平均	2008
西江干流高要	50%	2072
	75%	1801
	90%	1582
	多年平均	2106

2. 最小下泄流量控制指标

考虑生态和航运等用水需求，确定西江流域主要断面最小下泄流量控制指标，见表 4-15。

表 4-15　西江流域主要断面最小下泄流量控制指标

断面名称	月均最小下泄流量 / 立方米每秒
南盘江八大河（滇桂交界）	90.9
南盘江干流天生桥	98.7
红水河干流天峨	404
红水河干流迁江	494
驮娘江瓦村（桂滇交界）	16.0
西洋江西洋街（洞巴）（滇桂交界）	5.0（10.0）
右江干流隆安	56.0
郁江干流贵港	400
恭城河龙虎（湘桂交界）	2.0
桂江干流京南	60.0
大宁河大宁（粤桂交界）	5.9
东安江木双（桂粤交界）	7.9
贺江信都（白沙）（桂粤交界）	41.0（45.5）
浔江梧州	1800
西江桂粤（桂粤交界）	1880
西江干流高要	1980

（七）柳江流域水量分配方案

柳江是珠江流域西江水系第二大支流，流经贵州省、湖南省和广西壮族自治区，干流长 751 千米，流域面积 5.85 万平方千米，多年平均水资源总量为 528.65 亿立方米。流域水资源量总体丰富，但局部地区用水矛盾突出；部分河段水污染形势严峻，水生态环境恶化。为合理配置流域水资源，维系良好生态环境，促进水资源可持续利用，保障流域经济社会可持续发展，依据《中华人民共和国水法》，制订本方案。

2030 水平年，柳江流域河道外地表水多年平均分配水量分别为：贵州省 6.55 亿立方米、湖南省 0.23 亿立方米、广西壮族自治区 45.63 亿立方米。柳江流域不同来水频率河道外 2030 水平年地表水水量分配方案详见表 4-16。

表 4-16　柳江流域不同来水频率河道外 2030 水平年地表水水量分配方案

省（自治区）	来水频率	分配水量 / 亿立方米
贵州	50%	6.66
	75%	6.99
	90%	7.28
	多年平均	6.55
湖南	50%	0.23
	75%	0.24
	90%	0.26
	多年平均	0.23
广西	50%	46.30
	75%	48.31
	90%	50.08
	多年平均	45.63
柳江流域	50%	53.19
	75%	55.54
	90%	57.62
	多年平均	52.41

1. 下泄水量控制指标

确定涌尾（二）、贵江和柳州（二）等 3 个断面为柳江流域水量分配控制断面，断面下泄水量控制指标见表 4-17。贵州省出境水量以贵江站和涌尾（二）站断面实测径流量核定，柳江流域出口断面水量以柳州（二）断面实测径流量核定。

表 4-17 柳江流域主要断面下泄水量控制指标 单位：亿立方米

断面名称	50%	75%	90%	多年平均
涌尾（二）	88.72	74.73	63. 39	90. 65
贵江	25.88	20.88	17. 31	26. 63
柳州（二）	376.00	315.07	265. 63	383. 76

2. 最小下泄流量控制指标

考虑生态和下游生活、生产和航运等用水需求，确定涌尾（二）、贵江和柳州（二）等 3 个断面最小下泄流量分别为 34 立方米每秒、7.4 立方米每秒和 217 立方米每秒。

第二节 空间均衡

一、大藤峡水利枢纽的建设

大藤峡水利枢纽是国务院批准的《珠江流域综合利用规划》《珠江流域防洪规划》确定的流域防洪关键性工程，是《珠江水资源综合规划》《保障澳门、珠海供水安全专项规划》提出的流域关键性水资源配置工程，也是珠江—西江经济带和“西江亿吨黄金水道”基础设施建设的标志性工程，是两广合作、桂澳合作的重大工程。大藤峡水利枢纽还是国务院确立的 172 项节水供水重大水利工程的标志性工程。

大藤峡水利枢纽位于珠江流域西江水系黔江河段大藤峡峡谷出口处，水库总库容为 34.79 亿立方米，防洪库容和调节库容均为 15 亿立方米，具有日调节能力；电站装机容量 1600 兆瓦；根据珠江三角洲压咸补淡等要求确定的思贤滘断面控制流量为 2500 立方米每秒；船闸规模按二级航道标准、通航 2000 吨级船舶确定；控制灌溉面积 136.66 万亩、补水灌溉面积 66.35 万亩。大藤峡水利枢纽为大（1）型 I 等工程，主要由黔江混凝土主坝（挡水坝段、泄水闸坝段、厂房坝段、船闸上闸首坝段、船闸检修门库坝段、纵向围堰坝段等）、黔江副坝和南木江副坝等组成。枢纽主要建筑物黔江混凝土主坝、黔江副坝和南木江副坝等为 1 级建筑物，船闸闸室和下闸首为 2 级建筑物，次要建筑物和船闸导航、靠船建筑物等为 3 级。

早在一个半世纪前的晚清同治年间，桂平人就有了大藤峡之梦。当时，桂平城厢有个叫周溯贤的读书人，考中进士后在安徽、江西等地做官。他在江西省任按察使期间，曾三次倡议在赣江拦河筑坝，疏浚河道，以利农桑，且成效卓著。同治三年（1864 年），他因丧母回桂平守制，居家两年。其间，他仔细考察了桂平城郊黔、郁两江沿岸地势，然后结合自己在江西从政期间兴修水利的经验，写成《弩滩马流滩开渠议》，建议浔州府、桂平县当局“在黔江之弩滩（大藤峡峡谷出口处 / 大藤峡水利枢纽工程坝址区域）、郁江之马流滩（桂平航运枢纽工程）各开筑石渠一道，引大河之水分流于小河，而于小河之下筑石闸储水，以旁通各乡。”他预言，此工程如能实施，必将“春夏水涨，闸门不闭，任水宣泄；天旱时齐上闸板，使水盈满，旁引而支分之，则无处不利，无田不滋。如此，二里（指姜里、军陵里，即今南木、寻旺两乡镇）之田皆可变瘠为利，其利可胜言哉！”如果这一倡议能够实现，那将成为当时广西壮族自治区一项可与四川都江堰相媲美的、伟大的水利工程。可惜，当时国家各方面条件有限，这一建议暂未被采纳。

20世纪初，孙中山先生在《建国方略》中提出了“改良西江”、建设西江水利枢纽的设想，工程包括“自三水至梧州”“自梧州至柳江口”“自浔州至南宁”等。他提出，要修大坝，便于大船通行，还能发电。又提出，“建堰闸所须之费，非经详细调查……西江所运货载之多，固尽足以偿还吾今所提议改良之一切费用也”。建设水利工程虽然需要巨大资金，但他相信将来的航运收入很快会赎回这笔投资。

1959年，珠江流域规划办提出大藤峡水利枢纽的轮廓性规划，当时水利电力部特地请来苏联水电工程专家考察，后因资金、技术力量及其他各方面原因而搁浅。改革开放后，在大藤峡建设水电站再次被提上日程。1980年初，国家水电部门规划在红水河建设10个梯级电站，它们是天生桥一级水电站、天生桥二级水电站、平班水电站、龙滩水电站、岩滩水电站、大化水电站、百龙滩水电站、恶滩水电站（乐滩水电站）、桥巩水电站、大藤峡水电站。1986年，在《珠江流域综合利用规划》中，再次提出上马大藤峡工程的想法，首次明确以龙滩、大藤峡、飞来峡三库和相应堤围组成的防洪工程体系的规划设想。1990年，随着我国经济的快速发展，完成的《大藤峡水利枢纽可行性研究报告》中，明确提出防洪、发电和航运并重，兼顾灌溉等的开发方针。2005年，党的十六大提出“全面建设小康社会”的宏伟目标，国家提出建设社会主义和谐社会，在水利部的统一部署下，结合珠江水量调度工作，将水资源配置作为大藤峡工程一项重要功能加以明确。

大藤峡工程论证的60年间，几起几落，可谓惊心动魄。工程正常淹没和防洪超蓄临时淹没数量问题成为争论的焦点。对于广西而言，防洪库容直接关系其区域内的淹没面积以及由此带来的移民安置代价。因此，在满足航运需求的同时，正常淹没和超蓄临时淹没面积越小越好。而处于下游的广东则担心，防洪库容过小，防洪减灾的作用发挥不明显，水资源配置能力自然就弱。这一问题，也得到水利部领导的关心和重视。2004年6月，时任水利部副部长陈雷听取了珠江委关于大藤峡水利枢纽项目建议书成果汇报，指出工程正常淹没和防洪超蓄临时淹没数量大，是制约工程立项的主要因素，希望珠江委研究减少淹没的工程方案，加强与广西方面有关部门的协商，促进大藤峡水利枢纽工程的前期立项步伐。珠江委加紧组织各方专家力量对这一问题进行分析论证。经过几个月的反复推演和分析，对流域防洪、水资源及电力供应形势进行综合分析判断后，最终提出了降低防洪起调水位、优化防洪与发电调度、减少水库淹没、增加发电装机、提高发电效益的思路。这一创新思路打开了大藤峡工程的死结。20世纪70年代，广西曾提出大藤峡水库防洪库容只设定为10亿立方米的规划方案，也可以说，这是广西建设大藤峡工程的底线。而1986年，《珠江流域综合利用规划报告》中提出防洪库容是20亿立方米，会淹没15万亩耕地，移民将近10万人，广西难以承受。多方一直就此僵持了

20 年。2005 年 4 月，珠江委将调整后的思路设想与广西壮族自治区人民政府沟通，立即达成共识，随即组织设计力量开展相关专题探索性研究。7 月 9 日，水利部副部长矫勇在听取专题汇报后，充分肯定调整思路后的探索性研究成果，并指示要进行更加深入的研究。随后，为满足各方利益诉求不同的侧重点，珠江委与广西、广东两省（自治区）频繁沟通，不断优化方案，尽力让各方满意。最后，经过 10 年的沟通与协调，大藤峡的防洪库容可压缩至 15 亿立方米，并全部设置于正常蓄水位以下，淹没耕地约 6.84 万亩，库区移民仅 1.6 万人。

2011 年 3 月，国家发展改革委批复大藤峡水利枢纽工程项目建议书，设计的船闸通行能力由 1986 年方案中的 1000 吨级提升到了 3000 吨级，且把航运功能摆在了仅次于防洪之下的第二位，满足了广西近年大力建设“黄金水道”的战略构想。当年 12 月 1 日，桂平至大藤峡专用公路开工，意味着工程建设向前迈出了极为重要的一步。2014 年 4 月 16—18 日，时任广西壮族自治区党委书记、人大常委会主任彭清华前往坝址实地考察，要求贵港市扎实做好征地拆迁、移民安置等前期工作。2014 年 5 月，桂平市从各机关、各部门抽调 140 多名工作人员组成 14 个工作组，仅用 3 个月时间就完成了一期工程 1850 亩的征地工作，为即将开工建设奠定了基础。2014 年 7 月 3 日，广西全区西江经济带基础设施建设大会战启动大会在贵港举行，大藤峡水利枢纽工程作为投资额最高的项目，被称为广西“头号工程”。2014 年 10 月 8 日，大藤峡水利枢纽工程可行性研究报告获得国务院批准。2014 年 11 月 15 日，大藤峡水利枢纽工程建设动员大会在桂平市召开，标志着这个西江“黄金水道”的控制性重大工程进入全面建设阶段。大藤峡工程建成后，将在珠江流域防洪、水资源配置、提高西江航运等级、保障澳门特区及珠江三角洲供水安全、水生态治理等方面发挥不可替代的作用。

该工程实施后，与西江上游的龙滩水库和下游堤防工程联合运用，可有效调控洪水，对提高西江中下游及西、北江三角洲地区以及浔江河段的防洪保障能力具有重要作用；可充分开发利用梯级水能资源，向电网提供清洁能源，缓解电力供需矛盾，为西电东送创造条件，促进地区经济社会发展；可与流域其他骨干水库联合调度，有效调控西江枯水期径流，保证河道生态环境流量，增加枯水期流量，抑制咸潮上溯，保障我国澳门特区和珠江三角洲供水安全，实现水资源的优化配置；同时筑坝壅高水位还可渠化库区航道，提高黔江航道标准和通航能力，贯通西江航运线路，发展沿江航运，促进经济发展；也为发展灌溉和改善灌区人畜饮水创造了条件。大藤峡水利枢纽工程对保障流域防洪和供水安全、促进地区经济社会可持续发展具有重要作用，经济效益、社会效益和环境效益显著，因此建设该工程是十分必要的。

“大藤峡水利枢纽工程项目建议书”于 2011 年 2 月获国家发展改革委正式批复。2014 年 5 月，国务院常务会议部署加快推进节水供水重大水利工程建设，要求在 2015 年和“十三五”期间分步建设纳入规划的 172 项重大水利工程，其中大藤峡水利枢纽工程列为第一项重大水利工程。2014 年 11 月 15 日，广西大藤峡水利枢纽工程建设动员大会在广西桂平市南木镇大藤峡水利枢纽工程坝址附近召开，水利部、国家发展改革委和广东、广西、澳门特区有关领导出席动员大会。会议的召开，标志着大藤峡水利枢纽工程正式进入建设阶段。

2019年5月30日，左岸工程建设初步达到围堰破堰进水条件，达到阶段性建设目标。2019年8月22日，广西大藤峡水利枢纽船闸下闸首人字闸门处继续施工。该闸门位于广西最大最长的峡谷——大藤峡出口处，是珠江流域关键控制性水利枢纽，被喻为珠江上的“三峡工程”。西江船舶通航吨级将由当前300吨级提高至3000吨级规模，年均货运量由当前的1300万吨提高至5400万吨，成为西江亿吨“黄金水道”的关键节点。2020年2月17日17时19分，大藤峡水利枢纽7号水轮发电机组转轮启动吊装，历时70分钟，稳稳吊入预定位置，宣告左岸厂房第二台水轮发电机组转轮吊装成功，为7号机组按期发电奠定了坚实基础。2020年3月10日9时，随着泄水闸门徐徐落下，大藤峡水利枢纽正式下闸蓄水，标志着工程投入初期运用。2020年3月15日17时，大藤峡工程船闸开始充水，水流首次进入工程输泄水流道，为船闸进行有水调试创造了条件，向船闸通航又迈出坚实一步。

2020年3月31日，广西大藤峡水利枢纽工程船闸试通航启动。2020年7月31日，广西大藤峡水利枢纽工程左岸最后一台机组接入广西电网投产发电，标志着左岸工程全面投产运行，枢纽综合效益初步显现，为地方经济社会高质量发展提供了多重助力。2020年9月6日18时许，经过综合调度，建设中的广西大藤峡水利枢纽工程水库水位首次达到52米高程，这是大藤峡水利枢纽工程全面完工前允许运行的最高水位。右岸工程也已开工建设，全部工程于2023年建设完毕。

一是攻坚克难，左岸工程全面投产运行。2015年9月，左岸主体工程开工建设，公司（均为广西大藤峡水利枢纽开发有限责任公司）组织参建各方克服准备期、筹建期、施工期“三期叠加”不利影响，战胜高温多雨、洪水频发、台风袭扰、岩溶涌水、新冠肺炎疫情影响等诸多困难，推动工程于2019年10月提前一个月实现大江截流，2020年按期完成下闸蓄水、船闸试通航、机组投产发电等重大节点目标，左岸工程全面投产运行。

二是锐意进取，右岸工程建设有序推进。2019年5月，右岸主体工程开工建设，公司全面总结左岸建设经验，坚守安全红线、筑牢质量底线、紧抓进度主线、严控投资上线，严格标准化、专业化、精细化管理，全面推进右岸工程建设。

三是坚守红线，安全质量管理成效显著。创新开展“达标系统化、现场可视化、台账电子化、参与全员化、监管信息化、追责常态化”的安全生产体系建设，被水利部评定为安全生产标准化一级达标单位，2项成果应用分别获标准化建设成果评选活动一等奖、二等奖。引入第三方技术专家强化监督力量，充分运用安监110和质量监督平台系统，实现安全质量监管全覆盖。深入开展安全生产专项整治三年行动，抓实水利部等上级单位稽查、飞检发现问题的闭环整改，全面消除安全隐患。2021年至今，连续五个季度在水利安全生产状况评价结果中名列部属工程之首。全面落实质量管理终身责任制，实施“样板指路”和质量提升专项行动，推行工艺、工序、工法标准化，工程质量管理水平显著提高，单元工程评定合格率100%、优良率93.2%。

四是和谐高效，移民安置工作被广西树为重大建设项目的典范。将工程移民安置纳入自治区党委督查项目，高位推动移民安置工作顺利进行。公司会同自治区生态移民发展中心等部门建立六方协调机制，协调解决重大问题。

大藤峡水利枢纽（大藤峡公司供）

二、珠江三角洲水资源配置工程

珠江三角洲水资源配置工程是国务院部署的 172 项节水供水重大水利工程之一，工程输水线路总长 113.1 千米。实施珠江三角洲水资源配置工程，旨在解决深圳、东莞、广州南沙等地发展缺水问题的同时，有效改变以往受水区单一供水格局，提高城市的供水安全性和应急保障能力，对保障城市供水安全和经济社会发展具有重要作用，同时也将对粤港澳大湾区发展提供战略支撑。珠江三角洲工程输水线路穿越珠江三角洲核心城市群，为了实现“少征地、少拆迁、少扰民”的目标，打造新时代生态智慧水利工程，该工程采用深埋盾构的方式，在纵深 40~60 米的地下建造。输水线路西起西江干流鲤鱼洲，输水至广州南沙区新建的高新沙水库、东莞市松木山水库、深圳市罗田水库和公明水库。项目由“一条干线、二条分干线、一条支线、三座泵站、四座交水水库”组成。其中，输水干线总长 90.3 千米，深圳、东莞分干线分别长 11.9 千米、3.5 千米，南沙支线长 7.4 千米，采用管道和隧洞输水；新建鲤鱼洲、高新沙和罗田 3 座提水泵站，泵站总装机容量 14.4 万千瓦；新建广州市南沙区高新沙水库，总库容 529.4 万立方米，依托已建的东莞市松木山水库、深圳市罗田水库和公明水库。

2018 年 5 月 15 日，生态环境部正式批复珠江三角洲水资源配置工程环境影响报告书。2018 年 6 月 28 日上午，珠江三角洲水资源配置工程试验段项目首台盾构机在广东深圳顺利始发。由于环境、地质等诸多原因，珠江三角洲水资源配置工程建设难度非常大，为确保安全施工和工程质量、进度，工程先行建设试验段项目，以创新技术，总结经验。试验段为接下来全面开工及大规模地下深隧调水“探路”，为整个工程全面开工提供技术依据与经验支撑。2019 年 2 月 3 日，工程初步设计获水利部批复，2020 年 3 月 18 日，珠江三角洲水资源配置工程首台盾构机“粤海 1 号”在佛山市顺德鲤鱼洲交通隧洞正式始发，标志着这项国家重大水利工程、粤港澳大湾区标志性项目正式进入盾构施工阶段。2021 年 4 月 18 日，珠江三角洲水资源配置工程 A2 标项目交通隧洞顺利贯通。2021 年，珠江三角洲水资源配置工程多个施工难点隧洞实现贯通，工程建设速度也全面提升，有望在 2024 年建成通水。

珠江三角洲水资源配置工程是粤港澳大湾区建设的重要基础设施，工程建成后，将实现从西江水系向珠江三角洲东部地区供水，对保障城市供水安全和经济社会发展具有重要作用，同时也将对粤港澳大湾区发展提供战略支撑。

珠江三角洲水资源配置工程线路示意（珠江委档案馆供）

三、滇中引水工程

滇中引水工程一期工程由水源工程和输水工程两部分组成，水源工程位于丽江市玉龙县石鼓镇，从位于石鼓镇上游约 1.5 千米的金沙江右岸取水，由泵站提水至总干渠渠首。输水工程自丽江石鼓镇望城坡开始，途经丽江市、大理州、楚雄州、昆明市、玉溪市，终点为红河州新坡背。二期配套工程位于丽江、大理、楚雄、昆明、玉溪、红河 6 个州（市），是输水总干渠分水口门至水厂、灌区、湖泊等配水节点的连通工程及调蓄工程，是发挥滇中引水工程效益的重要支撑和保障。该工程主要建设内容包括输水工程、提水工程和调蓄工程三个部分，布置输水线路 168 条，全长 1769.052 千米；设置提水泵站 50 座；新建调蓄水库 1 座。本工程是从长江流域引部分水到珠江流域的玉溪和红河州。

滇中地区是全国最严重干旱的地区之一，2017 年，人均占有水资源量仅为 700 立方米左右，大大低于人均水资源量 1700 立方米的警戒线，特别是滇池流域仅为 166 立方米，处于极度缺水状况。仅在 1950—2014 年间，滇中发生严重干旱灾害的年份就有 20 余年，且干旱发生的持续时间越来越长、造成损失越来越重。水资源极度匮乏已成为滇中地区可持续发展的最大瓶颈制约，滇中人民对水资源的需求愈加迫切和强烈。

20 世纪 50 年代，云南省原副省长张冲率专家实地考察，提出了“引金（金沙江）入滇，五湖通航”的设想。“滇中调水”的称呼由此而来。1960 年，国务院长江流域规划办公室完成的“金沙江流域规划意见书”中，明确滇中调水是金沙江流域综合利用任务之一。1986年，在全国第一次水资源规划成果中又指出，“滇池流域的缺水问题已到了必须从外流域调水补充昆明城乡生活和工农业需水的地步。”2003年，在十届全国人大一次会议期间，云南代表团向国务院总理温家宝汇报了滇中调水工程情况，温家宝总理要求切实做好工程前期工作，水利部将工程规划列为重大水利前期工作项目，给予了前期工作经费支持。滇中调水项目前期工作正式启动时，云南省始设滇中调水工程建设前期工作小组办公室，该办公室作为项目法人主体存在，意味着滇中调水结束了长达半个多世纪的思想启蒙，进入到工程操作阶段。2005年“全国两会”（全国人民代表大会和中国人民政治协商会议的统称）上，云南代表团提出《关于把云南“滇中调水”工程列入国家西部大开发和“十一五”规划的建议》，并编制完成相关引水方案，相关专家开展多轮论证。

2010年以来，我国西南地区发生了历史罕见的特大旱灾，特别是云南连续遭遇了百年不遇的干旱。大旱明显地暴露出云南水利基础设施薄弱、水资源利用率低的问题。滇中引水工程，可破解制约滇中地区发展的水资源问题，缓解滇中地区干旱。

2011年，云南省委、省政府作出《关于加快实施“兴水强滇”战略的决定》（云办通〔2011〕21号）后，云南省政协立即把推进“兴水强滇”作为重点调研课题调研，并提出在实施“兴水强滇”战略中，要把加快推进滇中引水作为实施“兴水强滇”战略的核心目标。水利部批复了《滇中引水工程规划》，启动了工程项目建议书审查程序。2011年3月5日，“滇中调水”写入了提交十一届全国人大四次会议审议的《中华人民共和国国民经济和社会发展第十二个五年规划纲要（草案）》。

2012年，在“全国两会”上，云南代表团再次吁请国家尽快批复滇中引水工程，争取在“十二五”期间立项开工。2012年12月，水利部将“滇中引水工程项目建议书”审查意见函报国家发展改革委。

2014年12月，云南省人民政府将修改完善后的项目建议书再次上报国家发展改革委请求审批，同年4月，国家发展改革委批复了滇中引水工程项目建议书。

2015年4月2日，滇中引水工程项目建议书获国家批复。2015年4月23日，云南省环境保护厅发布了《云南省滇中引水工程环境影响评价公众参与第一次信息公告》。正式公布滇中引水工程组成：主体工程主要由水源工程、输水工程组成。水源工程地处丽江市玉龙县石鼓镇，主要由引水渠、地下泵站等组成；输水工程从金沙江右岸支流冲江河右岸提水后，途经丽江、大理、楚雄、昆明、玉溪，终点为红河州的蒙自，线路全长663.9千米。工程主要由明渠、渡槽、隧洞、暗涵和倒虹吸等建筑物组成。2015年5月，在云南省人民政府发布《云南省人民政府关于禁止在滇中引水工程建设征地新增建设项目和迁入人口的通知》后，云南省移民局联合滇中引水办在昆明召开滇中引水工程建设征地移民安置规划推进会，标志着滇中引水工程建设征地移民安置规划工作全面正式启动。

2017年4月15日，经国务院批准，滇中引水工程可行性研究报告获国家发展改革委（发改农经〔2017〕687号）正式批复，标志着项目前期工作取得突破性进展，2017年8月4日，滇中引水工程正式开工建设。

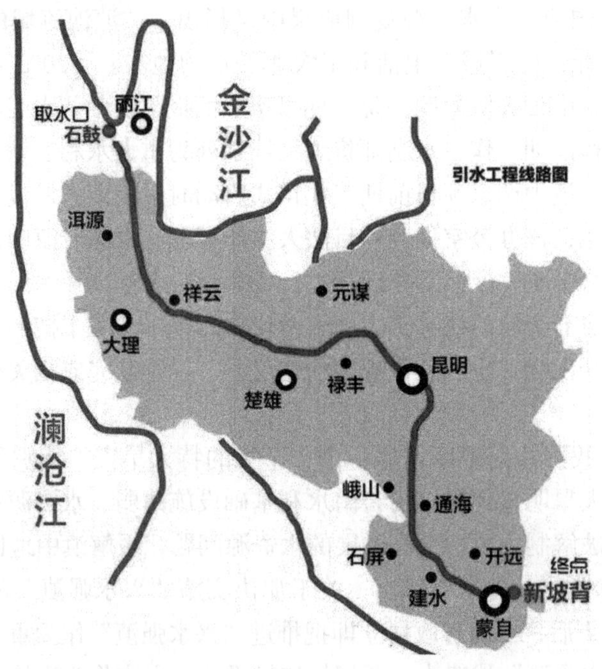

滇中引水工程（珠江委档案馆供）

四、黔中水利枢纽

黔中水利枢纽工程位于贵州中部黔中地区，处于长江和珠江两大流域分水岭地带。工程涉及贵州3市（贵阳、安顺、六盘水）1州（黔南自治州）1地区（毕节）的10个县和贵阳、安顺市区，具体包括六盘水市的水城、六枝，毕节地区的织金、纳雍，安顺市的普定、西秀、镇宁、关岭、平坝，黔南州的长顺，贵阳市区、安顺市区等。水库大坝位于六枝特区与织金县交界的三岔河中游木底河平寨附近。一期工程建成后，可解决贵阳市2020年城市供水需要和贵州省六枝北部等7个县、42个乡镇51.17万亩农田灌溉，解决5个县城和28个乡镇供水，解决农村35万人和31.5万头牲畜饮水安全问题。黔中水利枢纽工程涉及大、中、小型水库91座，其中大型水库1座、中型水库5座、小（1）型水库23座、小（2）型水库62座。5座水库承担灌区反调节任务，4座水库承担贵阳供水调节任务。坝高162.7米，总库容10.89亿立方米，坝后装机13.6万千瓦，年调水量5.5亿立方米。工程于2009年11月30日开工建设。

一期工程由水源工程灌区及贵阳市供水一期输配水工程组成。该工程从平寨水库左岸渠首电站尾水池取水，通过63.4千米的总干渠自流输水进入桂家湖水库，沿途向六枝、普定、关岭等县城和部分灌区（农田、人畜、乡镇）供水，沿线利用桂家湖、革寨、鹅项、大洼冲、高寨等5座水库进行反调蓄。

水源工程：枢纽由混凝土面板堆石坝、右岸洞式溢洪道、右岸发电引水系统及地面厂房、右岸放空隧洞、左岸灌溉引水隧洞等建筑物组成。

输配水工程：一期输配水工程包括总干渠1条、桂松干渠1条、支渠25条，干支渠总长 395.62 千米。总干渠由平寨水库自流引水，经老卜底、岩脚、龙场、马场、玻利、水母、太平农场、黄桶后，进入桂家湖水库，总长 63.4 千米，其中明渠 27.869 千米，渡槽 13.292 千米，隧洞 21.581 千米，倒虹吸管 0.658 千米。引水流量 22.77 ~ 15.35 立方米每秒。桂松干渠从桂家湖自流引水，经大山哨、小王官、双堡后，先提水进入革寨水库，再从革寨水库提水后，经东屯、马路、广顺农场、普贡，到凯掌水库尾部上游马山，总长 84.77 千米，其中渠道 46.58 千米、渡槽 4.48 千米、隧洞 33.269 千米、提水管道 0.443 千米。引水流量 14.57 ~ 2.74 立方米每秒。贵阳供水一期工程还包括麻线河麻杆寨—红枫湖段 22.90 千米、南明河凯掌水库—松柏山水库段长 13 千米的河道疏浚工程。

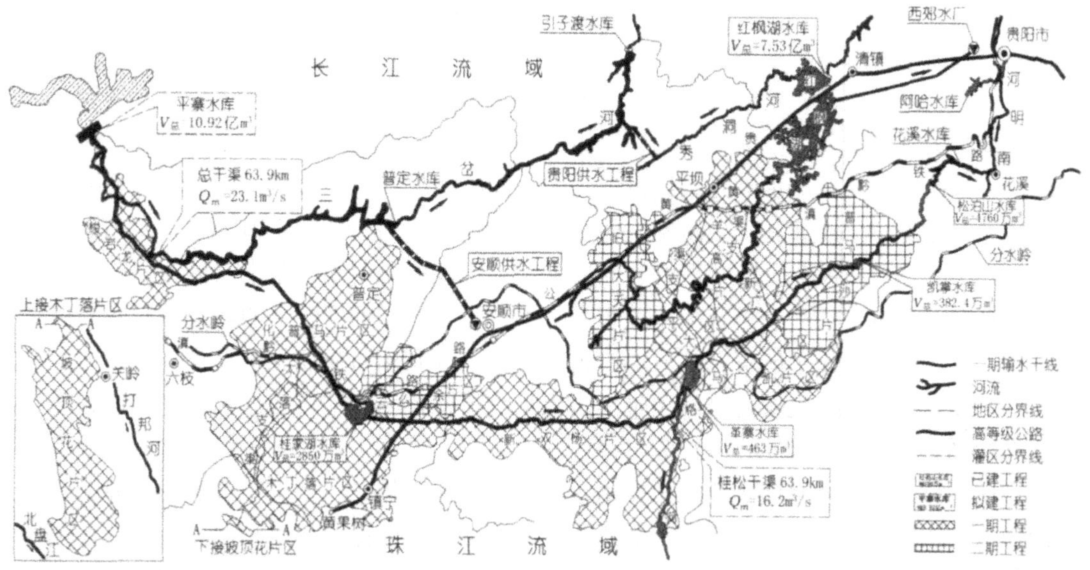

黔中水利枢纽工程（珠江委档案馆供）

第三节　系统治理

一、系统规划

（一）珠江流域综合规划修编

2013 年 3 月，国务院正式批准实施《珠江流域综合规划（2012—2030 年）》。规划提出了未来 20 年流域治理、开发与保护的总体布局以及一系列约束控制性指标，规划的实施将充分发挥珠江水资源综合利用效益，全面提升水利服务经济社会发展的能力。规划修编的范围为珠江流域我国境内区域，行政区涉及云南、贵州、广西、广东、湖南和江西 6 省（自治区）。此外，供水规划考虑了香港特区、澳门特区的需求。

国家历来十分重视珠江水利工作，先后于 20 世纪 50 年代末和 80 年代初，两次部署有关部门编制流域综合利用规划。尤其是 80 年代初由珠江委编制，并经国务院批准的《珠江流域综合利用规划》，对指导珠江流域治理、开发与保护发挥了巨大的作用，支撑了流域经济社会的快速发展。《珠江流域综合利用规划》实施20多年，规划期已过。同时，在当时的历史背景下，生态文明、环境保护和流域管理等工作尚未引起人们的重视，人们没有意识到水资源和水环境承载能力的重要性，规划主要侧重于重大工程和干流梯级开发方案的论证，涉及水资源配置、节约、保护和流域综合管理的内容较少。

2007年，国务院部署了我国新一轮流域综合规划修编工作。与上一轮流域综合规划相比，此次珠江流域综合规划修编面临着许多新形势。国家主体功能区规划及云南、贵州、广西、珠江三角洲地区等一系列区域发展战略相继实施，流域发展呈现新的格局，对流域治理开发和保护提出了更高要求。相比20多年前，流域面临的问题也有很多不同。

一是流域防洪抗旱减灾体系正在逐步建立，但仍不完善，防洪减灾形势依然严峻。规划指出，随着经济社会的发展、人口的增加、财富的积累，防洪的压力越来越大。二是流域水资源供给与保障能力不足，仍需进一步提高。同时，流域内一些地区存在工程性、资源性、水质性缺水问题，城乡供水安全面临挑战。三是流域生态环境较为脆弱，水环境问题不容乐观。处于上游地区的云南、贵州一带山高坡陡，地表破碎，喀斯特地貌发育，土地“石漠化”形势严峻，高原湖泊、湿地面积萎缩，蓄水量减少。流域局部地区水污染严重，对水生态环境造成很大危害，生态多样性下降。四是流域开发与保护矛盾突出。一些河流水能资源、河道岸线、水沙资源利用与河流保护存在一定冲突，给部分河段河势稳定及流域防洪安全带来隐患，需要强化流域综合管理，统筹协调和规范各类涉水活动，支撑流域经济社会可持续发展。

规划突出了科学发展观要求，突出了四大支撑保障体系，突出了维护河流健康、建设绿色珠江理念，突出了最严格水资源管理制度。一方面体现了科学发展观要求。规划在制定流域治理、开发、保护和管理规划方案过程中，以统筹协调流域各方面关系、大力发展民生水利、维护河流健康、建设绿色珠江、实现水资源可持续利用为指导思想。以民生优先、人水和谐、统筹兼顾、开发与保护并重、因地制宜为基本原则，是贯彻落实科学发展观、构建社会主义和谐社会的体现，客观准确地反映了时代要求。另一方面突出了四大支撑保障体系。规划根据流域自身特点，因地制宜，以“维护河流健康、建设绿色珠江”为出发点和立足点，开展了大量的分析论证工作，提出了流域治理的方略、目标和重点，对今后水利建设和管理具有重大指导意义，突出了维护河流健康、建设绿色珠江的理念。一是突出了重大枢纽工程建设及联合调度，完善了流域中下游以西江龙滩及大藤峡、北江飞来峡等水库为骨干的水资源调配体系，提高了流域防洪减灾及水资源供给与保障能力。二是加强水土保持，重点实施珠江中上游地区石漠化综合治理以及流域重要水源地、生态屏障区的水土保持与水土流失预防保护。三是加强流域水生态修复，提出强化南北盘江上游河段、云南高原湖泊以及珠江三角洲地区城市河段的水污染综合治理和污水达标排放，加强源头区及高原湖泊水源涵养。四是突出了最严格水资源管理制度。2011年中央一号文件提出，要把严格水资源管理作为加快转变经济发展方式的战略举措。规划确定了流域用水总量、用水效率及水功能区限制纳污三条控制红线，并作为约束性指标，必须严格控制。

1. 规划任务及目标

珠江由西江、北江、东江及珠江三角洲诸河组成，西江、北江、东江汇入珠江三角洲后，经虎门、蕉门、洪奇门、横门、磨刀门、鸡啼门、虎跳门和崖门八大口门注入南海，形成“三江汇流，八口出海”的水系特点。根据珠江流域的实际，规划提出了西江、北江、东江与珠江三角洲规划的侧重点。西江干流南盘江以水土流失与石漠化治理、水资源保护与水生态环境修复为重点。干流宜良以上河段以防洪、灌溉为主，结合发电；宜良至黄泥河口以发电为主，兼顾供水；黄泥河口以下以发电为主，结合水资源配置和航运等综合利用。红水河、黔江河段以防洪、发电、水资源配置为主，结合航运、灌溉、水资源保护和生态环境修复等。浔江、西江河段以防洪、航运为主，兼顾灌溉、供水、发电、水环境及水资源保护等。北江以防洪、水资源配置、航运为主，结合发电，兼顾灌溉、供水、城市水景观和水资源保护等。东江以防洪、供水、水资源保护和水资源配置为主，结合发电、航运，兼顾灌溉和水土保持、水生态修复等。珠江三角洲以防洪（潮）、供水、航运为主，结合水生态修复、灌溉等。通过规划实施，到 2020 年，珠江流域重点城市和防洪保护区基本达到防洪标准，山洪灾害防御能力显著提高；城乡供水和农业灌溉能力明显增强，流域内城乡和我国港澳地区居民生活用水全面保障，水能资源开发利用程度稳步提高，航运体系不断完善；饮用水水源区水质全面达标，局部河湖水生态环境恶化趋势有效遏制，水土流失有效治理；最严格水资源管理制度基本建立，涉水事务管理全面加强。到 2030 年，流域防洪减灾体系更加完善，防洪减灾能力进一步提高；节水型社会基本建成，水资源和水能资源开发利用程度进一步提高；水生态环境明显改善，河流生态系统良性发展；流域综合管理现代化基本实现。

规划在思路、定位、内容等方面发生了不少的变化。规划思路从以重大工程论证为主线转变为以科学发展观为统领，按照“维护河流健康，建设绿色珠江”的总体目标，注重科学治水、依法治水，突出加强薄弱环节建设，大力发展民生水利。同时，按照最严格水资源管理制度的总体要求，规划确定的流域控制性指标，包括流域内省（自治区）用水总量、单位工业增加值用水量、灌溉水有效利用系数、限制排污总量意见，以及流域水功能区水质达标率、12 个控制断面生态需水量和水质目标。

2. 防洪减灾

遵循“堤库结合、以泄为主、泄蓄兼施”的防洪方针，逐步完善以堤防为基础、干支流防洪水库为主要调控手段的 7 大堤库结合防洪工程体系，即西、北江中下游、东江中下游、郁江中下游、柳江中下游、南盘江中上游、桂江中上游和北江中上游防洪工程体系。规划提出建设大藤峡、洋溪等控制性枢纽工程，续建龙滩水库，进一步加快江海堤防达标建设；加大中小河流治理、河口整治和山洪灾害防治力度，完成病险水库（水闸）除险加固，建设流域防洪预警系统和山洪灾害易发区预警预报系统。规划还提出加强广州、南宁、梧州、柳州 4 个全国重点防洪城市的防洪和重点涝区治理。

3. 水资源综合利用

规划提出在强化节水的基础上，建设一批必要的水源工程，提高应急抗旱能力。近期解决 2749 万农村人口的饮水安全问题，远期进一步提高农村用水保证率。上游以大中型水库建设为重点，结合云贵山区特点，建设一批小型水利工程；实施滇中、黔中等跨流域引调水工程，解决与红河、长江流域接壤周边地区缺水问题。中下游构建以西江龙滩及大藤峡、北江飞来峡等水库为骨干的水资源调配体系。实施引郁入钦、西水南调等工程，保障北部湾及粤西缺水地区的用水需求。到 2030 年，多年平均用水总量控制在 640 亿立方米以内，万元国内生产总值用水量降低到 60 立方米以下，灌溉水有效利用系数提高至 0.58。到 2030 年，每年东深供水工程向香港特区供水 11 亿立方米，珠海供水系统向澳门特区供水 1.46 亿立方米。

4. 水资源与水生态环境保护

加强水功能区水质保护和管理，严格控制入河排污总量。加强流域水生态环境保护及修复，严格控制生态环境敏感区域的治理开发活动。对地下水超采区实施限采等措施，严格控制开采规模。到 2030 年，主要江河湖库水功能区水质全面达标。

5. 流域综合管理

逐步完善流域涉水法律法规、执法监督体系。实行最严格水资源管理制度，建立水资源管理责任和考核制度。建立跨部门跨地区协调合作、信息采集与共享、纠纷协调处理、应急管理等机制。进一步完善流域管理与区域管理相结合的体制机制、流域综合管理法治体系和最严格的水资源管理制度。

规划针对流域实际，提出了水力发电和航运近期及远期规划，优化调整部分河流（河段）的梯级布局，合理开发流域水力资源。构建西江航运干线、珠江三角洲高等级航道网、右江、北盘江—红水河、柳江—黔江等组成的“一横一网三线”的国家高等级航道。

（二）珠江—西江经济带沿江岸线保护与利用规划

珠江—西江经济带沿江岸线是流域重要的自然资源，具有防洪、生态、社会、经济等多重属性，在防洪保安、生态环境保护、社会经济建设等方面具有重要作用。随着《珠江—西江经济带发展规划》逐步实施，沿江经济社会的快速发展对珠江依赖程度越来越高，岸线保护与利用之间的矛盾将日益突出。为深入贯彻落实习近平生态文明思想，需通过生态优先、保护优先的理念来统筹规划岸线资源的保护与利用，并在实施阶段强化管控，避免岸线利用对防洪安全和生态环境造成影响，维系珠江—西江经济带优良生态环境，助推珠江绿色生态廊道建设。岸线的利用与防洪、河势稳定、供水以及水生态、水环境保护密切相关，涉及水利、交通运输、自然资源、生态环境等多个部门。为有效保护、合理利用岸线，规划以满足生态环境保护要求，保障防洪安全、河势稳定、供水安全为前提，妥善处理好保护与利用之间的关系，兼顾行业管理要求和经济社会发展需求，服务珠江—西江经济带建设。

2017 年 3 月，珠江委组织广西、广东两省（自治区）发展和改革委员会、水利厅及来宾、贵港、梧州、柳州、南宁、崇左、百色、肇庆、云浮、佛山、江门、中山、珠海、清远、广州、河源、惠州、东莞等 18 个地市水行政主管部门在广州市召开了规划编制工作会议，讨论规划工作大纲，落实工作内容和分工。编制单位在开展资料收集、现场调研、地形测量等工作基础上，开展了岸线利用现状及影响分析、河势演变分析、岸线保护要求与利用需求分析、岸线功能区规划、岸线边界线规划和环境影响评价等工作，规划成果经多次讨论和修改完善后，提出规划报告初稿。

2018 年 3 月，珠江委将规划成果函送广西、广东两省（自治区）人民政府办公厅征求意见；2018 年 9 月，按照两省（自治区）反馈意见修改完善后，珠江委将规划成果报送水利部；2018 年 12 月，水利部水利水电规划设计总院在广东省东莞市组织召开规划成果审查会。随后，珠江委根据审查意见再次组织对规划成果进行了修改完善。2019 年 4 月，水利部水利水电规划设计总院对规划成果进行了复审并印发规划审查意见。

规划以 2017 年为现状水平年，2030 年为规划水平年。规划以《珠江—西江经济带发展规划》涉及的主要水系为基础，结合流域管理和推进“河长制”工作需要，将东江、北江等纳入规划范围，规划范围为红水河（桥巩大坝以下）、黔江、浔江、西江、三角洲西江干流、柳江（龙江口以下）、郁江、左江（崇左水文站以下）、右江（东笋大坝以下）、北江（飞来峡大坝以下）、三角洲北江干流、东江（新丰江口以下）等 12 个江段，河道总长度 2356.0 千米，规划岸线总长度 4851.1 千米（不含有行洪要求的江心洲）。规划范围基本涵盖了粤港澳大湾区范围内西江、北江、东江干流河段。规划范围内共划分岸线功能区 2133 个，其中保护区、保留区、控制利用区、开发利用区的长度分别为 1104.4 千米、2560.2 千米、1063.1 千米、123.4 千米，分别占比 22.8%、52.8%、21.9%、2.5%；左岸、右岸岸线边界线长度分别为 2432.2 千米、2418.9 千米。对各岸线功能分区、岸线边界线提出了管理要求和保障措施。

规划主要考虑河道岸线自然属性，以及防洪、河势稳定、供水、生态等保护需求，划定岸线功能分区进行岸线管理与保护；涉及桥梁、码头等涉水工程所在岸线的管理与保护按其所属行业规定进行管理。本规划成为今后一段时期河道岸线保护与利用的指导性文件，是各级人民政府贯彻落实“河长制”、进行水生态空间管控的重要依据，也是促进珠江—西江经济带发展和粤港澳大湾区建设的重要支撑。

（三）粤港澳大湾区水安全保障规划

粤港澳大湾区是我国开放程度最高、经济活力最强的区域之一，在国家发展大局中具有重要战略地位。推进粤港澳大湾区建设，是以习近平同志为核心的党中央作出的重大决策部署。为贯彻落实《粤港澳大湾区发展规划纲要》，构建与大湾区高质量发展相适应的水安全保障体系，统筹解决水资源、水生态、水环境、水灾害等新老水问题，按照水利部统一部署，珠江委编制完成《粤港澳大湾区水安全保障规划》，作为大湾区水安全保障的顶层设计，规划立足大湾区湾情、水情，深入分析大湾区水安全保障面临的形势，科学谋划了未来一个时期大湾区水安全保障的总体布局，明确了 2025 年、2035 年大湾区水安全保障目标任务。

2018 年 7 月，中共中央、国务院印发《粤港澳大湾区发展规划纲要》。重大国家战略粤港澳大湾区建设的实施，对保障区域水安全、协同推进水治理提出了更高要求。2018 年 10 月，水利部组织珠江委编制《粤港澳大湾区水安全保障规划》，统筹谋划大湾区水安全保障的总体思路、发展目标、总体布局和主要任务，为大湾区建设提供坚实的水利支撑和保障。2019 年 12 月，水利部组织对规划进行审查，并征求国家发展改革委、工业和信息化部、财政部、自然资源部、生态环境部、住房和城乡建设部、交通运输部、农业农村部、应急管理部、国务院港澳事务办公室、国家林业和草原局以及广东省、香港特区、澳门特区政府的意见，形成规划报批稿，报送粤港澳大湾区建设领导小组办公室。2020 年 12 月，按照粤港澳大湾区建设领导小组的工作安排，水利部与粤港澳大湾区建设领导小组办公室联合印发规划。

《粤港澳大湾区发展规划纲要》提出将大湾区建设成为充满活力的世界级城市群和国际一流湾区，打造高质量发展的典范，这对大湾区水安全保障提出了新的更高要求。大湾区地处珠江流域下游，江海相连、水系贯通、河网密布，水问题十分复杂，加上全球气候变化带来的海平面上升，短历时强降雨、流域干旱、台风暴潮等极端天气的增加，以及人类活动引起的咸潮上溯、洪水归槽、污染加重、生态损害等影响，水安全保障任务繁重且艰巨，主要概述为以下三个方面。

水安全保障能力与建设充满活力的世界级城市群的要求不相适应。一是水资源节约水平和利用效率亟待提高。珠三角九市用水浪费现象仍较突出，农田灌溉水有效利用系数低于全国平均水平。二是城乡供水抗风险保安全能力不足。城市供水水源以河道取水为主，当地水库调蓄能力和城市应急备用水源不足，存在季节性干旱、河口咸潮、水污染等风险。三是防洪减灾依然存在短板。防洪（潮）标准不高，上游洪水归槽加重大湾区防洪压力，临时蓄滞洪区启用难度大，三角洲河网区重要节点缺乏调控措施，流域防洪减灾预报预警与联防联控能力不足。

水生态环境与建设宜居、宜业、宜游的优质生活圈的要求不相适应。一是水环境污染问题仍然突出。广东省 72% 的废污水排放量集中在珠三角九市，处理能力和标准不高，雨污分流不完善，黑臭水体点多量大。二是内河涌水体交换不畅。珠江三角洲河涌水体流动缓慢，水动力不足，与外江水体交换能力弱。三是水生态损害问题突出。由于城市建设等人类活动影响，河湖空间被挤占，河口滩涂湿地减少，局部水生生境遭到侵占和破坏。四是水库蓝藻水华等富营养化现象时有发生。

水治理管理体系和能力与构建高质量发展的创新体制机制要求不相适应。一是法治体系不健全。对大湾区水安全保障有着重要作用的珠江水量调度缺乏法治保障。二是水管理体制机制创新不足。粤港澳三地协同机制还需进一步深化，流域上下游、珠三角九市间、相关部门间协同协调有待进一步加强，水资源刚性约束机制尚未形成。三是水利工程运行和管理投入不足，“重建轻管”局面仍然没有彻底改变。四是水利现代化水平不高。水利科技支撑能力、水利信息化水平等与水利现代化建设要求尚有差距。

1. 大湾区水安全保障目标

到 2025 年，大湾区水安全保障能力进一步增强，珠三角九市初步建成与社会主义现代化进程相适应的水利现代化体系，水安全保障能力达到国内领先水平，率先打造成为全国“水利工程补短板、水利行业强监管”示范区。深圳水利基础设施和水生态环境质量达到国内领先水平。到 2035 年，珠三角九市水安全保障能力跃升，水资源节约和循环利用水平显著提升，水生态环境状况全面改善，防范化解水安全风险能力明显增强，防洪保安全、优质水资源、健康水生态和宜居水环境目标全面实现，水安全保障能力和智慧化水平达到国际先进水平，具有浓郁岭南特色的水文化得到弘扬和发展。深圳成为全国水利高质量发展和水利现代化的典范。内地对港澳水资源供给保障更加安全可靠，与港澳水资源、水文化、水科技、防灾减灾以及界河治理等全面协同协作迈上更高水平。

规划从流域、湾区、城市群和城镇三个层面提出了大湾区水安全保障总体布局。流域层面：加强流域中上游水土保持和水源涵养，挖掘重要工程供水潜力，加强骨干水库群防洪调控，强化干支流保护与治理，加强西江、北江和东江水资源统一调度。湾区层面：形成“一屏、一核、一带、三廊”的水安全保障总体布局。一屏：西部、北部山丘区，重在涵养和保护；一核：珠江三角洲平原区，重在保障和调配；一带：南部河口水域岸线带，重在整治和恢复；三廊：西江、北江、东江干流，重在治理和修复。城市群和城镇层面：优化提升 4 个中心城市（广州、深圳、香港特区、澳门特区）的水安全保障能力，夯实完善 7 个重要节点城市（珠海、佛山、惠州、东莞、中山、江门、肇庆）水安全保障基础，因地制宜提高特色城镇水安全保障水平。

2. 大湾区水安全保障主要任务

规划提出构建大湾区水安全保障“四张网”。

一是打造一体化、高质量的供水保障网。强化水资源刚性约束，加强农业、工业、城镇等重点领域节水，加大非常规水源利用；挖掘流域现有工程供水潜力，加快流域大型水利枢纽工程和珠江三角洲水资源配置工程建设；以珠江三角洲水资源配置工程和东深供水工程为主干，以各市供水主干网络为支线，形成“三江连通”的供水网络格局；加大对港澳供水基础设施建设及水资源保护力度，优化协作机制，加强流域水资源统一调度，进一步保障港澳供水安全；完善供水系统建设，改善供水水质，增强应急备用，提高城乡供水能力和水平。

二是构筑安全可靠的防洪减灾网。加快流域骨干水库与潖江蓄滞洪区建设，积极推进大江大河治理，强化珠江河口综合治理与保护，持续推进病险水库（水闸）除险加固，加强中小河流治理与山洪灾害防治，协同推进珠三角九市界河防洪工程建设，完善防洪工程体系；加快海堤达标加固与生态海堤建设，构建防潮工程体系；全面提升城市排水防涝能力，有序开展城乡重点涝区治理，筑牢排涝工程体系；实施流域水工程统一调度，强化行蓄空间管控，加强监测预报预警和防洪风险管控，完善防洪减灾非工程措施；深化大湾区防洪减灾合作与交流。

三是构建全区域绿色生态水网。科学划定河道、水库、湖泊等涉水空间，强化涉水空间的管控与保护；打造流域西江、北江与东江三江生态廊道，构建三角洲容桂水道等清水通道；加强大湾区西、北部山丘区水源涵养，打造河口水域岸线保护带，构建大湾区绿色生态屏障；通过水污染治理、河网水动力改善、河湖水生态修护以及跨界河流水环境综合治理等措施，系统治理珠江三角洲河网；大力弘扬和发展岭南特色水文化，加强水文化的保护与传承。

四是构建现代化的智慧监管服务网。推进物联网、大数据等新技术与大湾区水利业务深度融合，建设水安全保障智慧监控工程，全面提高水安全保障信息化水平；打造升级版河长制湖长制，落实最严格水资源管理制度，健全水工程建设运行管理制度，完善水土保持监管制度，强化水安全监管制度实施；整合涉水政务服务，实现公众服务“一网通办”、水信息服务“一图全搜”，全面提升大湾区水安全公共服务水平；建设科技创新平台，加强水安全科技创新，深化粤港澳交流合作；强化风险防范意识，制订完善应急预案，着力防范化解重大水安全风险。

二、水源地保护

水利部自2006年起建立了全国重要饮用水水源地核准和安全评估制度，陆续向省级人民政府公布了供水人口在50万以上或向省会城市供水的第一至三批水源地，并于2011年启动了全国重要饮用水水源地安全保障达标建设工作。2016年，水利部组织对供水人口20万以上及年供水量2000万立方米以上的地下水水源地进行了核准，经征求各省级人民政府同意后，将全国618个水源地纳入全国重要饮用水水源地名录管理，其中珠江流域共62个，占全国重要水源地数量的10%。流域纳入名录的62个水源地中，深圳市东深供水渠水源地、佛山市容桂水道水源地等2个水源地根据社会经济发展布局的调整需求，已取消饮用水水源功能，实际上为60个水源地。

纳入名录的60个水源地服务供水城市共30个，包括香港特别行政区、澳门特别行政区、2个省会城市、26个地级城市。从供水能力规模来看，经济发达、人口密集的珠江三角洲地区水源地供水能力最大。曲靖市、玉溪市、黔西南州、六盘水市、百色市、贺州市、河源市、临武县等均以当地河流拦蓄建成的水库作为主要水源地。除河池市以地下水源作为主要水源地外，依江而建的城市均以珠江水系河道作为主要供水水源。例如，崇左、南宁、柳州、桂林、贵港、来宾、梧州、肇庆、云浮等城市供水主要取自境内西江水系河道，韶关、清远等城市供水主要取自境内北江水系河道，惠州、东莞、深圳、香港特区等城市水源主要取自东江及东江三角洲水系河道，河网地区的广州、佛山、珠海、中山、江门、澳门特区等城市水源主要取自西、北江三角洲水系河道。总体上看，经过多年的开发和治理，流域基本形成了上游以水库型水源地为主，中下游以河道型水源地为主，以珠江三角洲最为集中，西江、北江、东江三江并举的水源地整体布局。供水保证率在95%以上，供水设施运行良好，45%的水源地已建成应急备用水源和配套供水设施，92%的水源地制订了特殊情况下的应急水量调度方案。

（一）水质保障情况

对水源地取水口每月水质监测结果进行评价，取水口年度水质达标率为100%的水源地有29个，水质达标率为80%~100%的水源地有21个。饮用水水源地保护区边界均设立了明确的地理界标和警示标志，保护区综合治理工作有序推进，除个别水源地因历史遗留原因仍存在入河排污口外，93%的水源地保护区已经完成入河排污口清理整治工作，86%的水源地保护区综合治理达到要求，违章建筑、畜禽养殖、旅游餐饮等保护区内违法行为基本得到有效控制，97%的水源地采取了禁止或限制施用含磷洗涤剂、农药、化肥等措施，88%的水源地针对保护区内交通穿越设施，建成和完善了桥面雨水收集处置设施与事故环境污染防治措施。

（二）监控运行情况

实现了对取水口全方位视频监控，98%的水源地已建立了完善的巡查制度，95%的水源地实现了水质水量在线监测，建立了水质水量安全监控系统。58%的水源地开展了109项指标全分析指标监测，96%的水源地具备预警和突发水污染事件发生时加密监测及增加监测项目的应急监测能力。

（三）制度建设情况

98% 的水源地完成保护区划分，并报省级人民政府批准实施。87% 的水源地建立了水源地应急预案体系及应急演练制度。多个省（自治区）、市出台了保护水源相关的地方性法规、规章办法，如广西壮族自治区 2017 年出台了《广西壮族自治区饮用水水源保护条例》，珠海市 2015 年出台了《珠海市饮用水源保护区扶持激励办法》（珠府〔2015〕13 号），茂名市 2016 出台了《茂名市高州水库水质保护条例》（茂名市第十一届人民代表大会常务委员会公告第 29 号），清远市 2016 年出台了《清远市饮用水源水质保护条例》（清远市第六届人民代表大会常务委员会〔2016〕第 2 号），百色市 2017 年出台了《百色市澄碧河水库水质保护条例》（2017 年 12 月 1 日广西壮族自治区第十二届人民代表大会常务委员会第三十二次会议批准），东莞市 2018 年出台了《东莞市饮用水源水质保护条例》（东莞市第十六届人民代表大会常务委员会公告第 8 号）等。96% 的水源地基本建立了稳定的管理队伍和资金保护投入机制。

三、水生态文明

水生态文明建设的指导思想是：以科学发展观为指导，全面贯彻党的十九大关于“建设生态文明是中华民族永续发展的千年大计”的战略部署，把“绿水青山就是金山银山”的生态文明理念融入水资源开发、利用、治理、配置、节约、保护的各方面和水利规划、建设、管理的各环节，牢固树立社会主义生态文明观，推动形成人与自然和谐发展的现代化建设新格局，坚持节约优先、保护优先和自然恢复为主的方针，以落实最严格水资源管理制度为核心，通过优化水资源配置、加强水资源节约保护、实施水生态综合治理、加强制度建设等措施，大力推进水生态文明建设，完善水生态保护格局，实现水资源可持续利用，提高生态文明水平，建设美丽中国。

2002 新水法明确提出：开发、利用、节约、保护水资源和防治水害，应当全面规划、统筹兼顾、标本兼治、综合利用、讲求效益，发挥水资源的多种功能，协调好生活、生产经营和生态环境用水。开展水生态系统保护与修复工作是贯彻水法、落实科学发展观、实现人与自然和谐相处的重要内容，是各级水行政主管部门的重要职责。《国民经济和社会发展第十一个五年规划纲要》把保护和修复自然生态作为一项主要任务。水利部自 2004 年开始，组织开展了水生态系统保护与修复相关工作，并选择不同类型的水生态系统开展试点。2006 年，水利部又批准了桂林市水生态系统保护与修复试点工作实施方案。

“十一五”期间，水生态保护与修复得到进一步重视。在《珠江流域综合规划（2012—2030 年）》中，水生态环境保护已成为流域水资源管理调度和保护的重要内容，并从流域角度提出了生态需水流量和水生态保护与修复方案。“十一五”期间，根据水利部大力推进水生态保护与修复试点的要求，积极开展水生态监测技术的合作交流，在抚仙湖、星云湖、桂江、绥江、广州河道、流溪河及磨刀门水道设置了 42 个生态监测点，启动河湖健康评估试点工作，流域内各级水行政主管部门高度重视水生态保护与修复工作，积极开展水生态保护与修复试点规划，履行“河流代言人”的职责。党的十八大以来，珠江水资源管理和保护工作进入了新阶段，通过实施最严格水资源管理制度，开展节水型社会建设，推进水生态文明试点建设，重点开展水污染水生态综合治理。在加强水资源质量保护的同时，更加注重水生态系统的保护与修复，水资源保护的要求不断提升。

（1）实施水生态保护与修复：主要针对城镇受损的河滨湖滨带、河流廊道，加强河滨湖滨带生态建设，建设植被缓冲带和隔离带，构建绿色廊道体系。实施生态护坡、河流廊道建设、河岸带修复等措施，恢复河岸带生态功能，提高河流景观的空间异质性和生物多样性。针对湿地萎缩、生物多样性下降的高原湖泊、湿地、滨海红树林，分别实施富营养化控制、封育保护、退耕还湿、生物栖息地保护等措施以恢复湿地生境与功能。

（2）开展河湖综合治理：强化江河湖库水系连通，通过河道清淤、河湖连通等措施恢复河流水力联系，并结合水资源配置体系，保障生态环境用水以修复河湖生态环境。针对水量短缺、水质污染、生境破坏、萎缩及功能退化的河湖，实施水源涵养、生态护岸、河湖基质整治、人工湿地营造等综合措施进行改善和修复。

（一）水生态修复

1. 抚仙湖、星云湖水生态修复治理

抚仙湖位于云南省玉溪市的澄江县、江川县（现为江川区）和华宁县三县境内。集水面积为675平方千米，多年平均入湖径流16092万立方米，湖面面积212.5平方千米，最大水深155.2米，平均水深90.1米，为我国第二深淡水湖，湖岸线长88.2千米，湖泊蓄水量200亿立方米，透明度7.0米，为省级自然保护区。

星云湖位于玉溪市江川县境内，集水面积378平方千米，多年平均入湖径流8191万立方米，湖面面积34.2平方千米，最大水深10米，平均水深7米，蓄水量2.02亿立方米。治理前水质为劣Ⅴ类，蓝藻暴发频繁，多次发生水华，湖泊富营养化严重，达到中–富营养型，湖泊功能衰退老化过程加速。

抚仙湖、星云湖为“滇中高原”的姐妹湖泊，星云湖为上游湖泊，两湖由一条长2.2千米的隔河相连，多年平均星云湖向抚仙湖弃水4360万立方米。

抚仙湖来水主要靠降雨补给，而地表径流入湖水质污染严重，90%的入湖污染物滞留于湖中，湖泊环境容量越来越小，生态系统极端脆弱，一旦破坏，极难恢复。抚仙湖的富营养化正在加速发展，TN、TP指标一度达到Ⅱ类水质。进入20世纪90年代之后，藻类大量繁殖，进入富营养化前期。自1994年以来，湖水透明度以每年0.35米的平均速度下降。照此趋势发展，星云湖蓝藻水华暴发的悲剧必定在抚仙湖重演。因此，必须采取一切可能的有效措施来保护抚仙湖，防止水体进一步的污染和富营养化。

星云湖水质污染和富营养化发展迅速，水质已经达到劣Ⅴ类，并发生了严重的蓝藻水华，湖水透明度降低到小于1.0米。据抚仙湖9条主要河流入湖污染负荷的监测结果，隔河平均每年向抚仙湖输入的TN、TP、COD_{Cr}数量分别占9条主要河流入湖污染总负荷的17.0%、13.4%和37.3%。而且，隔河泄水主要集中在雨季，大量蓝藻和营养盐随水流涌入抚仙湖，加重了抚仙湖南部的水质污染，加速了富营养化发展，有引发抚仙湖蓝藻水华的危险性。

由于抚仙湖是一个断层陷落湖泊，蓄水量大、水源补给少，理论测算换水周期长达167年。可谓一朝污染，百年难清。经国家发展改革委、原国家环保总局、水利部联合审批，实施出流改道工程。出流改道工程第一目标任务就是保护抚仙湖，使星云湖水通过出流

改道工程流向玉溪大河而不再流入抚仙湖；第二目标任务是实现抚仙湖水倒流星云湖，对星云湖水进行稀释和置换，逐步改善其水环境；第三目标任务是向玉溪市中心城区提供水源。工程于 2003 年 11 月开工建设，2007 年 12 月建成通水，工程运行状况良好。出流改道工程自 2007 年 12 月 26 日通水以来，两湖实现联合调度，星云湖水就再没有流向抚仙湖。2008 年 5 月 20 日，抚仙湖水实现倒流星云湖。星云湖水质已有明显好转，保证了抚仙湖 I 类水质的总体目标。

依托出流改道工程建设，相继建成出流改道进水口、出口生态公园及九溪湿地生态公园，为玉溪市的生态城市建设奠定了良好的水资源基础。星云湖、抚仙湖出流改道工程竣工通水后，玉溪市实现了两湖一库（抚仙湖、星云湖和东风水库）联合调度的战略决策，成功解决了玉溪市水资源丰富但在时空上分布不均的难题，为玉溪市中心城区的长远发展提供了丰富的战略水资源。

同时，为贯彻落实国家环保政策，治理抚仙湖污染问题，因地制宜地休耕轮作，解决农业面源污染。抚仙湖径流区内水田肥沃，当地居民世世代代都围湖开展农业生产活动。肥沃的田地养育了一代代的澄江县人民，但常年大水大肥地种植农作物，也给抚仙湖带来了由化肥、农药、农业固体废物、水土流失污染造成的农业面源污染。据专家测算，在众多污染源中，抚仙湖 70% 的污染来自于农业面源污染。因此，农业面源污染的有效治理是保障抚仙湖生态安全的关键，只有抑制住农业面源污染，把溶解在水里的看不见的污染物降解掉，建立抚仙湖源头的清水产流机制，才能保证抚仙湖的水质。

2016 年，澄江县政府迈出了治理农业面源污染的第一步——对抚仙湖径流区内常年种植蔬菜的 5.35 万亩耕地进行休耕轮作。截至 2018 年 9 月，共有 43120 户村民与政府签订了土地流转合同，合同涉地面积达 56067.26 亩。据测算，对抚仙湖径流区内耕地实行的休耕轮作制度，可实现氮污染负荷削减率达到 50%、磷污染负荷削减率达到 38.6% 以上的总体目标，由此将极大地减少严重危及抚仙湖水质安全的农业面源污染。

1）生态移民，解决农村生活污染

从抚仙湖最高蓄水位（1722.5 米）沿地表向外水平延伸 100 米的范围，是《云南省抚仙湖保护条例》中确定的一级保护区，同时也是开发最早、利用强度最大、人口最为密集的区域。因此，在这一区域内，人湖关系最为紧密，保护与发展矛盾最为集中。据统计，抚仙湖一级保护区内有 2.8 万居民，每天产生生活污水 1000 吨以上、生活垃圾 20 吨以上。由于沿湖生活污水、生活垃圾的收集处理系统尚未实现，污物直排抚仙湖的现象时有发生，给抚仙湖的水质安全带来了严重威胁。

为从根本上扭转抚仙湖水质下降的趋势，从 2013 年起，澄江县政府在抚仙湖一级保护区内启动了“四退三还”工程，对沿湖 2.8 万居民进行异地搬迁，集中安置于统一规划建设的房屋，从而通过生态移民实现还湖、还水、还湿地，解决环湖生态空间被挤占的问题，以确保抚仙湖长期稳定地保持在 I 类水质。2016 年 3 月，澄江县被住房城乡建设部确定为 100 个全国农村生活污水治理示范县之一。以此为契机，澄江县政府启动了全县农村生活污水处理及人居环境提升项目。该项目包括完善污水收集管网、建设全县污水处理信息化监控中心、处理村民小组污水及提升人居环境、建设全县城乡供水一体化和修复全县入湖次支沟渠共 5 项工程，覆盖了抚仙湖全域范围 418 个村落。在农村生活污水的处理上，做到一户一管，先将污水接入管网中统一收集，然后对污水进行净化，经处理合格后排进中水收集池，循环利用于农业灌溉等生产活动，如无法回用，则进入截流井，溢流后进入环湖截污管道。在农村生活垃圾处理上，建立“户清扫、组保洁、村收集、镇清运、县处理”的垃圾处置一体化机制，加大对生产生活垃圾收集清运力度。由此，实现对流域内农村生活污水及垃圾处理的全覆盖，全面杜绝污水污物直排入抚仙湖。

2）生态调蓄，解决入湖河流污染

抚仙湖径流区内共有103条河道，是抚仙湖湖水补给最为重要的水源。为确保入湖水源水质达标，澄江县政府针对入湖河流污染的治理，修建了由生态净化河道和两岸绿化景观带组成的生态调蓄带，成为上游污染物进入湿地规划区的第一道防线。作为抚仙湖控源截污的中转枢纽，生态调蓄带是集截污、调蓄、净化、回用和生态景观于一体的综合利用工程，具有“截、储、调、回、净”五大功能。过去，在抚仙湖径流区内的河道上游，有大量的农业面源污水、农村生活污水、生产生活垃圾随河道直接入湖，给抚仙湖水质造成了严重污染。

修建环湖生态调蓄带以后，第一步将上游的污水污物全部拦截在调蓄带中，避免直接入湖；第二步清理调蓄带里的垃圾并对污水进行净化处理，处理合格后可补给至下游湿地，确保入湖水源水质达标，也可循环利用于上游农业生产灌溉，从而使得回归水利用率最大化，生态系统服务最大化。因此，环湖生态调蓄带的建设，拦截了入湖河流中的污水污物，对抚仙湖水环境保护和污染控制起到了举足轻重的作用。

经过多年持续不断的努力，抚仙湖保护治理取得显著成效，2011年被列为全国8个水质良好湖泊生态环境保护试点之一，2013年成为国家重点支持湖泊，2015年被纳入国家重点生态功能区转移支付范围，2016年在全国81个水质良好湖泊保护绩效考评中名列第一。

2. 漓江水生态系统保护与修复

漓江是桂林人民的母亲河，20世纪60—90年代，漓江上游及各主要支流水源林遭到乱伐滥砍，破坏严重，使漓江来流保水量锐减，枯水期延长。20世纪70—80年代，漓江在上游受到过许多厂矿10余年严重污染的危害，虽经治理，又由于沿江周边人居环境压力迅猛增加的影响，生态恢复还要经历一个漫长过程。漓江下游桂江已修建了巴江口、昭平、下福、金牛坪、京南等5处闸坝电站，完全阻断了漓江同西江干流的水域生态联系，没有采取任何补偿措施。人类活动加剧，使漓江难以恢复健康，导致桂林市面临十分突出的水生态环境问题，洪涝灾害、干旱缺水、水域污染日趋严重，水生态系统失衡已严重威胁着百里漓江的山川地形、景观名胜的安全与健康。

进行水生态系统保护与修复建设，是解决漓江严峻的水资源形势的根本出路。2006年，桂林漓江水生态系统保护与修复建设被列为全国第一批试点，其建设的目标是保证漓江不断流、堤防不决口、湖泊不萎缩、湿地不干涸、水质不超标；生物多样性得到保育、生物栖息地得到恢复，达到漓江水系托起循环经济、生态导向打造世界名城的规划目标。

从20世纪80年代起，漓江补水工程得以逐步实施，整个工程分三期进行。一期补水工程青狮潭水库已于20世纪80年代后期开始实施，确保枯水期漓江流量达到30立方米每秒，全线单线通航；二期补水工程思安江水库从2005年年底开始发挥效益，使漓江枯水期流量达到45立方米每秒；2009年，斧子口水库、小溶江水库、川江水库共同组成桂林市防洪及漓江补水枢纽工程，与原有工程联合调度，漓江枯水期缺水的历史彻底结束。同时，实施漓江治污、漓江护岸景观改造等工程，流域生态逐渐恢复。后续根据高质量发展要求，流域水生态治理通过以下途径来提升：一是通过国土空间规划，优化“三生”空间布局，统筹上下游、左右岸、江河湖泊、干支流治理，将水生态环境置于山水林田湖草生命共同体中，全面布局、科学规划、系统保护、重点修复。同时，合理划定生态功能区，稳定流域水源涵养范围，开展石漠化治理，提高水源涵养质量；科学规划生活、生产区域，通过国土空间用途管制，逐步集中人居和农业养殖点，并不断完善污水、垃圾处理设施，规范污水排放，从源头上解决生活、农业养殖对水体污染问题。二是通过工程、生化措施，提高河流水体自我净化能力，实施护岸建设、水系连通、河道清淤、生化辅助等工程，提高水系调节、自我净化能力。三是加强土地整治，降低农业水土污染。

（二）生态文明城市建设

按照水利部水生态文明建设相关要求，各城市设置水生态文明建设主线，坚持节约优先、保护优先和自然恢复为主的方针，以落实最严格水资源管理制度为核心，针对当前城市社会经济与发展过程中存在的最关键、最紧迫的水问题，通过各项措施的实施，构筑人与水、社会与自然和谐的关系，形成各具特色的水生态文明体系。同时，把水生态文明理念融入城市水资源开发、利用、治理、配置、节约、保护的各方面和水利规划、建设、管理的各环节，提高城市生态文明水平。在水生态文明城市建设中，通过试点引领、经验推广，因地制宜地探索南方丰水地区水生态文明建设模式，完成14个国家级水生态文明城市及一批省市级水生态文明城市试点建设。

1. 第一批城市水生态文明建设

第一批城市水生态文明建设包括南宁、广州、东莞、普洱、长汀、黔西南、琼海。深入贯彻落实《水利部关于加快推进水生态文明建设工作的意见》（水资源〔2013〕2号），按照批复的水生态文明城市建设试点实施方案要求，积极稳妥推进试点期内各项重点任务建设，试点工作已取得实效。

1）最严格水资源管理制度得到有效落实

各试点城市积极推进最严格水资源管理制度的落实，明确将“三条红线”指标作为试点建设约束性指标，纳入政府绩效考核体系。在经济社会发展过程中不断调整产业结构，持续完善城市水生态空间功能定位和建设格局，逐步实现以水定城、以水定产，水的控制性要素功能得到较好体现。试点城市“四项指标”达标情况明显优于全国水平，使水功能区水质达标率得到有效提升。珠江片第一批7个试点城市水功能区水质总体达标率91%，高于73.4%的全国总体达标率。其中，5个城市水功能区水质达标率高于90%，南宁市、琼海市水功能区水质达标率达到100%；5个城市水功能区水质达标率较试点前的提升速度高于全国水平。

2）用水总量、效率明显改善

第一批7个试点城市中，有6个城市在保证经济社会稳步发展条件下，用水总量较试点前有明显下降，平均降幅为 14.7%，远远高于全国水平（全国用水总量 2016 年比 2013 年下降了 2.32 个百分点），唯一用水总量比试点前增加的是黔西南州。

农田灌溉水有效利用系数提高。珠江片第一批 6 个（东莞市没有统计出农田灌溉水有效利用系数）试点城市农田灌溉水有效利用系数平均值为 0.517，低于 0.542 的全国平均水平，但是，试点城市农田灌溉水有效利用系数较试点前的提升幅度均高于全国水平。

万元工业增加值用水量降幅显著。珠江片第一批试点城市万元工业增加值用水量平均值为 53.1 立方米，略高于全国平均值 52.8 立方米，其中 6 个城市万元工业增加值用水量较试点前的降幅大于全国水平（全国万元工业增加值用水量 2016 年比 2013 年下降了 21.19%）。

3）人民群众生活生产用水安全得到有效保障

各试点城市优先解决民生需求，采取“开源与节流并重、兴利与除害统筹、城乡保障与生态保护并行”的举措，保护了人民群众生命财产安全，使人民群众饮水安全得到有效保障。截至 2016 年年底，珠江片第一批 6 个（东莞市没有统计）试点城市集中式饮用水水源地安全保障达标率较试点前提升 10.2%，由试点前的 89.8% 提高到 100%，所有试点城市集中式饮用水水源地安全保障达标率均达到 100%，有力保障了人民群众饮水安全。

防洪排涝水平得到较大提升。第一批 7 个试点城市中，有 3 个城市试点范围内 90% 以上的防洪堤已达到相关规划要求的防洪标准，较试点前提高 54%；同时，排涝达标率较试点前上升 23.9%，有力保障了人民群众生命财产安全。

4）生态系统稳定性和人居环境得到明显改善

各试点城市通过水生态保护与修复、生态补水、控源截污的措施，严格水资源保护与水污染防治，特别是通过中央补助江河湖库水系连通项目的带动，有效增强了水系完整性，保障了河湖生态用水。一是促进了区域河湖水网格局的构建，促进了水资源和水环境承载力的提高，促进了生态系统的抗干扰能力的提升，促进了人民群众的生活环境的改善，使江河水质明显改善。第一批 7 个试点城市中，有 4 个城市为Ⅰ～Ⅲ类水质，河长比例平均值为 96.7%，超过 76.9% 的全国水平。二是水域保护面积显著增加。与试点前相比，珠江片第一批 7 个试点城市通过各项有效措施新增、恢复水域或湿地面积 824.4 平方千米；试点城市水域空间率较试点前有不同程度增加，其中普洱、长汀提升最为显著。三是水生态系统得到有效修复。第一批 7 个试点城市已对 465.8 千米的河道开展了保护与修复工程，其中，4 个城市试点范围内的河湖生态护岸比例超过 60%，3 个城市比例超过 80%，长汀、广州较试点前河湖生态护岸比例明显提高；南宁、长汀、黔西南州全国水土流失治理程度显著提高。四是黑臭水体得到初步治理。与试点前相比，南宁市与广州市黑臭水体治理率分别提高了 46.3% 和 10.7%，普洱和长汀无黑臭水体。

5）水资源监督管理能力得到较大提升

各试点城市按照最严格水资源管理制度的要求，不断规范管理，加强监管，全面提升水资源监督管理能力和水平，适应面临的新形势、新要求。一是监管监测范围不断扩大。珠江片第一批 7 个试点城市入河排污口监测率显著提高，平均监测率为 60.3%，比试点前提升了31.7个百分点。第一批7个试点城市水功能区水质监测率都保持了较高的水平。所有城市按水质监测规范要求，实现了试点范围内国家或省级人民政府批复的水功能区水质的全覆盖监测，除黔西南州外，其他城市水功能区水质检测率均达到了100%。二是取水计量能力不断提升。第一批7个试点城市中，有6个城市实现了对区域80%以上的取用水量的计量，较试点前增加了4个；有6个城市实现了非农业用水户取水许可管理，取水许可证发放率超过80%，其中南宁、广州、东莞、长汀非农业用水户取水许可证发放率达到了100%。

6）节水优先方针得到有效执行

各试点城市全面实施《全民节水行动计划》，推进工业节水增效、农业节水增产、城镇节水降损等行动，不断加大非常规水源开发利用力度。一是生产生活节水普及范围不断扩大。试点城市高耗水企业节水减排方案的制订实施率显著提高，其中，南宁市、黔西南州、长汀县开展了高耗水企业节水减排方案制订实施工作，南宁市和黔西南州高耗水企业节水减排方案实施率达到了100%，长汀达到了83.5%；试点城市生活节水器具普及率得到显著提高，5个城市生活节水器具普及率高于80%。二是非常规水源利用能力不断增强。珠江片第一批7个试点城市中，有4个城市开展了非常规水利用，利用率不断提升；通过开源节流等措施，试点城市新增可利用水资源量超过2.57亿立方米。

7）城市水生态格局不断优化，长效机制初步构建

各试点城市按照主体功能区划和城市发展定位，将水生态文明建设与海绵城市建设、城市水生态空间功能定位相结合，引导区域发展方式、经济结构、产业布局与水资源承载能力相均衡，恢复河流、湖泊、洼地、湿地等自然水系连通，构建系统完整、空间均衡的现代城市水生态格局。各试点城市在投融资机制、水利管理体制、政府领导下的多部门协作机制方面做了大量工作，初步构建了水生态文明建设长效机制。第一批7个试点中，已有4个城市将水资源管理纳入党政实绩考核体系中。

2. 第二批城市水生态文明建设

第二批水生态文明城市建设试点包括云南省玉溪市、贵州省黔南州，广西壮族自治区桂林市、玉林市，广东省珠海市、惠州市以及海南省保亭黎族苗族自治县7个。

玉溪市针对高原湖泊城市特色，以节水减排、城乡供水安全升级、水生态修复、现代水管理体系建设为重点，积极推进城市生态文明水平。黔南州以灌区节水改造、城镇污水治理、湿地公园建设为重点，探索岩溶地貌区水生态文明建设模式，进一步丰富城市内涵，促进经济社会健康协调可持续发展。桂林市以山水秀美、人水相亲、人水相融、人水和谐为目标，重点开展漓江水资源保护、水景观建设和水文化发掘工作，全面提升城市魅力。玉林市以改善水生态环境，建立与经济发展相适应的水资源管理制度和水环境综合治理模式为重点，推进生态玉林建设。珠海市以建设生态堤防、保护水资源、修复水生态系统为重点，以成为沿海城市水生态文明建设典范为目标，提升城市生态文明水平，推进“蓝色珠海、生态水城”建设。惠州市以“河清、海晏、湖美、惠民城”为目标，积极开展水生态保护与修复和水文化发掘，促进东江水资源保护，支撑城市经济社会可持续发展。保亭黎族苗族自治县遵循以保护、自然修复为主，人工建设为辅的原

则，以强化有关制度构建及水文化传承、水资源保护为重点，积极打造山水宜居城市，提升少数民族特色水文化。

玉溪通过高原湖泊保护、高原节水减排、城湖共生、三湖”生态保护、河湖长制、创建国家海绵城市等多种措施，完成生态文明城市建设。黔南州立足州情水情，强化建章立制，相继出台了《樟江流域保护条例》，并完成《涟江流域保护条例》立法调研。试点期间，完成了水生态文明城市建设试点规定项目 90 项，完成新增拓展项目 93 项，试点工作成效显著。桂林构建了清洁的水环境体系、健康的水生态体系、完备的水安全体系、严格的水管理体系和先进的水文化体系等五大体系，完成具体建设任务 121 项。营造了独具山水特色的“青山碧水城、生态甲天下”的生态环境格局，探索出“山·水·人和谐共生”的新模式。珠海市实施了 55 项建设项目，包括香洲美丽海湾建设、前山水质净化厂一期工程等 9 项重点示范工程建设。通过水生态文明城市试点建设，珠海市最严格水资源管理制度得到有效落实，完成了试点期确定的 26 项考核指标。惠州市完成 60 项（类）水生态项目建设，实现了水资源可持续利用与水生态系统的良性循环，提高了水生态文明水平。全市人均综合用水量、万元国内生产总值用水量、万元工业增加值用水量连续多年下降。东江干流惠州段水质长期保持Ⅱ类标准，有力保障流域沿线城市和香港特区用水安全以及经济社会发展需要。完成了华南地区首宗水权项目交易，促进了水资源优化配置。2019 年 4 月，珠江片第二批水生态文明城市的建设完成验收。

（三）水污染治理

1. 开展城市建成区黑臭水体调查与整治

流域内各省（自治区）按照“源头化、流域化、系统化”的治理思路，多措并举、综合施策，提升污水收集处理效能，全面开展城市黑臭水体治理工作。自 2018 年起，各省（自治区）相继发布水污染防治攻坚战“三年行动方案”（简称方案），对 2020 年各地级市（设区市）城市建成区黑臭水体消除比例提出具体达标要求。广东、广西、云南和贵州通过控源截污、清淤疏浚、生态修复、活水循环等手段，扎实推进治理工作，逐步消除黑臭水体，确保城市建成区黑臭水体整治工程长效运行。其中，广东按照达标时限倒排工期，2018—2019 年，连续两年制订年度工作方案，从生活源、工业源、农业源等方面细化黑臭水体整治工作。截至 2020 年，珠江流域内近 620 个黑臭水体开展了整治工作，纳入国家监管平台的黑臭水体消除率达 100%。

2. 推进城镇污水处理设施建设与改造

污染防治攻坚战期间，流域内各省（自治区）的方案对市、县级建成区污水处理率、新增生活污水处理能力等方面均提出了目标要求。方案要求全力推进城镇污水处理设施及配套管网的建设与改造，补齐污水处理能力短板；要求强化城镇污水截污纳管，实施雨污分流改造，实现 2020 年地级城市建成区污水管网的全覆盖、全收集、全处理。广东 2019 年工作方案进一步要求强化重点区域、流域生活污水处理设施建设，完成敏感区域污水处理厂提标改造工作。贵州针对城镇污水处理设施建设提出专项“三年行动方案”，以解决城镇生活污水处理能力不平衡不充分问题为导向，因地制宜加快城镇生活污水处理设施建设。云南开展城镇生活污水处理“提质增效”三年行动，加快处理设施和收集管网建设，同时完善污水处理收费政策。“十三五”期间，珠江流域新建生活污水处理厂超 1000 座，新增污水处理能力近 1000 万吨每天，新建管网超过 3.5 万千米，生活污水处理设施覆盖超过 2000 个建制镇，覆盖率达 92.1% 以上。

3. 加强入河排污口规范化管理

入河排污口排查整治，是流域水污染治理的基础性工作。各省（自治区）的方案都明确提出强化入河排污口监督管理、清理违法排污口、开展排污口整治的工作要求，进一步规范入河排污布局。一是排查入河排污口，依法清理违法排污口，对排污口进行摸查建档和统一管理。广东提出建立省内入河排污口信息管理系统，对保留的排污口实施“身份证”管理，云南和贵州要求依法清理饮用水水源保护区内的排污口。二是分类整治入河排污口，严格执行“封堵一批”“规范一批”“整治一批”。其中，贵州积极推动排污口清理整顿成果应用，云南要求对待整治的入河入湖排污口制订实施限期达标方案。自 2019 年年底开始，珠江流域涉及的长江经济带的云南、贵州、湖南、江西等省已按照生态环境部的统一部署，陆续开展入河排污口排查整治工作。2020 年 8 月，广东全面启动全省入河（海）排污口排查整治工作，覆盖广东境内的西江、北江、东江等主要江河流域，构建了省级统筹、市县落实、社会参与的工作格局。

4. 加强农业工业水污染防治

1）推进农业农村污染防治

污染防治攻坚战期间，各省（自治区）从畜禽养殖污染治理、农业面源污染控制、农村生活污水和垃圾处理、农村环境治理等各方面推进农业农村污染防治工作，并在方案中明确了农村生活污水处理率、农村无害化卫生户厕普及率、规模化畜禽养殖场粪污处理设施装备配套率、规模化畜禽养殖场废弃物综合利用率、化肥农药利用率等指标要求。广东、广西和贵州大力推进农村“厕所革命”，加快普及卫生厕所，改善农村人居环境。同时，广东进一步提出要实现省内乡村旅游区等区域公共厕所的全面普及。广西因地制宜地采用污染治理与资源利用相结合、工程措施与生态措施相结合、集中与分散相结合的建设模式，开展区内行政村的农村环境综合整治。贵州开展化肥、农药施用量负增长行动，调整种植业结构与布局，在全省减少需水需肥量大的籽粒玉米面积。云南推出农业农村污染治理攻坚战“行动方案”，从农田污染治理、养殖污染治理和农村环境治理三个方面出发，持续开展农村人居环境整治行动。

2）深化工业污染防治

工业污染防治，也是各地治污攻坚的重头戏。各省（自治区）围绕重点污染行业整治、工业集聚区水污染治理、清洁化改造等方面开展工作。一是全面清理整治“散乱污”工业企业。广东 2018 年的工作方案要求重点整治省内对水环境影响较大的落后产能企业、加工点、作坊，2019 年的方案则重点清理整治茅洲河、广佛（广州、佛山）跨界河流等流域“散乱污”工业企业。二是集中治理工业集聚区污染。广西要求 2018—2020 年内完成 106 个工业集聚区集中式污水处理设施建设，并确保已建污水处理设施稳定运行，污水达标排放。三是推进企业绿色生产，实施环保准入差别化管理，倒逼企业转型升级，支持企业实施清洁生产技术改造。贵州落实固定污染源的排污许可证核发工作全覆盖，推进“三磷”综合整治。云南逐一排查工业企业排污情况，定期公布环保“黄牌”“红牌”企业名单，确保排污单位稳定达标排放。

5. 推进珠三角典型水体综合治理

深圳茅洲河曾为珠三角地区污染最严重的河流，水质长期位列全省倒数第一。深圳按照“流域统筹、系统治理”的治水思路，推动该流域水质持续好转。一是构建党政主导、全民参与的治水新格局，形成由政府河长、河湖警长、民间河长、志愿者河长、红领巾小河长等组成的立体式河湖长体系；二是统筹打包茅洲河流域治理项目，大幅提升项目质量和效率，创造了单日铺设管网4.18千米的国内最高纪录；三是保障污水全收集、全处理和全回用，建成污水管网2029千米，新增污水处理能力81万吨；四是推进生态系统修复和碧道建设，共建成6座生态湿地、6个城市公园和205千米碧道；五是落实协同治水，联合东莞市建立“一月一会”的茅洲河联席会议机制、水质监测数据交换机制和常态化深莞联合执法机制，整治“散乱污”企业达4000多家。2020年，茅洲河已由黑臭水体升至地表水Ⅳ类水体，水质达到1992年以来最好，流域内45个黑臭水体全部消除黑臭，治理成效被《共和国发展成就巡礼》《美丽中国》等纪录片收录。

珠海前山河水污染问题突出，流域内部分排洪渠被列为省级“黑臭水体”挂牌整治。2019年以来，香洲区坚持目标导向、问题导向，采取“地方政府＋央企＋地方国企”“EPC综合整治＋管养提升”全面联动的治水模式，截至2020年年底，前山河石角咀水闸国考断面年均水质已达到地表水Ⅲ类标准，实现了五条黑臭水体“长治久清”的目标。

惠州淡水河自20世纪90年代以来，水质持续恶化，陷入“反复治、治反复”的困境。惠州坚持以问题为导向，推进系统治理、依法治理、综合治理、源头治理，流域污染减排成效不断凸显，水质明显改善。2019年11月起，淡水河紫溪断面和西湖村断面水质彻底消除劣Ⅴ类；2020年，淡水河紫溪国考断面全年自动监测站均值优于地表水Ⅲ类标准，实现了20多年来的首次全年稳定达标。

四、河湖长制

2016年12月，中共中央办公厅、国务院办公厅印发了《关于全面推行河长制的意见》，并发出通知，要求各地区各部门结合实际认真贯彻落实。珠江委和流域7省（自治区）深入贯彻习近平生态文明思想，积极践行“绿水青山就是金山银山”的理念，坚决落实中央关于全面推行河湖长制的决策部署。珠江委主动作为、勇于担当、攻坚克难，统筹推进流域河湖管理保护工作，流域河湖面貌持续改善，河湖长制在实践中焕发出强大生机活力。2016—2020年，珠江委以习近平生态文明思想为指导，深入贯彻落实党中央、国务院关于全面推行河湖长制的重大决策部署，充分履行水利部赋予的“指导、协调、监督、监测”职责，推动流域片河湖长制落地生根并持续强化河湖长制，指导督促流域各级河长湖长及河长办切实履职尽责，重拳整治河湖乱象，有效解决了一大批河湖保护治理突出问题。流域江河湖泊面貌发生了历史性变化，人民群众获得感、幸福感、安全感显著增强，为促进地区经济社会发展全面绿色转型、实现高质量发展提供了有力支撑，河湖长制工作成效较为显著。

2017年，成立珠江委推进河长制工作领导小组，制定印发《推进珠江流域片全面建立河长制工作方案》（珠水建管〔2017〕68号）《珠江委责任片全面推行河长制工作督导检查制度》（珠水建管〔2017〕39号），组织召开珠江流域片推进河长制工作座谈会，对云南、贵州、广西、广东、海南5省（自治区）开展全面推行河长制工作督导检查。2018年，对云南、贵州、广西、广东、海南5省（自治区）开展全面推行河湖长制工作督导检查，推动流域片5省（自治区）河湖长制全面建立。截至2020年，流域内共有河湖长约12万人，其中省级河湖长51名，地市级河湖长400多人，区县级河湖长3700多人，乡镇级河湖长2.4万人，村级河湖长9.1万人。

2018年6月底全面建立河长制，同年10月，水利部印发《关于推动河长制从“有名”到“有实”的实施意见》（水河湖〔2018〕243号），全力推行河长制。近1年时间里，各地开展河湖“清四乱”专项行动，2019年7月底，完成了调查摸底、集中整治、巩固提升等工作。广东强调“挂图”作战，充分发挥河长制、湖长制作用，深化水污染形势上图和治理工程列表，实时动态调度重点断面和重要支流水质状况，及时督导推动重点工程项目建设。广西落实行政区域与流域相结合的自治区、市、县、乡、村五级河湖长主体责任，构建责任明确、协调有序、监管严格、保护有力的江河湖库管理保护新机制，形成一级抓一级、层层抓落实的系统网格化工作格局。贵州进一步明确城市建成区内河湖黑臭水体的河湖长责任，要求按照治理时限开展工作，确保黑臭水体治理到位，同时加强巡河管理。云南将农村水环境治理纳入河湖长制管理，持续开展农村人居环境整治行动。

按照水利部要求全面完成建立河湖长制的基础上，珠江委在水利部的坚强领导下，强化流域统一治理管理，建立健全流域层面协作机制，协调上下游、左右岸、干支流联防联控联治，初步形成流域统筹、区域协同、部门联动的河湖管理保护格局。云南、贵州、广西3省（自治区）河长办联合云南省检察院开展万峰湖联合巡河巡查，共同抓好万峰湖治理保护。广东护河志愿者注册人数超74万，“河长领治、部门联治、社会共治”成为治水新常态。湖南与江西、广西、贵州签订河长制合作协议，强化跨省河湖管护。江西全省建立千余支“河小青”队伍，形成全民参与的共建共享格局。福建建立生态司法保护协作机制。编制《珠江—西江经济带岸线保护与利用规划》《珠江流域重要河段河道采砂管理规划（2021—2025年）》，完善流域统一规划体系。流域7省（自治区）相继完成省级主要河湖岸线规划、采砂规划编制报批工作，强化河湖水域岸线空间分区分类管控。流域第一次全国水利普查名录内3826条河流、195个湖泊划界工作全部完成，水利普查名录外河流划界工作有序推进。

“一河一策、一湖一策”滚动编制。珠江委指导流域重要河湖“一河一策、一湖一策”编制，统筹协调河湖治理保护目标。全覆盖复核水利普查名录内河湖划界成果，确保成果科学合理。广西完成全域所有河湖划界。贵州印发实施11条省管河流岸线规划。广东印发实施省主要河流岸线规划与采砂规划。积极开展河湖管理督查、“清四乱”、妨碍河道行洪突出问题清理整治等专项行动，依托河湖长制平台，有效解决了一大批河湖顽疾。共清理整治河湖问题4.8万个，清退非法占用岸线8000多千米，拆除违法建筑1200多万平方米，河湖乱象整治成效明显。各地共排查出妨碍河道行洪突出问题1525个，其中1163个已完成整改，确保了流域重要河道行洪通畅。云南实施“湖泊革命”攻坚战，以革命性举措保护治理九大高原湖泊。贵州全域取缔网箱养殖。广西坚持高位持续推进河长治污。广东全面消除地级市建成区黑臭水体。湖南坚持系统治理，持续推进河湖问题治理攻坚。江西全面消灭地表水断面Ⅴ类和劣Ⅴ类水体。福建以问题为导向，精准实施河湖治理。

依法管控水空间，重拳整治河湖“四乱”问题，严格保护水资源，加快修复水生态，大力治理水污染，流域河湖面貌实现历史性改变。2021年流域Ⅰ～Ⅲ类水质占比超92%，国家重要饮用水水源地水质达标率100%，国家重要省界断面水质总体为优。2022年，东江、韩江、黄泥河、柳江等26条河流35个控制断面的生态流量保障率超90%。珠江委充分发挥技术优势，指导福建木兰溪、韩江潮州段、广州南岗河建设“示范河湖”“幸福河湖”。流域7省（自治区）坚持以人民为中心，践行新发展理念，以防洪保安全、优质水资源、健康水生态、宜居水环境、先进水文化为目标，大力推进幸福河湖建设，推动绿水青山向金山银山转化。云南以总河长令印发美丽河湖建设行动方案，高位部署推进全省美丽河湖建设。贵州出台具有山区特色的美丽健康河湖建设指导意见和评定指标体系。广西开展党建助力美丽幸福河湖建设。广东高质量规划万里碧道建设，4300多千米已建碧道发挥出强大的经济效益、社会效益、生态效益。湖南、江西、福建坚持山水林田湖草系统治理，强化共治共享，积极推进幸福河湖建设。

云南建立党委、人大、政协负责同志担任督察长的省、市、县三级督察体系，每年开展河湖专项督察。贵州将河湖长制纳入全省重大改革事项，严格河湖长制“一河一考、一市一考、一单位一考”。广西将河湖长制纳入自治区党委政府重点督查事项、年度绩效考评、督查激励考核。广东全面建立河长制工作述职制度，省双总河长每年听取地市总河长述职。湖南常态化开展河湖长制“一季一督、一年一考”。江西颁布实施河湖长制地方条例，推动河湖长制法治化。福建各级党委政府组织开展河湖长制年度报告和年度述职制度。

第四节　两手发力

一、流域生态补偿机制

流域生态补偿的市场化是重要发展方向，它基于明确的权属关系，利用市场调节机制配置流域水资源，通过使用权交易形式来实现，有利于生态补偿问题上的公正，实现流域资源合理配置和社会经济可持续发展。珠江流域最典型的生态补偿实践是东江流域。东江是流域三大水系之一，除负责本流域广州、深圳、东莞、惠州等城市群的水源供给外，还要通过调水来满足我国香港特别行政区的生产用水、生活用水、生态用水。流域内广东五市人口约占广东省总人口的5成，国内生产总值占全省国内生产总值总量的七成。上游河源市2007年经济总量占全省的1.06%，人均地方财政收入为全省平均水平的18.2%，农民纯收入4431元，为全省农民纯收入的78.79%（数据来源于《2008年河源年鉴》）。江西省源区寻乌、安远为国家级贫困县，定南是省级贫困县，三县人口84.8万，贫困人口占总人口的比例为42%，2007年三县国内生产总值为58.6亿元，年财政收入5.7亿元，农民人均年收入2518.33元，为广东省农民人均年收入的40.41%，为珠江三角洲农民人均年收入的6.3%。流域内区域经济与社会发展水平极为不平衡，整体呈“下高上低”的“逆地理梯度效应”。

2006年8月，成立了广东省东江流域管理局（广东省水利厅下属的正处级单位），其职责是在广东省水利厅负责省内东江流域水资源统一管理与调度的宏观指导和协调基础上，负责组织实施省内东江流域水资源分水方案；负责编制流域综合规划和流域水资源保护、治涝、供水等与水利有关的专业规划并实施监督；负责协调东江流域区域和行业之间的水事关系等。为了进一步加强广东省水资源的统一管理，更好地协调流域管理与区域管理的关系，2008年3月，成立了由副省长担任主要领导的广东省流域管理委员会。在省级层面上界定了东江流域（广东省内）水权管理的权限，理顺了水资源管理与行政区管理的关系。

十余年来，广东省先后颁布了有关东江流域水质保护、生态建设、水资源利用管理等多项法规。如1997年新颁布（最早于1991年颁布，1992年为第一次修正，1997年为第二次修正）的《广东省东江水系水质保护条例》明确了流域内市、县相关部门对水保护与污染防治的管理分工及职责；1998年颁布的《广东省生态公益林建设管理和效益补偿办法》（政府令第48号）是广东省在全国率先开始实行生态公益林效益补偿制度，明示了广东省通过财政转移支付来弥补林农的经济损失；2000年颁布的《广东省东江水系水质保护经费使用管理细则》（粤财农〔2000〕17号）规定了东江水质保护经费来源、使用范围与用途等；2006年颁布的《广东省跨行政区域河流交接断面水质保护管理条例》建立了流域跨行政区河流交接断面水质监测控制机制，为防止和解决河流水质污染和水质污染纠纷提供了依据；2008年颁布的《广东省东江西江北江韩江流域水资源管理条例》明确了水行政主管部门权限与责任、开展水资源规划与水功能区划等内容。

江西省、赣州市及源区三县政府近些年也采取了一系列有效措施，保障了向下游提供稳定的优质水源。2002年，江西省人民政府向国家申报，将东江源区作为特殊生态功能保护区，对源区进行统筹规划。2003年，江西省人大常委会通过了《关于加强东江源区生态环境保护和建设的决定》，明确了省、市、县三级政府在生态环境保护工作中的职责、目标、任务和措施。2004年初，江西省和赣州市政府发布了《关于加强东江源区生态环境保护和建设的实施方案》，提出了8大重点工程。2006年，与生态环境部环境规划院合作完成了《东江源生态补偿机制研究》课题。这些专项法规和专题研究都为东江流域生态补偿机制打下了良好的理论基础和法律依据。

从20世纪90年代开始，广东省初步建立了对东江中上游地区财政转移支付的生态补偿办法，成为东江水资源、生态环境保护相关工程所需资金筹措的快捷稳定财政资源。各种补偿项目虽未明确以生态补偿的名义进行，但实际产生的是生态补偿的效用。如从1995年起，每年财政安排河源市经济建设专项资金2000万元，2002年起，提高到每年3000万元，作为广东省对河源市保护东江水源水质所作贡献的适当补助。从1999年起，每年从东深供水工程税费收入中安排1000万元，用于东江流域水源涵养林建设，同时广东省财政对生态公益林林农每年每亩补偿2.5元，到2008年，提至每年每亩8元。2005年出台的《东江源生态环境补偿机制实施方案》明确从2006年开始，广东省每年从东深供水工程水费中拿出1.5亿元资金，交给上游的江西省寻乌、安远和定南三县，用于东江源区生态环境保护等。

除了财政转移支付，近年来，广东省又通过产业转移、结“对子”帮扶等方式推动河源在保护东江水资源环境的同时发展经济。如中山、河源两市在2005年开始联建的中山（河源）产业转移工业园，2008年已实现工业总产值100亿余元，所得税收两市五五分成。深圳六区还分别与河源各市、县建立结对帮扶关系，提供扶持基金、开展劳务技工培训，以及投资兴业等帮扶项目。通过产业转移园的建设，发展低污染、环保型、高效益的项目，变“输血”为“造血”，从根本上解决流域中上游的区域经济发展问题，形成较为长效稳定的机制。2007年开始，香港特区非政府组织“地球之友”通过募集资金及智力支持，与中国环境文化促进会合办“饮水思源”东江源项目，计划在10年内通过栽种“香港林”、引进国外生态农业技术、开展“学习旅游”等方式对东江源区进行生态补偿。2008年8月，《广东省东江流域水资源分配方案》首次将东江流域广东段纳入统一管理和科学调度。通过水权与供水水量分配改革，限制了各市从东江中的取水总量、规范了取用水行为、建立了用水秩序；同时实施水总量配给制，流域内各市可在所配得总量不变的条件下，根据自身的发展需要灵活调配水功能，通过水市场进行供水水权交易。如河源市通过推动“新丰江水库至珠三角地区城市管道直饮水工程”计划，先后与东莞、深圳、广州签订了“供水协议”，将向三市分别提供直饮水2亿、2.5亿、1亿立方米。此工程实施后，据估算，每年可带给河源至少数十亿元的收益。

二、水权交易

水法规定国家是水资源的所有者，国务院代表国家行使所有权。2005年1月，水利部颁布并实施了《水利部关于水权转让的若干意见》（水政法〔2005〕11号），标志着我国水权交易在实践中发展的时候到了。2007年3月颁布的物权法的相关规定，是取水权作为一种可以由民事主体依法享有的用益物权第一次通过民事财产得以确立。2011年开始，中央推行“最严格水资源管理”，水的重要性被进一步提升。党中央、国务院多次对建立和完善国家水权制度提出明确要求，建立健全水权制度，积极培育水市场，鼓励开展水权交易，运用市场机制合理配置水资源。水权交易制度是现代水资源管理的有效制度，是市场经济条件下科学高效配置水资源的重要途径，也是建立政府与市场两手发力的现代水治理体系的重要内容。

广东省委、省政府高度重视水权交易制度建设工作。2013年，广东省政府批准的《广东省东江流域深化实施最严格水资源管理制度的工作方案》提出“先行探索建立流域水权转让制度”，《2013年省政府重点工作督办方案》（粤办函〔2013〕96号）提出要“探索试行水权交易制度”；2014年，广东省委、省政府印发《中共广东省委贯彻落实〈中共中央关于全面深化改革若干重大问题的决定〉的意见》（广东省人民政府令2016年第228号），进一步提出“推动水权交易市场建设”，将水权交易制度建设纳入广东省全面深化改革的重点工作。2014年以来，作为水利部水权试点省份之一，根据《广东省水权交易管理试行办法》规定的水权交易类型，广东省积极开展水权交易试点，探索开展水权交易工作。通过区域用水总量控制指标分解、江河水量分配、取水许可等方式确认区域、流域和取用水户的水权，加强水权交易平台建设，并以此为基础开展水权交易，取得了积极成效，并于2017年年底通过水利部组织的技术评估以及水利部和广东省政府的行政验收。

（一）水权确权

根据《广东省水权交易管理试行办法》规定的水权交易类型，广东省组织开展用水总量控制指标分解、江河水量分配以及取用水户水权确权。在用水总量控制指标方面，2016 年，广东省人民政府办公厅印发《关于印发广东省实行最严格水资源管理制度考核办法的通知》，明确了各市 2016—2030 年的用水总量控制指标，21 个地市先后对省政府下达的用水总量控制指标向下进行了分解。在江河水量分配指标方面，根据国务院授权，水利部批复了东江、北江、韩江、西江的水量分配方案，明确了水量分配指标。在取用水户水权确权方面，全面实施取水许可制度，规范取水许可审批，加强取水许可监督管理。2017 年 8 月，印发《广东省水利厅关于进一步规范取水许可和水资源论证管理工作的通知》（粤水资源〔2017〕24 号），要求全省各级审批机关严格水资源论证，规范取水许可审批程序。

（二）水权交易平台建设

广东省人民政府批复以广东省产权交易集团全资子公司——广东省环境权益交易所为平台，为试点期水权交易活动提供服务。广东省环境权益交易所按规定办理了工商登记变更等相关工作，正式开展水权交易。在平台建设的同时，广东省水利厅、产权交易集团进一步健全水权交易平台运行、监管等规则体系。一是制定了《广东省水利厅关于水权交易程序的规定》，对广东省水权交易主体、交易方式、出让程序等交易流程进行了科学合理设计。二是制定了《广东省水权交易规则》《广东省水权交易电子竞价操作细则》《广东省水权交易资金结算制度》《广东省水权交易信息披露操作规则》等平台交易制度体系，完善了交易主体资格审查、信息披露规则、交易资金结算制度、服务准则、风险防范管理办法，科学、合理地设计了转让申请书、受让申请书以及交易协议范本等实际交易过程中的格式文本。三是从强化制度预防的角度出发，防止利益冲突，发现并纠正制度设计中的漏洞和缺陷，结合责任落实以及风险防控，编制了《广东省水权交易平台内控制度》《广东省水权交易平台审核办法》和《广东省水权交易平台风险防范及应急处置管理办法》等一系列规范水权交易平台的制度文件 。

（三）惠州市与广州市的水权交易

在开展旺隆电厂和中电荔新电厂水平衡测试、惠州市农业节水潜力分析、水权交易可行性论证等系列研究基础上，广东省水利厅促成交易各方协商确定了水权交易方案。2017 年 11 月，广州和河源两市人民政府以及旺隆电厂和中电荔新电厂联合签订了水权交易协议书。广州和河源两市人民政府推动建设万绿湖直饮水工程，通过水权交易的方式解决万绿湖直饮水项目的广州市用水指标问题，将河源市新丰江水库的优质水引至广州市，满足了广州市民对优质水源的渴求。珠江三角洲地区的深圳、东莞两市用水需求较大，为满足深圳市和东莞市未来用水需求，进一步优化配置珠江三角洲地区东、西部水资源，保障城市供水安全，广东省正在积极开展珠江三角洲水资源配置工程建设。

第五章　流域长期坚持的治水措施

第一节　水资源保护

在中华人民共和国成立以后，珠江流域水资源保护长期未得到足够重视，对水污染的持续性危害认识不足，管理机制不够完善，防治水污染的经费紧缺，珠江水利委员会成立以后，才采取了一些防治污染措施。1981 年对于东江水资源保护，颁布了《东江水系保护暂行条例》，并成立惠阳地区环境监测站，负责污染治理工程与主体工程同步设计、施工与投产；广州市为防治珠江广州河段污染，加强环境管理工作，“六五”期间建立了工业废水超标排污收费制度。至 1985 年，珠江流域建成 3 座有一定规模的生活污水处理厂，即桂林市南北区污水处理厂、深圳市污水处理厂、广州五羊新城污水处理厂。环保部门于1980年起建立了工业废水超标排污收费制度，督促排污工厂治理污染。对无法达到排放标准的污染大户，实行关、停、并、转，加强环境管理。

1985 年，国务院环境保护委员会提出水利部门会同环境保护部门制定六大水系的水质保护规划。1987 年 2 月，水电部和国家环境保护局联合发出《关于开展珠江水系水保护规划工作的通知》，同年，珠江委编制《珠江水系水资源保护规划技术提纲》，1989 年，珠江水资源保护科学研究所与各省（自治区）水利、环保等部门合作提出“珠江水系水资源保护规划报告”。规划成果共分为三部分：①珠江水系水资源保护规划报告；②滇、黔、桂、粤四省（自治区）水资源保护规划报告，珠江三角洲水资源保护规划报告；③重点城市水资源保护规划报告，重点城市包括曲靖、开远、兴义、安顺、百色、南宁、柳州、费县、桂林、桂平、梧州、肇庆、韶关、江门、佛山、广州、中山、东莞、惠州。其间，珠江委水源局科研所首次获得国家环境保护局颁发的建设项目环境影响评价甲级证书，并开始了真正意义上的建设项目环境影响评价工作。建设项目环境影响评价，给水资源提供了前期保护措施。结合 1984 年以来的水质监测站网建设，对水资源保护提供了保护依据，并能够基本掌握流域水资源保护状况。20世纪 90年代后期，由于流域经济社会的高速发展，废污水排放量急剧增加，江河水质恶化的趋势没有得到有效控制。1995 年，珠江委水源局完成流域主要入河排污口调查。

1998 年以来，国家调整了水利工作的重点，把水资源作为重要的战略资源给予高度重视。水利部提出了“以水资源的可持续利用支持经济社会的可持续发展”的治水新思路，尤其是 2002 年 10 月新水法正式颁布实施，不仅强化了水资源保护的职能，更使流域水资源保护的政府管理职责以法律的形式界定和明确下来。从此，珠江流域水资源保护事业进入了高速发展时期。

1998—2000 年，对入河排污口进行补充调查和现状监测，基本摸清流域内主要入河排污口的情况，为制订水功能区污染物排放量控制方案提供了基础资料。从 1999 年起，珠江委每年发布《珠江片水资源公报》，向社会通报来水、用水和水质的状况，为政府宏观调控决策提供科学依据，为国民经济各部门开发利用水资源提供指导，同时促进全社会都来关心水资源、节约水资源、保护水资源。

2001 年 7 月，完成“珠江流域（片）水资源保护规划”，第一次提出珠江流域（片）的水功能区划，成为水资源保护的重要依据。2002 年 4 月，水利部完成《中国水功能区划》，并在全国范围内试行。2005 年 5 月，根据水利部的要求，珠江委开展珠江片入河排污口普查登记工作，制定《珠江入河排污口监督管理实施细则》，明确流域管理机构在审批、管理入河排污口时的权限，各省（自治区）对入河排污口的设置审批也提出具体的要求，要求新建、扩建的排污口须经过水行政主管部门审核后方可建设。2005 年，珠江委启动珠江片城市饮用水水源地安全保障规划工作。规划主要工作内容包括：城市饮用水水源地安全状况调查和评价、城市饮用水水源地保护工程规划、城市饮用水水源地汇流区水土保持涵养规划、城市饮用水水源地监测预警与安全应急控制规划、城市饮水水源地保护规划。组织开展城市供水水源地普查工作，各省（自治区）水行政主管部门结合规划，逐步开展饮用水水源保护区的划定工作，部分水源地保护区还制定专门保护规定，对水源地设置和水质保护提出明确的措施。

“十一五”时期，珠江委按照科学发展观的要求，认真研究珠江水利形势，提出了“维护河流健康，建设绿色珠江，争创实践科学发展观的流域典范”的新时期治水思路，突出了流域水资源保护工作的地位和作用，流域水资源保护工作得到持续加强，成效显著，具体如下：

（1）珠江流域水资源保护的规划体系基本形成。“十一五”期间，进一步完善了《珠江区及红河流域水资源综合规划》和《珠江流域综合规划》中水资源保护规划的内容，组织开展了珠江流域重要江河湖库水功能区划复核工作。通过《珠江区及红河流域水资源综合规划》《珠江流域综合规划》，提出了未来 20 年水资源可持续利用和保护的战略目标，基本明确流域水资源保护的地位和作用，划定了水功能区，初步核定了水域纳污能力，提出了限制排污总量意见，明确了重要生态保护目标和措施，为珠江流域水资源保护工作提供了依据。

（2）以水功能区管理为核心的流域水资源保护工作全面展开。流域内各省（自治区）人民政府批复本行政区域的水功能区划，珠江委会同流域各省（自治区）水行政主管部门完成流域水域纳污能力核算，并提出了限制排污总量意见，以水功能区管理为核心的流域水资源保护工作全面展开。在流域内各省（自治区）的支持下，完成珠江流域入河排污口普查登记工作，开展部分流域重点入河排污口的定期监测；完成珠江流域国家级重要饮用水水源地核定工作，建立珠江流域重要饮用水水源地名录；根据《珠江入河排污口监督管理实施细则》要求，对审批权限范围内的入河排污口设置进行严格审批；组织开展重点水功能区确界立碑和省界缓冲区监测断面复核工作，提出珠江流域省界水质自动监测站建设规划并开始实施，定期发布《珠江流域省界水体水环境质量状况通报》；建立珠江流域重点水功能区水质监测通报制度，定期发布流域水功能区监测信息。

（3）积极探索建立流域跨省（自治区）水资源保护与水污染防治协作机制。珠江流域跨省（自治区）河流众多，为解决跨省（自治区）水污染矛盾日益突出的管理问题，以跨黔、桂两省（自治区）的北盘江及北盘江汇入红水河河段为试点，2007 年 5 月，珠江委组织贵州、广西相关部门共同签署《黔、桂跨省（自治区）河流水资源保护与水污染防治协作机制组建方案》，积极探索建立跨省（自治区）水资源保护与水污染防治协作机制。协作机制的建立，对充分发挥各方力量，协调成员单位之间的管理行为，确保红水河黔桂缓冲区水质达标，取得了良好效果。

随着水法、水污染防治法相继修订颁布，流域水资源保护工作的法律地位不断得到明确，依法保护水资源的法律依据不断得到加强。先后制定了《珠江入河排污口监督管理实施细则》《珠江水功能区管理办法实施细则》《九洲江水资源保护条例》，推动了流域内各省（自治区）在水资源保护方面的规章制度建设。

据不完全统计，珠江流域各省（自治区）制定涉及水资源保护领域的法规有 120 多件，如云南省为了保护高原湖泊，已出台抚仙湖、异龙湖、星云湖、杞麓湖、阳宗海五大湖泊的管理保护条例；广西壮族自治区针对大王滩水库的污染问题出台了《南宁市大王滩国家湿地公园保护条例》《广西壮族自治区水功能区管理办法（试行）》；广东省先后出台了《广东省东江水系水质保护条例》（粤府〔1991〕31 号）、《广东省跨市河流边界水质达标管理试行办法》（粤府〔1993〕90 号）、《广东省水资源管理条例》《广东省韩江流域水质保护条例》等。这些管理条例、办法，为防治水污染、依法保护水资源提供了依据。

水功能区管理是实现统一管理水量与水质的基础。新水法明确了水功能区管理是水行政主管部门的重要工作，并且明确了水功能区管理的职责和要求。珠江委对流域内水功能区的水质进行常规监测，开展重点供水水源地监测、主要入河排污口监测、典型河流水生态监测及高原湖泊生态监测等。组织流域内省界（含国际河流）断面的水质监测工作，组织珠江流域重点水功能区水资源质量监测工作，发布《重要省界水体水环境质量月报》《珠江流域重点水功能区水资源质量通报》《珠江流域省界水体水环境质量状况通报》，每年汇总珠江流域水质监测资料并对流域水质资料进行审查，发布《珠江流域水环境质量年报》，为流域水资源保护提供决策依据。

“十一五”到2020年，珠江流域全面贯彻“节水优先、空间均衡、系统治理、两手发力”的治水思路，从流域视角出发，协调流域水资源开发、利用与保护的关系，统筹考虑水量、水质、水生态，兼顾地表水和地下水，加强水资源保护与水生态修复，加强局部水域水环境综合治理，加强生态廊道保护与修复。

一、水资源保护规划

2016 年编制完成《珠江水资源保护“十三五”计划》，提出了“十三五”期间水资源保护工作开展的总体思路、工作目标和主要任务，并对工作任务逐项分解，明确时间节点和责任主体。2018 年 1 月 10 日，《珠江水资源保护规划（2016—2030 年）》通过水利部水规总院审查。

二、水功能区管理

（1）组织开展珠江流域重要江河湖泊水功能区划复核、重点水功能区确界工作，珠江流域重要江河湖泊水功能区划成果作为《全国重要江河湖泊水功能区划（2011—2030年）》的重要组成部分得到国务院批复，根据区划，珠江流域片一、二级水功能区合计542个（开发利用区不重复统计）。

（2）组织珠江流域内各省（自治区）水行政主管部门共同完成珠江流域片重要江河湖泊水功能区基础信息汇总工作，对542个重要江河湖泊水功能区的起始断面、终止断面、水质现状、水质监测断面具体位置及监测开展情况等基础信息进行登记复核和统计。组织完成流域内重要省界缓冲区确界立碑工作，碑牌标示内容包括水功能区名称、范围、长度、水质保护目标、批准机关、设立单位和时间等。

（3）组织开展珠江流域（片）重要江河湖泊水功能区纳污能力及限制排放总量控制指标分解工作，成果纳入《全国重要江河湖泊水功能区限制排污总量意见》，2015年得到水利部批复。

（4）持续开展省界缓冲区和重点水功能区水质监测，实现流域省界缓冲区的全覆盖监测，完成珠江流域重要省界缓冲区近十年水质变化评估，组织开展重点水功能区监督性监测。

（5）组织开展珠江流域（片）水功能区达标评价与考核各项工作，编制完成《珠江流域重要江河湖泊水功能区达标评价技术细则》（珠水水源函〔2014〕607号），2014—2019年持续完成珠江流域各省（自治区）年度水功能区水质达标评价成果复核及流域水功能区水质达标评价报告，编制完成年度珠江水功能区限制纳污红线核查工作报告，复核结果作为最严格水资源管理考核中水功能区达标考核依据。

三、入河排污口管理

（1）按照入河排污口分级管理权限，严格履行受理审批程序，在总量控制原则指导下，加强对新建、改建、扩建排污口的审查，否定了较敏感、污染严重的建设项目，按程序要求完成贵州粤黔电力有限责任公司盘南电厂、云南天巍竹业有限公司林（竹）浆一体化项目年产20.4万吨漂白商品浆工程项目等流域内重点项目入河排污口设置申请及验收进行审查。

（2）强化流域入河排污口监督性监测，联合地方主管部门对重点入河排污口退水情况进行现场监督检查，组织开展了东江源区、珠江源区、武水源区和珠江三角洲地区等重点入河排污口监督性监测，强化了流域源区重点入河排污口的监督管理。

（3）按照水利部进一步规范水行政许可审批工作的要求，完善入河排污口设置审批相关事项，修订完成入河排污口设置申请审批指南。

（4）以水利普查数据为依据，组织对流域内8省（自治区）上报的2万余个入河排污口信息进行梳理核查，并开展现场复核，在此基础上整理出珠江流域片入河排污口基础信息台账，建设珠江重要江河湖泊入河排污口信息系统，实现了重要入河排污口基础信息管理及监测数据查询，夯实了珠江流域重点入河排污口监督管理基础。

（5）规范入河排污口管理，制订《珠江流域加强入河排污口监督管理工作方案》，编制“入河排污口管理长效机制建设研究报告”“入河排污口监督检查信息记录表”“入河排污口年度信息报送表”，进一步规范了入河排污口事后监管和档案管理。

四、突发性水污染事件应急处置

（1）严格执行每月、每周零报告制度，做好突发水污染事件水质监测值班工作，密切关注水污染舆情信息，确保流域突发性水污染事件信息渠道畅通。

（2）组织及参与流域内各类突发性水污染事件应急处置，组织及参与百色水库上游者桑河纯苯运输车泄漏水污染事件、云南省曲靖市铬渣非法倾倒事件、龙江河池市宜州河段镉污染事件、贺江重金属污染事件、贵州六盘水市盘县（现为盘州市）柏果镇饮用水水源地污染事件、梧州亿人屠宰厂污染西江事件、东江源头支流污染事件及汀江闽粤省界断面水质异常事件等突发水污染事件的处置，特别是在龙江河池市宜州河段镉污染事件中，及时进行现场调查和水样监测，及时会商分析污染变化趋势，提出“严控龙江、精调融江、保卫柳江、不出西江”的工作原则，强化对调控水量方案的指导，有效控制了水污染影响范围，协助和指导地方妥善应对，加强对下游省界水质监控，维护流域供水安全。在贺江重金属污染事件中，按照陈雷部长“在保障供水安全的同时，也要保障防洪安全”的指示，珠江委科学研判流域水雨情和污染形势，制订了三个阶段的水库群联合调度方案，在地方政府实施水库精细调度有效控污和保障饮水安全过程中发挥了重要作用。陈雷部长批示“此事发生后，水资源司、珠江委、广西水利厅合力应对，很见成效。”胡四一副部长批示“珠江委反应迅速，积极配合，在应急监测、稀释调度、信息通报方面发挥了重要作用，望进一步加强监测能力建设，不断提高突发水污染事件的应对能力。”广西壮族自治区政府给珠江委致感谢信，并赠送“保护水源　促进发展”锦旗。

（3）提升突发水污染事件应急处置能力，开展突发水污染应急监测演练。2019 年 11 月，与生态环境部珠江流域南海海域生态环境监督管理局签署《珠江流域跨省河流突发水污染事件联防联控协作机制》，提高流域跨省河流突发水污染事件防范和处置能力。

五、饮用水水源地保护

（1）复核完善珠江流域片供水人口 20 万人以上的地表水饮用水水源地及年供水量 2000 万立方米以上的地下水饮用水水源地基础信息，珠江流域片 108 个饮用水水源地录入水利部公布的《全国重要饮用水水源地名录（2016 年）》。

（2）根据水利部关于开展全国重要饮用水水源地安全保障达标建设的有关要求，持续开展流域内重要饮用水水源地安全达标建设工作，开展年度重要饮用水水源地安全评估，编制完成重要饮用水水源地复核与评估报告，实现流域 108 个水源地 3 年全覆盖检查，创新开展饮用水水源监督性监测，建立“遥感宏观判别—无人机巡航排查—人工定点监测”监督性监测体系，2019 年完成粤港澳大湾区 35 个重要饮用水水源全覆盖监测。

（3）为加强珠江流域饮用水水源地的监督管理，多次举办全国及流域重要饮用水水源地安全保障达标建设检查评估培训班，通过经验交流、问题解答和关键技术探讨等授课方式，为下一步开展水源地达标建设提供借鉴和指导。

六、水生态保护与修复

（1）率先开展河湖健康评估工作，编制完成全国重要河湖健康评估珠江试点实施方案，构建了具有珠江特色的评估框架，以桂江、百色水库为试点，组织开展珠江河湖健康评估（试点）工作。后续分别开展东江、柳江、北盘江、韩江、北江等流域及抚仙湖河湖健康评估，形成河湖健康评估报告。

（2）为减少西江干流梯级开发对关键物种和生态环境的不利影响，组织编制西江干流生态调度方案，2016—2018 年组织实施西江干流鱼类繁殖期水量调度，促进“四大家鱼”（青鱼、草鱼、鲢鱼和鳙鱼）和广东鲂的自然繁殖。监测显示，调度期间形成满足鱼类产卵的洪水过程，红水河下游、黔江及浔江等江段鱼卵数量明显增加，为珠江鱼类资源恢复及保护发挥了积极作用。

（3）持续开展珠江流域重点水功能区、省界断面水生态监测工作，在西江、北江、东江，高原湖泊、河口、省界试点水库设立水生态监测站点共 138 个，为珠江流域生态用水及河流健康指标体系相关研究提供科学依据。

（4）2018 年完成流域重要河湖生态流量（水量）目标复核，并于 2019 年编制完成珠江流域第一批重要河湖（东江、韩江、北江、北盘江、柳江及黄泥河）生态流量目标保障实施方案，为流域生态流量管理工作奠定基础。

七、地下水保护

组织流域各省（自治区）开展地下水超采区划定工作，完成“珠江流域地下水超采区划定报告”，广东、广西及海南 3 省（自治区）分别划定地下水超采区，并确定地下水禁（限）采区，为地下水资源保护与开发利用提供技术支撑。完成北部湾地区重点区域地下水超采治理与保护方案编制。开展珠江流域各省（自治区）地下水管控指标，推动建立流域地下水治理体系。

八、生态流量监管

建立珠江委生态流量常态化动态监控体系，形成日报、周报、月报制度，开展重点河湖生态流量控制断面不达标原因核查 67 项。

九、协作机制

2013 年，珠江委于 7 月、8 月组织开展云南、广西、广东等省（自治区）河流水资源保护与水污染防治工作调研，研究扩大《黔、桂跨省（自治区）河流水资源保护与水污染防治协作机制》范围的可行性，与各省（自治区）就珠江流域水资源管理与保护的意见和建议进行深入交流。10 月，根据调研情况，在充分听取各省（自治区）意见和建议的基础上，结合我国现行的水资源保护体制，提出了《滇黔桂粤跨省（自治区）河流水资源保护与水污染防治协作机制组建方案（征求意见稿）》，并发函征询云南、广东、广西、贵州 4 省（自治区）人民政府意见。12 月，4 省（自治区）反馈了意见，均表示建立滇黔桂粤跨省（自治区）河流水资源保护与水污染防治协作机制有利于进一步强化流域水资源保护与水污染防治，原则同意组建方案中的内容，并提出了具体的修改意见和建议。2016年9月22日，由珠江委牵头，云南、贵州、广西、广东4省（自治区）环境保护厅、水利厅共同参加的滇黔桂粤跨省（自治区）河流水资源保护与水污染防治协作机制正式建立。4省（自治区）协作机制的建立，将进一步加强西江沿线省际间水资源保护和水污染防治交流与合作，促进流域跨省（自治区）突发水污染事件的妥善解决，保护沿岸人民群众用水安全。

一是强化协作机制平台建设，认真落实领导小组工作意见，组织开展流域水生态补偿调研，系统评估西江桂粤省界缓冲区水质变化，定期通报珠江流域省界水体水质状况，及时通报敏感水域突发水污染事件信息，积极推动协作机制向前发展。二是组织召开了滇黔桂粤跨省（自治区）河流水资源保护与水污染防治协作机制工作会议。会议建立了跨省、跨部门河长制交流沟通机制，首次在跨省（自治区）水利、环保部门间沟通与协调珠江主要河流河长制设立情况，迈出流域跨省河流断面水质指标通报常态化的第一步，进一步深化了资料共享。2018年11月29日，珠江委在贵阳市组织召开了滇黔桂粤协作机制工作会议，2019年组织云南、贵州、广西、广东、海南等5省（自治区）水行政主管部门在广西南宁市召开会议，审议并通过流域（片）重大水污染事件应急管理工作方案，就水污染通报、应急响应、调度预案编制、联合监督性监测和信息共享达成共识。

十、基础科研

这期间，在水资源保护基础科研方面做了大量工作，有一大批成果获得认可，获得省部级、珠江委科技奖项。“微量有毒污染物在线监测技术研究及应用”项目荣获水利部大禹奖三等奖；水利部“948”科研专项——“南方典型城市供水水库底质内源污染物负荷评估系统”和公益性科研专项“深圳梯级水库群藻类预警及联合调度工程体系”通过水利部验收；“水质高锰酸盐指数的测定气相分子吸收光谱法”“珠江水质生物监测与评价技术”被水利部科技推广中心认定为“水利先进实用技术”，并获得推广证书；公益性科研专项——“珠江重金属污染风险评估及应急处理技术研究”顺利通过水利部验收；自行研发的射频跟踪系统在右江鱼梁航运枢纽应用，对鱼道中的鱼类进行监测，取得突破性成果；右江支流布泉河发现鱼类花鳅属新种布泉花鳅被SCI国际期刊《ZOOTAXA》收录；“微量有毒有机污染物在线监测技术”获“水利先进实用技术”认定；“广东省韩江高陂水利枢纽部分工程穿越大麻镇饮用水源保护区可行性研究报告”荣获广东省优秀咨询成果二等奖。“微量有毒有机污染物在线监测技术研究及应用”获得珠江委科学技术奖一等奖，取得了“有毒有机污染水体的过滤装置”及“缓流过滤器”实用新型专利证书；“柳江、贺江突发重金属污染事件应急监测与预警预报技术”和“珠江流域高原湖泊健康评估体系构建应用”分别获得珠江委科学技术奖二等奖，取得发明专利“浮游生物快速富集装置”；“红水河综合利用规划环境影响回顾性评价研究”和“珠江流域底栖动物监测评价技术体系构建与应用”获珠江委科技进步奖二等奖，取得了“湖泊水库内源污染物负荷评估方法”和“藻类检测标准物质制备方法”两项发明专利。

第二节 水土保持治理

珠江流域处于亚热带，高温多雨，大部分地区植被较好，局部地区有水土流失，有的还相当严重。流域内的水土流失，大多发生在易受水力侵蚀的石灰岩岩溶地区。花岗岩地区的水土流失形态主要为面蚀（片蚀）、沟蚀和崩岗，最常见的为崩岗，危害性极大，主要分布在广东、广西的低山丘陵区；砂页岩地区的水土流失形态主要为面状和沟状流失，主要分布在西江水系的南、北盘江及红水河和北江水系地区；石灰岩岩溶地区有些地方表面看来山清水秀，实际上这些地区土层很薄，经受不住长期的水土侵蚀，其水土流失结果往往表现为裸露岩山，主要分布在滇东南、黔南、桂中、桂西南、桂东北和粤北等山地地区，最严重的在贵州境内，一些地方的水土流失使原先的土地变成了岩山，已威胁到当地居民的生存。

史籍记载，珠江流域从秦到唐，大片地区古木参天，浓荫蔽日，植被茂密，水土保持甚好。南宋以后，特别是进入明代，随着人口的增长，垦辟山地炽盛，由近山而到高山、远山，许多森林逐步受到人为破坏，天然森林大片被采伐，其中西江德庆原始森林 1565 年被大规模毁伐，流域森林覆盖率不断下降。中华人民共和国成立初期，珠江流域的森林破坏未受到有力的控制。1954 年统计，严重水土流失面积 4.1 万平方千米。1956 年以后，珠江流域开展了大规模的水土保持工作，初步控制了部分水土流失面积。1957 年统计，水土流失面积为 3.76 万平方千米。20 世纪 60 年代至 1976 年，水土保持工作停顿，加上人口剧增、毁林搞人造平原等原因，原有的治理成果受到破坏，而且增加了新的水土流失面积。1978 年以后，逐步开展水土保持工作，但是受财力限制，治理工作进展不大。1980 年，调查统计的全流域水土流失面积为 3.2 万平方千米。

中华人民共和国成立后至 1985 年，珠江流域治理水土流失面积 1.4 万平方千米。珠江委协同地方，先后在东江的小庙河，西江的鲁贡河、新塘、兴隆河、深冲、中洞河，北江的小坑河、杨桃树、上甫河等多条小流域进行综合治理试点，流域内各省（自治区）、市各自开展了小流域进行综合治理试验。

1985—2000 年，珠江流域各级水土保持部门主要工作：①建立健全水土保持法律体系；②建立健全机构，充实人员；③开展预防监督工作，督促落实开发建设项目水土保持“三同时”制度；④在局部地区开展水土流失重点治理；⑤开展水土保持规划等前期工作；⑥在深圳等少数城市开展城市水土保持工作；⑦建立水土保持监测机构，开始开展水土保持监测工作；⑧运用“3G”（遥感、地理信息系统、全球定位系统）技术开展水土保持应用技术研究。开展小流域综合治理试点工程，南北盘江中上游水土流失重点防治区重点治理工程，韩江、北江上游、东江中上游水土流失治理工程，中央预算内专项资金水土保持项目等。水土流失局部好转、总体恶化的趋势未得到有效遏制，人为水土流失尚未得到有效控制，陡坡开荒和建设项目开发是新增水土流失的两个主要因素。

1985 年，广东省通过了《关于韩江上游严重水土流失整治及开发利用》和《关于防治北江上游水土流失》；1990 年，又通过了《关于整治和开发利用东江上游水土流失区》的议案，加快了水土保持治理的力度。1991年第一部水土保持法颁布实施以来，珠江流域内各省（自治区）相继开展了水土保持的预防监督执法试点工作，1992年全国第一批水土保持监督执法试点县成功经验的推广，有力地推进了珠江流域水土保持法治化的进程。与此同时，城市水土保持工作取得进展。广东省的深圳市从20世纪90年代初开始，针对城市开发建设带来的水土流失问题，把城市水土保持工作提到了议事日程。建立了水土保持机构，落实了编制，配备了人员；制定了地方性水土保持法规，坚持城乡统一管理，狠抓城市基本开发建设项目的“三权一方案”（审批权、监督权、收费权和水土保持方案）的落实；提出了加强城市水土保持工作的意见和具体方法。流域内的其他省（自治区）城市执法试点工作也已经起步，部分省（自治区）做了大量工作，取得了一定的成效。

云南省自1992年开始，在罗平县、曲靖市（现沾益区、麒麟区）启动云南省首期“珠治”工程，至1996年结束，治理水土流失面积252.44平方千米。1998年，中央又在流域内的从江、降林、宣威等60个县（市、区）启动了中央财政专项资金水土保持重点工程建设项目，治理水土流失面积3000平方千米。1988年4月，通过遥感确认珠江流域水土流失面积为5.7万平方千米，并区划出水土流失的强度，为以后的治理提供了科学依据。2000年第二次土壤侵蚀遥感调查，珠江流域水土流失面积6.27万平方千米。珠江流域水土流失主要在西江流域，流失面积5.38万平方千米，其中南北盘江流域水土流失最为严重，流失面积3.35万平方千米。自2003年开始，水利部实施了珠江上游南北盘江石灰岩地区水土保持综合治理试点工程。项目涉及贵州、云南、广西3省（自治区）的17个县（市、区）。至2005年试点结束，共治理了136条小流域，完成水土流失治理面积1418平方千米，完成投资16358万元。前“珠治”试点工程已转为珠江上游南北盘江石灰岩地区水土保持综合治理工程，治理范围扩展至28个县（市、区）。截至2010年，珠江流域共完成水土流失初步治理面积6.09万平方千米，其中，兴建基本农田191.49万公顷，营造水土保持林199.44万公顷，发展经果林80.65万公顷，人工种草9.44万公顷，封禁治理127.84万公顷，其他措施0.20万公顷。同时，修建小型蓄水保土工程49.84万座（处），坡面水系工程5717千米。

截至2020年，珠江流域片水土流失面积（不包括我国香港特区、澳门特区）为11.04万平方千米，占流域片土地总面积的16.88%。与2013年发布的《全国水利普查水土保持情况公报》成果相比，流域片水土流失面积减少了2.29万平方千米，减幅17.16%。

珠江流域水土流失面积变化如图5-1所示。

珠江流域的水土保持工作，特别是在党的十一届三中全会以来，走出了一条适合国情及当地实际情况的新路子：坚持预防为主，综合防治；坚持以大流域为骨干，小流域为单元，以县为单位，山、水、田、林、路综合治理，综合开发；坚持工程、生物、农业技术三大措施，因地制宜，科学配置；坚持以经济效益为中心，经济、生态、社会三大效益统筹兼顾，相得益彰，真正做到“治理一方水土，发展一方经济，富裕一方人民”。水土保持是保护和改善生态环境、加快生态文明建设的支撑保障之一。经过多年实践和探索，珠江流域的水土保持与石漠化治理基本形成了以水为主线，以抢救土地资源为目标，以坡耕地整治为重点，以小型水利水保工程为手段的一套行之有效的治理方案。

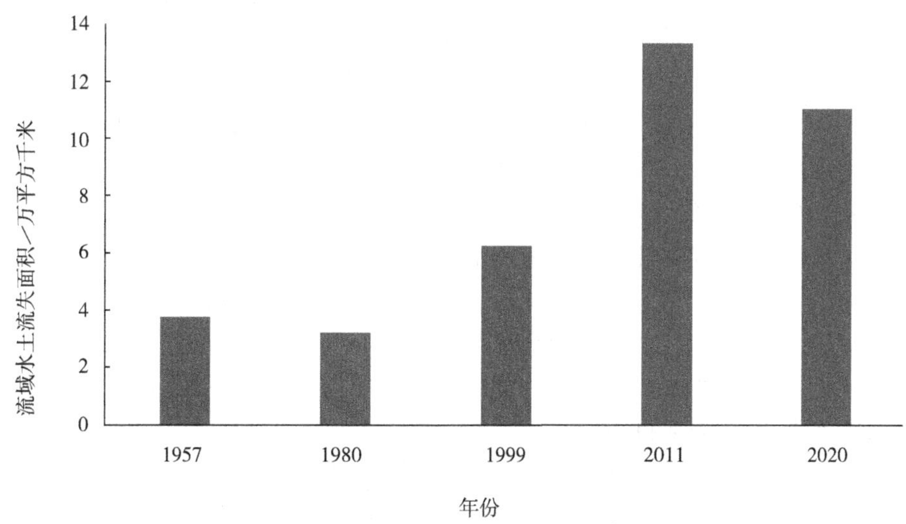

图 5-1　珠江流域水土流失面积变化

第三节　河口治理

珠江口的范围，东起九龙半岛的黑咀，西至台山市赤溪半岛的鹅尾尖，口门总宽度约 150 千米，大陆岸线长约 457 千米。地跨香港九龙、深圳市、宝安县、东莞市、番禺市（现为番禺区）、中山市、珠海市、澳门特区、斗门县、新会市（现为新会区）、台山市。八大入海口门按地理位置分布，分为东四口门（虎门、蕉门、洪奇门、横门）和西四口门（磨刀门、鸡啼门、虎跳门、崖门），东四口门相对集中于伶仃洋的湾顶部位，西四口门分布于磨刀门内海和黄茅海两海区。珠江口外大小岛屿星罗棋布，近口内层有港岛、博寮、大濠、内伶仃、淇澳、九洲、九澳、横琴、横洲、鹤洲、三灶、南水、大杧、大襟等岛屿；外层有担杆列岛、佳逢列岛、万山群岛、高栏、荷包等岛屿，这些远近岛屿相间交错，组成珠江口岸的天然屏障，对风暴潮位的增水及风浪起到抑制作用。

珠江口滩涂毗邻香港特区、澳门特区，土壤肥沃，盐度较低，气候温和，雨量丰沛，淡水水源充足，日照和热量均能满足经济作物的需要，开发利用有独特的优越条件。珠江口的滩涂主要分布于赤湾—内伶仃—淇澳—金星门一线以北的内伶仃海域、内伶仃南面环岛和深圳湾内、横琴—三灶一线以北的磨刀门浅海区、鸡啼门口三灶—南水、南水—大龙—大襟—腰古咀一线以北的黄茅海浅海区。成片的滩涂均集中于河口湾内。顺直的海岸边滩，泥沙来源不多，加上受沿岸潮流的综合影响，不利泥沙落淤，滩涂分布零散，沙粒较粗，肥力不高，围垦开发价值不大，而对水产养殖十分有利。

中华人民共和国成立后，群众在珠江口门地区小规模地进行围垦，发展缓慢。较大面积的围垦有：1955 年开始平沙农场围垦，1958 年围成平沙大围 4.88 万亩，至 1987 年，围垦总面积 10.52 万亩；1962 年，中国人民解放军 6856 部队在白藤—大霖间兴建八一大围，历时 4 个冬春，围垦总面积 2.5 万亩，另在桅挟沙同时围垦“军建大围”面积 7000 亩，1969 年冬，部队调离后交由地方接管，组建红旗农场进行经营。20 世纪 70 年代初期，珠江三角洲许多县成立围垦指挥部，在磨刀门、蕉门、横门一带和伶仃洋东侧从磨碟口至蛇口一带，开展大面积围垦，由于工程浩大，群众负担过重，有的地方抛了基底石就停下来，只有横琴岛的中心沟垦区成围投产。70 年代后期，东莞完成西大坦围垦。1979 年，珠江委成立后，结合口门整治，对珠江口滩涂开发进行了规划，1983 年冬，开始在磨刀门海区进行大面积围垦。20 世纪 80 年代初期，进行了大面积围垦的除了磨刀门海区，还有虎门的威海片，蕉门的龙穴岛北鸡抱沙、万顷沙尾片，横门的涌口门片，崖门和虎跳门的崖南和蟠蛛片等。从中华人民共和国成立到 1988 年年底，珠江口围垦面积共约 48.08 万亩，其中磨刀门和鸡啼门一带约 18.32 万亩、黄茅海区约 17.90 万亩、伶仃洋海区约 11.86 万亩。

20 世纪 50 年代，根据治理目标及治理范围的不同，大致可以分为 3 个阶段。第一个阶段，以考虑防洪需求为主的局部区域治理阶段；第二个阶段，重点考虑防洪，兼顾航运交通、滩涂开发的分口门治理阶段；第三个阶段，综合考虑珠江河口保护、开发利用的系统治理。由于河口治理技术复杂，在相当长的一段历史时期内，珠江河口治理一直沿用了在规划中整治、在整治中规划的工作方法。

随着河口治理技术的进步及治理经验的积累，20 世纪 50—70 年代，珠江河口治理显著的特征是“强调以联围并流，联围筑闸为主，调蓄、分洪、疏浚等为辅”。针对珠江三角洲堤防标准低、堤系紊乱分散的问题，50 年代编制的《珠江流域珠江三角洲综合利用规划》提出采用“联围并流”的办法，扩大堤围规模，缩短防洪战线，提高防洪标准，为大面积整治围内排涝系统提供有利条件。70 年代编制的《珠江三角洲整治规划》，在总结前 20 多年的实践基础上，提出“联围筑闸，简化水系，控制水沙”的规划布局，进一步实施联围筑闸、简化水系工程措施，解决地区的防洪、排涝问题。20 世纪 80—90 年代，珠江河口治理的显著特征是“分区治理，整治与开发相结合，开发服从整治，以开发促整治”。在前期研究成果的基础上，珠江委加强了基础观测和基础研究工作，针对各口门存在的问题，以防洪为重点，兼顾航运交通、滩涂开发。从 20 世纪 80 年代开始，珠江委分区域开展了珠江河口规划和整治工作，先后完成了《珠江磨刀门口门治理开发工程规划》《伶仃洋治导线规划》《黄茅海及鸡啼门治理规划》《广州—虎门出海水道整治规划》等。规划按照因势利导、因地制宜的方针，研究确定了各口门行洪纳潮延伸水系总体布局和整治工程总体布局。受技术手段限制，该时期的规划对河口治理的研究主要是分区域进行的，未能充分考虑口门间的互动性。

1999 年，依照国家计委、水利部《关于做好河湖清淤和挖泥船建造工作的通知》（计投资〔1999〕711 号）和珠江委设计院编制的“1999 年珠江河口疏浚治理工程实施方案”，提出疏浚治理的重点是疏浚磨刀门、横门和洪奇门；7 月，由珠江委会同广东省计委、省水利厅联合审查。2000 年 7 月，珠江委设计院完成“1999 年珠江河口疏浚治理工程实施方案”，至 2003 年 12 月，横门北汊—洪奇门调整汇流工程、磨刀门（上段）疏浚整治工程和洪奇门水道鸭仔沙河段进口疏浚工程都已实施。

横门北汊—洪奇门调整汇流工程是珠江河口“横门口整治工程规划”中的工程，横门北汊与洪奇门水流汇合地带，长约3千米，出口宽约3千米，为三角水域。该水域南面为横门浅滩，北面为洪奇门出口的沥沁沙、缸瓦沙。原来水域过于宽阔，北汊河槽不受约束，深槽淤积且向北侧摆动，横门北汊水流与洪奇门出口水流约呈80° 角相交，互相顶托、互相干扰，水流散乱，影响2个口门的泄洪。

横门北汊——洪奇门调整汇流工程主要目的是改善横门北汊与洪奇门泄流的交汇角度，用南、北治导线控导缩窄水域，调整疏挖中水河槽，将北汊水流的流向由东北向引导至东南向，使汇流夹角减小至36° ，以改善汇流条件、减轻相互顶托，有利于泄洪和改善横门北汊的航运条件。横门北汊——洪奇门调整汇流工程的疏浚从横门北汊蚁洲山开始，直到洪奇门深槽汇合处为止的4.5千米长的河槽，将横门北汊的主槽向东南引导，进口开挖断面底宽400米，为减轻对洪奇门出流的冲击，开挖断面逐渐扩宽，出口底宽885米，开挖边坡均为1∶15，疏浚至高程-6.0米处。2001年1月，工程进行招标；3月，工程开工；11月，工程完成。工程修筑沥沁沙尾围和水泥围导流堤，将横门北汊水流从东北向引导至东南向，减小与洪奇门水道交汇角度，使两个口门的洪水能顺畅入海。沥沁沙尾导流堤与缸瓦围相连，堤长2.03千米，水泥围导流堤与水泥围连接，导流堤全长0.745千米，疏浚中水河床4.5千米，疏浚量359.45万立方米，工程概算8058.89万元。工程建成后，横门北汊实施的导流堤和疏浚中水河床工程，可以达到调整横门北汊和洪奇门水流汇流角度的效果。

一、磨刀门

为加强磨刀门排洪输沙能力，理顺磨刀门口外水域流态，改善排水条件，合理开发滩涂资源，20世纪80年代以来，已经开始陆续实施磨刀门治理工程，包括磨刀门主干道的东、西导堤和洪湾水道的南、北导堤工程，已基本形成磨刀门口门区一主一支水道的格局。

磨刀门主干道西治导堤1984年3月开始抛石，2000年基本完成，从东六围尾延伸至横洲口，延伸约13830米；东治导堤1990年5月抛石，1997年完成，从洪湾水道分流口延伸至大井角，延伸了9250米。洪湾水道已从宽阔的水域缩窄成500米河宽的规则水道，北治导堤1985年5月开始抛石，1988年基本建成；南治导堤1990年动工，1995年9月建成。1991—1993年进行了河槽疏浚。改革开放后的广东河口地区顺应经济建设发展的新形势、新要求，组织开展珠江三角洲综合治理规划，并以磨刀门口门整治为重点，全面开展珠江河口治理开发规划。组织了大量的水文测验和河道水下地形测量，制作并开展大范围的河工模型试验，利用数学模型和卫星遥感技术等多种研究手段，深入开展基础研究和规划方案论证工作。珠江委又先后开展了伶仃洋及东四口门治导线、广州—虎门出海水道治导线、黄茅海及鸡啼门浅海治导线、珠江河口澳门特区附近水域治导线等规划工作。

近20年来，先后提出了“珠江磨刀门口门治理开发工程规划报告”“珠江流域三角洲综合利用规划报告”“伶仃洋治导线规划报告”“黄茅海及鸡啼门治理规划报告”“广州—虎门出海水道整治规划报告”“珠江河口澳门特区附近水域综合治理规划报告”等多项重大规划成果。上述规划从总体上拟定了珠江河口八大口门整治的总体布局，制定了口门整治开发活动必须遵守的规划治导线，初步提出了各口门整治的规划措施、堤防标准、航道整治方案、滩涂开发利用的功能及布局、各类工程措施的实施程序和加强管理的意见，对控制河口围垦、指导地方治理开发活动起了重要作用。

2002 年 1 月至 2003 年 3 月，磨刀门主干道开始实施疏浚整治第一期工程，疏浚工程北起东八围，南至鹤洲下游，疏浚河段长 8.41 千米。根据《磨刀门整治效果分析》，磨刀门整治后，主干道主槽趋于稳定，河床有所加深，过洪断面面积加大，在宣泄大洪水中发挥了重要作用。整治后的洪湾水道，河道水深加大，通航等级明显提高，已成为重要的出海航道。

二、蕉门

为调整蕉门口外凫洲水道与蕉门延伸段之间的水沙关系，维护伶仃航道的稳定，蕉门在 20 世纪 80—90 年代陆续兴建了凫洲水道南堤，蕉门延伸段东、西导堤。凫洲水道南治导堤 20 世纪 90 年代开始抛石，2000 年高程为 0.2~1.0 米，进口断面缩窄为 1200 米；蕉门延伸段为支汊，西导流堤为万顷沙垦区东堤，东导流堤为鸡抱沙和孖沙垦区的西堤，于 1985—1995 年修建，东导流堤长 14 千米。蕉门一主一支洪潮通道已基本形成。蕉门整治工程实施后，初步调整了主支水道的水沙分配，欲达到规划目的，还需实施蕉门延伸段疏浚工程。

三、横门

横门一主一支水道格局也已基本形成，南汊为支，北汊为干。南汊从芙蓉山口已延伸 10.5 千米，其西治导堤（除珠海官塘湾以北）于 1989—1996 年抛石，已形成较规则岸线；东治导堤在 1989—1995 年逐步成堤并延伸至二茅。横门北汊南、北治导堤于 2001 年建成，治导堤间水面宽 1500 米，向东北与洪奇门水道汇合；北汊与洪奇门水道汇合延伸段长 4 千米，左、右岸分别为 1986—1997 年逐步建成的万顷沙垦区西治导堤和横门的垦区东治导堤。2001 年 3 月，根据“1999 年珠江河口疏浚治理工程实施方案”，横门北汊—洪奇门调整汇流工程开工建设，2001 年 11 月完成，疏浚河段 4.5 千米，修筑了民众围导流堤、沥心沙尾围导流堤和水泥围导流堤工程。工程实施后，横门北汊水流流向由原来的东北向引导至东南向，与洪奇门水道水流的汇流夹角减小，改善了汇流条件，初步达到了增大横门北汊及洪奇门泄洪流量的目的。

四、洪奇门

为了调整洪奇门水道与上、下横沥水沙分配，恢复洪奇门水道排洪作用，2003 年 6 月，根据“1999 年珠江河口疏浚治理工程实施方案”，对万顷沙西进口河段实施了清障，于 2003 年 12 月完成，拆除外围 1.45 千米。工程实施后，洪奇门水道排洪能力得到了一定提高。

2001—2003 年实施的“1999 年珠江河口疏浚治理工程实施方案”共完成 941.83 万

立方米疏浚量，治理河道总长 14.36 千米。这是口门整治的一次试验，也是本次珠江河口泄洪整治总体规划实施的第一步。根据实测数据和数学模型模拟分析，整治效果明显。测验资料表明，横门北汊—洪奇门调整汇流工程实施后，出流汇流区的流向有所变化，初步达到规划调整汇流角度的目的。由于在横门北汊修建的民众围导流堤、水泥围导流堤、沥心沙尾围导流堤和南堤围，从南北向缩窄了河道和引导了横门北汊的水流流向，使水流更集中，减小了横门北汊与洪奇门出流的汇流夹角。根据数学模型模拟计算，疏浚工程实施后，整治河段的落潮流速有所加大，有助于洪水快速排泄，减轻口门区的防洪压力；磨刀门、横门等口门附近水道洪潮水位有所降低，在洪水大潮情况下，潮位的降低有助于减轻珠江口门区的泄洪压力。疏浚工程实施后，整治河段的泄洪量增加。

从 2000 年开始，以“珠江河口综合治理规划”为标志，珠江河口治理开始进行规划先行、系统治理。珠江河口治理的显著特征是“首次将珠江河口作为一个完整系统，以系统思想研究珠江河口治理问题”。这段时期，在总结分析流域“94・6”“98・6”洪水暴露出的新问题基础上，运用珠江河口整体物理模型、水沙数学模型、遥感信息技术等多种手段，将珠江河口作为一个整体进行分析研究，重点根据河口出现的新问题、新情况、新要求对 20 世纪 80—90 年代有关整治方案进行了复核研究，提出了“珠江河口综合治理规划”。规划主要内容包括治导线规划、泄洪整治规划、水资源保护规划、岸线滩涂保护与利用规划等。

治导线规划：引导河口有序延伸，满足行洪纳潮要求，改善水流条件，维护滩槽与航道的稳定；伶仃洋和黄茅海，形成喇叭形河口湾形态，以增强潮汐动力；其他以河流动力为主的河流优势型河口，以控导口门合理延伸为重点，尽可能保持延伸河道呈多汊道格局。泄洪整治规划：与航道整治相结合，采取清障、疏浚、导流、开卡、退堤等综合措施，增强河口泄洪能力。水资源保护规划：按照水域用途，区划河口水功能区，并采取严格的污染物限排措施，改善河口地区水生态环境。

2010 年，国务院批准《珠江河口综合治理规划》，统筹协调了水利、交通、生态环境、海洋等相关部门以及地方政府对珠江河口治理的要求，提出了河口规划治导线、泄洪整治、岸线滩涂保护与利用、水资源保护以及采砂检制等规划方案。在规划指导下，水利部珠江水利委员会与地方各级政府加强河口治理与保护，有力保障了珠江河口功能的充分发挥。

河口河势总体稳定。规划治导线作为河口整治和管理的控制线，维持了八大口门分流基本稳定的格局，引导了蕉门、横门主支汊有序延伸，维护了伶仃洋和黄茅海的喇叭口形态，维持了河口湾的总体河势稳定。21 世纪前 10 年与 20 世纪 90 年代相比，黄埔、官冲多年平均潮差分别增大 0.13 米、0.05 米，潮动力有所增强，有利于潮汐吞吐及维护伶仃洋—虎门—狮子洋和黄茅海—崖门—银洲湖两条潮汐通道稳定。

流域洪水安全宣泄。随着海堤建设和达标加固，珠江河口防御洪水和风暴潮的能力进一步提高，取得了巨大的防灾减灾效益。泄洪整治方案中的清障、退堤、导流涉及多方利益，协调难度大，尚未按规划实施，但近些年结合采砂和航道建设，疏浚方案基本得到落实，口门段主槽下切、加宽，主流更为集中，基本保障了规划设计洪水的安全下泄。八大口门中，磨刀门水面比降加大，泄流能力增强，上游 20 年一遇洪水条件下，洪水分配比增加212%，泄洪主通道的地位进一步巩固；洪奇门分配比增加0.88%，排洪作用得到适度增强；虎门、横门、蕉门排洪能力基本得到维持。与20世纪90年代相比，21世纪前10年蕉门、洪奇门、横门三个径流型口门多年平均低潮位分别下降0.12米、0.14米、0.13米，有利于区域排涝。

岸线滩涂有效保护。河口岸线的有序利用促进了当地经济社会的发展。1978—2000年，珠江河口围垦总面积为478平方千米，2010—2019年珠江河口围垦总面积为25平方千米，围垦速率由20世纪末的每年22平方千米降低为近10年的每年2.5平方千米，珠江河口滩涂开发规模和速度得到有效控制，滩涂湿地得到一定保护。

水生态环境持续向好。2020年，在珠江河口设立的9个入海河口断面中，磨刀门等8个断面水质为Ⅰ类，深圳河口水质由之前长期劣Ⅴ类提升为Ⅳ类。磨刀门水道广昌泵站集中式生活饮用水水源地水质达到或优于Ⅱ类。近5年来，珠江河口近岸水域水质整体呈改善趋势，清洁和较清洁水域（Ⅱ类海水水质以上）所占比例提高了5个百分点。珠江河口现有红树林面积约987公顷；据统计，近10年来，红树林面积增加约300公顷。

第六章 珠江治水经验与认识

第一节 依法治水

依法治水是贯彻全面依法治国战略的重要组成部分，是推进水治理体系和治理能力现代化的重要标志，是加快水利事业高质量发展和保障国家水安全的根本保障。珠江流域在治理保护中，大力推进依法治水管水。

中华人民共和国成立至1978年，我国水利法治建设比较薄弱，珠江流域的水利法规多为一些行政性的规章规定，由流域各省（自治区）各自发布。这些规章、规定对这一时期的珠江水利建设起到一定的促进作用。

实行改革开放以后，我国的法治建设逐步走上正轨。流域各省（自治区）依据国家有关法律法规，针对各自的具体情况，制定颁布了一系列法规。1988年7月1日，《中华人民共和国水法》正式颁布施行，促进、加快了流域水利法规的进一步建立、健全。各省（自治区）依据水法及国家其他法律法令，制定颁布了一批涉及水法实施、工程管理、水政、水费、水质保护、取水等项内容的水利法规，珠江流域开始步入依法治水的时代。1990年开始，水利部和珠江水利委员会在珠江流域选择云南省的江川县、开远市，贵州省的贵阳市乌当区，广西壮族自治区的柳州市、武宣县、藤县，广东省的广州市白云区、从化县、四会县（现为四会市）等地，作为全国建立水利执法体系的试点单位，进行水利执法体系建设的试点。各试点单位组建起水政机构和水政监察队伍，配备车辆等必要装备，着装上岗执法，依法治水、管水和用水。南宁、梧州、藤县、四会、从化、开远等地将河道清障纳入法规，依法执行清障任务，较好地制止了随意侵占河道、设置河障等现象，河道管理得到加强。到1991年，流域内进行第一批、第二批试点的广州市白云区，广州市从化县、四会县，云南江川县、开远市，广西武宣县、藤县共7个县（市、区）验收合格。

全流域召开了执法体系建设工作总结交流会，推动水利执法体系由试点向全面展开。各地在推行水利法治建设中，强化水利执法，查处各种违反水法规的案件，着重清理任意侵占河道、设置河障等违法行为，打击破坏、盗窃水利设施等犯罪活动。建立水利执法体系的各试点单位，水事纠纷明显减少，水事发案率比试点前一年普遍下降40%。其中，武宣县、藤县建立水利执法体系后，破坏水利设施，偷窃水利器材、物产等水事案件的发案率下降60%，水利工程的效益得到提高。这一时期，加强对水资源的管理，实施取水许可制度的取水登记、审查、发证工作和征收水资源费等工作在全流域逐步铺开。

各级水行政主管部门强化流域规划管理、取水用水管理、水质管理，开始着手制订长期供水计划，1992年，珠江水利委员会协同各省（自治区）水利部门，对有关口门围垦工程和若干在重要河段上兴建的跨河工程实行监督管理，促使这些工程的建设单位按法定的程序提请水行政主管部门审批。对发生在大江大河重要河段上的一些水事纠纷和污染事故进行协调和处理。各地水费收取开始步入正常轨道。贵州省全面完成取水许可的申请、登记和审查，部分市（县、区）开始征收水资源费。贵州各地和广西柳州市等实行取水许可证制度后，初步改变了水资源管理的混乱状况，节约用水和合理用水工作得到加强。广东开始征收防洪工程维修费，省人大立法征收北江大堤防护费，对大堤的维修管理起了重要的作用。水资源管理开始进入核心的权属管理。水利法规建设逐步走上正轨，中华人民共和国成立以来一直非常薄弱的水利执法情况也开始得到改善。1988 年 7 月 1 日起开始实行水法，全流域的水政执法工作得到重视和加强。1988—1992 年的 5 年间，水政执法工作稳步发展，水政机构的建立、水法规的制定和宣传、水利执法体系的建设、水资源的管理等都取得较大进展。水行政机构建设方面，经过几年的努力，到 1992 年，流域和省一级的水政机构全部建立，全流域滇、黔、桂、粤各省（自治区）95% 以上的地、市、县建立起水政机构。许多地、市、县培训、任命了水政监察员，建立起法院驻水利部门的水法执行室和水利执法体系，加强水行政管理，为依法治水奠定了初步的组织基础。

后续珠江流域的水法规体系建设，主要是参与水利部取水许可制度及其实施办法，水资源有偿使用制度、河道管理条例等流域配套法规的制定和修改，协助各省（自治区）制定和完善地方性法规、规章，工作主要内容有：①确立流域水行政管理和执法的主体地位，主要体现在一个管理办法——《珠江河口管理办法》（1999 年 9 月 24 日水利部第 10 号令）和三个授权性文件——《关于授予珠江委取水许可管理权限的通知》（水政资〔1997〕197 号）《关于流域管理机构决定〈防洪法〉规定的行政处罚和行政措施权限的通知》（水政法〔1999〕231 号）、《关于珠江委审查河道管理范围内建设项目权限的通知》（水建管〔2000〕81 号）；②围绕取水许可制度的实施，制定有关的实施细则；③围绕河道管理范围内建设项目权限问题，制定有关的实施细则；④围绕水资源保护制度的实施，制定有关的实施细则；⑤围绕水行政执法，制定有关的执法程序。

一、珠江河口治理规章制度

1988 年，国家颁布水法和河道管理条例后，为加强珠江河口的管理，珠江委拟定《珠江河口管理办法》。《珠江河口管理办法》是我国第一部河口水行政管理的部门规章，该规章对珠江河口八大口门区及河口延伸区的整治规划、河口管理范围内建设项目的管理以及河道防护等都作了具体的规定，明确珠江河口整治开发活动由珠江委和广东省人民政府水行政主管部门按照统一管理和分级管理相结合的体制实施监督管理，确立珠江河口整治规划与河口延伸治导线控制线制度，建立“规划意见书”“建设项目审查同意书”以及“防洪规划同意书”制度，对占用水域、滩涂、岸线等建设项目实施严格的审批制度。《珠江河口管理办法》还强调珠江河口的整治开发，必须遵循有利于泄洪、维护潮汐吞吐、便利航运、保护水产、改善生态环境的原则，统一规划，加强监督管理，保障珠江河口各水系延伸、发育过程中入海尾闾畅通。对于珠江河口澳门特区附近水域，于 1997 年完成了《珠江河口澳门附近水行政管理办法（讨论稿）》的编制任务。

二、取水许可制度

1994 年，根据水利部《关于授予珠江委取水许可管理权限的通知》（水政资〔1994〕555 号）要求，珠江委编制《珠江流域（片）取水许可实施细则》。1995 年 6 月，印发《珠江流域（片）取水许可实施细则》、2001 年 8 月，珠江委印发《珠江委取水许可申请审批工作程序》（珠水政〔2001〕14 号）。2002 年以后，新修订的水法和建设项目水资源论证管理办法相继颁布实施，珠江委认真贯彻落实，通过水资源论证工作强化新、改、扩建项目前期工作中的取水许可管理工作。2003 年 4 月，珠江委印发《水利部珠江委取水许可申请审批和水资源论证报告书审查规定》（珠水政资〔2003〕5 号），进一步规范珠江片取水许可申请审批和水资源论证报告书审查的行政办理程序。

三、河道管理范围内建设项目管理制度

2000 年 3 月，水利部发出《关于珠江委审查河道管理范围内建设项目权限的通知》（水建管〔2000〕81 号），明确珠江委在河道管理范围内建设项目的审批管理权限；同年 8 月，珠江委认真开展河道管理范围内建设项目的审批工作，印发《水利部珠江委审查河道管理范围内建设项目的实施办法（试行）》（珠水基〔2000〕23 号），规范“河道管理范围内建设项目同意书”的审批程序。

四、水政监察规章制度

1991 年 5 月，为适应法治建设的需要，为珠江片各省（自治区）立法和执法提供较为完备的法律依据，强化水行政管理，珠江委水政水资源处编印《水法规规章汇编》（第一册）。1992 年 5 月，继续编印《水法规规章汇编》（第二册）。1996 年，编印《水法规规章汇编》（第三、四册）。1999 年，水利部发出《关于流域管理机构决定〈防洪法〉规定的行政处罚和行政措施权限的通知》（水政法〔1999〕231 号），授予流域管理机构实施防洪法确定的行政措施及行政处罚权，珠江委的水行政处罚权得到落实。2001 年，继续补充编印《水事法规汇编》（上、下册）。2002 年 10 月，根据《关于流域管理机构决定〈防洪法〉规定的行政处罚和行政措施权限的通知》（水政法〔1999〕231 号）、《水行政处罚实施办法》和《水利部珠江水利委员会水政监察工作章程》（水政处签〔2002〕229 号）等法律法规和规章，结合珠江片的实际情况和办案工作的要求，珠江委印发《珠江委查处水事案件程序规定》（珠水政资〔2002〕18 号），制定《水政监察总队工作职责》《水政监察人员责任制》《水政监察人员行为规范》《水政监察人员学习培训制度》《水政监察人员考核、奖惩制度》《水行政执法错案追究制度》《水政监察总队装备的配置及使用管理办法》《水行政执法文书档案管理办法》《大案、要案请示、报告和备案制度》等一系列管理制度。

自 2002 年水法修订实施以来，各级水利部门制订立法计划，完善工作机制，加快水法配套法规和制度建设，取得了突出成绩。水利部修订了水法规体系总体规划，提出了水法规配套法规建设重点，加快了配套法规起草工作。截至 2020 年，我国已颁布实施水法规 4 件（水法、防洪法、水土保持法、水污染防治法）、行政法规 20 件、法律

适用解释 3 件、部门规章 52 件、地方性法规和政府规章 980 件，适合我国国情与水情的水法规体系基本完备，各项水事活动基本做到有法可依，为依法治水和实现水利跨越发展奠定了坚实的制度基础。

珠江委紧紧围绕水利中心工作，以流域治理、开发与保护为重点，统筹推进水法规建设，1999 年负责起草了全国第一部规范大江大河入海河口的部门规章《珠江河口管理办法》，并于 2010 年和 2016 年对《珠江河口管理办法》实施情况开展了两次立法后评估。2018 年以来，珠江委重点落实《粤港澳大湾区发展规划纲要》提出的“加快制定珠江水量调度条例”要求，在前期工作基础上，起草了《珠江水量调度条例（送审稿）》，并全力配合水利部争取尽快报送国务院立法机构列入立法计划。

此外，针对珠江流域管理实际需要，水利部授权珠江委行使水行政许可、行政处罚等多项水行政管理职责，出台了《关于授予珠江水利委员会取水许可管理权限的通知》（水政资〔1997〕197 号）、《关于国际跨界河流、国际边界河流和跨省（自治区）内陆河流取水许可管理权限的通知》（水政资〔1996〕5 号）、《关于珠江水利委员会审查河道管理范围内建设项目权限的通知》（水政资〔2000〕81 号）、《关于明确由珠江水利委员会负责并签署水工程建设规划同意书的河流（河段）名录和范围（试行）的通知》（水现计〔2008〕358 号）、《关于流域管理机构决定〈防洪法〉规定的行政处罚和行政措施权限的通知》（水政法〔1999〕231 号）等五个授权性文件。为规范取水行政许可审批行为，制定了《珠江委取水许可申请审批和水资源论证报告书审查规定》《珠江流域片跨省河流建设项目水资源论证报告书审查暂行规定》；为做好涉河建设项目审批工作，制定了《珠江委审查河道管理范围内建设项目实施办法（试行）》；为落实水工程建设规划同意书制度，制定了《珠江委水工程建设规划同意书制度管理办法实施细则》；为规范水行政执法程序，制定了《珠江委查处水事案件程序规定》；为加强对规范性文件的监督和管理，制定了《珠江委行政规范性文件合法性审核管理办法（试行）》。

珠江委成功实施珠江水量调度，开创了流域水资源统一管理新模式。结合多次成功实施珠江水量统一调度的管理经验，珠江委积极做好水法配套法规建设，全力推进《珠江水量调度条例》立法工作，为促进珠江水资源统一管理提供了法治保障。《珠江河口管理办法》立法后评估，开启了部门规章立法后评估的先例。通过实地考察、专题调研、专家座谈、问卷调查、立法比较等方式，全面了解办法实施以来的执行情况，对办法的实施效果和立法质量作出全面、客观地评估，并提出相关建议。

水法规体系建设更好地贯彻落实水法确立的流域管理与行政区域管理相结合的水资源管理体制，进一步建立健全流域管理机制和制度。随着经济社会的发展，流域管理面临的问题更加复杂，通过水法规建设，完善水法配套法规，形成上下衔接、左右协调的水法规体系，明确流域管理与区域管理的侧重点和结合点，强化流域管理机构的管理职权，更好地履行流域水行政管理职责。增强水利决策管理能力，进一步提高流域综合管理水平，建立、加强与不断改善、优化跨部门与跨行政区的协调管理，满足流域水行政管理的需要，全面加强涉水事务管理。珠江委通过健全制度、强化水政监察队伍建设、严格执法行为、加大执法力度、开展法治宣传教育等措施，有力地推动了水法的全面贯彻实施，取得了显著的社会效果和法律效果。一是流域和行政区域相结合的水资源管理制度逐步完善；二是流域规划体系取得新成效；三是取水许可和水资源有偿使用制度扎实推进；四是流域水资源总量控制与定额管理、节水水量分配等制度有序展开；五是流域水资源保护制度全面加强。

第二节　规划先行

流域规划是以加强流域生态保护、促进流域可持续发展为目标，通过统筹流域范围内的生态环境、城乡空间、景观风貌、产业发展等要素，为解决流域生态问题、改善沿线景观风貌、增强流域发展活力提供引导与管控措施的规划活动。流域作为城市发展的重要依托，具有很高的经济社会、历史文化等价值。江河流域是城市的重要空间，在各个时期落实国家经济建设，必须开展流域规划，为实现流域可持续发展提供引导，从规划层面为流域发展提供科学的管控和引导措施。

中华人民共和国成立后，珠江委根据需求编制了大量的规划，规划先行很好地引导了流域的治理和保护。1958—1965 年贯彻中央提出的“蓄水为主、小型为主、社队自办为主”和“适当地发展中型工程和必要的可能的某些大型工程，并使大中小型工程相互结合，有计划地逐渐形成比较完整的水利工程系统”的水利建设方针，编制了《珠江流域开发与治理方案》（草案）和一批中小河流规划。1979 年，珠江委成立，于 1986 年提出了《珠江流域综合利用规划报告》，并在此基础上，于 1989 年编写了《珠江流域综合利用规划纲要》，1993 年，经国务院批准施行。随后，根据流域综合规划，各有关地区相应编制了必要的区域和专业规划。到 2020 年，珠江流域片已批复的规划（1949—2020 年）见表 6-1。这些规划的批复，指导了珠江流域（片）的治理与保护，为流域统一规划、统一治理、统一调度、统一管理打下了坚实基础。

表 6-1　珠江流域片已批复的规划（1949—2020 年）

序号	规划名称	批准年 / 批复单位
1	《珠江流域开发与治理方案》（草案）	1959/
	《红水河综合利用规划报告》	1981/ 国务院
	《北江流域规划初步报告》	1983/ 国家计委
	《郁江综合利用规划报告》	1983/ 国家计委
2	《珠江流域综合利用规划纲要》	1993/ 国务院
3	《珠江流域防洪规划》	2007/ 国务院
4	《珠江河口澳门附近水域综合治理规划报告》	2008/ 国务院
5	《保障澳门、珠海供水安全专项规划》	2008/ 国务院
6	《珠江蓄滞洪区建设与管理规划》	2009/ 国务院
7	《珠江流域水资源综合规划》	2010/ 国务院
8	《珠江河口综合治理规划》	2010/ 国务院
9	《珠江流域综合规划（2012—2030 年）》	2013/ 国务院
10	《北盘江流域综合规划》	2017/ 水利部
11	《南盘江流域综合规划》	2017/ 水利部
12	《贺江流域综合规划（2012—2030 年）》	2017/ 水利部
13	《郁江流域综合规划》	2020/ 水利部
14	《粤港澳大湾区水安全保障规划》	2020/ 水利部、粤港澳大湾区建设领导小组办公室

第三节　科学治水

珠江流域历来重视科学治水，主要从科学的规划、科学的制度、科学的管理、科技保障等方面入手做好流域治水工作。一是科学地规划。治水的总规划和子规划，明确治水的“路线图”“项目单”和“时间表”，既注意自身的相对独立性和整体性，又注意处理好与其他相关规划的衔接和呼应。二是科学的制度。流域实施最严格的水资源、水环境、水安全管理制度。要保障生态用水，建立科学的水环境保护体系。坚持安全第一原则，保障涉水安全。注重经济性制度建设，让市场经济在水资源、水环境配置中发挥决定性作用。加快水污染权界定的进程和生态产权界定进程，实施水源保护补偿制度。加强社会性制度建设，广泛发动全社会参与到治水工作中去，主动参与，主动监督，实现政府、企业和公众之间的相互监督和相互制衡。三是科学的管理。流域充分利用信息技术，把规划、水网、工程点、水质变化、排污企业关停进展等内容转化成数据，实时显示、实时监控、实时测算，强化系统管理、规划管理、质量管理。四是科技保障。注重工程技术建设，处理好传统工艺技术与新技术、新工艺的关系，增强治水工程的科学性、针对性和实效性。加强监测技术建设，如水文监测、水质监测、水量监测等都要提高科学性。加强不同监测体系的有效整合，重视监测信息的及时发布、传输和运用，实现智慧治水、数字治水、数字孪生等科学治水，符合自然生态规律、经济发展规律和社会发展规律。

一、科研、试验作为技术保障

中华人民共和国成立后，随着水利建设发展的需要，水利水电科学机构逐步建立与完善。流域的水利水电科研试验机构一般是从勘测设计机构中派生形成的，20 世纪 50 年代初期，珠江水利工程总局、燃料工业部西南水力发电勘测处的云南勘测队、广东省水利厅、广西水利局（1954 年改为水利厅）等依次从设立土工试验室开始，至 50 年代中期，发展为具有土工、材料、化学等多专业的综合试验室，1958—1960 年初，发展为专业较为齐全的水利水电科学试验研究所，主要从事基础研究、应用基础研究，承担珠江流域重大水利科技问题、难点问题及水利行业中关键应用技术问题的研究任务，为国家水利事业和珠江流域治理、开发与保护提供科学技术支撑，同时面向国民经济建设相关行业，以水利水电科研为主，提供技术服务，开展水利科技产品研发。60—70 年代，珠江流域地（市）级的水利水电机构设置水工试验室（组）的有广州市水利水电科学研究所和佛山、南宁、桂林、柳州、梧州、河池等地区的水利电力设计院。70 年代中期，增添 1 处省厅辖属的水工试验研究机构，即 1974 年重建云南省水利水电科学研究所时始设的水工试验室。80 年代中期，增加 2 处部属的水工试验机构，即水利电力部贵阳勘测设计院科学研究所和水利电力部珠江水利委员会科学研究所，分别于 1984 年、1985 年开展水工试验工作。

珠江流域水工试验研究，首先是水闸、泄水建筑物的防冲消能、枢纽布置，其次是施工导、截流等方面。在各种类型消能工的开发应用试验研究中，以挑流消能应用最广泛，其中20世纪50年代流溪河水电站的溢洪道所采用的“差动鼻坎”，当时尚属我国首例，建成后经原型观测、落点分散，消能效果良好；60年代，新丰江水电站原溢洪道因射流横扩散危及厂房，改建时经多次水工试验，为充分利用地质条件好的有利因素，选择了流态简单、施工及维护方便的连续鼻坎；70年代，泉水电站经水工试验证实，由于双曲薄拱坝坝体单薄，不宜布置溢流坝段挑流消能，通过现场试验修改为拱坝两端布置滑雪道式溢洪道，鼻坎挑流对撞消能等获得成功。

在发展挑流消能的同时，在20世纪50年代末，西津水电站在我国大型水利工程中第一个采用面流消能的工程。自此，面流消能工在珠江流域的应用日益广泛，试验研究中有了突破性进展，其中，大化池式面流消能工和岩滩的宽尾墩、戽式消力池联合消能工，是在面流消能应用研究基础上发展起来的消能技术。枢纽布置在珠江流域主要应用于主干河道上的径流水电站。这类电站，因多采用河床式开发，主要水工建筑布置集中，且多有通航、排漂要求，泄放流量又大，在水工布置上难度较大，西津、大化、岩滩等重要水电站均通过枢纽整体水工模型试验以完善和优化枢纽布置。

珠江流域的水工试验在20世纪50年代末至60年代初的初创时期，测试技术较简陋，量测水位、流速、流量系采用人工操作的固定测针、毕托管、量水堰等。70年代，逐步向光电测试技术过渡，80年代以后，光电技术和电子计算机应用结合，部分水工研究机构实现数据的动态采集和处理，1984年，水利电力部昆明勘测设计院的减压箱建成投产，1986年，又研制变压箱。自此，高速水流引起的空化、空蚀和振动等问题，可在珠江流域内进行室内模拟试验。

20世纪50年代中期，以流溪河水电站建设为契机开展水工结构试验研究。其时，珠江流域内的科研机构尚未设置结构专业的试验研究部门，需委托流域外单位进行试验。1956年，由北京水利科学研究院主持，开始在流溪河拱坝埋设观测仪器，1957年，分别委托清华大学、大连工学院（现为大连理工大学）进行结构模型和振动模型试验，这是珠江流域早期的结构试验研究。1958年7月，广东省水科所（现为广东省水利水电科学研究院）设立结构、材料试验研究室，自此至1985年，流域内的广东、贵州的水利水电科学研究所，广西电力工业局勘测设计院科学研究所，以及水电部辖属的昆明、贵阳两个勘测设计院均设有水工结构试验研究机构。

此外，设于广州的交通部第四航务工程局科学研究所，华南工学院（现为华南理工大学）、广西大学等高等院校也开展水工结构试验研究。开展结构试验主要有结构模型（含光弹试验）、振动模型试验，以及大坝和其他水工建筑物的原型观测。结构试验在配合水利水电建设中，对检验设计、指导施工、提供安全运行依据等，发挥了作用；同时在抗震研究、岔管研究等若干专题研究中获得了较高水平的试验研究成果。还通过试验研究推广了一批因地制宜、适合当时条件节约原材料的水工结构，如少筋、无筋高压混凝土管，自动水力闸门和具有地方特点的浮运闸等。

同时，广东省水利厅、华南农业科学研究所（现为广东省农业科学研究院）于1954年合办广州石牌灌溉试验站（广东省中心站），主要开展水稻的需水量和灌溉制度试验研究；同年，云南省的玉溪、宜良等地也开展水稻、烤烟、棉花等多种农作物的灌溉需水量试验。继之，珠江流域各地陆续建成一批灌溉试验站、点，至1957年，基本形成省、地、县三级灌溉试验站网。1958 年以后，各省（自治区）的中心试验站划归水利部门管理，各省（自治区）的水利水电科学研究所均设有灌溉试验研究室，指导灌溉试验工作。20 世纪 60 年代初期，珠江流域灌溉试验进入兴盛时期，各地的灌溉试验成果竞相问世。60 年代中期，各地试验工作陷于停滞、停顿，甚至中断。70 年代，国家提出建设“四个现代化”后，为加速农业现代化的进程，各地的灌溉试验站网迅速恢复和发展。至 80 年代，珠江流域灌溉试验研究已包括农作物需水量、灌溉制度、排水防渍、灌水防寒等多个方面。灌溉方法试验研究在 50 年代以前，仅有地面灌，60 年代发展了喷灌，70 年代以后又发展了主要用于果树灌溉的滴灌试验。

随着计算机应用的普及，在水工结构物理模型试验的基础上，珠江流域内一些水利设计、科研机构，进行水工结构数学模型方面的研究，取得了一些成果。其中，广西壮族自治区河池水电勘测设计队在四川计算站“三维弹性应力问题有限元分块消去程序”的基础上，对增加自动划分单元等部分进行了补充，提出“拱坝空间四面体单元的自动划分及应力计算程序”。成都科技大学水利科学研究所将计算成果与模型试验结果进行对比，认为合理，并应用于水库拱坝计算。在拱坝应力计算中，比手算提高工效 60~100 倍，该项成果获广西壮族自治区 1981 年优秀科技成果奖。贵州省水电厅（现为贵州省水利厅）与中国水利水电科学研究院结构研究所共同研究完成“双曲拱坝的优化”，提供了拱坝优化设计数学模型及一整套设计方法和电算程序，有一定适用性和通用性。该项成果获水电部 1985 年科技成果奖。

20 世纪 80 年代，珠江委成立两个流域性科研所：珠科所（珠江水利科学研究院的前身）、珠江委水源局科研所（珠江水资源保护科学研究所）。两个所的成立，加快了珠江流域的科研步伐，为珠江治理保护提供了技术支撑。

珠江水利科学研究院前身珠科所建于 1980 年 8 月，驻广州市。初时设有河工试验研究室、水源保护研究室、新技术应用研究室等业务科室，后经调整，1985 年 5 月，正式确定设立河工研究室、水工研究室、遥感技术应用研究室等业务科室（原水资源保护研究室划归水资源保护办公室），至 1988 年，有职工 106 人，其中科技人员 85 人，包括高级工程师 12 人、工程师 33 人。该所占地面积 4.6 万平方米，其中试验用地面积 1.6 万平方米。有面积 7000 平方米的大型潮汐河口模型试验厅 2 座、面积近 2000 平方米的水工试验厅 1 座、活动及固定玻璃试验水槽各 1 座、波浪试验槽 1 座、水工断面模型试验槽 2 座、流速仪率定槽 1 座、各种类型微型电子计算机 17 台。该所的主要任务是开发珠江流域水利、水电、水运资源，配合工程规划设计进行试验研究，主要有河工模型试验，水工模型试验，船闸水流模型试验，无线电通信控制自航船模试验，波浪试验，河道航道和港口的演变分析及整治研究、引水工程防淤措施试验研究，闸工、水工、港工模型试验的测试仪器数据采集与处理的电脑应用自动化的研究，航空及航天卫星遥感技术在水利建设中的应用研究等。该所自建所以来，围绕主要任务开展了多项研究工作，其中网河区多口门的潮汐河工模型试验及其测试、数据采集与处理的自动化系统，大型水工整体模型试验，船模试验，以及遥感技术应用等取得较显著的成绩。

2005 年 4 月，经水利部批准，珠科所更名为珠江水利科学研究院（简称珠科院）。

2009 年，珠科院正式升格为副局级单位。1980—2000 年，珠科院以应用科学研究为主，围绕珠江治理、开发、利用和保护以及大中型水利水电工程、防洪工程、河道与河口治理、河口生态与环境、港口码头规划与整治、水利信息化等进行探索和研究；在水利基础研究和应用基础研究、高新技术研究开发和新技术、新成果推广转化等方面取得很大成绩，为流域水行政管理和流域水利现代化建设提供科学依据和技术服务。2000 年以来，加大对珠江热点、难点问题的研究力度，在科研水平、人才队伍和经济发展等方面取得显著成绩，为珠江水利的建设与发展作出了重大贡献。组织开展重大水利科技问题研究和应用技术研发，建立起河流河口治理与保护、水文水资源、水环境水生态、水利信息化、水利遥感、洪涝灾害防御、水工程病害防治 7 大学科专业体系，已成为华南地区与珠江流域最大的综合性水利研究机构。

珠科院现设有河流海岸研究所、水资源研究所、水生态环境研究所、洪涝灾害防御研究所、水利工程研究所、智慧水利研究所、遥感与地理信息研究所 7 个专业研究所（下辖 35 个专业研究室），院属科研企业 2 家——广东华南水电高新技术开发有限公司和广州珠科院工程勘察设计有限公司。拥有部级重点实验室 1 个（水利部珠江河口动力学及伴生过程调控重点实验室）、部级工程中心 1 个（水利部珠江河口海岸工程技术研究中心）、省级工程中心 2 个（广东省水利信息化工程技术研究中心、广东省河湖生命健康工程技术研究中心）、国家级博士后科研工作站 1 个，代管珠江流域水土保持监测中心站。

此外，国际泥沙研究培训中心珠江研究基地、珠江委水政遥感工作站、河海大学研究生校外培养基地以珠江水利科学研究院为依托，建设有占地面积 180 多亩的科研试验基地，拥有珠江河口整体物理模型试验大厅、防咸防潮试验大厅、珠江河口原型观测试验站、河口动力学实验室、工程水力学实验室、岩土工程实验室、水生态修复与蓝藻研究中心等重要的科研基础设施。截至 2020 年，珠科院有职工 800 多人，其中博士近 50 人、硕士 200 多人，正高级工程师 30 多人、副高级工程师 100 多人。主要从事河口治理、水力学与河流动力学、水环境保护与水生态修复、水文与水资源、水利信息化与自动化、水土保持、遥感与地理信息、防灾减灾、水利规划设计与咨询、岩土工程、工程质量检测等研究与业务工作。承担了国家级、省部级科研项目 200 余项，自主研发新技术、新产品 50 余项。荣获各类科技奖励 150 余项，其中省部级以上 50 余项，多项研究成果达到国际先进或领先水平；获国家发明及实用专利 300 余项，成为珠江流域 8 省（自治区）及我国港澳地区的水利科技创新基地和推广中心。

同时，珠江委水源局科研所进行了一系列的研究工作，取得了一批技术含量高、具有领先水平的科研成果。主要包括限性非点源污染的系列研究（包括典型流域及城市 2 种类型的面源研究，广州河段面污染源调查及预测），河流污染事故预测方法研究，珠江流域生态环境现状评价及变化趋势研究，珠江流域水质生物监测方法研究及水生态保护及修复研究，珠江流域重要湖库生态修复及关键技术研究、珠江三角洲咸潮入侵及预测预报模型研究、深圳河湾与珠江口纳污能力和污水排放研究、珠江河流健康评价示范性研究、珠江流域生态环境变化趋势研究，供水水源“三突”分析研究，大型潮汐河网水量、水质动态模拟研究，珠江口陆源污染对伶仃洋近海水域水质和生态环境影响研究，深圳河湾与珠江口纳污能力和污水排放的研究，珠江三角洲咸潮入侵及预测预报模型研究，水污染造成经济损失分析计算研究，水质资料计算机管理系统的研究等。这些研究成果具有较高的技术水平和学术价值，在管理工作和生产中得到了推广应用，并先后获得多项水利部、珠江委及有关部门科技成果奖，多次在国际专业学术会议上交流。提出水域限制排污总量，作为水污染防治规划的依据。对水污染的控制建立在水资源承载能力的基础上，使水污染控制方案更加科学、合理。

1986年12月，珠江水资源保护办公室通过国家环境保护总局考核，获得首批环境影响评价甲级证书。1989年11月，珠江委水源局科研所（简称科研所）成立，隶属于水利部、国家环境保护总局珠江水资源保护局，主要从事水资源保护规划及科学研究、区域（水）环境影响评价、建设项目环境影响评价、水质监测、环境保护研究等工作。业务范围包括：地表水、地下水、海水、气、声、固体废物、生态、水土保持、社会经济、人体健康、水利、水电；区域开发；农、林、牧、渔业；建筑、市政公用工程；交通运输等领域。1989年12月，通过国家环境保护总局全国环评甲级证书复审换证。1999年7月，通过国家环境保护总局全国环评证书重新换发审查，再次确认环境影响评价甲级证书。2001年4月，经国家环境保护总局审定，将该所的环境影响评价甲级证书业务范围增加“交通运输”1项。现有专业涉及水文水资源、水利工程、环境科学、环境工程、流体力学、生态学、给排水工程、渔业及水产养殖等领域。科研所拥有水资源论证单位水平评价证书（甲级）、水文水资源调查评价单位水平评价证书（甲级）、工程咨询单位乙级资信证书、广东省建设项目环境监理能力评价证书（乙级）、生产建设项目水土保持方案编制单位水平评价证书（3星）、生产建设项目水土保持监测单位水平评价证书（2星）等多项资质。对珠江流域的河流环境影响评价、水资源保护规划、水环境技术研究等方面开展过众多的科研工作，如主要污染物环境背景值调查研究、珠江北江水系水体环境背景值调查研究、天然水水样保存技术与前处理方法试验研究。2000年以来，开展珠江污染预测、珠江水系水资源保护规划、河工模型试验在水污染防治规划中的应用、珠江流域片水资源质量评价及趋势分析、珠江片水中长期供求计划报告、珠江流域入河排污口调查评价报告、珠江口陆源污染对伶仃洋近海水域水质和生态环境影响研究、九洲江水系水资源保护规划等工作。

二、合作交流为治水探索提供启示

中华人民共和国成立后，珠江水利科技对外交流大体经历了4个阶段。

20世纪50—60年代初，主要的对外交流是苏联水利专家对珠江水利建设的援助。这一时期，大批苏联以及东欧社会主义国家的水利专家到珠江流域考察，指导编制河流规划、工程选址、设计和施工建设。水利部的几任首席专家苏联的布可夫、沃洛宁、考尔涅夫等先后考察了珠江，对流域规划和流域内拟建或在建的凤凰、龙滩、西津、昭平、百林、合山、岩滩、龟石、青狮潭、大溶山、流溪河、新丰江、连江口等工程规划和建设提出指导意见。苏联的土力学专家崔托维奇、地质专家古里也夫、水工专家波洛沃依等，到西津、昭平等水电站帮助解决建设中的关键技术问题。与此同时，流域各地派遣留苏学生，培育了中华人民共和国成立后第一批国外留学水利技术人才。

20世纪60年代初至70年代后期，主要的对外交往是与发展中国家的交流和对发展中国家中小水利水电工程的援建。经过20世纪50年代的发展，珠江流域的水利水电建设取得了显著的成绩，尤其在河流规划、中小型水电站的建设方面积累了较丰富的经验。缅甸、越南、朝鲜、巴基斯坦、泰国、柬埔寨以及古巴、阿尔巴尼亚等国家水电部门的代表团，频频到珠江流域参观、考察。流域内的广东、广西则代表我国先后派出专家和技术工人到越南、布隆迪、卢旺达、刚果、加蓬、索马里等国家援建中小型水电站，提供防洪、抗旱打井、河流规划等方面的技术援助，帮助这些国家建成一批水利水电工程，其中，援建刚果建成的装机7.4万千瓦的布昂扎水电站规模最大。从1968年开始，多次为越南、老挝、刚果、索马里等国家培训水利水电技术人员。

改革开放以后，珠江流域处在改革开放的前沿，水利对外交流迅速增加，交流的范围和内容迅速扩大。这期间，珠江流域各地和各有关部门不断探索改革水资源管理和开发机制，积极引进国外先进科研技术、工艺、设备，加速珠江流域的治理开发。一些公司和国际组织参与了南盘江鲁布革水电站、天生桥水电站、红水河岩滩水电站、北江飞来峡水利枢纽、广州抽水蓄能电站、北江洪水预报系统、珠江河口整治等一批项目的技术咨询、可行性研究、工程建设或工程扩建工作。其中，日本天成公司承建的南盘江支流黄泥河上装机60万千瓦的鲁布革水电站引水隧洞工程，是我国第一次以国际招标方式、由外国公司组织队伍承建的大型水电工程，取得了显著效益，为我国与国外合作开发建设大型水电工程取得了成功的经验，在我国和流域施工企业中进行了推广。这一时期，流域的对外学术交流活动大大加强，在流域内相继举行了一些国际性学术会议。流域机构和流域内各省（自治区）也派员出国进行一系列学术访问和考察，参加一些国际学术会议，加强技术交流和合作。与此同时，对外援建和承包工程。1985年以后，对外交流活动随着流域改革开放深化而更趋活跃和频繁。

1985年12月19日，为探索飞来峡水利枢纽工程所需资金向日本有关部门贷款的可能性，珠江委与日本国际协力事业团进行多次洽谈，查勘飞来峡现场。之后，在北京签署《中华人民共和国北江飞来峡综合利用水利枢纽建设规划可行性调查实施细则》。1986年6月，按照中日有关协议，日本国际协力事业团派出专家到广州，与珠江委共同开展飞来峡枢纽可行性调查研究工作；同年10月，工作基本完成。1990年，珠江委参加中国—孟加拉国联合河流委员会进行的孟加拉国布拉马普特拉河防洪与河堤规划研究工作，编写研究报告之卷二——“布拉马普特拉河沿岸堤防的总体布局及设计”及其专题报告。1991年，珠江委与孟加拉国进行“布拉马普特拉河沿岸堤防的总体布置及设计”技术合作，主要内容为布拉马普特拉河的水文和洪水特性研究、两岸堤防布置、两岸堤防系统全面规划、两岸堤防设计、水闸设计、工程地质现场调查和土料物理力学性质试验和研究、施工方法和施工程序、危险段岸线调查和整治方案、环境评价、工程效益投资估算和经济分析；同年6月，该项目完成；7月，向孟加拉国移交成果，工程完成后，布拉马普特拉河可防御100年一遇洪水。1994年，广东省与日本国际协力集团合作开展顺德齐杏联围改造工程。该联围总面积100平方千米，人口12万，以种植经济作物和养殖优质水产为主。该项目是广东首次与日本合作，并成为国家科委批准立项的水利项目。1995年，中泰两国利用遥感技术进行水土保持方面的合作。中泰科技合作联委会第十三次会议批准珠江委和泰国国家研究委员会合作执行遥感技术在中国伶仃洋湾和泰国湄南河水流和沉积物比较中的应用。该项目为“应用遥感技术研究中国珠江河口伶仃洋与泰国洲南河河口水沙运动”（11-311）早期工作的延续项目。项目主要涉及航天技术、计算机-光学图像处理、GIS、GPS、水文泥沙、河流海岸动力学、河口动力地貌及河口海岸工程等技术领域。项目执行时间3年。1997年，珠江委科研院向越南方面输出该院研制的物理模型生潮设备及其附属设备一批，并提供模型试验的技术培训和咨询等。

1999年10月，越南水利科学研究院河口与海岸研究中心和珠江委科研院签订“科技交流与合作协议书”以及“关于河口二维数值模型技术转让合同”。随后，越南水利科学研究院河口与海岸研究中心再次邀请珠江委科研院派团组前往越南就该中心承接的越南红河分洪试验项目进行共同研究。

进入21世纪，对外交流方面，珠江委积极响应国家“科技强国”“一带一路”等倡议，技术范围不断扩大，交流更加频繁。委属单位对外业务进一步扩大，海外业务已经拓展至10多个国家与地区，举办中国-东盟河口治理、保护与管理研讨会，交流水利管理经验，共谋发展；与越南农业与农村发展部水利总局达成协议，推进双方在防洪减灾、水资源管理、河口治理等方面的技术交流与合作。

第四节 团结治水

珠江流域片涉及云南、贵州、广西、广东、湖南、江西、福建、海南等8省（自治区）和香港特区、澳门特区，区域之间自然禀赋相差较大，经济社会发展各不相同，为协调流域内各省（自治区）团结治水，70年来，始终坚持兴利与除害相统筹，推动上下游、左右岸、干支流协调发展，形成了团结治江的局面。从流域全局出发，加强顶层设计和统筹协调，妥善处理好全局与局部、近期与长远的关系，努力实现全流域综合效益的最大化；流域各省（自治区）充分发扬团结治水的优良传统，顾全大局、精诚合作，各有关部门和衷共济、互谅互让，协同推进珠江治理的工程建设、水资源配置及开发利用、水污染联合防控和水旱灾害防御等工作，凝聚了治理保护的强大合力。

中华人民共和国成立后，流域机构还未设立，1953年珠江流域的全面勘察，标志着珠江团结治水的起点。1956年，国务院批准设立珠江水利委员会（珠江有关各省治理珠江的协商组织）。珠江流域第一部规划启动，标志着全流域团结治水有了基础。1979年，水利部珠江水利委员会的成立，就进入必须团结治水的阶段。20世纪90年代后期，珠江委组织了多次珠江流域（片）水利工作会议，会议召集珠江流域（片）各省（自治区）水利厅、深圳及广州水务局共同商讨如何搞好本流域（片）的水利工作，通过会议加强了流域（片）各省（自治区）水利联系。

21世纪初，珠江委积极协调流域上下游、左右岸、干支流，对内创新体制机制、搭建合作平台，对外加强交流、增强流域辐射力，逐步形成了流域区域相结合、行业部门相协作、联合防污、依法治水的水资源保护管理模式，为各省（自治区）经济社会发展提供有力支撑。2004年，珠江委组织了“泛珠三角”区域水利发展协作会议，到

2020 年，共组织了八次会议，会议围绕贯彻落实粤港澳大湾区发展战略、全面落实水利改革发展总基调、推进流域与区域发展协作等议题进行深入探讨，通过并共同签署了《第八届泛珠三角区域水利发展协作行动倡议》。2007 年 5 月，珠江委牵头成立黔桂跨省（自治区）河流水资源保护与水污染防治协作机制。2016 年，珠江委和云南、贵州、广西、广东 4 省（自治区）环境保护厅、水利厅共同组建的滇、黔、桂、粤跨省（自治区）河流水资源保护与水污染防治协作机制正式建立。协作机制将有力加强省际间交流与合作，促进流域跨省（自治区）突发水污染事件的妥善解决，保护沿岸人民群众用水安全，保障经济社会可持续发展。珠江委贯彻落实水利部与交通运输部《关于加强水利与交通运输发展合作备忘录》，与交通运输部珠江航务管理局签订“关于加强珠江水利和水运发展合作协议”，更好地发挥水利、水运的支撑保障作用。

珠江委强化流域命运共同体意识，坚持系统观念，推进河流上下游、左右岸、干支流协同治理保护，以流域为单元统筹解决水灾害、水资源、水生态、水环境问题，共同建设造福人民的幸福河，共同创造幸福美好生活。结合国家公园建设，建立健全和推进落实流域生态补偿机制，让江河源头区、水资源涵养区的各族群众在水资源、水生态、水环境治理保护中得到实惠，同步实现高质量发展。将团结治水的丰富文化内涵和共同奋斗的经历进一步内化为强大的精神力量，不断铸牢共同体意识，建设幸福美丽的珠江。

第五节　珠江治水认识

珠江流域片由于地理位置、资源、环境的限制和历史原因，流域呈现如下主要特点：

（1）经济发展不平衡，差距悬殊。流域内区域经济发展极不平衡，西部和主要江河的上游地区，一般自然条件相对恶劣，经济发展较为落后，而珠江三角洲是我国改革开放最早的地区，经济发展已接近中等发达国家水平。

（2）水资源总量丰富，但时空分布极为不均。降雨量集中在汛期，枯水期的资源性缺水现象仍然比较普遍。受地形和季风活动的影响，水资源时空分布不均，流域洪、涝、旱灾害频繁。

（3）三角洲地区水网密布，水系复杂，地理位置重要。三角洲河口区水网密布，水道纵横交错，有主要水道近 100 条，形成关系复杂的河网区，区内径流与潮流交汇，是世界上水沙运动条件最复杂的河口之一，经济社会地位十分重要。

（4）涉及港澳，管理体制各异。香港特区和澳门特区位于珠江流域片的地理范围内，但管理体制与内地差异较大。

中华人民共和国成立后，流域片经济社会得到快速发展，特别是珠江三角洲地区的经济社会发展更是突飞猛进，经济社会的高速发展也给治理保护带来了新的压力、新的挑战，提出了新的要求，用水量不断增长给供水安全提出了更高要求。20 世纪 80 年代以来，随着珠江三角洲经济开发、西部大开发战略、广西北部湾经济区等党和国家方针政策的实施，流域经济社会快速发展，对水资源的需求也持续增加，尤其以工业、生活用水量增长最为迅速，年均增长率分别为 4.2% 和 8.7%，致使部分地区缺水问题日趋突出。

而流域现有供水工程以引水工程和提水工程为主，调蓄容积不足，干旱年份常出现供水危机，危及包括港澳地区在内的流域饮水安全。据初步统计，受枯水期咸潮影响供水的人口有1000多万人。由于受到全球气候变暖的影响，极端气候现象时有发生，流域内季节性旱灾严重，干旱损失约占洪涝旱灾总损失的60%以上。2009—2010年，西南部分地区发生了百年一遇大旱，干旱持续的时间之长、涉及的范围之广、影响的程度之深，均为历史罕见，5100万人受灾，饮水困难人口2000多万人，农作物受灾面积600多万平方米。流域内云南、贵州、广西均是本次重灾区。经济社会的快速发展，给流域水安全保障提出了更高的要求。

水旱灾害防御体系不断完善，但仍存在薄弱环节。经过长期持续建设，流域逐渐形成了以堤防、控制性枢纽、蓄滞洪区为骨干的防洪工程体系。有序开展中小河流治理、病险水库（水闸）除险加固、山洪灾害防治等建设，重点河段和区域水旱灾害防御能力明显提升。通过强化洪水预测预报预警预演、精细调度水利工程、综合运用拦蓄滞泄等措施，科学防范了流域多次洪水，有力保障了人民群众生命财产安全和经济社会高质量发展。但与流域经济社会发展对防洪安全的需求相比，仍存在薄弱环节。流域综合规划确定的8个防洪（潮）工程体系中，西、北江中下游、柳江中下游、桂江中上游、南盘江中上游防洪以及珠江三角洲滨海防潮等5个工程体系尚未达标，洋溪、那垌、黄塘等流域防洪工程体系的重点工程尚未建设。3级以上堤防达标率仅为77%，2级以上海堤达标率仅为62.8%，中小河流、山洪灾害防御标准偏低。

水资源优化配置格局渐趋完善，但局部地区还需进一步优化。流域内重点水源工程和重大引调水工程相继开工建设，重点区域供水安全保障能力得到进一步提升。连续16年实施枯水期水量调度，有力保障了粤港澳大湾区澳门特区、珠海等地供水安全。城市供水保证率95%，农村集中供水率91%，自来水普及率89%。“十三五”时期新增农田有效灌溉面积469万亩，新增高效节水灌溉面积616万亩，为粮食安全提供了有力支撑。流域水资源开发利用率17%，调蓄能力12.3%，部分地区仍存在工程性缺水问题。农田灌溉亩均用水量678立方米，灌溉水有效利用系数0.5073，用水水平与国内外先进水平相比还存在较大差距。

水生态环境质量总体较好，但局部地区水生态环境损害较为突出。通过实施国家水土保持重点工程、生态清洁小流域建设等，水源涵养功能下降趋势得到有效遏制，人为水土流失得到有效控制，生态流量满足程度为优良的占比为76%。但局部河段水污染较严重，南北盘江干流、珠江三角洲内河涌等水域水污染问题突出，湖库富营养化程度尚未有效缓解；内河涌水生态系统退化，大多内河涌都有不同程度淤积，水生态系统自我调节能力依然十分脆弱；农村水系存在不同程度的河塘淤塞萎缩、水域岸线被挤占、河湖水污染严重等问题。流域内尚有水土流失面积8.08万平方千米、滇桂黔岩溶石漠化面积4.61万平方千米没有得到有效治理，水土保持治理任务艰巨。

行业管理能力逐步提升，但仍存在明显短板。《珠江水量调度条例》等立法工作有序推进，《粤港澳大湾区水安全保障规划》印发实施，南盘江、北盘江、贺江、郁江等重要干支流综合规划、《珠江—西江经济带岸线保护与利用规划》等获水利部批复，流域水利基础设施空间布局规划、《珠江河口综合治理规划（2021—2035年）》编制等有序推进，流域规划体系日趋完善。但与推进国家治理体系和治理能力现代化要求相比，还存在现有法律法规体系不健全、水利规划约束力不强等问题。部分法规制度、技术标准滞后于流域管理需要，相关制度和标准尚不健全，难以满足不同区域、不同对象的管理要求，违法行为惩戒力度有限，监督问责缺乏有力抓手，难以起到威慑警示作用。

第七章　锚定目标再出发

第一节　成就效益

一、治水思路不断创新

70 年来，珠江治水思路经历了从水利是农业的命脉到从传统水利，再到现代水利、可持续发展、高质量发展治水思路的转变历程。近年来，随着经济社会发展、城市化加快、人口增加和水污染加剧、咸潮上溯，水需求与保障矛盾突出，珠江委提出“维护河流健康、建设绿色珠江”和“建设绿色珠江，争创实践科学发展观的流域典范”思路，目标是通过不懈努力，使珠江既能造福人类，又能健康优美，在经济快速发展的同时，仍保持山川秀美、碧水蓝天。

二、流域规划体系逐步完善

从 1980 年起，珠江委编制了《珠江流域综合利用规划》，1993 年通过国务院批准，成为珠江流域综合开发利用、水资源保护和水害防治活动的基本原则依据，随后开展了各专项规划及流域规划的补充完善，并有计划、有重点地促进规划实施。为加快防洪、水电、口门整治、水土保持、水资源保护及重点地区供水等建设，珠江委编制了珠江流域防洪、水资源保护、水土保持生态建设、水资源综合、珠江河口治理等规划。进入 21 世纪后，珠江委调整思路，将科学发展观贯穿于规划中，珠江流域防洪规划成为第一个通过国务院批复的流域防洪规划，保障澳门特区、珠海供水安全。各类专项规划和澳门特区附近水域综合治理规划也分别通过国务院批准，流域规划体系逐步完善。2004 年以后，根据水利部要求，珠江委调整思路，优化大藤峡水利枢纽方案，大藤峡水利枢纽施工即将完成。2013 年 3 月，国务院正式批准实施《珠江流域综合规划（2012—2030 年）》。规划提出了未来 20 年流域治理、开发与保护的总体布局以及一系列约束控制性指标，规划的实施将充分发挥珠江水资源综合利用效益，全面提升水利服务经济社会发展的能力。

三、防汛抗旱减灾成效显著

70余年来，党和政府高度重视防汛抗旱工作，先后三次编制珠江流域综合利用规划，防洪是其中一项重要内容。20 世纪 80 年代第二次编制的《珠江流域综合利用规划报告》确定了各防洪保护区防洪标准和流域防洪工程体系总体布局，兴建了大批防洪工程，截至 2022 年，珠江片已建成大型水库 129 座，在建水库 10 座，其中已建成水库总库容 1205.44 亿立方米，调洪库容 336.41 亿立方米，防洪库容 169.60 亿立方米；共有中型水库 792 座，总库容 226.56 亿立方米，其中重点防洪中型水库 143 座，总库容 56.62 亿立方米。珠江片 5 级以上堤防共有 2.72 万千米，其中 1 级堤防 593 千米［包括北江大堤、茅洲河堤、西海堤、中珠联围、广州市防洪（潮）堤、深圳河防洪（潮）堤等］，2 级堤防 2291 千米（包括六枝河城区段堤防、贯城河堤防工程、南宁市城区堤防工程、柳州市防洪堤防工程、贵港鲤鱼江左堤、钦江城区防洪堤、景峰联围、佛山大堤、樵桑联围、中顺大围、江新联围、东莞大堤、韩江南北堤、汕头大围、梅州大堤、乾务赤坎大联围、韶关市区防洪堤、曲江区城区堤防、阳江市区城市防洪工程、清城联围、花地河堤防等），3 级堤防 5360 千米，4 级堤防 9737 千米，5 级堤防 9225 千米，按规划标准，达标长度 15284 千米，达标率为 61%。经过综合治理，珠江河口磨刀门、蕉门已基本形成一主一支水道的格局，珠江河口八大口门区总体上比较稳定。北江的潖江蓄滞洪区为珠江流域唯一列入国家蓄滞洪区名录的蓄滞洪区，总面积 79.8 平方千米，设计滞洪容积 4.11 亿立方米。除潖江蓄滞洪区外，珠江流域设置了联安围、金安围、清西围、平马围、永良围、东湖围、仍图围、广和围、横沥围共九个超标准临时滞洪区，蓄滞洪量合计约 43.05 亿立方米。70 余年来，珠江减灾效应明显，特别是连续 17 次实施枯水期水量调度，确保了澳门特区、珠海等三角洲地区 1500 多万人饮水安全。

四、水利建设与管理不断深化

长期以来，流域水利坚持建管并重，从红水河梯级电站重点项目建设着手，率先采用国际公开招标方式实践鲁布革水电站建设管理模式。20 世纪 90 年代后，推进项目法人责任制招标投标制和建设监理制改革，加强建设行业管理，组织流域控制性项目、跨省（自治区）重要项目的建设管理，加强河流、湖泊及河口、海岸滩涂治理开发指导，加强授权范围内在建工程安全监管，开展国家二级水管单位考核验收，完善工程建设管理和运行机制。基本建立起以三项制度为核心的管理体制，以项目法人负责、监理单位控制、施工单位保证、政府部门监督相结合的质量管理体制和政府监管、业主负责、企业保证、群众参与的安全生产管理体系以及质量与安全监督网络。

五、水资源管理水平不断提高

改革开放后，流域经济社会快速发展，水资源短缺、水污染显现，通过以实施取水许可制度、开展建设项目水资源论证为重点，推进流域与区域水资源统一管理和节水型社会建设。近年来，以取水许可总量控制、温排水控制、建立协作机制、水功能区管理为突破口，加强水资源节约和保护，贵州省、广西壮族自治区建立跨省（自治区）河流水资源保护与水污染防治协作机制，各省（自治区）签署珠江流域跨省河流水事工作规约，在水资源保护与水污染防治等方面加强合作。开展主要江河水质监测与评价、重点排污口调查、流域水资源保护规划，加强水资源保护和水污染防治工作的指导、协调、监督及管理，逐步形成以流域、区域相结合，行业部门相协作，联合防污、依法治水的水资源保护管理模式，水污染得到初步治理和控制。

六、水土保持成效显著

改革开放前，流域水土流失治理未成规模。20 世纪 80 年代后，珠江委编制流域综合利用规划报告，水土保持步入正轨，在水土流失不同类型区探索各种治理途径和开发模式。1992年，珠江上游南北盘江地区被列为国家水土流失重点防治区并开展治理，涉及云南、贵州26条小流域。2003—2005年，珠江上游南北盘江石灰岩地区实施水土保持综合治理试点，完成136条小流域1429平方千米治理，取得显著成效。70年来，累计治理水土流失9.5万多平方千米，改善了生态环境和农业生产条件。

七、水法治建设不断完善

70余年来，珠江流域结合实际，积极开展水法规建设，形成流域、省、市、县、乡和水管理单位组成的管理网络。《珠江河口管理办法》等法规的实施确立了流域机构水行政管理和执法主体的地位，为流域水资源统一管理奠定了基础。为探索流域水资源统一调度长效机制，珠江委《珠江水量调度条例》立法工作在积极推进，旨在解决珠江水问题，规范人类行为，发挥已建水库综合效益，使有限水资源为经济社会发展提供有力支撑。

八、水文建设不断加强

高度重视水文工作，水文基础设施设备状况明显改善，初步形成覆盖全流域主要江河的水雨情信息网络。准确预报了“05·6” “08·6”洪水，大胆尝试预报影响珠江的登陆台风的路径、量级和降水情况，在防汛抗旱减灾及水资源开发、利用、配置等方面发挥了重要作用。

九、水利信息化不断提高

珠江水利信息化在20世纪90年代中后期得到快速发展，在国家防汛抗旱指挥系统和金水工程的带动下，信息化基础设施、防汛抗旱指挥系统和电子政务系统建设成效显著。珠江水情测报系统及决策支持数据中心建设项目等，提高了水情信息的自动采集能力，洪水预警预报系统得到加强，实现流域水文信息共享。流域各省（自治区）水利信息网络与通信设施覆盖各省（自治区）地市级以上水利信息骨干网。珠江委及各省（自治区）相继建成省（自治区）、地市、大部分县（区）和主要工程管理单位的防汛视频异地会商系统和水利信息网站、综合办公系统、防汛（三防）指挥系统、水雨情（风暴潮）预报系统等与业务紧密结合的应用系统，在防汛抗旱和水利业务中发挥了积极作用。

十、水利科技取得长足进步

70余年来，珠江流域始终注重科学治水，在水文水资源监测与管理、水电工程勘测设计和建设、防洪减灾、节水灌溉技术和区域开发治理、水土保持、河流泥沙与河道整治、新材料新技术应用等方面取得丰硕成果。20世纪90年代后，各省（自治区）逐步建立城市防汛决策支持系统、大坝自动监测系统、防灾减灾预警预报系统等。近年来，流域水利科研发展迅速，随着珠江水利事业的发展，珠江委与各方交流日益频繁，研究领域不断拓宽，先后与我国港澳台地区、近30多个国家及联合国官员开展合作项目，派出国外交流近30多个国家，与日本、法国、荷兰等10多个国家建立了业务联系。与澳门特区港务局签订协议，双方将在防御洪、涝、旱、风暴潮、咸潮等方面加强合作，促进珠江河口水资源保护和合理利用。

第二节　枯水期水量调度

2004年以来，受上游来水偏枯、河道下切变化等因素影响，珠江河口咸潮活动日趋强烈，珠江三角洲1500多万居民的饮水安全岌岌可危！面对愈演愈烈的咸潮上溯，珠江防总、珠江委会同珠江流域各省（自治区）相关部门，在党中央、国务院的亲切关怀下，在国家防汛抗旱总指挥部、水利部的正确指挥下，从2004年起连续17次实施珠江压咸补淡应急调水和珠江水量调度，成功保障了澳门特区、珠海等珠江三角洲地区供水安全，谱写了一部动人的民生水利协奏曲。

2004年秋，珠江三角洲地区发生1951年以来同期最为严重的干旱，咸潮上溯十分严重，9月下旬，广昌泵站含氯度高达4000毫克每升，超过饮用水标准16倍，澳门特区、珠海、中山、广州等地的供水安全受到严重威胁。咸潮严重时，澳门特区、珠海城市供水含氯度达400毫克每升，超过供水标准近1倍，居民日常生活和工农业生产受到严重干扰，社会影响大。2004年是41年来珠江主干流西江全流域特枯年份，海水往内河上溯，珠江三角洲河道水体中咸度严重超标。在一般年份，珠海市主要取水口咸度超标158天，其中连续不能取水达44天。2004年旱情更为严重，咸期比2003年枯水期提前15天到来，咸潮上溯线大大超过2003年的位置。由于受地形的限制，珠海市建库条件极差，全市7座供水水库有效调节库容仅为2829万立方米，即使所有供水水库补满，也只能维持40天的供水量。据专家当时预测，2004—2005年还有可能发生冬春夏连旱，这将使珠海市供水面临更加严峻的形势。虽然珠海市已采取了工程措施和非工程措施，但如果西江上游无水源补充，珠海市水库的现有库存水量将于2005年2月上旬前后消耗殆尽，珠海市和澳门面临断水的严重局面。咸潮上溯严重影响广州、珠海、中山、东莞、江门等市，以及我国香港特区、澳门特区的生产生活用水，受影响人口超过1000万。珠江三角洲地区供水安全形势相当严峻。

一、调水压咸面临的难点

一是流域干流上缺少骨干水库。枯季内，降雨量减少，径流量也相应减少，要想抵御咸潮肆虐，唯一的办法就是从珠江上游的几座水库调水，增加河道径流量。珠江流域西江干流上有天生桥一级、天生桥二级、岩滩、大化、百龙滩、恶滩几座水库，但都距珠江口较远，假如放水下来，多的需用10多天，少的也需用5天，才能流到珠江口。这些水库都是以发电为主的水库，蓄水能力都极为有限。二是水行政能力弱。珠江委成立较晚，多年来主要从事流域规划、设计、勘测、研究、水事协调工作，水行政能力比较弱。三是技术上的空白。从珠江上游的天生桥调水到珠江口门压咸，千里之遥，没有任何可以借鉴参考的资料，技术上是个空白。水流千里，沿途只要一个断面发生人为的障碍，对调水压咸工作都是致命的威胁；沿着河流涉水单位至少几十家，只要一家存有私心，就有可能使调水压咸效果大打折扣，甚至是无功而返。四是协调难度大。流域内长期形成的多龙治水局面，条块分割，缺乏统一行动的机制；涉及贵州、广西、广东几个省（自治区），缺少协调的组织；涉及水利、电力、航运、供水等多个部门，协调难度很大。

在国家防总和水利部的领导下，根据2004年12月15日召开的“珠江应急调水压咸工作专题主任办公会议”的精神，决定成立珠江应急调水压咸工作领导小组，由珠江委主任任组长，副主任任副组长，其他委领导、机关各处室、委属各单位及设计公司负责人为成员，领导小组下设办公室及5个工作组。领导小组办公室挂靠委规计处，负责应急调水压咸的日常工作，跟踪、协调各组有关工作，并及时向领导小组汇报有关工作进展情况，贯彻领导小组的工作部署。负责制订调水压咸的实施方案，实时掌握调水压咸期间的水情和咸情，及时调整实时调度。

珠江应急调水压咸工作5个工作组分别为：

（1）预警预报组挂靠水文局，负责建立水情、咸情、蓄水用水等信息收集机制，进行实时分析，进行实时滚动预测和预警分析（15天预见期），提供信息发布成果；及时向领导小组办公室提供有关信息。

（2）督查组挂靠防汛办，负责掌握西江沿程水库、测站取用水情况，提出调水期间的督查方案；具体负责组织调水期间的督查工作；及时向领导小组办公室反馈情况。

（3）测验组挂靠水文局，负责做好测验方案，充分收集利用地方的咸潮监测资料，开展部分必要的咸潮监测；做好调水期间的同步水文测验和咸潮监测工作；及时反馈调水压咸期间的测验情况。

（4）分析评价组挂靠规计处，负责预案的编制；对实时水情、咸情进行分析评价，提出相应的说明，以便引导舆论导向；对测验、预警预报及调度方案提出要求；负责调水效果的分析、成果的总结；及时向领导小组办公室提供有关分析成果。

（5）宣传报道组由委办公室和直属机关党委、珠江记者站派员组成，负责组织系列报道，进行宣传策划，跟踪报道水情、咸情信息，转载有关咸情的报道，收集有关新闻媒体的反应，为预案的审批、实施、总结等做准备；及时向领导小组办公室反馈有关信息。

二、广泛深入调研

为保障澳门特区、珠海、中山、广州等地的供水安全，维护正常的生产生活秩序，维护社会稳定，珠江委积极开展了2004—2005年珠江压咸补淡应急调水相关准备工作。根据统一安排，组成了由委防汛办、水文局、西江局有关人员组成的调研组，于2004年12月9—15日前往广西水利厅开展调研。调研组与广西水利厅（防办、水政处、水管局、水文局等部门）、广西电网有限责任公司、天生桥一级电站、岩滩电站、大化电站等单位进行座谈，主要针对与调水压咸有关的水库电站（含在建）取水口基本情况、电站调度关系、信息报送渠道与机制、对调水压咸的意见等事宜进行沟通与研究。从沟通研究情况来看，如果国家决定开展调水压咸（试验），相关单位均表示支持此次试验，并将予以积极配合，同时也对调水压咸（试验）工作提出了建议和意见。

调研的范围是天生桥一级以下所有干流水电站（含在建），实地考察了天生桥一级电站、岩滩电站和大化电站，同时对其他电站的有关情况进行了解。调研的主要内容包括电站基本情况、上级主管部门、防汛与电力调度管理部门、水文信息报送机制，以及对调水压咸的意见等，并发给调研表格，收集水电站的基本资料（包括电厂及调度单位的联系方式，水电站的库容曲线、泄流曲线等）。

电站方面，已建水电站天生桥一级电站拟在枯水期检修机组，每次 1 台，即使在调水期间检修也无影响。电站当时开 3 台机组发电，发电流量约 400 立方米每秒。天生桥二级电站上级主管部门及电力调度部门均为南方电网公司。若在调水期间进行机组检修，对调水工作有影响，须错开检修时间。岩滩电站是广西调节性能最好、装机容量最大的电站，为广西电网调峰、调频和事故备用电站。电站装机 4 台，拟在枯水期检修，每次 1 台，在调水期间检修对调水方案有影响，须错开检修时间。电站当时发电流量约 700 立方米每秒。大化电站为广西第二调峰径流式电站，上级主管部门为广西桂冠电力股份有限公司，电力调度部门为广西电力调度通信中心。拟在枯水期检修，每次 1 台，调水期检修机组对调水有影响，须错开检修时间。该电站正在下游进行船闸改建，调水对施工基本无影响。百龙滩电站为径流式电站，溢流坝无闸控制，由大化发电总厂管理，上级主管部门为广西桂冠电力股份有限公司，电力调度部门为广西电力调度通信中心。电站也拟在枯水期检修机组，每次 2 台（两机一变），调水期检修对调水有影响，须错开检修时间。在建水电站工程龙滩电站尚未下闸蓄水，据了解，调水对其施工影响不大。平班电站和乐滩电站为广西桂冠电力股份有限公司控股的电站，当时平班电站第 1 台机组也已发电，5 孔闸门中有 1 孔下闸，当时已有溢流的弃水。乐滩正在改建，灌溉取水设施未建，12 月第 1 台机组已发电。乐滩溢流情况的资料有待进一步收集。长洲水利枢纽于 12 月 13 日下午成功截流，调水对其影响不大。

电网方面调研组主要针对电网调度指挥、调度流程、各电厂在电网中的地位与作用以及对调水压咸的意见等事项，与广西电力调度通信中心进行了座谈，天生桥一、二级电站由南方电网公司直接调度，岩滩、大化、百龙滩、乐滩等电站由广西电网调度。

广西各电站的防汛抗旱调度服从电网和防汛抗旱指挥部门双重管理。广西电网表示，只要国家决定开展调水压咸工作，可参照汛期调度模式，广西防汛抗旱指挥部可直接指挥各电站，抄报广西电网即可。

沿线取水口情况。本次调研未对取水口作详细调查。据广西水利厅水政处介绍，红水河取水少，主要是电站发电取水。来宾有 3 个大型火电站取水用于冷却，耗水仅 0.18 立方米每秒，绝大部分又回到红水河。另外，沿程有天峨、来宾等地城乡生活生产取水口。黔江、浔江段取水口多，取水口的情况复杂，取用水户的面比较宽，涉及各行各业，有电力部门的火电厂、工业企业生产用水的取用水户、城建部门管理的自来水厂、农业灌溉用水的取水口等。从前期防汛考察和收集的资料情况看，黔江、浔江段沿江武宣、桂平、平南、藤县、梧州等地有城乡取水口。水闸主要是支流排洪设施，闸门底坎高，总体上看，该河段没有从干流取水的大型灌区和取水设施，有分散的小型泵站，对压咸无影响。

三、相关单位意见

广西防总与水利厅的意见：

（1）这次调水压咸试验在珠江流域是首次，意义重大，是实践“两个转变”的重要举措，只要国家和自治区政府有要求，自治区防办全力做好配合，包括电站调度和信息报送等。

（2）12月1日，两省（自治区）政府参加会议的人员层面低，调水试验需要政府决策，希望加强与政府部门的沟通，以便工作顺利进行。

（3）调水试验要做充分的分析论证工作，广西也干旱，水很宝贵，要把传播时间算准，争取提出最优的方案，尽可能提高淡水利用率。

（4）目前，广西电力紧张，需外购电，同期放水岩滩电站损失较大，能否优化方案，应从天生桥一级调水，尽量使岩滩电站保持在正常高水位发电。

（5）调水给电力系统带来一定的损失，只采用行政手段会使其积极性和主动性不够，希望多方多渠道争取补偿资金，如受益地区提高水价等。另外，水文部门工作量较大，希望在工作经费上给予支持。

（6）能否评估调水压咸对电网的影响，分析水头损失影响。

（7）历年枯水期水文（雨量、水位和流量）资料收集问题，因资料太多，较为困难，同时涉及有关水资源论证部门，还需要上级协调。

广西电网的意见：

（1）对于调水压咸工作，如果国家决定实施，广西电网表示配合做好相关工作。在安排机组检修时，也将尽量避开调水可能的时段。

（2）希望能提前7天拿到预案，以便电网及早调整调度计划。

（3）广西电力缺口大，调水压咸产生的水头损失给广西明春供电带来压力，建议调水压咸后，岩滩等水库能做适当调蓄，岩滩出库流量不小于220立方米每秒（来宾火电厂能抽到冷却水的最小流量），同时从国家电网或广东调入电力缓解广西缺电的压力（电厂对调外电持保留意见）。

（4）要求电站出库流量平稳，从电网调度的角度来说有一定的困难。

水力发电厂的意见：

（1）支持开展调水压咸工作，并予以全力配合，按要求上报有关信息。

（2）电厂发电的控制权在电力调度部门，电厂会积极配合。

（3）岩滩电厂要求与中国大唐集团有限公司沟通，以便电厂得到政策方面的优惠，并希望参与调水压咸后的分析评价工作（电力损失部分）。

（4）希望调水压咸期间，电网能按计划内上网电价结算。

（5）调水压咸时耗水率与水量都有损失，给电厂、电网带来一定损失，希望能给予一定的补偿。

（6）天生桥一级低水头发电耗水会增多，对机组有些影响，但不大。

根据上述各方意见，研究协商形成如下建议：

（1）因地处上游，本次调研的多数单位普遍存在对三角洲咸潮及其危害、供水形势认识不足，调水压咸的目的不明（以为主要是生态供水）等问题。建议加大宣传沟通力度，特别是加大 5 省级政府等决策部门的沟通与协调，支持调水压咸（试验）工作的开展。

（2）从电站和电网了解的情况来看，调水所涉及的电站完全受电网控制，机组检修也需电网作出安排。为保障调水压咸期间水库的出库流量，尽量减少电站损失，建议将电网作为协调的重要节点，共同细化方案。

（3）应考虑调水压咸后提出最低流量要求，以免加剧三角洲咸潮威胁。

（4）根据上述调研了解到的情况，尽快协商有关部门，就预案和水文测报的具体技术要求进行细化，提出有操作性的实施方案，以保障 2004 年冬至 2005 年春调水压咸工作顺利进行。

四、方案的策划

（一）水雨情预测

径流大小是抑制咸潮的关键因素之一。对来水量预测的准确与否，是调水压咸方案成功的关键之处。2004 年以来，西江、北江、东江前期降雨分布十分不均匀，尤其是枯季前 9 月、10 月，降雨量严重偏少，北江、东江 10 月降雨量较常年同期偏少 9 成以上，西江也较常年同期偏少 8 成以上。江河来水呈锐减趋势，西江梧州站、北江石角站、东江博罗站 10 月平均流量较常年同期分别偏少 45%、65%、63%，汛期梧州、石角、博罗各月平均流量如表 7-1 所示。

表 7-1　汛期梧州、石角、博罗各月平均流量　　单位：立方米每秒

站名	年份	4 月	5 月	6 月	7 月	8 月	9 月	10 月
梧州	2003	4320	7910	12700	9760	7120	6630	3130
	2004	2950	6210	7370	20600	8910	5440	2570
	多年同期	4480	8320	13300	14300	12300	8270	4710
石角	2003	1270	1780	1630	670	467	600	382
	2004	852	1440	1010	1030	730	453	240
	多年同期	2010	2760	3050	1760	1470	1090	694
博罗	2003	632	667	1310	714	758	848	460
	2004	374	540	477	391	440	555	206
	多年同期	737	1040	1560	1050	1070	954	563

1. 上游水库蓄水情况

至 2004 年 10 月 10 日，流域内云南、贵州、广东、广西具有灌溉供水功能的各类水库总有效蓄水量为 137.5 亿立方米，较常年同期减少 17.8 亿立方米，较 2003 年同期减少 28.8 亿立方米。其中，广东省大中小型水库总有效蓄水量 77.0 亿立方米，比常

年和2003年同期分别减少10.8亿立方米、19.3亿立方米，减少比例分别是12.3%和20.0%；广西全区水库有效蓄水量41.9亿立方米，比2003年和常年同期分别减少9.5亿立方米、6.5亿立方米，减少比例分别是18%和13%。大王滩水库水位已经下降到死水位以下，河池市10%（1.76万个）的人饮水柜和灌溉水柜干枯。贵州省珠江流域有效蓄水量约3.7亿立方米，云南省珠江流域有效蓄水量14.9亿立方米，与往年基本持平。至11月1日，由于气温高、降雨量少，两广水库蓄水量进一步减少。广西全区水库有效蓄水量31.4亿立方米，比2003年和常年同期分别减少12.8亿立方米和14.7亿立方米，减少比例分别是29%和32%，有519座各类水库和大部分山塘已经干涸或失去灌溉能力。广东30座大型水库有效蓄水量52.28亿立方米，比9月底减少5.17亿立方米，比2003年减少6.84亿立方米。西江流域以发电为主的大型水库，10月底有效蓄水量约65亿立方米，比常年同期减少约5亿立方米。其中，天生桥一级、岩滩的有效蓄水量分别为46.12亿、7.17亿立方米。

2. 珠江三角洲来水量预测

由于季风气候的影响，珠江流域降雨量年内分配极不均匀，降雨量主要集中在汛期（4—9月），汛期降雨量一般占全年的70%~80%，枯季（10月至翌年3月）降雨量比较少，枯季降雨量一般在250~400毫米。从前几年枯季降雨分布情况看，较大降雨量区域主要分布在北江、桂江、贺江中上游，这些地区进入汛期比较早，春季时常有较明显的降雨。1999年以来珠江流域枯季降雨量，2002—2003年为339.0毫米，在多年枯季降雨量变化范围以内，其余各年份枯季降雨量都在250毫米以下，1999—2000年、2000—2001年、2001—2002年、2003—2004年枯季降雨量分别为104.7毫米、191.9毫米、223.0毫米、150.4毫米。因此可见，2004年珠江流域枯季降雨量呈偏少态势。2004年9月、10月全流域降雨量较常年同期严重偏少，并少于上一年。另根据气象部门预测，华南地区天气稳定，仍无出现较大降雨的迹象，枯季头两个月降雨量偏少已成定势；中国气象局国家气候中心观测资料显示，2004年6—8月，赤道中部太平洋的海水表面温度上升，表层热流向东流，这是厄尔尼诺现象的特有先兆，导致全球气候异常的厄尔尼诺现象在2004年冬至2005年春出现，冬季暖冬出现的可能性更大，2004年冬至2005年春的厄尔尼诺现象使包括广州在内的中国东南地区出现暖冬现象，平均气温上升0.5~1摄氏度。而暖冬的出现，不利于北方冷空气南下，华南地区冬春降雨偏少，加重冬春干旱，容易出现灾害性天气，如1998年强劲的厄尔尼诺造成珠江流域1998年冬、1999年春的较大范围的干旱。由以上分析并结合西江、北江、东江主要雨量代表站枯水年枯季降雨量分析、计算，初步预计2004—2005年西江、北江、东江枯季降雨量为100~200毫米，甚至可能出现更小的降雨，且降雨主要集中在枯季后期，对枯季径流的形成极为不利。

3. 西江干流主要水文站流量预测

根据2004年9—10月南盘江、红水河来水情况，分析江边街、天生桥、天峨、都安、迁江站的月平均流量，根据历史资料，采用综合、外包退水曲线法和相似年法，预测以上各站枯季平均流量及2004年11月至2005年3月各月的平均流量。经综合分析，初步认为，江边街、天生桥、天峨、都安、迁江站枯季来水均较多年同期偏少，其中都安、迁江站可能出现 1956 年以来最枯的枯季。各站枯季流量预测结果见表 7-2。

表 7-2　各站枯季流量预测统计　　单位：立方米每秒

月份	江边街站		天生桥站		天峨站		都安站		迁江站	
	本次预测值	多年同期	本次预测值	多年同期	本次预测值	多年同期	本次预测值	多年同期	本次预测值	多年同期
10 月	189	244	440	738	808	1700	980	1950	987	2020
11 月	128	172	423	464	605	984	570	1200	630	1270
12 月	90	112	250	305	540	615	550	735	580	768
次年 1 月	70	89	180	223	430	455	460	553	480	573
次年 2 月	55	73	170	190	330	402	420	497	440	517
次年 3 月	50	59	140	167	310	375	410	492	450	535
枯季平均流量	580	749	1600	2090	2920	4530	3380	5430	3570	5680

注：10 月平均流量为已发生值。

（二）咸潮活动的规律分析

咸潮入侵主要受淡水径流及潮汐动力作用影响，其他还有河口形状、河道水深、风力风向、沿岸流、海平面变化等因素影响，其中，潮汐动力影响最稳定且具有一定周期性。受太阳及月球引力的影响，周期性表现在日周期及半月周期。珠江三角洲为不规则半日潮，每日均有两次潮涨潮落过程，在每月的朔、望两日，涨潮过程中潮水位将达最大值。河口形状对咸潮上溯也有重要影响，根据有关文献，伶仃洋—狮子洋、黄茅海—银洲湖断面宽度均呈指数规律递减，这种河口形状非常利于潮波传播，因此这两处也是潮优型河口。河道水深加深，特别是贯通性的深槽加深，有利于盐水楔的活动，咸潮上溯，距离将增加。风对咸潮活动的影响较大，不同的风力和风向直接影响咸潮的推进速度，若风向与海潮的方向一致，可以加快其推进速度，加大其影响范围。但风力、风向在各地造成的效果是极不相同的。如东风和东北风可加重洪湾、坦洲一带的咸害，可减轻三灶东北部的咸害等。风力、风向具有明显的随机性，变化是个非常缓慢的过程，根据有关文献分析，海平面以平均 0.14 厘米每年的速度上升，而近年的咸潮活动已反映了河口形态、河道水深等因子的变化。由于以往珠江河口地区咸潮活动研究尚不够深入，因此本次咸潮影响预测，主要是分析上游径流变化与天文潮对咸潮活动的影响，力求找出规律。以西江梧州、北江石角 1956—2004 年枯季月均流量系列资料进行 1999—2004 年枯季逐月相应流量频率计算。现将枯季各月来水量分为 5 级，其中频率在 25% 以下对应的流量为枯季该月来水较丰；25%~50% 为平水偏丰；50%~75% 为平水偏枯；75%~95% 为来水较枯；95% 以上为来水特枯。计算结果表明，在发生严重咸潮的1999年（1月、2月、3月），梧州站、石角站各月来水量均为枯或特枯。而在咸潮影响较弱（未成灾）的2002—2003年枯季，梧州站与石角站各月均为丰或平水偏丰。咸潮强度与1999年类似的2003—2004年枯季，石角站各月来水均为较枯或特枯，梧州站各月来水则为平偏枯。

（三）咸潮对径流变化响应的统计分析

由于潮流作用具有日、半月周期性且较为稳定，现选取磨刀门水道广昌泵站2001—2002年、2003—2004年枯季月含氯度最大值在内的连续3天值（大潮期）的均值，与上游站相应3天流量的均值（梧州至主要出海水道传播时间以3天计），以此进行统计分析（见表7-3）。因习惯上珠江三角洲的来水以马口加三水径流量来表示，用广昌站含氯度与相应马口加三水流量进行统计分析，分析结果见图7-1。从图7-1中可看出，含氯度与上游径流量有明显的非线性关系。

表7-3　广昌站最大含氯度与上游水文站流量

日期/（年-月-日）	广昌站含氯度/毫克每升	梧州站流量/立方米每秒	石角站流量/立方米每秒	梧州加石角流量/立方米每秒	马口加三水流量/立方米每秒
2001-10-30	783	3000	430	3430	3880
2001-11-29	1100	2500	341	2841	3210
2001-12-29	3463	2170	457	2627	2970
2002-01-26	5703	1670	174	1844	2080
2002-02-25	4140	1750	293	2043	2310
2002-03-23	357	4720	512	5232	5910
2003-10-30	1403	2860	202	3062	3460
2003-11-27	3693	2250	225	2475	2800
2003-12-28	4820	1937	176	2113	2390
2004-02-04	9633	1360	124	1484	1680
2004-03-03	7100	1480	312	1792	2030

现假定各水道盐度纵向梯度f为一定值，即盐度纵向均匀变化。当上游（马口加三水）来水量为Q时，通过关系式可计算出广昌泵站含氯度值C，则咸潮可能上溯距离$L=(C-250)/f$，其中f可用2004年2月4日特大咸潮期监测值率定。由于盐水入侵曲线基本为递降形、拱顶形、铃形、驼背形四种，直线形几乎没有，因此需根据踏勘及实测资料对不同来水条件下各点含氯度计算值进行校正。以此为基础，可初步估算出在马口加三水不同流量条件下，磨刀门水道咸潮活动范围。其他口门因无详细监测资料，其咸潮上溯距离随上游流量的空间变化只能根据少数监测值及趋势线进行估算。东江三角洲咸潮变化范围则参考《东江三角洲咸潮活动现状分析专题报告》（广东省水文局，1999）的研究成果。以磨刀门水道广昌泵站为起算点，表7-4为马口加三水不同来水量条件下，咸潮（250毫克每升）可能上溯最大距离。

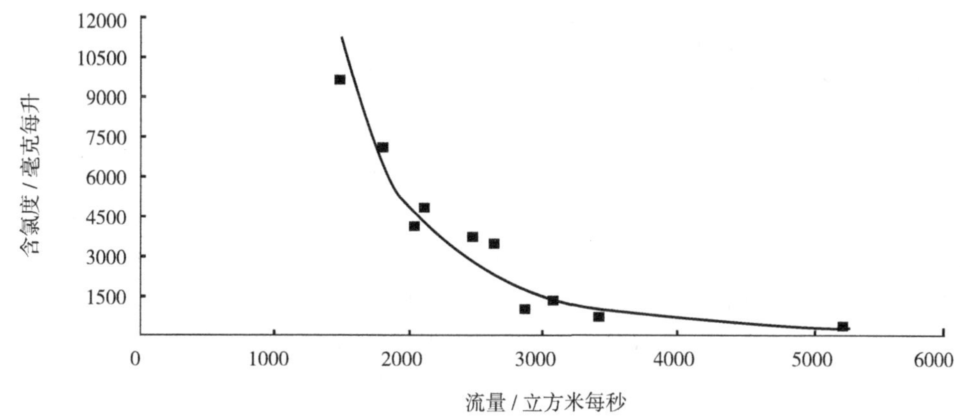

图 7-1　广昌泵站含氯度与马口加三水流量关系

表 7-4　磨刀门水道咸潮可能上溯最大距离

马口加三水流量 / 立方米每秒	4500	3500	2500	1500	1000
咸潮入侵距离 / 千米	2.2	15.4	29.3	42.5	53.3

注： 以磨刀门水道广昌泵站为起算点。

五、方案编制

由于珠江压咸补淡应急调水在技术方面一片空白，决策者们大胆细心、科学决断，牢牢盯住珠江口含氯度等值线运动轨迹。在综合分析历史资料的情况下，找出一些规律性的东西，创造性地提出了咸潮预警的概念。

（一）咸潮预警分级

根据分析结果及实际调查，西、北江三角洲咸潮分级预警情况如下：

（1）马口加三水流量≤ 4500 立方米每秒。遇大潮期，咸潮会影响到挂定角引水闸、广昌泵站。珠海市应加强咸潮监测，适时引水、抽水，储备淡水资源。

（2）马口加三水流量≤ 3500 立方米每秒。遇大中潮期，咸潮会较严重影响挂定角引水闸引水、广昌泵站取水，大潮期间有可能影响珠海平岗泵站。加强咸潮监测，适时引水、抽水，动用少量当地水库蓄水，可保障珠海、澳门特区供水。

（3）马口加三水流量≤ 2500 立方米每秒。咸潮遇中小潮期，会影响珠海、澳门特区的广昌泵站、平岗泵站、黄杨泵站，广州番禺第二水厂，影响人口 141.6 万人，影响取水能力 89 万立方米每天；遇河口大潮，咸潮可能影响中山市全禄、大丰水厂，广州石溪水厂，影响取水能力 174 万立方米每天，可能影响人口 220 万人。珠海、澳门特区供水紧张。如持续时间超过 2 个月，珠海、澳门特区供水将出现大范围的紧张局面。

（4）马口加三水流量≤ 2000 立方米每秒。遇中小潮期，咸潮会影响到珠海、澳门特区的全部取水泵站，中山市全禄、大丰水厂，广州番禺沙湾水厂、石溪水厂。影响取水能力190万立方米每天，影响人口246.6万人；遇大潮，且东江、流溪河、潭江来水很枯，咸潮可能影响到江门新会的鑫源水厂、顺德的桂洲水厂、容奇水厂、容里水厂、广州的白鹤洞水厂，影响取水能力226万立方米每天，影响人口338.6万人，广州芳村、番禺，佛山顺德，江门新会、中山等部分地区出现短历时的停水、低压供水、超标供水等紧张局面；如持续时间超过2个月，珠海三灶、横琴等地将出现长时间的停水，珠海市区和澳门特区会出现较严重的供水紧张，造成较大的社会影响。

（5）马口加三水流量≤1500立方米每秒。遇中小潮期，咸潮将影响到珠海、澳门特区全部泵站，中山市的全禄、大丰水厂，广州番禺沙湾水厂、石溪水厂、白鹤洞水厂，会造成部分时段停止供水，有的甚至全部停水，影响取水能力216万立方米每天，影响人口285.2万人。遇大潮，咸潮可能影响江门新会鑫源水厂，顺德桂洲水厂、容奇水厂、容里水厂，广州西村水厂、石门水厂、江村水厂。影响取水能力258万立方米每天，影响人口677万人。广州西部、南部及番禺区，佛山顺德，江门新会，中山，珠海等地将会出现较大范围、长历时的停水、低压供水、超标供水，难以保障澳门特区供水等严峻局面，给居民生活、工业生产带来严重影响，并有可能影响社会稳定，造成强烈的社会影响。

东江三角洲咸潮预警分级。根据广东省水文局1999年研究成果，结合近几年东江三角洲出现咸潮情况，确定东江三角洲咸潮预警分级。

（1）石龙来水≤350立方米每秒（相当于博罗来水≤400立方米每秒），咸潮有可能影响广州西洲水厂。

（2）石龙来水≤250立方米每秒（相当于博罗来水≤300立方米每秒），咸潮会影响广州的西洲水厂、东莞中堂水厂，对广州东部、东莞市供水将产生局部、短历时的影响。

（3）石龙来水≤150立方米每秒（相当于博罗来水≤200立方米每秒），咸潮会影响广州西洲水厂、新塘水厂，东莞中堂水厂、第二水厂、第三水厂、第四水厂等，对广州东部、东莞市供水将产生较大范围、较长历时的影响，并可能影响东深供水工程取水，进而影响深圳、香港特区供水。

（4）石龙来水≤100立方米每秒（相当于博罗来水≤150立方米每秒），咸潮会影响广州西洲水厂、新塘水厂，东莞中堂水厂、第二水厂、第三水厂、第四水厂及东城水厂等，对广州东部、东莞市供水将产生更大范围的影响，会出现长历时的停水、低压供水、超标供水等严重局面。

（二）强咸潮袭击时段初步判断

一般来说，大潮时，咸潮强度大，上溯距离长。根据预警分级可知，对西、北江三角洲，当马口加三水流量≤2000立方米每秒时，供水形势将变得紧张；当马口加三水流量≤1500立方米每秒时，区域将会出现超过2004年2月强咸潮袭击时的灾害情况。

2004年冬至2005年春，枯季灾害性强咸潮最有可能发生的时段为：

（1）2004年12月11—17日，马口加三水平均流量为1900立方米每秒，中山市全禄、大丰水厂，广州番禺沙湾水厂可能会受到咸潮袭击。

（2）2004年12月25日至2005年1月1日，马口加三水平均流量降为1700立方米每秒，中山市全禄、大丰水厂，广州番禺沙湾水厂会受到咸潮袭击，广州市西部水厂（白鹤洞、西村、石门、江村）、江门新会鑫源水厂均可能受到影响。

（3）2005 年 1 月 9—15 日，马口加三水平均流量为 1500 立方米每秒，中山市全禄、大丰水厂，广州番禺沙湾水厂，广州市西部水厂（白鹤洞、西村、石门、江村）、江门新会鑫源水厂均会受到影响，社会反应强烈。

（4）2005 年 1 月下旬大潮前后，马口加三水流量低至 1050 立方米每秒左右，咸潮将严重威胁珠江三角洲供水。此时，珠海、澳门特区受较强咸潮影响，持续时间超过 2 个月，当地水资源已不能满足供水需要，需要采取紧急措施，方可保障春节前后的供水。

（5）2005 年 2 月 10 日前后，马口加三水流量为 1700 立方米每秒，如果 2—3 月仍维持干旱少雨天气，2 月 24 日，马口加三水流量低至 1300 立方米每秒，3 月 20 日，马口加三水流量低至 1 300 立方米每秒，咸潮活动也很强烈。

（6）因博罗站来水普遍偏少，东江三角洲重要水源地出现咸潮较多，其中最严重时段为：2004 年 12 月 1 日、2004 年 12 月 13 日、2004 年 12 月 29 日、2005 年 1 月 13 日、2005 年 1 月 25 日、2005 年 2 月 10 日、2005 年 2 月 24 日、2005 年 3 月 10 日。

河口咸潮活动影响因素多，机制较复杂，而咸潮监测资料缺乏，以往的研究也比较少，因此本次分析的咸潮规律还是比较宏观性的，定性分析的成分多，定量分析的成分少，因此有待咸潮观测资料丰富后加以完善。咸潮准确预测还有待根据流域水情测报、河口潮汐情况、当年咸潮活动监测等资料，进行实时修正。

六、调水压咸措施研究

（一）调水压咸时间及调水量分析

珠江三角洲抗咸的传统方法是避咸取淡，其关键是水库的调蓄能力。由于调蓄能力差异，各地对咸灾承受能力也不相同。如珠海调蓄库容有 2500 万立方米，以现有日用水 60 万立方米计（含澳门特区），可维持 40 天左右，即使算上最多可掺兑的 1000 万立方米咸水，能维持的天数也不超过 60 天，以严重咸潮四个月计（12 月，次年 1 月、2 月、3 月），则平均每月应不少于 15 天可取淡水，换成小时数，则每月必须有 360 小时的抽取淡水时间，平均每天抽取淡水 10 小时以上；否则，只能超标供水。中山市改扩建了长江水库的浦鱼洋水厂，使供水能力扩大到 10 万立方米每日，但如全禄、大丰水厂连续停机过长，则只能低压供水，甚至超标供水。番禺、广州市区各水厂则无调蓄能力，其本身蓄水能力只能维持 2 小时低压供水，超过则只能停机。根据 2000—2001 年枯水期珠江三角洲网河河道同步水文测验成果，枯季虎门水道的大虎断面净径流只占马口加三水净径流的 9.19%，而磨刀门水道灯笼山断面却占 23.64%。因此，在上游有限水资源的条件下，只能选择水资源效益最大的利用模式。珠海、澳门特区主要取水口均位于磨刀门水道，且受咸害影响时段最长，流域上游放水压咸主要考虑珠海、澳门特区的需求。

根据以上分析及实地调查，当马口加三水来水量达到 2500 立方米每秒时，在合适的风向条件下，能保证取水设备有足够的取淡时间；当马口加三水来水量达到 3000 立方米每秒时，即使风向不利，也能保证取淡时间。由于枯季上游水资源有限，初拟西、北江压咸标准以马口加三水来水量不少于2500立方米每秒计。以此为标准，则2004年冬至2005年春关键时段马口加三水缺水量见表7–5。

表7–5 2004—2005年枯季关键时段马口加三水压咸缺水量

咸潮影响关键时段 /（月–日）	预测时段内平均来水量 / 立方米每秒	压咸缺水量 / 立方米每秒
12–11—12–17	1900	600
12–25—01–01	1700	800
01–09—01–15	1500	1000
01–23—01–31	1030	1470
02–08—02–12	1700	800
02–23—02–25	1300	1200
03–18—03–22	1350	1150

（二）应急调水压咸措施

截至2004年10月底，西江流域云南、贵州、广西有灌溉、供水功能的水库有效蓄水总量有45亿立方米，这些大中小型水库由于都有各自的灌溉、供水任务，水库较分散，单个水库的蓄水量有限，因此不可能承担对下游补水压咸任务；西江流域纯发电的大型水库蓄水量有65亿立方米，以西江干流天生桥（一级）电站、岩滩电站为骨干，两库10月底有效蓄水量约为54.29亿立方米；而北江南水水库、飞来峡水利枢纽、长湖水库、潭岭水库等9月底有效蓄水量不足6亿立方米。据分析，要将咸潮控制在可接受的水平，必须保证马口加三水来水量不少于2500立方米每秒，而要保证西、北江三角洲2004年冬至2005年春枯季供水安全，需上游补水压咸的水量在90亿立方米以上。因此，可以认为依靠上游水库补水压咸，全面解决2004年冬至2005年春咸潮对西、北江三角洲的供水威胁是不可能的。

由于一方面保障北江下游的生活、生产、生态需水，需要上游水库补水约8.5亿立方米，北江几座大型水库蓄水量满足自身需要可能都存在较大难度；而另一方面，西江除天生桥（一级）水电站、岩滩水电站的蓄水量较大外，其他水电站的调节库容较小、能力有限且比较分散，因此研究水库补水压咸应以天生桥（一级）水电站、岩滩水电站为主，并定位为应急调度方案研究。

虽然天生桥（一级）水电站库容较大，但距离珠江三角洲有10天左右的流程；而岩滩水电站库容较小，距离珠江三角洲有7天左右的流程。因此，拟采用岩滩水电站根据预测提前7天补水，以保证下游必要的流量，同时，天生桥（一级）水电站也加大了下泄流量，沿程其他水电站不得截流，以天生桥（一级）水电站来补充岩滩的水量。

珠海、澳门特区供水长期受枯季咸潮影响，其供水系统是由当地水库、河涌储备淡水资源来调配枯季泵站抽水、水闸引水的不足，具有一定的抗咸潮能力；主要沿江取水工程比较靠近河口，要保证大潮期间咸潮不影响这些工程，马口加三水流量需不小于4500立方米每秒，水库补水流量在2500~4500立方米每秒，已超出了上游水库的补水能力；如要保证中小潮期这些工程仍有一定的时间可以取到淡水，马口加三水流量需不小于2500立方米每秒，水库补水流量在500~1500立方米每秒，岩滩水电站4台机组满发的过机流量为2200立方米每秒，不会出现弃水现象。广州、中山的自来水取水水源主要来自河道取水，沿江取水工程离河口较远，即使上游径流量很小，中小潮期对这些工程的取水不会产生较大影响；但由于自身调蓄能力不足，遇强咸潮袭击，就容易出现低压供水、超标供水，甚至停水的现象，如要保证大潮期广州、中山的这些工程仍有足够的时间可以取到淡水，马口加三水流量需不小于2000立方米每秒，水库补水流量不超过1000立方米每秒。

因此，上游水库调水压咸，需考虑两种情况：

根据报告分析的咸潮影响的可能情况，补水考虑在2004年第一次强咸潮袭击之后，根据旱情监测的中期预报成果，在下一次强咸潮来临7天前部署。

考虑预测7天后，当西、北江三角洲顶点的入流量小于2000立方米每秒，广州西部及番禺、中山等多数水厂因调蓄能力不足，受咸潮影响，出现较严重的供水紧张局面时，上游水库按大潮期西、北江三角洲顶点的入流量达2000立方米每秒进行补水，以缓解广州、中山等地的紧张局面，据初步预测，可能出现的时间在12月17—23日，水库补水流量达700立方米每秒。

当预测珠海、澳门特区的当地水资源已不能满足供水需要，而出现严重的供水形势时，上游水库按中小潮期西、北江三角洲顶点的入流量达2500立方米每秒进行补水，使得西、北江三角洲顶点的入流量达到2500立方米每秒以上，以保障珠海、澳门特区供水的泵站、引水闸在中小潮期能有足够的抽水、引水时间，补充淡水资源，保障基本供水需求，据初步预测，可能出现的时间在1月中下旬。12月中下旬至3月中旬按此方案进行补水压咸调度，需要上游水库补水量在50亿立方米左右，对天生桥（一级）水电站的发电产生一定的影响，主要是水库枯季结束后回蓄时间要推迟3个月，处于低水位运行的时间延长约4个月。如按12月中下旬及1月2次试验调水，分别需要天生桥（一级）水电站补水5亿立方米、16亿立方米。

根据东江水系的特点，东江的压咸工作由广东省人民政府协调。新丰江、枫树坝、白盆珠三大水库由广东省防总统一调度，根据旱情和咸潮的情况，按满足下游供水、压咸等需要进行补偿调节。

由于水库蓄水量不足，珠江流域未曾利用上游水电工程进行补水压咸调度，同时枯季来水量、咸潮影响范围的预测等尚存在许多不确定因素，采用何种调度方式及压咸的效果尚待观察，因此拟定的2004年冬至2005年春水库补水压咸应定位为应急补水试验调度。应急补水试验调度期间，布置开展西江干流沿线的水库调度、取用水监控和调查，加强沿江水文站、水位站的水文测验，加强珠江三角洲主要河道的咸潮监测，并开展珠江三角洲同步水文测验。及时分析、总结，对应急调度方案进行调整，以更好地应对下一次咸潮的到来。

（三）应急措施

由天生桥、岩滩水库应急补水压咸 。建议流域机构抓紧提出具体的调水压咸预案，并与相关部门协调和商定后执行。由于调水线路长、调水经验不足以及咸潮影响范围的预测、压咸的效果等尚存在许多不确定因素，在首次调水压咸过程中，要加强全过程的水文测验和咸潮监测。

根据方案，珠江委向流域各省（自治区）发出通知，要求加强节水工作和主要江河水库的调度管理，避免枯季下游已出现供水紧张局面时水电站继续调峰运行，或不合适地拦蓄径流，加重河口咸潮的压力。做好咸潮实时监测与预警预报工作。珠江委组织流域有关省（自治区）水文、气象、防汛抗旱部门对降雨、径流、水库蓄水量等数据进行整理分析，发布10天预见期的旱情及咸潮的预警预报。珠江委拟联合有关部门开展珠江河口主要水道的适时咸潮监测，及时掌握当年咸潮活动情况，并通报有关部门；同时根据流域降水、径流及河口潮汐活动情况建立咸潮预测预报模型，对枯季咸潮活动进行预测预报分析，以便各有关部门及地方政府及时采取相关对策，抵御咸潮，保障区域供水安全。建议广东省人民政府协调，加强对北江、东江大型水库调度管理，尤其是东江三大水库，在广东省防汛防旱防风总指挥办公室的统一调度下，结合旱情监测情况，按满足下游供水、压咸等需要进行补偿调节，以保障香港特区、深圳、惠州、东莞等地的供水安全。

珠江三角洲咸潮影响区的相关部门，应加强取水点及河道咸潮监测，避咸取淡，有条件的地区可增加河涌、泵站取水量，农业用水适当取用微咸水，调整中小水库功能，合理调配资源，保证咸期供水。珠江三角洲相关各地政府应制订强咸潮期间紧急供水预案，采取必要的应急取水和限制供水的措施。为保证生活用水，对工业用水大户采取限制用水和短期停水措施，研究制定季节性水价调节机制，促进节约用水。必要时，可适当采取咸淡混合用水、提高供水含氯度标准、低压供水、部分区域间歇性供水等措施。

流域相关省（自治区）协助流域机构开展旱情监测和预报工作，加强对大江大河干流径流式电站的发电运行调度管理，防止不合理地调峰运行和不合适地拦蓄径流，阻碍航运和加重河口咸潮压力；同时对干流主要径流式水电站运行采取必要的限制措施，避免枯水期下游已出现供水紧张局面时水电站继续调峰运行，或不合适地拦蓄径流，加重河口咸潮的压力；有条件的地区，在保证粮食安全的前提下，改进农作物种植结构，节约用水。

七、应急调水压咸方案的批准与实施

广东省人民政府在紧急召开多部门的协调会议后，于2005年1月6日，向水利部提出了尽快实施珠江压咸补淡应急调水预案的请求。应广东省人民政府的请求，国家防总和水利部审时度势，经紧急会商后，果断决策，于1月7日下达了《关于批准实施珠江压咸补淡应急调水的通知》（国汛电1号），批准了珠江委及广东省的珠江压咸补淡应急调水方案。通知要求有关各方要从讲政治的高度，顾全大局，通力协作，克服困难，按照分工共同做好应急调水工作。

根据国家防总的通知要求，珠江压咸补淡应急调水于2005年1月17日至2月4日实施，具体调水方案如下：①天生桥一级、二级电站从1月17日8时至2月1日8时，按日平均流量不小于560立方米每秒下泄。②岩滩水电站从1月18日8时至1月24日8时按日平均流量不大于1月17日平均入库流量下泄，将天生桥水库的调水量蓄于库内；从1月24日8时至1月31日8时，按日平均流量不小于1930立方米每秒下泄。③大化电站、百龙滩电站从1月24日20时至1月31日20时，按日平均流量不小于1930立方米每秒下泄。④乐滩电站从1月25日8时至2月1日8时，按不小于1950立方米每秒下泄。⑤北江飞来峡水利枢纽从1月28日20时至2月3日20时，按不小于250立方米每秒下泄。⑥应急调水后，在梧州断面流量小于2000立方米每秒时，西江各电站须保证下泄流量不小于入库流量，以避免加重下游抗咸压力。国家防总要求珠江委在具体组织实施上述调度方案时，根据流域来水情况和下游供水紧张情况进行适当调整。

八、组织协调

国家防总和水利部批准实施珠江压咸补淡应急调水方案后，珠江委进行了全面的动员和工作部署，制订总体实施方案，并成立了领导小组，下设办公室和预警预报、督查、测验、分析评价、宣传报道组等5个工作小组，积极开展应急调水前的各项准备工作。

为严密监视调水的实时演进及三角洲水情和咸情，珠江委组织广东、广西、贵州等省（自治区）开展应急调水期间大规模同步水文及咸潮测验工作，珠江委水文局与广东、广西、贵州等省（自治区）水文局紧急协商，联合组织了700多人监测队伍；他们在既无经费，又值寒冬腊月的情况下，克服各种困难，积极做好监测的各项准备工作。

为进一步贯彻落实国家防总下达的调度指令，确保各项工作的顺利开展，珠江委相继与中国电力监督委员会南方监管局，广东、广西等省（自治区）人民政府，中国南方电网有限责任公司、广西电网公司、调水沿线各有关电站等单位进行多次协调沟通，得到各方面的理解和支持。

根据国家防总下达的调度指令，珠江流域各省（自治区）迅速行动，各级防汛抗旱、水行政、水文、电力等部门组织广大干部职工研究落实具体实施方案。贵州省从大局出发，以确保珠江三角洲地区的供水安全为己任，1月12日，省防总和交通厅联合下文，要求各级政府认真做好珠江压咸补淡应急调水的各项准备工作。广西壮族自治区政府召开了专题协调会议，自治区政府杨道喜副主席表示，要坚决支持和执行国家防总的调令，要求有关地方和部门认真贯彻落实，确保安全。广西防办全体动员，全力配合珠江委做好各项准备工作。广东省人民政府及珠江三角洲地区各地市，为了迎接上游调来的宝贵水资源，保证充分抽淡蓄水，召开专题会议进行了全面动员，制订了水闸控制运用及抢淡补淡取水方案。南方电网（中国南方电网有限责任公司的简称）、广西电网（中国南方电网广西电网有限责任公司的简称）、广电集团（中国广播电视网络集团有限公司的简称）以及西江沿线天生桥一级、二级电站，平班、岩滩、大化、百龙滩、乐滩和北江飞来峡水利枢纽等单位和部门，按照应急调水的有关要求，积极安排电网调度和水库调度运行方案，确保实施珠江压咸补淡应急调水期间电网安全运行。交通、海事等部门也积极为珠江压咸补淡应急调水工作提供相应支持。国家防总和水利部的正确决策和科学指导，珠江委的精心组织、充分准备和积极协调，流域内各省（自治区）、各行业、各部门的大力支持和配合，为启动实施珠江压咸补淡应急调水打下了坚实的基础。

九、方案的实施

2005年1月17日，受汪恕诚部长委托，国家防总秘书长、水利部副部长鄂竟平在天生桥（一级）电站宣布首次珠江压咸补淡应急调水正式启动，标志着应急调水进入实施阶段。

（一）水库调度

根据国家防总的调度指令，1月17日，天生桥一级、二级电站开始按560立方米每秒的流量下泄。1月19—22日，珠江委根据流域雨情、水情的变化情况，为更加有效地利用有限的水资源，经认真分析及多方案论证，对调度方案进行第一次优化：正常调水期间，岩滩电站由原来按不小于1930立方米每秒下泄调整为按不小于1700立方米每秒下泄，大化电站、百龙滩电站按原来不小于1930立方米每秒下泄调整为分3个时段按不小于1720立方米每秒、1900立方米每秒和1720立方米每秒，启动时间提前8小时；乐滩电站按1950立方米每秒流量下泄的时间比原规定缩短84小时。1月9—13日，北江上游出现一个降雨过程，珠江委及时发出通知，要求北江飞来峡水库抓住1月中旬北江来水有所增大的机会，尽可能多地储蓄来水，至1月16日，飞来峡水库蓄至正常蓄水位24米以上，蓄水量已比1月初多1亿立方米。由于珠江三角洲咸情加剧，珠海、澳门特区已经连续30天不能正常取水，为尽早缓解咸情，并给下游提供尽可能长的时间抽取淡水，珠江委于1月26日研究决定，将飞来峡水库的调水时间提前1天，要求在1月27—30日、1月30日至2月2日、2月2—4日分别按550立方米每秒、250立方米每秒和450立方米每秒流量下泄。具体调度方案还对各水库在调水起始段、结束段的调度运行进行了优化。通过优化调度，最大限度地发挥了水资源的综合效益，并保证了下游三角洲压咸补淡的水量要求，延长了抢淡取水时间。

（二）水情、咸情实时信息采集与滚动预测

由于预测预报的主要来源于天气形势和流域降水情况分析，西江干流、北江干流、三角洲等主要控制站及沿程主要支流控制站的水文资料和珠海、中山、番禺等地的咸潮监测资料等，2004年12月底，珠江委防汛办、水文局与调水沿线有关水文站、主要水库、三角洲地区珠海、中山、番禺等地建立数据信息传递网络，并要求主要水文站和水库在调水期间按六段制报送资料。2005年1月1日起，预警预报组即开始进行每3日滚动一次的水情和咸情预报分析。1月11日开始，每日滚动预报未来15天的水情和咸情。水情预报主要预报干、支流主要控制站的流量，上游来水的预测是咸潮预测预报的基础。咸潮预报主要分析计算下游主要饮用水水源区所在出海河道监测点的含氯度。

（三）督查、测验工作

2005年1月16日，督查工作组按照指挥部的统一要求分赴各督查点，对调水沿线各地、主要水库、主要水文站、主要入河排污口及下游主要取水点、重要水闸均派驻点督查人员进行督查，及时传达指挥部的有关调度指令，确保各水库严格按照指挥部的调度指令运行；通报沿线预警水位及出现时间，及时与地方政府和水利部门沟通协调，保证了调水沿线的安全，保证了主要控制站水文资料的及时传递；严密监视沿程主要取水工程和主要入河排污口，确保了上游调水按时保质保量地到达珠江三角洲；及时反馈各

督查点的有关信息，为指挥部实时调整、优化调度方案提供了有力保证。1月26日，根据应急调水指挥部会商会议的要求，及时将督查工作重心转移到指导下游开展抢淡补淡工作。同步水文测验和咸潮监测工作由上游至下游依次展开，涉及干、支流主要控制水文站、水位站30个，珠江三角洲测验断面61个及若干散点。整个测验工作到2月11日全面结束，测验时间前后共计27天。据不完全统计，共获取水位、流速、流量、潮位、潮差、泥沙等水文数据，含氯度、咸潮界等咸潮数据以及COD_{Mn}、BOD、氨氮、石油类等水质数据达30多万组。本次测验工作动员了珠江委水文局和广东、广西、贵州等地水文局共700多人参加，出动测验船70多艘、监测车100多辆，规模之大、跨越时间之长，监测数据收获之丰，在珠江流域是史无前例的，为本次应急调水实时调整、优化调度方案，为今后开展珠江河口咸潮机制研究及全流域水资源和水环境研究取得了宝贵的第一手资料。

（四）抢淡蓄水工作

为充分利用上游调来的宝贵水资源，1月26日开始，珠江委即向三角洲有关地市发送《珠江应急调水情况通报》，以指导各地抢淡蓄水工作。1月29日，珠江委经过紧急会商，决定在原珠江三角洲督查工作组基础上，进一步调集骨干技术人员充实力量，组成4个抢淡补淡工作组。当天，抢淡补淡工作组同时奔赴珠江三角洲珠海、中山、广州、江门、佛山等地，指导各地组织抢淡补淡工作，及时收集各地抢淡补淡资料、信息。1月26日至2月3日，委领导带队协调确保澳门特区的优质供水事宜，并亲自到珠海、中山等地指导抢淡补淡工作。在抢淡补淡工作组的指导下，珠江三角洲各地积极利用一切条件抢抽、蓄积淡水。各地主要供水厂基本满负荷取水；珠海、中山等地充分利用本地水库蓄水，增加淡水资源；三角洲主要河涌还灵活控制水闸运用，增蓄淡水，以备后期利用。各地在珠江委技术工作人员的指导下，合理控制水闸运用，充分利用上游调来的清洁水资源置换已受污染的内河涌水，极大地改善了内河涌水生态环境。

（五）调水结果

通过优化调度，1月28日，调水前锋已达思贤滘，马口加三水流量29日已达2760立方米每秒，最大流量出现在1月31日，达3380立方米每秒，流量超过2500立方米每秒的时间为1月29日至2月5日，历时8天，超过预案5天的目标。

据统计，下游直接从河道取水抢淡量超过5411万立方米，引入河道河涌供日后继续抽取供水的水量近4500万立方米。其中珠海、澳门特区蓄淡水库增加达标淡水蓄量1272万立方米，可保证珠海、澳门特区、中山正常供水到3月中旬。同时，三角洲主要分流河道和引水河涌水质明显好转。

2月1日8时，按照调度令要求，天生桥一级、二级电站恢复正常流量发电，至此，包括岩滩、大化、百龙滩、乐滩在内的参与此次调水的西江干流几大水库已全部结束应急调水工作，恢复正常发电调度，圆满完成此次压咸补淡应急调水任务。

十、调水压咸补淡效果

上游调水到来之后，主要水道咸界明显下移。1月29日至2月5日，磨刀门水道咸界基本控制在珠海、澳门特区供水系统的主要引淡水闸——马角水闸、联石湾水闸附近，沙湾水道咸界基本控制在广州番禺主力水厂——东涌水厂以下，横门水道基本控制在小隐水闸以下，鸡啼门水道基本控制在白蕉以下，虎跳门基本控制在南门泵站附近。

1月29日至2月5日进入三角洲的总淡水量为20亿立方米，分别经虎门、蕉门、洪奇门、横门、磨刀门、鸡啼门、虎跳门、崖门出海，由于各口门及三角洲主要水道受潮汐影响，水体在河道与口门区往复流动，水体的平均流速在0.2米每秒左右，这部分淡水要经8个口门完全出海需要8~10天时间，这部分淡水团在2月15日前仍主要分布在各主要口门及近海区，对于春节前后大潮期各水道的含盐度的降低仍有明显作用。

（一）压咸效果

磨刀门水道监测点较多，从上至下依次有全禄水厂、竹银、西河水闸、南镇水厂、竹排沙、马角水闸、联石湾水闸、灯笼山水文站、大涌口、广昌泵站、挂定角，各站受咸潮影响自下而上依次减弱。1月29日至2月5日，上述各站点含氯度均呈明显下降趋势，联石湾水闸以上除个别时段外含氯度均达标，为珠海、中山及时抢淡蓄水提供了水源保证。以1月31日为例，马角水闸全天除1小时超标外，大部分时间的含氯度在44~55毫克每升，与调水到来前的1月27日比较，最大含氯度下降2180毫克每升，基本上做到了全天候取水。

沙湾水道：1月29日至2月5日，沙湾水厂、东涌水厂、三沙口各监测点含氯度均呈明显下降趋势，沙湾水厂、东涌水厂含氯度除个别时段外均达标，1月31日最大含氯度值分别为53毫克每升、10毫克每升，与调水到来前的1月27日比较，最大含氯度分别下降了979毫克每升和4786毫克每升。

横门水道：1月29日至2月5日，小隐水闸监测点含氯度呈明显下降趋势，1月31日最大含氯度为111毫克每升，比1月27日下降1387毫克每升。

鸡啼门水道：1月29日至2月5日，白蕉监测点含氯度呈明显下降趋势，1月31日最大含氯度为40毫克每升，比1月27日下降2080毫克每升。

虎跳门水道：1月29日至2月5日，南门泵站、大环泵站含氯度呈明显下降趋势，南门泵站1月31日最大含氯度116毫克每升，比1月27日下降4200毫克每升。

（二）补淡效果

上游调水到达三角洲后，珠海、中山、广州、江门、佛山等地充分利用一切可能的条件抢淡蓄水。据统计，1月29日至2月14日，三角洲咸潮涉及范围以下各地直接从河道抢抽淡水达5411万立方米，其中珠海、澳门特区1918万立方米，中山1335万立方米，江门197万立方米，广州1866万立方米，佛山95万立方米，大大超过预期的目标，有效地缓解了近期珠江三角洲各地供水紧张局面。珠海、中山等地还积极利用本地有限的水库库容蓄水。1月29日至2月14日，珠海利用竹仙洞、银坑、蛇地坑、南屏、大镜山、凤凰山、梅溪等水库，达标蓄淡水量增加了1172万立方米，其中增加水库蓄水量472万立方米，将700万立方米含氯度500毫克每升的水库蓄水置换成达标淡水；澳门特区利用珠海水库供水，小水库增加蓄水80万立方米；中山南镇水库增加蓄水20万立方米。三角洲各地除了利用蓄水水库抢蓄淡水资源，还合理控制各河涌水闸，积极利用具备条件的内河涌抢蓄淡水。据统计，1 月 29 日至 2 月 14 日，珠海利用白蕉联围内河涌蓄水约 3000 万立方米，中山、珠海在中珠联围内河涌蓄水约 1500 万立方米。按澳门特区、珠海供水量计算，当地水库及河涌内蓄水可有效保证澳门特区、珠海正常供水到 3 月中旬。

本次调水有效改善了珠江三角洲枯水期上游来水条件，三角洲顶点思贤滘从 1 月 29 日至 2 月 5 日，连续 8 天流量基本维持在 2500~3400 立方米每秒，1 月 31 日最大流量达 3380 立方米每秒左右，大大增强了枯水期径流动力，明显改善了三角洲主要分流河道的水质状况。据环境保护部门监测，珠江三角洲主要河道水质由调水前的Ⅵ ~ Ⅴ类提升为Ⅱ ~ Ⅲ类；珠江三角洲珠海、中山、广州番禺、江门、佛山等地各内河涌通过合理控制水闸运用，共置换了 2.3 亿立方米的清洁淡水用于改善水环境和农业用水，极大地改善了珠江三角洲网河区的水生态环境；沿江云浮、肇庆、佛山、江门、清远等市的供水水质也得到改善。

本次应急调水极大地缓解了珠江三角洲的供水紧张局面。通过应急调水，到 2005 年 3 月中旬，珠海、澳门特区、中山、广州、江门、佛山等地受咸潮影响区域内超过 1000 多万人的供水水质和供水条件得到较大的改善，可保证澳门特区、珠海、中山正常供水至 3 月中旬。同时，由于三角洲各地采取有效的抢淡补淡措施，网河区生态环境得到明显改善，大量的内河涌蓄水也基本保证了春耕农业用水。千里调水引起社会各界的广泛关注和强烈反响，珠江压咸补淡应急调水方案由国家防总批准到正式实施的 20 多天时间里，应急调水工作的一切进展牵动了党中央、国务院及地方政府领导、社会各界和广大人民群众的心。

十一、枯季水量调度长效机制建立

2004 年至今，经国务院同意、国家防总批准，珠江多次实施水量统一调度。有党和国家领导人的高度重视，在水利部、国家防总的指导下，珠江流域各省（自治区）的积极配合，克服了西、北江来水偏枯、罕见冰冻灾害袭击、咸潮持续增强、西南地区特大干旱等诸多困难，经过努力，不仅成功确保了澳门特区、珠海的供水安全，还使骨干水库电站发电总量增加；在改善航运条件和沿江地区水生态环境的同时，统筹了在建工程的蓄水；调度技术上有了新的突破，亮点频出，圆满完成了调度任务。通过水量统一调度，深刻体会到：只要各地、各部门齐心协力，密切配合，认真落实科学发展观，从流域的整体大局出发，目标就能实现，澳门特区、珠海及珠江三角洲地区的供水安全就有保障。

第三节　战胜 5 场大洪水

一、战“94 · 6”洪水

1994 年 6 月，广东省遭受了一次历史罕见的暴雨洪水灾害。首先是 3 号强热带风暴袭击湛江、茂名等市，接着是大暴雨袭击韶关、清远、肇庆等地，造成西、北江洪水猛涨，酿成大灾。这次灾害来势猛，范围广，洪涝波及9个市、60个县、536个乡镇、5803个管理区、4900多个村庄，约占广东全省面积的2/3。

“94·6”特大洪水源于连续性大暴雨。1994年6月3日，由于强对流云团与南海热带云团结合，在雷州半岛东南部的南海北部海面形成热带风暴，20时发展为“9403”号强热带风暴，因受伸向南海南部的西太平洋副热带高压西北边缘的西南气流影响，而向东北偏东方向移动。4日，副热带高压减弱东退，随后又重新加强，伸向东南沿海，致使强热带风暴中心在东沙群岛附近海面回旋打转，直至7日夜间才挟裹着大量水汽西移，并于8日11—12时在雷州半岛徐闻县南部沿海登陆。

此时，适逢一股冷空气南下，促使这次强热带风暴造成强度大、面积广的降雨过程，广东、广西境内出现持续4天的第一次暴雨高峰。这次雨峰的中心主要在强热带风暴途经的雷州半岛，尤其在雷州半岛北部九洲江中下游一带。由于与冷空气交绥以及地形的抬升作用，出现了高量级特大暴雨。九洲江下游控制站缸瓦窑水文站和武陵水库站最大24小时暴雨量分别达624.2毫米和620.4毫米；北江中下游和西江干流及广西境内的桂江一带均降了暴雨到大暴雨。12—18日，又一股冷空气南下到达两广（广东、广西）一带，西太平洋副热带高压加强北挺，到广东沿海一带稳定少动，强劲的西南气流挟带着大量水汽与冷空气交绥形成静止锋，加上“9403”号强热带风暴减弱后形成的低压槽和切变线的共同影响、几种暴雨天气系统叠加，形成静止锋低槽为主的强降水天气，造成西、北江流域的第二次连续性大暴雨。该次暴雨高峰历时更长、范围更广，暴雨中心一个在北江的上、中游及其支流连江、武水一带，另一个中心在西江上游广西境内的柳江、桂江一带。

根据已收集到的北江流域未经整编的资料初步统计，6月8—18日累积雨量大于500毫米的面积达7880平方千米，约占北江流域总面积46710平方千米的16.9%；累积雨量大于400毫米的面积达19670平方千米，约占全流域面积的42.1%；累积雨量大于300毫米的面积达31900平方千米，占全流域面积的68.3%；几乎全流域的累积降雨量都在200毫米以上。这次连续性大暴雨与中华人民共和国成立以来北江流域另两场大洪水的暴雨量比较，暴雨量级以及高量级（600毫米以上）的笼罩面积均略小于1982年5月暴雨，但大于1968年6月暴雨；而中量级（300~600毫米）的笼罩面积及总雨量都比1982年5月、1968年6月两场暴雨大得多，因此“94·6”大洪水是历史上罕见的。

“94·6”特大洪水为1915年以来最大的一场洪水，横石及其上游各站洪峰水位为1915年以来第2位；石角及其以下各站为1915年以来第1位，原因是1915年洪峰水位是堤围全面溃决后的查测值，故下游堤围区水位查测值较低。从洪峰流量来看，韶关、石角为1915年以来第2位，横石是第3位，除小于1915年外，还比1982年略小，原因是1982年5月暴雨的强度大，暴雨中心清远市最大24小时和最大3天暴雨量分别达646.7毫米和832.0毫米，且暴雨中心在北江中下游和支流滨江一带。洪水来势猛，与暴雨中心距离较近的横石水文站洪峰流量较大是合理的。

京广、黔桂铁路曾一度中断，柳州市的5条进出公路全部被洪水截断，广州至梧州的公路也被洪水截断。国务院工作组由南宁至罗城四把乡救灾要经直升飞机、汽车、船、汽车、火车转运才能到达。都安加贵乡金满村4000名群众被洪水围困4天4夜，由于通信中断，是一名副县长赶到南宁报告灾情，才得知情况危急。梧州市大洪水期间，市内交通全部受阻，大部分市内电话中断，市防汛指挥部与各部门各单位和灾区之间的联系十分困难，梧州城处于半瘫痪状态之中。由于南宁至梧州的公路被洪水截断，广西区党委和政府领导、国务院工作组赴桂平、平南等地察看灾情时，要车、船转运才能到达目的地。据初步统计，两省（自治区）公路中断1004条，公路毁坏路面4328千米，供电中断的线路2232条，损坏输电线路6074杆、687.89千米，损坏通信线路34301杆、1750.07千米。

（一）采取积极措施确保柳江铁路桥及柳州市柳江公路桥安全

柳江铁路桥建于1933年，按现有水文资料分析，只有30年一遇的防洪标准。这次柳江洪水已超过30年一遇，洪水期保住铁桥是关键。柳州市和柳州铁路局采取了四条措施应对：首先是防止上游冲下来的漂浮物冲击桥墩，每桥墩昼夜布设人员挑离漂浮物从桥进入，对于在其上游的一些没有机动设备和航舵的水泥船，采用预先击沉、炸沉等方法，避免水泥船钢丝缆断裂冲向铁桥，在大洪水到来之前的6月15日共处理了11艘水泥船，保证了桥墩不受冲击。其次，还要防止大洪水高流速水流对桥梁的动水压力和冲刷，特别是列车通过时，桥梁摆动厉害，为加强其整体抗冲抗倾的能力，在水位达到一定高度时，临时对支座焊接成刚结点，以加强桥梁的整体性。再次，高水位时，为减少冲击力，限制列车运行速度不超过25千米每小时，最后，如水位达到危险状态，用45节列车装满重石对桥梁压重，进一步增加桥梁的刚度。这次保铁桥采用了前面三条措施，既使列车保证畅通又保护了铁桥的安全。柳州市的公路桥共有6座，其中1座在建，由于洪水到来前炸沉、击沉了水泥船，公路桥也安然无恙。有1条未击沉的水泥船考虑到停在河湾里，采取加固拉缆，船上预备炸药、落实工兵爆破措施，保证其下公路桥的安全。

（二）全力防守，确保北江大堤安全

北江大堤是广州的防洪屏障，一旦失事，后果不堪设想。北江大堤防守组织严密、责任分明，地方与部队兵力早有调配，北江大堤前线指挥部全线统一指挥。6月18日17时38分，大塘段首先出现管涌险情，在抗洪区待命的海军战士接到命令后，80名海军战士仅用10分钟时间就从6千米以外的地方赶到现场，奋战6小时，用300立方米沙石、6000包沙袋，于19日1时堵住喷口。6月19日15时，石角站出现最高洪峰水位前的几个小时，石角段下灵洲离大堤100米处出现严重管涌险情，喷口直径3米，大量水沙喷出，海军360名官兵仅用了3分钟准备时间，即在警车引导下火速赶到30千米以外的现场。在前线总指挥指挥下，军民一道苦战3小时在喷口周围筑起围墙后，迅速投入1100立方米沙石、2万袋沙包，连续奋战18小时，于6月20日8时堵住喷口。

（三）采用现代化技术抢堵番禺西樵堤决口

6月20日傍晚，西樵堤冲开108米决口，洪水威胁鱼窝头镇及邻近村庄、企业。当时适值大潮期，洪水、潮水上下顶托，三善水文站水位高达3.71米，用人力堵口难以完成。

采用决口东部的广珠东线公路筑了一道长3.5千米，高1.2~1.5米的第二道防线，防止洪水东流，保灵山、鱼窝头两个镇未受淹的村庄，另外调用番禺市桥梁开发建设集团公司现代化设备堵口，利用两艘大型水上施工钢桩船，在决口中央打入130根、每根长12米的25号工字钢，以16号槽钢作为连系梁纵横焊接，在决口处筑成一个巨大的钢铁骨架，再用5000立方米沙和3000立方米石，共15万袋，由中央深处向两旁复堤，堵口从6月24日晚上11时开始，到6月25日上午11时堵口合龙。

（四）边抗洪边救灾

洪灾初步控制后，各级党政部门迅速采取措施，恢复生产，重建家园。广西在向中央报告灾情的同时，自治区党委立即动员全区各级领导、各个部门、广大群众发扬自力更生精神，重建家园，迅速恢复生产，立即调整各个部门的工作计划、把各项建设和经费开支与救灾、恢复生产相结合。在50多个县（市、区）不能按时发工资的情况下，自治区各级财政拿出2500万元，支持灾区。自治区党政领导带头捐钱、捐物并发动非受灾地方、企业，尽最大能力支援灾区。广东的主要领导谢非、朱森林深入肇庆、清远、留关察看灾情，了解灾民安置情况，询问救灾品的发放情况，鼓励灾民振奋精神，迅速恢复生产，重建家园。广东省人民政府迅速召开救灾紧急工作会议，解决灾民食住防疫问题，会上决定解决救灾贷款资金7.4亿元，救灾款1.3亿元、救济粮3亿千克。

国务院工作组关心支持广西、广东抗灾救灾。在灾情紧急时，国务院派出工作组赴广西、广东支持灾区人民，对两广各级党政军民抗灾救灾是很大的鼓舞。广西全区40多座水库，在本次大洪水中，拦蓄或调蓄了约14亿立方米的洪水，减轻了下游的洪涝灾害损失。小（1）型以上水库1258座无一垮坝失事。青狮潭水库，汛前为桂林市防洪预留库容1.7亿立方米，漓江6月大洪水，关闸蓄水1.8亿立方米，削减洪峰流量1180立方米每秒，大大减轻了下游洪涝灾害损失。7月下旬，郁江、贺江出现大洪水，西津水库、合面狮水库做好调度，全区2000多千米的江堤，除平南、藤县、苍梧、桂平等县的江堤决口，破损较严重外，大部分经受住了考验，保护了堤内工农业生产顺利进行。

在抗洪救灾中，珠江委互通水情给两广防汛办以及沿江主要市、县，对及早抓紧做好抗大洪的有关准备起到积极作用。根据水利部、国家防总的要求，4月初对广东、广西做了汛前检查，强调要立足于防大洪水，做好防御工作。6月上旬，由于受1994年3号强热带风暴影响，广东湛江、茂名两市及属下各县受灾严重。珠江委立即派防汛办主任随国家防办副主任赴现场察看，参加一线救灾工作。

6月12日起，桂江先出现洪水，继而柳江洪水猛涨，委防汛、水情部门除加强值班外，还及时、主动与两省（自治区）防办、国家防办联系，及时通报雨情、水情，分管防汛的委领导还直接与柳州、梧州、肇庆等地市、县沟通情况，强调做好抗大洪的准备。6月16日，委领导率先抵达柳州市，参与抗洪工作，当天，又指派委防汛办一名高级工程师随国家防办副主任，由广州往桂林再到柳州，赴现场抗洪。6月17日上午刚上班，委党组副书记立即主持办公会议，听取分管防汛的委领导及防汛办通报汛情，研究部署防汛抗洪工作，即指派两位副主任带工作组，当天分赴北江大堤、清远及肇庆参加抗洪救灾。根据汛情及国家防办的意见，又于当天下午增派工作组日夜兼程赶往广西梧州参加抗洪。6 月 17 日、18 日，委下属设计院副院长与北江白石窑电站设总等，分两批冒着生命危险，几经转折，赶赴工地抗洪。

在抗洪救灾的工作中，珠江委起到以下的作用：第一，互通水情给两广防汛办以及沿江主要市、县，并及早抓紧做抗大洪的有关准备。第二，为当地政府抗洪救灾当参谋，发挥技术作用。如广东白石窑围堰按 10 年一遇防洪标准设计，却遇超过 20 年一遇、近 50 年一遇的大洪水，由于珠江委现场人员的参谋作用，采用加“子堰”顶住超标准洪水，大大减少了损失。又如在梧州市、苍梧县，面对洪水猛涨的状况，帮助市、县领导分析水情，研究采取抗洪减灾的措施。第三，当好国家防办以及国务院联合工作组的参谋，及时介绍情况，便于深入了解洪水及灾情，帮助地方抗洪救灾。第四，在大洪水现场深入了解情况，为大灾后大治，帮助两广修订与实施珠江流域防洪规划发挥作用。第五，积极办理水利部和国家防办交办的具体事宜。

二、战“96·7”洪水

1996 年 7 月中旬，黔东南、桂中北地区普降暴雨到大暴雨，局部特大暴雨，西江第二大支流——柳江发生 20 世纪以来最大洪水，柳州站洪峰水位高达 92.43 米，高于该站 1902 年的调查洪水位 0.96 米，高于 1949 年实测洪水位 3.12 米。洪水传播至西江中下游，沿江各站也相继出现一次大洪水过程。

（一）雨情、水情

在地面静止锋、高空切变线和低气压的共同影响下，7 月 14—17 日，黔东南、桂中北地区出现强暴雨天气过程。14 日，柳江上游都柳江及支流古宜河开始降雨；15 日，雨区扩大到中游融江及支流龙江各地；16 日，降雨基本笼罩整个柳江流域，日降雨量普遍在 50~100 毫米，局部地区达 150~200 毫米；17 日，雨区南移龙江、柳江下游；18 日，雨势有所减弱。本次降雨地域集中，暴雨强度大，暴雨中心在贝江再老站，过程雨量（12—19 日）达 1692 毫米，24 小时最大降雨量 779 毫米，为广西最高纪录；本次降雨过程雨区由北向南移动，与洪水演进方向一致，有利于洪水造峰。受降雨影响，柳江上中游都柳江、融江及主要支流古宜河、贝江、龙江相继出现特大洪水；各江控制站的洪峰水位为：涌尾站 156.03 米（17 日 11 时）、长安站 122.43 米（18 日 2 时）、古宜站 157.05 米（18 日 5 时）、勾滩站 131.75 米（17 日 8 时）、三岔站 110.68 米（19 日 3 时）。干支流洪峰遭遇，使柳江下游水位暴涨，柳州站自 16 日 10 时开始起涨，于 19 日 20 时出现 92.43 米的洪峰水位，超警戒水位 10.93 米，洪峰流量为 33700 立方米每秒，为 130 年一遇洪水，也是 20 世纪以来最大洪水。这次柳州洪水以融江来水为主，融江来水量约占柳州站峰量的 60%；干流上游及主要支流各站起涨、峰现时间基本相应；柳州站涨势猛、涨幅大，总涨幅达 18.10 米，总涨水历时 82 个小时，有 17 个小时平均涨率大于 0.3 米每小时，最大涨率达 0.42 米每小时；峰高量大且洪峰持续时间长。

洪峰向西江中下游传播，黔江武宣站于 21 日 1 时出现洪峰，洪峰水位 64.09 米，相应流量 42200 立方米每秒，约 20 年一遇；浔江大湟江口站 21 日 22 时洪峰水位 36.72

米，相应流量41800立方米每秒，近20年一遇；西江梧州站22日22时30分出现洪峰，洪峰水位23.30米，相应流量38300立方米每秒，5~10年一遇。由于本次洪水期间，西江中下游区间基本无雨，北江水位低，又正值小潮期，水流入海顺畅，故下游沿程洪水峰值大大削减。西江高要以下各站洪水均小于5年一遇。

（二）灾情

这次洪水受灾最严重的是广西柳州地区、河池地区、桂林地区；贵港市、梧州地区以及柳江上游贵州省黔东南州、黔南州部分县（市、区）也遭受不同程度的洪水灾害。据初步统计，西江流域有67个县（市、区）、647个乡（镇）、5652个村受灾，受灾人口达817.3万人；农作物受灾面积48.24万公顷；全停产的工矿企业达6060个。尤其柳州市受灾严重，市区街道90%以上受淹，80万居民被洪水围困，停电、断电，交通、通信中断，市工矿企业停产，商业停止营业，城市一度处于瘫痪状态。

水利工程及基础设施损坏严重。有6座大中型水库、104座小型水库不同程度受损；冲毁塘坝5873座；损坏堤防305千米、护岸4982处，决口堤防2440处84千米、渠道1847千米；损坏水闸391座、泵站1675座、水电站1141座、渡槽341座。青狮潭水库泄洪时，溢洪道下段溢流底板（1983年加固的部分）有约200米长的混凝土块被冲坏。

（三）抗洪救灾

面对柳江、西江中下游的洪涝灾害，沿江党政军民在党中央、国务院的关怀下，团结一致，奋力抗洪。广西壮族自治区党委书记、区副主席等区领导坐镇自治区三防指挥部，自治区主席、区党委副书记等领导分赴柳州地区、河池地区指挥当地军民抗洪救灾。沿江各地的党政领导和各部门负责人，按照各自的防汛责任和职责范围，深入抗洪第一线，组织群众转移、搬迁物资及解救被洪水围困的群众，组织物资供应，安置灾民生活；维护社会治安，使抗洪救灾有条不紊地开展。水利部门及时掌握水雨情，密切关注天气变化，对水库、堤围等防洪排涝设施认真检查，发现险情及时组织抢修；广大水文职工坚持在抗洪第一线，日夜奋战，在站房被淹、施测设备被毁、交通及通信十分困难的情况下，仍想方设法及时准确地观测雨情、水情信息，并发送到有关单位，为洪水预报和防洪决策提供了重要依据。交通、电信、供水等部门坚守岗位，排除故障，维护设备正常运转，坚持到设备被淹前的最后一刻，灾后想方设法抢修受损设施，尽快恢复通水、通电、通信。驻桂部队、武警、预备役部队官兵全力投入抗洪，共出动解放军1.6万余人次、民兵预备役部队3.5万余人次，出动车辆6500余台、舟艇81艘、飞机23架次，运送救灾物资，转移被困群众，不畏艰险、连续作战，在抢险救灾中完成了各项急、难、险、重任务，发挥了中流砥柱的作用，受到当地政府和群众爱戴。

湘桂铁路柳州大桥，桥底标高低于50年一遇洪水位，这次洪水对大桥安全构成了很大威胁。柳州铁路局的领导和工程技术人员，深入现场进行调查分析，科学决策，果断地实施四项保桥措施：①在桥上游10千米范围内，设置4道清除漂浮物的防线；②用钢板将钢梁与支座焊接、加固；③用重车压桥；④在洪峰到来前封桥，护桥队轮流上桥，排除漂浮物，实施铁路桥抢险方案。在军民共同努力下保住了铁路桥，为确保柳州市其他5座公路桥的安全起了决定性作用。

武宣县城的崩冲堤和桂平市江口镇的浔江西堤也相继出险，经过当地军民奋力抢险也转危为安。

7月15日晚，珠江委防汛办接到水情部门关于柳州可能发生大洪水的报告，16日即开会研究布置，除加强值班外，指定专人与广西水文部门联系，了解预报会商结果，并把情况报告委主任，中午决定由副主任带工作组赴柳州协助地方抗洪救灾。随着汛情发展，19日工作组到梧州；21日，委主任带工作组赶到广东肇庆。工作组到当地后立即了解水情、灾情及抗洪救灾情况，并将情况及时向水利部有关领导汇报。如柳州工作组到达后，听取当地防汛部门有关水情汇报后，随即与自治区领导一起视察柳州市解放北路等几个水浸现场，研究柳州铁路桥抢险方案；洪峰过后，即随同国务院工作组到柳州市了解灾情，研究铁路桥恢复通车问题，到融安县慰问。梧州工作组到达后即参加市长主持召开的防汛会议，参加水情预报会商，研究防汛抢险方案，到现场研究长洲岛及河西堤滑坡段的防守方案，并会同区水电厅、梧州市、梧州地区党政领导深入苍梧、滕县（现为滕州市）察看水情、灾情，慰问灾民。肇庆工作组到达后即与当地政府三防办及水利部门的领导一同，对肇庆市城区、封开县、德庆县等地的重点堤围进行检查指导，先后察看了景丰联围的广利围和沙浦围，封开县的江川围、长岗围、古墟围，德庆县的大桥围等。

洪水期间，珠江委密切关注水情、工情及灾情，了解各地抗洪救灾情况，及时向水利部和国家防汛抗旱办公室汇报，对可能发生上下游矛盾的工程调度问题，及时了解掌握情况，并与上下游防汛部门沟通，做到相互了解、团结抗洪，有效地减少了灾害损失。

三、战“97·7”洪水

1997年7月上旬，珠江流域北、西江水系由于连续大范围降雨，北江发生了20年一遇大洪水，西江出现15年一遇洪水，导致部分地区出现较严重的洪涝灾害，其中灾情最为严重的是清远市、梧州市。

（一）暴雨洪水

在锋面低压槽、高空切变线天气系统的共同影响下，7月上旬，珠江流域西、北江上中游连降大雨到暴雨，局部大暴雨、特大暴雨，雨量大于200毫米的县（市、区）有40个。北江英德市降雨量达1080毫米，高道、连江口、横石等站（点）的降雨量超过500毫米，浔江支流蒙江蒙山的降雨量为541毫米，西江上中游宜山、都安、融安、象州、荔浦等站（点）的降雨量都超过300毫米。北江降雨主要集中在干流中游和支流连江一带，导致洪水来势猛，石角水文站最大日涨率达2.6米。北江支流连江高道站于6日0时出现32.29米的洪峰水位，干流横石站于6日10时出现23.36米的洪峰水位，相应流量16000立方米每秒，为20年一遇洪水；清远石角站也分别于6日22时、24时出现15.84米、13.92米的洪峰水位，分别为中华人民共和国成立以来本站水位第3位、第2位。西江降雨先是在广西北部，尔后桂西、桂南、桂东地区出现大范围连续性降雨过程，降雨自北向南、自西向东移动。

洪水自上游往下游推进过程中，区间入流加大，洪水量级上游小、下游大，在梧州形成非常不利的组合。红水河迁江站、柳州柳江站于7月7日分别出现洪峰流量14000立方米每秒、9120立方米每秒；稍有回落后，于7月9日再次分别出现洪峰流量14500立方米每秒、14300立方米每秒。浔江支流蒙江太平站、桂江昭平站都在7月9日出现洪峰，分别为3480立方米每秒、8640立方米每秒。上中游干支流来水加上区间入流，使西江下游段水位迅速上涨，梧州站自8日0时至9日20时，以平均10厘米每小时的涨率上涨（最大涨率为13厘米每小时），10日涨率减缓，于10日20时出现24.31米的洪峰水位（超过警戒水位9.31米，为中华人民共和国成立以来的第3位），相应流量41800立方米每秒。高要站于11日8时出现12.41米的洪峰水位。因受西江洪水顶托，加上北江流域有局部暴雨，北江石角水文站洪峰出现后水位降退缓慢，至9日20时又开始复涨，出现了第2次洪峰水位，清远站12日15时14.87米（超警戒水位2.87米），石角站12日20时13.23米（超警戒水位2.23米）。西、北江洪水在思贤滘汇合，相互顶托，加上潮水顶托影响，三水、马口站和珠江三角洲网河区大多数（潮）水位站出现超警戒的高水位。这次洪水，北、西江出峰时间交错，水位起涨快，涨幅较大，下游控制站峰高量大且洪峰持续时间较长。例如石角站超警戒水位时间达11天。

（二）洪涝灾害

面对来势凶猛的暴雨洪水，受灾最为严重的是广东清远市、广西梧州市。清远市由于大小北江河水并涨，形成内外夹攻之势，全市范围的公路干线全面受损，107国道、省道中断，交通受阻；通信、供电设施遭受不同程度的破坏，部分地区断水、断电。全市13座小型水库遭受损坏，清城区、清新县（现为清远市清新区）、佛冈县共有12条万亩以下的堤围决堤，连南县损坏小水电站占已投产总数的1/3。梧州市全市受灾人口38万人，400多家工业企业停产，梧州市河东区受淹街道79条。全市有18座小型水库（小水电站）受损，部分渠道被冲毁，一批机电泵站受破坏，保护人口1.23万人（保护耕地1100公顷）的苍梧县下小河堤决堤100多米长；浔江、桂江、蒙江沿岸有10条万亩以下、千亩以上的防洪堤决口。广东韶关、肇庆，广西柳州、桂林、贺州等地区也遭受不同程度的洪涝灾害。据初步统计，珠江流域有73个县（市、区）、677个乡（镇）受灾，受灾人口达507.64万人，一度被洪水围困43.2万人；损坏房屋10.9万间；农作物受灾面积24.67万公顷。

（三）抗洪救灾

北、西江洪水发生后，在党中央、国务院的关心支持下，广东、广西各级党政军民，团结一致，奋力抗洪。整个抗洪救灾过程有条不紊，上下重视，准备充分，人员到位，措施得力，人心稳定，社会安定。国家防总密切关注珠江大洪水，7月10日，国家防总秘书长、水利部副部长受国务院委托，带领国家防总工作组赴北江、西江指导抗洪抢险救灾工作。广东省委书记多次询问各地受灾和抗洪抢险情况；省长、副省长亲临清远市等灾区视察灾情，指导灾区进行救灾复产，重建家园。广西壮族自治区党委书记、自治区政府主席亲自参加自治区防汛指挥部成员会议，指导部署西江抗洪救灾工作；自治区委副书记两次到区防汛抗旱指挥部了解情况并部署工作，带领抗洪抢险工作组赴梧州市，到抗洪第一线指挥抢险救灾工作。珠江委主任参加国家防总工作组赴西、北江抗洪救灾；委副主任带领委工作组赴北、西江协助地方抗洪抢险。

在抗击西江洪水过程中，梧州市充分调动一切力量，采取非常措施加高加固主要堤段。其中，加高加固梧州河西堤长 7.1 千米、高约 1.5 米，使梧州河西防洪大堤在可抵御 24.50 米洪水水位的基础上，初步达到可抵挡住 26.0 米以下洪水袭击的抗洪能力。广西军区 1000 多名官兵奔赴梧州投入抗洪抢险第一线筑堤抢险，转移、运送物资，抢救被困群众，完成了急、难、险、重的抢险任务。梧州全市出动抢险救灾人员 20 多万人次，出动汽车 4 万辆次，抢运转移物资超过 10 万吨，被洪水围困的 9 万多人均得到安全撤离转移。

北江洪水发生后，清远市把抗洪抢险救灾工作作为压倒一切的中心工作来抓，各级领导立即奔赴第一线，组织干部群众抢险救灾；市区组织了一支近 2000 人的防洪抢险队，随时奔赴危急地区。北江大堤沿堤各级地方政府按照“北江大堤抗洪抢险预案”的规定和要求，认真部署开展抗洪工作，2000 多名党政军警民全力以赴，战斗了 12 个昼夜。当北江大堤石角啤酒厂堤段出现险情时，广东省军区派出 200 多名官兵奔赴现场，参加抗洪抢险，军民配合，及时控制了险情。在军民共同努力下，大大减轻了洪涝灾害造成的损失。洪水过后，各级地方政府采取有力措施，妥善解决灾民的吃、住等生活问题，组织有关部门和受灾地区广大干部群众，全力以赴抢修水毁道路、通信、供电和水利设施，迅速开展恢复生产、重建家园工作。

防汛、水文部门及广大水利技术人员充分发挥参谋作用，为正确决策提供依据。国家防办在洪峰到达北江大堤之前，发出通知，并派出工作组到第一线指导抗洪救灾，还及时向党中央、国务院报告珠江洪水的灾情、工情及抗洪抢险情况；珠江委防汛办密切关注水情、工情及灾情，先后 3 次派员赴现场了解抗洪抢险救灾情况，及时向国家防办和水利部报告情况，及时了解掌握可能发生上下游矛盾的工程调度问题，并与上下游防汛部门沟通，做到相互了解、团结抗洪。广东省三防（防汛防旱防风）指挥部一接到水文部门作出的将发生大洪水的预报，布置防洪抢险措施；广西壮族自治区防汛抗旱指挥部多次召集防汛、水文、气象部门有关人员共同会商，研究抗御大洪水措施，并向全区发出多期汛期公告，统一部署，指导各地抗洪救灾。大洪水期间，各级防汛、水文部门坚持昼夜值班，及时掌握水雨情势，密切注视天气变化，关注水库、堤围等重点工程的情况，发现险情及时组织抢险；水文战线的广大干部职工，有的在站房被淹、设施被毁、通信困难的条件下，想方设法观测水情，及时作出预报，为防汛指挥调度决策提供依据。

水利工程设施发挥了巨大的防洪减灾作用。在抗击这场北、西江大洪水过程中，珠江流域各大、中型水库基本上没有出问题，沿江主要干堤未发生决口；除梧州苍梧县下小河防洪堤外，其他所有万亩以上的堤防没有溃决。水利工程设施发挥了巨大的防洪减灾效益。当时正在建设施工的国家重点水利项目——北江飞来峡水利枢纽，安全度过了这次洪水期。正在建设的桂江京南电站，这次洪水漫过围堰，水位高出堰顶 6 米，但最终还是经受住了考验，战胜了洪水，避免了巨大的经济损失。

由于各级党政部门抗洪抢险工作准备充分，组织严密，措施得力，广大军民团结抗洪，大江大河的主要堤防未发生决口，大、中型水库基本没出问题，夺取了抗洪斗争的胜利。

四、战“98·6”洪水

1998年6月，珠江流域西江发生了100年一遇以上的特大洪水。由于受高空低槽、低涡、切变线和地面静止锋、西南急流爆发性发展的影响，16日8时至27日8时，广西有84个县（市、区）降雨量超过100毫米，其中降雨量100~200毫米的有30个县（市、区），200~300毫米的有25个县（市、区），降雨量300~400毫米的有11个县（市、区），400~500毫米的有4个县（市、区），500~600毫米的有6个县（市、区），600~700毫米的有2个县（市、区），700~800毫米的有2个县（市、区），800~900毫米的有1个县（市、区），大于900毫米的有3个县（市、区）（防城长岐971毫米、永福976毫米、兴安华江986毫米）。过程雨量最大的是桂江上游的兴安华江，雨量为986毫米，24小时降雨最大的是融安县长安站，达355毫米。

6月24日凌晨，桂江上游兴安、灵川一带出现短历时特大暴雨，暴雨中心华江站12小时降雨量达264毫米，强度之大、雨量之集中，实属罕见。受降雨影响，珠江流域江河相继涨水，导致西江干流沿线长时间持续高水位，干流从浔江的平南至西江的云安近300千米河段的水位，均超过“94·6”特大洪水的水位。梧州水文站测得最高洪峰水位为26.51米，比“94·6”的25.91米洪峰水位高出0.6米；珠江流域桂江出现4次洪水过程，其中3次超过防洪警戒水位；柳江出现3次洪水过程，其中2次超防洪警戒水位；红水河出现一次中等洪水过程；黔江出现2次洪水过程；梧州站洪峰水位为26.51米，最大流量为52900立方米每秒。桂林青狮潭水库（大型）出现了226.56米的建库以来最高水位。

受灾情况。广西据6月27日止统计数据，有62个县（市、区）、683个乡（镇）、6481个村庄、842.4万人受灾，被洪水围困人数85.3万人、紧急转移60.7万人。积水城镇10个，损坏房屋16.975万间292.8万平方米，倒塌房屋284万间。农作物受灾面积67万公顷，成灾面积50.8万公顷。全停产的工矿企业4356个，部分停产的工矿企业1868个；铁路中断5条次、28小时，航道中断16条次，中断交通的公路577条，毁坏公路路面1143千米；供电中断436条次、1673小时，损坏输电线路电杆7797根、通信线路电杆7331根。水利设施遭到严重破坏，损坏中型水库7座、小（1）型水库24座、小（2）型水库66座，损坏堤防266.91千米。

在这次抗击“98·6”洪水中，首先，各级行政首长站在第一线指挥，为抗洪的胜利发挥了重要作用。这次抗洪中，广东省副省长日夜在荷村指挥抢险，梧州市委书记在梧州大水期间日夜坚守在指挥部指挥决策，还有沿线各地的书记、市长、县长都是非常称职的指挥员。

其次，防汛工程措施的作用也得以明显体现。珠江“94·6”大水没有防洪工程作为依托，难以达到防灾减灾的目标，在“98·6”这场洪水中，梧州市，平南县、郁南县、德庆县、云安县（现为云浮市云安区）等在“94·6”大水后加快了堤防建设，成功地保卫了地区的安全。1998年5月，初步竣工的堤防6月就遭遇大水，如果没有梧州河西堤、平南思丹堤作为依托，“98·6”大水将再次吞没梧州市、平南县城。郁南人民自力更生筹集700万元，建设了都城大堤，也正是以此为基础，才赢得了这次防汛抗洪的胜利。

最后，信息的及时取得，对决策指挥的及时、正确，发挥了重要作用。“98·6”洪水期间，水文战线的职工克服重重困难，不断地测报洪水、预报洪水。“98·6”洪水由于预报精度高、时效较长，为领导决策、调集防洪人员、调拨物资，为保护人员安全、减少损失，真正发挥了重要作用。

特别指出，“98·6”抗洪的胜利，离不开军队支持，在防汛紧、急、难、危的地区和关头，人民解放军、武警部队官兵，积极参与，奋勇当先，无私无畏，是抗洪抢险的中流砥柱，为抗洪抢险胜利立下了汗马功劳。

五、战“05·6”洪水

珠江流域2005年6月9—25日的降雨过程造成了这次洪水水位高、流量大。暴雨强度大，加之局部地区山洪暴发，大江大河水位持续上涨。西江、北江、东江流域遭受严重的洪涝灾害，农作物受淹、房屋倒塌，交通、水利设施遭到严重破坏。广西、广东两省（自治区）为主要受灾地区。广西的梧州、柳州、南宁、桂林、百色、河池、来宾、贺州以及广东的广州、韶关、河源、梅州、惠州、汕尾、肇庆、清远等受灾比较严重。

截至6月28日，本次洪水共造成两广163个县（市、区）、1513个乡（镇）、1263万人受灾，受淹城市18个，倒塌房屋24.8万间。农作物受灾面积65.6万公顷，成灾面积40.9万公顷。广西损坏中型水库6座、小型水库182座，损坏堤防1014处315千米，堤防决口237处、23千米，损坏护岸804处，损坏水闸641座，损坏水文测站31座、水电站40座。广东全省共有94个县（市、区）、808个镇（乡）、449万人受灾。倒塌房屋5.5万间，农作物受灾面积21.9万公顷，成灾面积12.7万公顷，停产工矿企业2532个，损坏中型水库5座、小型水库110座，损坏堤防3181处406.8千米，堤防决口1069处47.4千米，损坏护岸3014处、水闸1557座、水文测站27座、水电站189座。

党中央、国务院、国家防总的领导对此次汛情高度重视。胡锦涛总书记、温家宝总理分别对防汛抗洪救灾工作作出重要指示。国务院副总理、国家防总总指挥回良玉致电广西防总详细了解广西汛情，要求提高警惕，密切关注汛情，切实做好防御大洪水的各项准备，确保人民生命财产的安全。6月23日晚，国家防汛抗旱总指挥部召开紧急电视电话会议，回良玉副总理传达了中央领导同志重要指示精神，进一步安排部署防汛抗洪救灾工作。国家防总秘书长、水利部副部长鄂竟平亲自率领抗洪抢险工作组，连夜冒雨奔赴抗洪一线梧州指导当地抗洪抢险。广东、广西省（区）领导都分别赴灾区指挥抗洪救灾工作。

珠江委对防御此次洪水全力以赴，反应迅速。6月20日上午，委主任召集防汛办和水文局相关人员，主持召开了防汛会商会议。要求密切关注未来水雨情变化，加强水文预报，及时沟通汛情信息，及时向国家防办报告汛情。同时，派出4批次工作组前往抗洪第一线协助、指导抗洪抢险工作。

这次特大暴雨洪水灾害发生后，广东和广西省（自治区）委、省（自治区）政府对抗洪救灾工作高度重视，果断决策，明确要求各级党委、政府把防汛减灾工作作为中心工作来抓、把防汛工作作为检验共产党员先进性教育的尺度和标准，千方百计确保全省（自治区）安全度汛，千方百计确保人民群众生命财产安全，千方百计把损失降到最低。广西、广东省（自治区）防总根据汛情和灾情作出及时周密的部署。广西防总根据水文、气象部门对汛情的预测，及早作出抗洪抢险部署，对防御重点、防御措施等提出明确要求，特别是对柳州、来宾、贵港和梧州重灾区抗洪抢险工作作了部署。要求切实做好防御措施，确保水库、堤防不垮坝（堤），确保沿江低洼地区或易涝地区和易发生地质灾害地区的人民生命财产安全，及早做好可能受淹地区的群众安全转移安排工作。广东省人民政府、省防总也于6月21日上午紧急召开会商会，要求提高认识，防止和克服麻木松劲心理，明确责任，突出重点，科学防控，重点抓好高要、石角以下的西、北江和珠江三角洲的防汛抗洪，做好高要以上西江的抗洪救灾和河源、惠州、韶关、清远、梅州、汕尾等重灾区的抗灾救灾。广西壮族自治区防总及时启动了实时应急会商机制，组织水文、气象技术人员多次进行会商，分析当前汛情，预测汛情发展趋势，制订和调整防汛预案。在预测梧州市将出现26米左右的洪峰水位时，决定对梧州市河东堤采取自然漫堤的方式，并提前做好有关人员和物资的转移。河西堤则采取严防死守的抗洪保堤措施，使河西区不遭洪水淹浸，最大限度地减少了损失。

在组织实施抗洪救灾过程中，有关防汛责任人切实履行职责，领导靠前指挥，干部一线出力，整个抗洪救灾工作忙而不乱、紧张有序，近95万灾民在紧急转移过程中无一人死亡。6月20—21日，广东省委、省政府连续派出了由副省长等带队的6个工作组，分赴西江、东江流域沿线地区和惠州河源等受灾重点地区，指导抗灾救灾工作；23日，另外4位副省长又带领工作组奔赴云浮、汕尾、梅州、韶关等地指导抗洪救灾。针对不断变化的汛情，23日，省政府批准启动西江（广东境内）和北江防汛抗洪一级响应预案，向全省发出西江（广东境内）和北江抗洪抢险救灾紧急动员令，号召西江、北江和珠江三角洲沿线全体干部群众和官兵要紧急动员起来，全力以赴，科学防控，严防死守，圆满完成防汛抗洪和抗灾救灾任务。广东省紧急动员军民迅速上堤巡查，严密防守，特别对珠江三角洲的堤防，进行24小时巡查，及时发现问题，及时报告，及时采取措施处理，确保堤围安全。

在洪水过程中，水利部水文局还多次和广西、广东水文局及珠江委水文局进行异地会商，不断根据水雨情变化调整修正预报结果。水文部门对预见期内的水情预报及时准确，并及时发布预警信息，为判断汛情灾情发展制订抗洪抢险方案提供了科学依据。

在开展抗洪救灾工作中，国家有关部门和广西、广东两省（自治区）各级政府始终坚持贯彻以人为本的原则，把确保人民群众生命安全放在抗洪抢险工作的首位。所有抗洪行为都突出以人为本，认真做好动员，及时组织居住在低洼地带、地质灾害易发地及大江大河沿岸受威胁地区的人员转移，确保人员安全，尽量减少灾情损失。妥善安置紧急转移的群众，确保他们有饭吃，有干净水喝，有住处、有衣穿，有病能得到及时医治。对在安全有保障前提下，因被洪水围困但一时无法实施有效转移的群众，实施空投物品，确保受灾群众不挨饿、不受冻，不染疫。

稳定群众的思想情绪，维护灾区社会安定。在这次抗洪救灾工作中，各相关部门配合密切，坚持做到统一领导，落实责任，互相配合，协调联动，形成做好防汛救灾工作的合力。国家防总加强了工作指导，各级防汛部门加强值班，及时了解流域的水情，积极沟通汛情信息。国家防总和两省有关部门积极做好物资、人员的调配工作，为抗洪救灾工作提供物资、人力保障。广西军区领导亲临一线指挥抗洪抢险，参加抗洪抢险的解放军 9400 多人、武警部队 2000 多人、机动抢险队员 340 人；调用直升机 5 架、冲锋舟 120 艘。广西水利厅先后派出了 12 个工作组和专家组到各地指导抗洪抢险工作，转移群众近 95 万人。广东省参加抢险人数达 139.6 万人，参加抢险的有部队指战员、地方干部群众。出动冲锋舟 510 艘次，共用编织袋 115 万只、救生衣 7000 件、土工布 33175 万平方米、钢筋笼 300 个等。共转移群众 38.7 万人，解救受洪水围困的群众 13.3 万人，紧急安置 43.5 万人。

东江是珠江流域堤库结合防洪工程体系最为完善的水系。整个降水过程中，东江面雨量约 479.2 毫米，达珠江流域面雨量的 2 倍。由于暴雨区主要集中在新丰江水库库区周边地带，而新丰江水库前期水位低、预留库容大，新丰江水库在这场强降雨过程中，始终未向下游泄水。同时，枫树坝水库也将所有洪水拦蓄在库内，使得东江流域这次降雨过程产生洪水不大。6 月 14—24 日，新丰江、枫树坝、白盆珠、显岗、天堂山等 4 座大型水库共拦截洪水 26.4 亿立方米。可见，新丰江水库在这次暴雨洪水过程中，对东江下游和东江三角洲起到了很大的拦洪削峰作用。

西江 9 座大型水库共拦蓄洪水 14.7 亿立方米。岩滩、大化等水电站均基本按汛限水位控制，岩滩在前期共拦蓄洪水 2.9 亿立方米。由于黔江、浔江和西江中下游无控制性水库工程，在这次西江特大洪水中，主要依靠沿江堤防工程超标准抗御洪水。西江上游广西、广东境内部分低标准堤防出现了漫堤和决口，主要堤围未出现大的险情或决口。梧州市河西堤设计防洪标准为 50 年一遇，面对超百年一遇洪水，广西壮族自治区政府和防汛抗旱指挥部作出严防死守的决定，调动部队和地方抗洪抢险队伍，利用防浪墙加高子堤，保证了梧州主要城区河西区不遭水淹，减少洪灾损失。肇庆市景丰联围、沙浦围等主要堤围出现过一些险情，但都被及时发现并采取相应措施排除了险情，最终经受住了这次特大洪水的考验，没有溃堤、决堤，保证了保护区范围内群众的生命财产安全。

6 月 l4—24 日，北江南水、潭岭、飞来峡等 3 座大型水库共拦蓄洪水 0.68 亿立方米。在西江洪峰到达思贤滘之前，飞来峡水库预泄，提前做好拦蓄洪水准备。23 日上午，广东省防总召开紧急会议，决定启动飞来峡枢纽拦蓄洪水，控泄方式按入库流量减少 3000 立方米每秒出流，以期减轻西、北江三角洲的防洪压力。23 日，北江中游普降大到暴雨，局部大暴雨，23 日 15 时，入库流量达 12000 立方米每秒，由于水库蓄水已接近汛限水位，同时考虑到这次洪水主要来自西江，飞来峡水库所发挥的削峰作用相对较小，为确保库区安全，23 日 16 时，广东省防总决定飞来峡水库恢复设计调洪方案，按来多少流量泄多少的原则进行调度。北江大堤设计防洪标准达 100 年一遇，防御这次洪水没问题。受西江特大洪水影响，地处北落口下游的三水站，洪水频率超百年一遇，芦苞以下北江大堤及佛山大堤通过严密防守，未出现大险情。

在抗御珠江特大洪水中，国家防总和广东、广西省（自治区）及时启动了防洪应急预案，为抗洪工作赢得了主动。防汛异地视频会商系统发挥了积极的作用，广东、广西两省（自治区）利用全国水利视频会议系统，召开了多次防汛异地视频会商会议。通过这些异地视频会议系统，进行了多方面的会商，为防汛指挥和决策提供了方便快捷的手段。

第四节 珠江水利高质量发展新蓝图

以习近平新时代中国特色社会主义思想为指导，全面贯彻落实党的十九大和十九届二中、三中、四中、五中全会精神及国家“十四五”规划纲要，准确把握新发展阶段，坚定不移贯彻新发展理念，围绕加快构建新发展格局、推动高质量发展的战略要求，全面落实“节水优先、空间均衡、系统治理、两手发力”的治水思路，围绕“幸福珠江”建设总体目标，把水安全放在新时代中国特色社会主义现代化建设的全局中统筹谋划，满足人民日益增长的美好生活需要。在国家水网工程规划纲要的指引下，推进流域水网重大工程建设，促进行业自身能力现代化建设，推动水利高质量发展，为全面建设社会主义现代化国家提供有力支撑和保障。

坚持人民至上、造福人民。牢固树立以人民为中心的发展思想，顺应人民群众对美好生活的向往，把维护人民根本利益、增进人民福祉作为水安全保障工作的出发点和落脚点，建设造福人民的“幸福珠江”。

坚持节水优先、以水定需。把新发展理念完整、准确、全面贯穿流域水安全保障全过程和各领域，实行节水优先，强化水资源刚性约束，规范和约束人口、城市和产业布局，切实转变发展方式，构建新发展格局，实现更高质量、更有效率、更加公平、更可持续、更为安全的发展。

坚持系统观念、综合施策。充分考虑上中下游的差异，找准着力点和突破口，统筹山水林田湖草系统治理，推进流域综合治理与生态修复的系统性、整体性和协同性。统筹上下游、左右岸、干支流、地上地下、陆域水域，统筹水源涵养、河湖调蓄、拦挡泄排、开发保护等的关系，系统解决水问题。

坚持风险防控、确保安全。强化底线思维，增强忧患意识，从注重事后处置向风险防控转变，从减少灾害损失向降低安全风险转变，建立健全水安全风险防控机制，提高防范化解水安全风险的能力。

坚持改革创新、激发活力。以推进政府市场“两手发力”为切入点，以促进涉水各方责权相统一为关键点，全面深化水利改革，破除体制性障碍、打通机制性梗阻、推进政策性创新。

党的二十大报告中指出，高质量发展是全面建设社会主义现代化国家的首要任务，明确提出优化基础设施布局、结构、功能和系统集成，构建现代化基础设施体系。水利是实现高质量发展的基础性支撑和重要带动力量。

一、目标任务

（一）水旱灾害防御

防洪突出薄弱环节全面解决，大江大河干流3级以上堤防基本达标，湛江蓄滞洪区具备正常启用条件，流域控制性工程有序建设，尽快发挥防洪效益，新增防洪库容28.8亿立方米；中小河流治理河段达到规划防洪标准，5级及以上江河堤防达标率由现状的53%提高到77%，山洪灾害防治成效得到巩固提升，重点防洪城市、重点涝区防洪排涝能力显著提升，现有病险水库安全隐患全面消除。重要城市、干旱易发区、粮食主产区应急抗旱能力显著提升。洪水干旱监测、预报、预警、预演、预案、调度体系进一步完善，重大水安全事件风险防范化解能力进一步提升。

（二）水资源集约节约利用

水资源刚性约束制度基本建立，不合理用水需求得到有效遏制，节水型生产生活方式基本形成，水资源与人口经济均衡发展的格局进一步完善。流域用水总量控制在948.7亿立方米以内，万元国内生产总值用水量、万元工业增加值用水量较2020年均下降16%，重要跨省江河流域和主要跨市（县、区）河流水量分配基本完成，农田灌溉水有效利用系数提高到0.53。流域水资源配置格局进一步完善，国家重大战略区、能源基地、粮食生产功能区和重要农产品生产保护区供水得到有效保障，新增水利工程供水能力50亿立方米，城乡供水一体化人口覆盖率达到80%，灌区建设及续建配套与现代化改造迈上新台阶，新增有效灌溉面积450万亩。

（三）水资源保护和河湖健康保障

涉水空间管控制度基本建立，江河湖库及水源涵养保护能力明显提升，第一次全国水利普查成果中，流域面积50平方千米及以上河流和水面面积1平方千米以上湖泊管理范围基本划定。基本建立河湖生态流量保障体系，重点河湖生态流量保障目标达标率达90%以上，水生态环境状况明显改善。人为水土流失得到有效控制，重点地区水土流失得到有效治理，水土保持率达到84%。地下水监控管理体系基本建立，粤西桂南等重点地区地下水超采状况得到有效遏制。农村水系综合整治取得显著成效，有力推动水美乡村建设。

（四）水利事务监管

水文水资源、河湖生态、水土流失、水灾害等监测预警体系基本建立，水利信息化水平显著提升。河湖长制深入推进，主要河湖水域岸线得到有效管控。最严格水资源管理考核体系逐步完善，水资源节约、保护、开发、利用、配置、调度各环节得到全面监管。水工程安全风险防控能力和水利工程信息化、智能化水平显著提升。水权、水价、水市场改革取得重要进展。政府主导、金融支持、社会参与的水利投融资体制进一步完善。保留历史文化记忆，承载文明传承，先进水文化持续健康发展。

2035年目标展望，建成与基本实现社会主义现代化国家相适应的水安全保障体系。河湖治理工程体系基本健全，防灾减灾能力显著增强；节水型社会全面建成，经济社会发展与水资源承载能力基本协调；水资源配置网络体系基本形成，城乡供水保障能力明显增强；水土流失得到有效治理，河湖生态水量得到有效保障；现代行业管理体系基本建立，水法治体系基本健全，水安全保障智慧化水平大幅提高。

珠江流域为构建水安全新格局，推进国家水网建设包括：琼西北供水，环北部湾广东、广西水资源配置，滇中引水二期，海南昌化水资源配置，闽西南水资源配置，西部陆海新通道（平陆）运河。

二、环北部湾广东水资源配置工程

环北部湾广东水资源配置工程是国务院批准的《全国水资源综合规划》《珠江流域综合规划（2012—2030 年）》中确定的重大水资源配置工程，是国家 2020 —2022 年重点推进建设的 150 项重大水利工程之一，是解决粤西地区水资源短缺问题的重大民生工程。

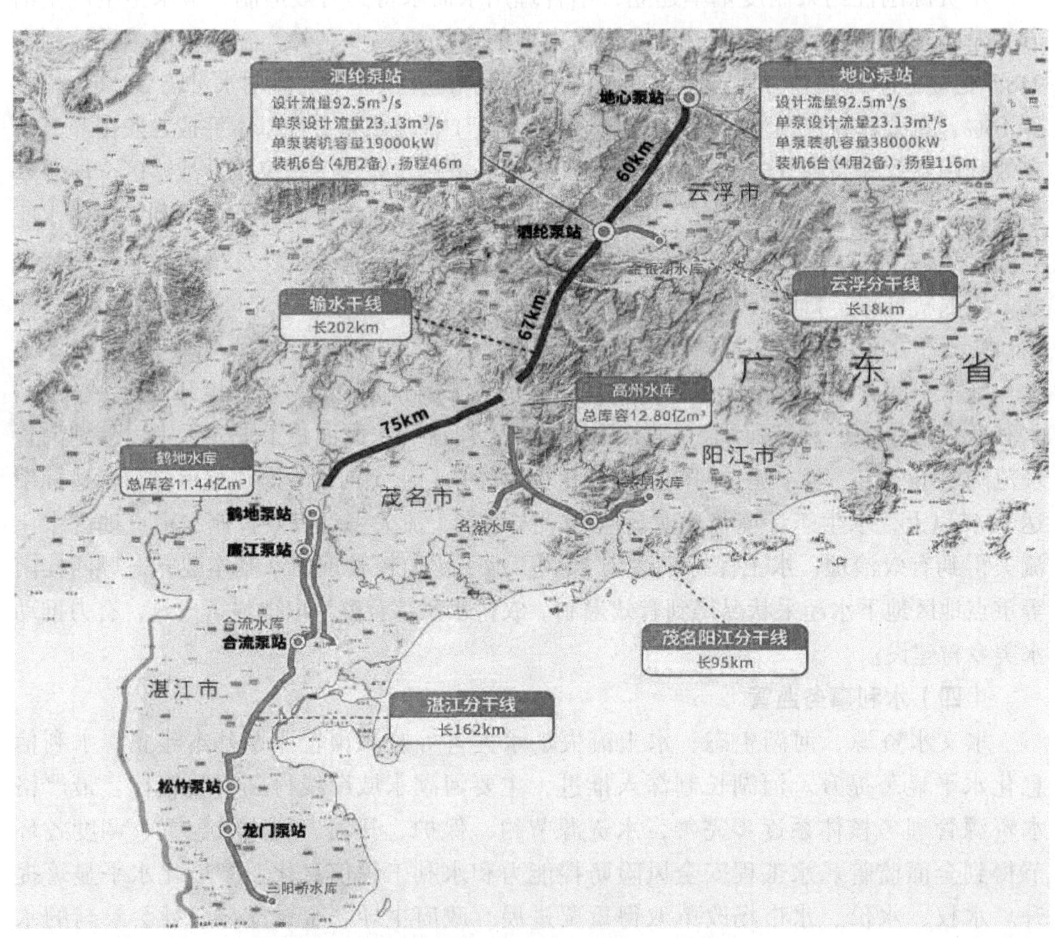

环北部湾广东水资源配置工程线路布置示意（《人民珠江》供）

环北部湾广东水资源配置工程计划从珠江流域西江干流云浮段取水，沿途输水至云浮、茂名、阳江、湛江等地，输水线路总长约 477 千米，受水区面积超 4 万平方千米，惠及沿线 4 市约 2400 万人口（据测算：工程现状受益人口是 1800 万人，设计水平年受益人口为2400万人），满足沿线城乡生活、生产与生态用水需求。

该工程设计流量92.5立方米每秒，年供水量16.32亿立方米，总工期60个月。工程由1条长202千米的主干线、3条长275千米的分干线组成。其中，湛江分干线长162千米，主要任务是为湛江市区、廉江市、遂溪县、雷州市和徐闻县供水。茂名阳江分干线长95千米，阳江段主要任务是为阳江市区和阳西县供水，茂名段主要任务是为茂名市茂南区、电白区及高州市供水。云浮分干线长18千米，主要任务是为罗定市、郁南县和云安区供水。工程通过7座泵站和477千米管线将西江和沿线水库联网，跨越4个地市，将成为广东省历史上投资额最大、输水线路最长、受水区域最广的调水工程。

2020年12月25日，率先动工的环北部湾广东水资源配置工程试验段项目，即合江支洞项目，位于广东茂名合江镇北侧5千米处。由于干线超过90%为隧洞工程，存在突泥、涌水、塌方等地质风险。为积累经验，选取地质条件较复杂的高鹤干线合江支洞作为试验段工程。试验段项目的建设，将为复杂地质条件下长距离隧洞断面及衬砌结构设计提供支撑，对整个工程施工风险防范、优化设计、工期和投资控制等具有重要指导意义。试验段项目采用钻爆法施工，总工期18个月，钻爆隧洞全长约1.1千米。试验段建成后，将作为主洞盾构设备组装、步进、通风及运输通道，同时作为运营期检修通道。试验段的意义主要在于"先行先试"。一是开展隧洞断面及衬砌结构研究，二是开展超前地质预报研究，三是开展高效模板台车研究。

工程建成后，将系统解决粤西人民用水问题，极大提高区域供水能力，显著改善区域水生态环境，对增强沿海经济带西翼综合承载能力、加快构建"一核一带一区"区域发展格局具有重要意义。

三、平陆运河

平陆运河项目全称是西部陆海新通道（平陆）运河项目。运河始于南宁横州市西津库区平塘江口，经钦州灵山县陆屋镇沿钦江进入北部湾，全长约140千米，其中分水岭越岭段开挖约6.5千米，其余利用现有河道建设。项目按内河Ⅰ级航道（3000吨级船舶）标准建设。该项目将西江干流与北部湾连通，建成后将缩短西江中上游地区入海航程约560千米，上游地区货物不需再经珠江、长江出海，而是可直接从北部湾出海。

平陆运河以发展航运为主，兼顾供水、灌溉、防洪、改善水生态环境等，将成为广西及西南地区、中南部分地区距离最短的更经济更便捷的出海水运新通道。它是连通西江航运干线与北部湾国际枢纽海港，将以最短距离打通西江干流入海通道，通过左江、右江、黔江、红水河、柳江、都柳江等多条支流连通贵州、云南，实现西南地区内河航道与海洋运输直接贯通，并通过铁公水联运覆盖广大西部地区的重大交通项目，极大释放航运优势和潜力。

平陆运河工程早在20世纪90年代就被提出。1992年，广西交通厅编写了《平陆运河工程建设前期工作立项报告》，但此后，该工程并没有得到实质性推动。2013年，国务院批复的《珠江流域综合规划（2012—2030 年）》就将平陆运河规划为Ⅰ级航道，通航 3000 吨级船舶。2019 年，国务院批复的《西部陆海新通道总体规划》明确“推进沟通广西西江至北部湾港的平陆运河研究论证”。2020 年，交通运输部印发的《内河航运发展纲要》提出要统筹推进平陆运河等运河沟通工程。

平陆运河示意（珠江委档案馆供）

四、闽西南水资源配置工程

厦漳泉沿海地区是闽西南协同发展区的核心区，也是福建省重要的经济中心区域，在全方位推进高质量发展超越中具有举足轻重的战略地位。近年来，随着城市化、产业集聚化和城市人口的持续增长，厦漳泉沿海地区水资源紧缺问题日益凸显。闽西南水资源配置工程建成后可以实现汀江、九龙江、晋江三大流域连通，进一步增强区域水资源调配能力，对提升闽西南协同发展区供水安全、保障经济社会高质量发展超越、促进闽台融合发展具有重大意义。

工程规划总体布局为“两库三线”。“两库”为浙溪大型水库和罗溪中型水库，“三线”为棉花滩引水线路、厦泉引水线路、漳州引水线路。韩江的支流汀江列入本项目棉花滩引水线路，棉花滩水库列入输水线路的取水水源地；输水线路总长 109 千米，设计流量 20 立方米每秒，输水线路取水点位于棉花滩水库库区左岸，在利水林场上游进入九龙江北溪利水水库。

参考文献

[1] 珠江水利委员会 . 珠江志 [M]. 广州：广东科技出版社，1993.
[2] 珠江水利委员会 . 珠江续志 [M]. 北京：中国水利水电出版社，2009.
[3] 西津水力发电厂 . 西津水力发电厂志 [M]. 南宁：广西人民出版社，1997.
[4] 龙滩水电开发有限公司 . 龙滩水电工程志 [M]. 北京：中国水利水电出版社，2016.
[5] 北江大堤管理局 . 北江大堤志 [M]. 广州：广东高等教育出版社，1998.
[6] 海南省松涛水利工程管理局 . 松涛水利工程志 [M]. 广州：广东科技出版社，1996.
[7] 广东省东江—深圳供水工程管理局 . 东江—深圳供水工程志 [M]. 广州：广东人民出版社，1992.
[8] 珠江水利委员会 . 珠江水量调度 [M]. 北京：中国水利水电出版社，2013.
[9] 马永，汤广忠，刘元勋，等 . 珠江流域水土保持 [M]. 郑州：黄河水利出版社，2022.
[10] 汪义杰，蔡尚途，李丽，等 . 流域水生态文明建设理论、方法及实践 [M]. 北京：中国环境出版集团有限公司，2018.
[11] 董延军，胡晓张，罗欢，等 . 城市水生态文明建设模式探索与实践 [M]. 北京：中国环境出版集团有限公司，2012.
[12] 蔡尚途，梁国健 . 珠江流域节水型社会建设试点的实践与成效 [J]. 人民珠江，2014（5）：136-139.
[13] 《中国水利年鉴》编纂委员会 . 中国水利年鉴 [M]. 北京：中国水利水电出版社，2006.
[14] 庞洁 . 梧州市河东防洪堤安全复核及工程加固设计 [J]. 企业科技与发展，2009（18）：179-182.
[15] 严杰辉 . 梧州河西防洪堤岸坡滑坡的特点及施工对策 [J]. 企业科技与发展，2008（14）：155-157.
[16] 顾雪永，黄海卡 . 柳州市已建防洪堤防御超标洪水稳定分析 [J]. 人民珠江，2007（S2）：32-33，49.
[17] 毕建培，刘晨，崔凡 . 珠江流域重要饮用水水源地安全状况评估及对策研究 [J]. 水利发展研究，2019（8）：33-36，61.
[18] 陈春梅，范公俊 . 珠江流域生态补偿典型类型研究 [J]. 人民珠江，2013（5）：49-51.
[19] 刘晨 . 依法强化水资源保护　实现水资源可持续利用 [J]. 人民珠江，2002（S1）：24-26，34.
[20] 李敏，张旭，郑冬燕 . 珠江流域综合治理开发与保护思路 [J]. 人民珠江，2013（S1）：13-15.
[21] 卢治文，易灵，陈军 . 珠江河口的治理与管理概述 [J]. 人民珠江，2019（12）：13-17.
[22] 王亚华，胡鞍钢 . 中国水利之路：回顾与展望（1949—2050）[J]. 清华大学学报，2011（5）：99—112，162.
[23] 叶彩鹏 . 天生桥一级水电站建设八年的回顾 [J]. 红水河，1998（4）：1-5，75.
[24] 王志荣 . 生态水利、环境水利、城市水利完美结合的典范——云南省玉溪市星云湖抚仙湖出流改道工程 [J]. 水利规划设计，2011（5）：56-58.
[25] 蔡尚途，吕树明 . 全面贯彻实施《水法》推进珠江依法治水的若干思考 [J]. 人民珠江，2013（3）：4-6.
[26] 陈兆文 . 棉花滩水电站主体工程建设管理实践 [J]. 水力发电，2001（7）：4-6，65.
[27] 谭靖夷 . 流溪河水电站建设纪事 [M]//国家能源局 . 中国水电 100 年（1910—2010）. 北京：中国电力出版社，323-326.
[28] 汪恕诚 . 广州抽水蓄能电站建设——水电建设体制改革的典范 [J]. 水力发电，1997（3）：5-6.
[29] 陈军，袁建国 . 珠江河口综合治理中的关键问题分析 [J]. 人民珠江，2010，31（6）：4-5.
[30] 易越涛，刘玲华，田玉丽 . 珠江“05・6”洪水灾情险情与抗洪抢险 [J]. 人民珠江，2005（5）：

16-19，22.

[31] 谢志强，姚章民，李继平，等．珠江流域“94·6”、“98·6”暴雨洪水特点及其比较分析 [J]. 水文，2002（3）：56-58.

[32] 王开元，章雪萍．珠江流域西、北江“97·7”大洪水及抗洪救灾情况综述 [J]. 人民珠江，1997（4）：2-3，11.

[33] 孔繁凌．“96 ·7 ”柳州特大洪水预报带来的反思 [J]. 广西水利水电，1997（1）：35，41.

[34] 李兴拼，陈金木，陈易偲，等．广东省水权交易制度体系浅析 [J]. 水利发展研究，2021，21（12）：60-63.

珠江治水大事记（1949—2020）

1949 年

10 月 23 日，广州市军事管制委员会派财经接管委员会农林水利处关伯标为军代表，接管珠江水利工程总局。

1950 年

1 月，珠江水利工程总局组织水利技术人员分赴高要、南海等 9 个县组织 100 多处堤围施工。

6 月 23 日，广东省防汛指挥部成立。

6 月 26 日，广东省人民政府发布《关于加强堤围管理布告》，采取措施保护堤围。

8 月，广西农林厅水利局成立。

9 月 21—28 日，广东省防洪复堤委员会和珠江水利工程总局联合召开广东省第一届防洪复堤总结会议。

10 月 24 日，贵州省人民政府成立农林厅水利局。

11 月 21 日，广东省农林厅水利局成立。

12 月 30 日，广东省人民政府颁发《广东省地方水利委员会组织通则》及《广东省各地堤围管养修防办法》。

1951 年

1 月 12 日，政务院批准水利部确定珠江在 1951 年的方针与任务为：“以巩固东江、北江、西江堤防，保证普通洪水位不成灾为目标”。广东省人民政府确定当年的防汛工作方针为：“加强汛期防守，以期战胜洪水，争取最高洪水位不成灾。”

2 月 16 日，水利部委托中南军政委员会代管珠江水利工程总局，同时受广东省人民政府指导。

2 月，沥滘水道疏浚完工。至此，广州出海的这一重要水道全线畅通。

3 月 31 日，广东省人民政府公布施行《广东省防洪水利委员会组织办法》《各专区防洪水利委员会组织办法》和《各县市防洪水利委员会组织办法》。

3 月，云南省农林厅水利局成立。

4 月，广东省农林厅水利局在西江德庆县枫山建立水土保持试验站，研究花岗岩地区的崩山治理。其后，1954 年 9 月，贵州省农林厅水利局在安顺县金沙木厂乡建立水土保持试验站，研究坡耕地综合治理措施；1955 年，广东省水利厅设在南雄县的试验站，研究紫色页岩水土流失的治理；广西水利厅于 1955 年设在苍梧县和岑溪县的试验站，研究花岗岩崩岗的治理。

5 月 22 日，成立广东省防洪救灾筹募委员会。

6 月底，珠江水利工程总局于 1951 年 1 月动工的东江东莞县独洲围堤防整理工程、西江高要县金安围（初称金东西围）堤防修整工程和新江大围堤防整理工程、北江清远县清西围堤防整理工程和三水县芦苞水闸局部修理工程 5 项重点工程全部完成。

7 月，珠江水利工程总局组织 4 个查勘队分赴北江、西江（肇庆至南宁段）、珠江三角洲、韩江进行查勘。

1952 年

3 月，炸除甘竹滩礁石。于 1951 年 12 月动工，炸除“香炉石”礁石，从此航行通畅。

5 月 1 日，红水河涟江引水工程竣工。该工程位于贵州省惠水县境内，1943 年动工，1947 年 6 月停工。

5—9 月，云南省农林厅水利局组成查勘组，前往蒙自县草坝、石屏县异龙湖和赤瑞湖、建水县泸江等地查勘，8 月下旬，又会同政务院水利部、西南军政委员会水利部、云南大学有关人员，前往沾益、曲靖、陆良、宜良、罗平、泸西、弥勒、开远、蒙自、建水、石屏等县查勘。9 月底，编写出《云南省一九五二年全省重点查勘南盘江报告书》。

6 月，桑园围“人字水”船闸建成。1952 年 1 月动工，当时为华南第一座航运船闸。

6 月，三角洲陈村水道疏浚完工。该项工程于 1951 年 2 月动工，是广州至梧州以及西、北江三角洲各市镇于低水位时最直接的航道。

1953 年

1951 年冬至 1953 年春，珠江水利工程总局在清远石角围内北起华堂山，南至马鞍岗间，筑成长 1.6 千米的遥堤，为石角围的第二道防线。

4 月 6 日，珠江水利工程总局派出 3 个查勘队、5 个精密水准队到西江中、上游进行流域性的查勘工作。其后，第一查勘队提出《南盘江查勘报告》和《郁江查勘报告》，第二查勘队提出《红水河、柳江及黔江查勘报告》，第三查勘队提出《北盘江查勘报告》。

4 月中旬，1952 年 12 月动工的整治西江广州至梧州间的重点航道工程完工，这些工程对维护航道通畅发挥了作用。

5 月 16 日，捍卫北江下游南海、三水两县 21 万亩农田的樵北大围官山防洪排涝大闸工程竣工。该工程于 1952 年 12 月 12 日动工。

7 月，云南省防洪办公室成立。同月 27 日，省农林厅水利局制定了《云南省防洪纪律》。

9 月，珠江水利工程总局与广东省农林厅水利局合并成立广东省水利厅。

1954 年

5 月 13 日，广西壮族自治区人民政府成立生产防旱防洪指挥部。

5 月，广东增博大围工程两期工程完工。该围位于东江增城、博罗两县间（初称石龙大围、石滩大围）。

5 月，顺德第一联围工程完工。该工程位于广东省顺德县，由大良、伦教、勒流 3 个区、122 个大小堤围联成，工程于 1954 年 1 月 25 日动工。

6 月底，南盘江 3 项防洪工程完工。南盘江上游的沾益县胡家屯、曲靖县小河湾和花刺棚 3 项护岸及河道裁弯取直防洪工程完工。

8 月 17 日，广西水利局改为水利厅。

12 月 4 日，修建北江大堤。广东省人民政府发出《关于加固北江大堤工程的决定》。

决定自该年12月至翌年3月上旬，将北江清远县石角至南海县沙口，原有各个堤围联建成北江大堤。1955年2月24日，联建工程竣工。

12月7日，珠江水利工程总局和广东省水利厅决定采用实测平均潮位高程为“珠江基面”（简称“珠基”）。

1955年

3月，云南省农业厅水利局主编的《云南省沾（益）曲（靖）陆（良）宜（良）四县南盘江上游多元开发流域规划报告书》（初稿）完成。此项工作始于1954年4月。

5月底，西江下泰和围排灌站竣工，该站位于西江下游广东省高明县，于1954年11月动工。

8月10日，南盘江麦子河水库竣工，该水库位于云南省陆良县境内。1954年12月动工，是云南最早建成的中型蓄水工程之一。

12月，广西水土保持委员会成立。

1956年

6月，贵州省农林厅水利局改为贵州省水利局，直属省人民委员会。

7月，水利部广州勘测设计院成立，负责珠江流域的勘测设计任务。

8月15日，云南省防洪委员会成立。

9月，水利部广州勘测设计院开始查勘南江、红水河、黔江、浔江、西江至磨刀门出海口，历时半年，行程2100多千米，1957年4月结束。

12月10日，国务院批复同意设立珠江、韩江两个水利委员会，作为有关各省治理珠江的协商组织，隶属水利部领导。

是年，云南省、贵州省和广东省相继成立水土保持委员会。

1957年

2月9日，国务院同意珠江水利委员会下设珠江流域规划办公室，珠江水利工程总局撤销。

3月7日，北江大堤芦苞水闸完成中华人民共和国成立后第四次修理加固。

3月14日，位于北江下游三水县的北江大堤西南水闸基本建成，该闸于1956年11月动工。

5月4日，珠江三角洲中顺大围建成。从1953年1月16日动工，分4期进行联围筑闸工程，历时4年4个月。

5月，南盘江兴西湖水库建成为贵州省第一座中型水库工程，1956年8月动工，原名锅底河水库，1986年改名为兴西湖水库。

6月7日，北江大堤维修养护。

7月，国务院批准了《珠江流域规划任务书》，确定规划方针为：“综合利用，对灌溉、防洪、发电、航运等综合考虑，上中下游统筹兼顾，以达到合理、最大限度开发水利资源的目的。”

7月，广西境内的珠江流域各江查勘规划外业勘测工作结束。

是年，南盘江飞井海水库扩建完工。该水库位于云南省玉溪县，第一期工程于1953年12月25日动工，1954年3月完工。

1958年

1957年9月至1958年1月，中国科学院组织有关科研单位、高等院校和生产部门，对红水河流域的隆林、田林、凌云、凤山、东兰等县进行自然条件和热带生物资源考察。

4月，贵州省执行“三主”方针召开全省水利工作会议。会议根据中央兴修水利的方针和中共贵州省委员会的指示，执行“三主”方针：以小型为主，积极举办中型工程作骨干；以社办为主，大、中型工程国家给予补助；以蓄水为主，大力贯彻“一亩一坑，五亩一凼，十亩一塘”的方针，做到坑、凼、塘相连，水利上山。

4月，流域各省和专区、县，加快开展全流域中小河流规划。

4月，珠江流域第一个潮水发电站——鸡洲潮水发电站在广东省顺德县鸡洲建成。

5月，郁江支流武思江水库建成，该水库位于广西贵县境内。1957年11月7日动工，1975年进行了扩建。

6月19日，广西成立水利电力厅，广西水利厅与工业厅电业处及水电勘测处合并，组成广西壮族自治区水利电力厅。

6月，郁江支流鲤鱼江平龙水库建成，该水库位于广西贵县境内。1957年12月动工。

7月，贵州省人民委员会撤销省水利局，与中央设在贵州的贵州电业局、成都水电勘测设计院贵州水电勘测处和水火电工程施工单位合并，成立贵州省水利电力厅。

7月，广东省水利科学研究所成立，后该所改名为广东省水利水电科学研究所。

8月15日，珠江流域第一座中型水电站——流溪河电站第1号机组并网发电。

8月，南盘江篆长河独木水库大坝完工，该水库位于云南省曲靖县东山区与富源县交界处。1958年2月动工兴建。

8月，电力工业部广州水力发电设计院、武汉电力设计院调配部分人员与广西水利电力厅勘测设计处以及广西工业厅电业处部分人员合并，组成广西壮族自治区水利电力勘测设计院。

9月，经中共广东省委员会提请中央批准：水利部广州勘测设计院、电力工业部广州水力发电设计院、电力工业部流溪河水力发电工程局与广东省水利厅合并，成立广东省水利电力厅；电力工业部广州水力发电设计院分一半人员到广西，一半人员留广东与水利部广州勘测设计院合并，成立广东省水利电力勘测设计院；电力工业部流溪河水力发电工程局部分人员分别调到广西西津水电站和湖南柘溪水电站，大部分人员留广东成立广东省水利电力工程局。

12月，水利电力部水电建设总局将在流溪河水电站的安装队拨归广东省水利电力工程局，后在此基础上成立广东省水电安装公司。

是年，中共云南省委员会提出6条治水原则：全面规划，综合利用，逐步施工；大、中、小型相结合，以中型为主；永久性、半永久性与临时性相结合，以永久性为主；自流灌溉与提水灌溉相结合，以自流灌溉为主；地表水与地下水相结合，以地表水为主；大春灌溉与小春灌溉相结合，以大春灌溉为主。

1959 年

1 月，云南省河流规划小组成立。

3 月 28 日，广西壮族自治区水利电力科学研究所成立。

4 月 20 日，流溪河大坳拦河坝引水工程竣工，该工程位于广东省从化县，是该省大型灌溉工程，1958 年秋动工。

10 月，珠江三角洲潭江大沙河水库建成，该库位于广东省开平县境内。1958 年 11 月动工。

1960 年

2 月，南盘江六郎洞引水电站投产，该电站位于云南省丘北县境内，是流域第一座引地下水发电电站。

3 月 5 日，深圳水库竣工供水香港，该水库位于广东省宝安县，于 1958 年 11 月 15 日全面动工。

4 月，红水河支流清水河大龙洞水库建成，该水库位于广西上林县境内，工程于 1958 年 1 月动工，经过 1960 年的翻修，1966 年的坝面浆砌石护坡，1973 年的重点坝段翻修，并继续维修加高，至 1980 年才比较稳固。

6 月，右江武鸣河仙湖水库建成，该水库位于广西武鸣县境内，1958 年 8 月动工，1973 年对大坝进行加高培厚及溢洪道灌浆防渗。

8 月，郁江支流八尺江大王滩水库建成，该水库位于广西邕宁县境内，1958 年 8 月动工。

8 月，位于郁江支流八尺江广西邕宁县的凤亭河水库、屯六水库同时建成，两库均于 1958 年 10 月动工。

9 月，左江支流明江那板水库建成，该水库位于广西上思县境内，1958 年 10 月动工，发电装机 4 台，第 1 台机组于 1973 年 12 月投产，其余 3 台机组于 1977 年 11 月全部投产。

10 月，南盘江大河东风水库建成，该水库位于云南省玉溪市境内，1958 年 9 月动工，是灌溉“云烟之乡”和“滇中粮仓”玉溪坝子的骨干工程。1959 年被云南省人民政府授予“先进集体”奖状。

12 月 25 日，北江支流南水水电站大爆破筑坝，电站位于广东省乳源县境内，为当时国内规模最大的定向爆破筑坝。

1961 年

2 月，广东省人民委员会决定，广东省电业管理局与广东省水利电力厅合并，仍称广东省水利电力厅，负责全省水利与电业的规划和水利、水电、火电、输变电的建设管理。

3 月，西江支流白沙河六陈水库建成，该水库位于广西平南县境内，1959 年 12 月动工，1967 年枢纽主体工程改建，电站基本完成。

10 月，南盘江中原泽排涸工程第二期完工，该工程位于云南省陆良县境内，1960 年 3—5 月进行第一期工程，随即进行第二期工程。

11 月 16 日至 12 月 10 日，云南召开全省水利会议。会后，省农业厅编订了《关于农田水利管理工作暂行规定》（修正草案）和《关于机械排灌设备的所有权、使用权和经营工作的暂行规定》（修正草案），报请中共云南省委员会批准，于 1962 年 1 月 1 日执行。

12 月，南盘江干流响水坝水库竣工，该水库位于云南省陆良县境内，1959 年 10 月动工，为该省第一座圬工重力坝。

1962 年

2 月 24 日，广东省人民委员会发布《广东省水利工程管理试行办法（草案）》。

2 月，珠江三角洲潭江镇海水库竣工，该水库位于广东省开平县境内，1958 年 6 月动工。

5 月，东江支流新丰江水库完成第 1 期加固工程，随即进行第二期加固工程，设防烈度为 9.5 度。

9 月，广东省水利电力厅增设机电排灌管理局，主管全省机电排灌工程及电动排灌专用 10 千伏以下的输变电设备管理、维修工作。1963 年 5 月，该局改为农村机电局。

年底，贵州完成全省水利普查工作。

1963 年

2 月 16 日，广西壮族自治区人民委员会颁发《广西壮族自治区水利工程管理暂行办法》（试行草案），自 3 月起试行。

4 月，云南省农业厅水利局水利勘测设计院成立。

5 月 24 日，香港请求解决水荒困难，经双方会谈，广东从深圳水库增加供水 317 万立方米，并同意香港派船到珠江口内免费运取淡水。

7 月，东江支流沙河显岗水库建成，该水库位于广东省博罗县境内。1959 年 8 月动工。

冬，贵州省水利电力厅水利科学研究所成立。

1964 年

3 月，云南省农业厅水利局改为云南省水利局，直属省人民委员会。

6 月，郁江干流西津水电站建成，该电站位于广西横县，为大型低水头河床式水电站，电站水库于 1958 年 10 月动工，1964 年 6 月第一台机组投产发电。1979 年 7 月 1 日第四台机组投入运转。

8 月，漓江支流甘棠江青狮潭水库建成，该水库位于广西灵川县，1953 年 10 月动工。

9 月 8 日，云南省水利局水利技术实验站改为省水利局水利研究所。

9 月，国务院批准水利电力部、广东省人民委员会的决定，将广东省的电力工作从省水利电力厅分出，成立广东省电业管理局。

11 月 22 日，北江支流漫水河电动抽水站建成，该站位于广东省清远县境内，1963 年 11 月动工。

1965 年

2 月 27 日，东江—深圳供水工程建成，该工程主要是为解决港九同胞的用水困难而兴建。

3 月，云南省水利局改为云南省水利厅。

5 月 5 日，贵州省水利电力厅分设为省水利厅、水利电力部贵州电业管理局。

8 月，黔江支流马来河达开（龙山）水库建成，该水库位于广西桂平县境内，1958 年 9 月动工。

12 月 7—11 日，广西水利电力厅在贵县、宾阳召开全区水利管理现场会议，提出水利管理工作方针："在确保工程安全的前提下，千方百计挖掘水源潜力，充分发挥工程效益，使水利工程更好地为农业增产服务。同时积极征收水费，组织副业生产，实现自给有余。"

12 月，南盘江沙沟嘴电力排灌站安装工程完工，该站位于南盘江水系的云南省通海县杞麓湖北端，1964 年 8 月动工。

是年，珠江流域第一座升船机建成，在广东省顺德县大良河的大门滘水闸右侧，建成珠江流域第一座 25 吨斜面式高低轮升船机。

1966 年

3 月，右江支流澄碧河水库建成，该水库位于广西百色县境内，1958 年 9 月动工，1978 年发电厂投产。

3 月，西江支流贺江龟石水库建成，该水库位于广西富川瑶族自治县境内，1958 年 10 月动工。

7 月，珠江流域第一座充水橡胶坝在流溪河支流白坭河的广东省花县洪秀全水库溢洪道上建成。

8 月，北盘江支流打帮河桂家湖水库建成，该水库位于贵州省镇宁县境内，1958 年年底动工，1960 年停工，1965 年改变设计复工。

9 月，北江支流连江潭岭水电站建成，该电站位于广东省连县境内，1965 年 9 月动工，1970 年 2 月正式输电。

1967 年

3 月，广东省番禺县继 1962 年 3 月建成灵山公社第一座浮运式涵洞后，又在万顷沙公社浮运沉装 1 座 3 孔净宽 12 米混凝土空箱底板及岸墙的预制水闸成功。

10 月 20—25 日，贵州省革命委员会召开全省水利工作会议。会上重申全国水利建设方针为该省水利方针。

12 月，南盘江长桥海扩建工程竣工，该工程位于南盘江水系的云南省蒙自县，扩建工程于 1966 年 4 月动工。

12 月，广东省军事管制委员会生产委员会召开全省水库移民安置工作会议，成立安置小组。

1968 年

12 月，广西水利电力厅革命领导小组成立。

12 月，广东省各级水利机构相继被撤销。省水利电力厅除留 6 人留守及调 13 人到省农林水战线革命委员会水电组工作外，其余人员下放干校劳动。省水电勘测设计院至 1970 年初也被撤销。

12 月，长河水库基本建成，位于湖南省临武县境武江上游，工程于 1965 年动工。

1969 年

1 月，位于东江支流的河源县新丰江水电站第二期加固工程竣工。

2 月，贵州省革命委员会水利办公室与电力办公室合并，成立贵州省革命委员会水利电力局。

3 月 16 日，广东省农林水工程总队成立，负责全省重点工程的测设施工任务。

4 月 9 日，广东省成立河道整治规划领导小组，下设河道整治规划办公室，1972 年撤销。

7 月，我国第一座充气橡胶坝在珠江流域内的广东省流溪河水电站水库溢洪道顶建成。

9 月，广西壮族自治区水利电力勘测设计院撤销。

10 月，东江引水工程建成，该工程位于东江下游广东省东莞县，全长 103 千米，设计引水流量 60 立方米每秒。

11 月 3 日，广西水利电力厅革命领导小组改为水电服务站革命领导小组。

12 月 7 日，广东省革命委员会决定，将省农林水工程总队、省电力工业公司、省农机服务站农电组、省农林战线水电组合并组成广东省水利电力局。

1971 年

1 月 20 日，广西壮族自治区革命委员会生产指挥组水电服务站撤销，成立自治区水利电力局。

4 月，柳江支流龙江拉浪水电站建成，该电站位于广西宜山县境内，1966 年 10 月动工。

5 月，北江支流南水水电站建成发电，该电站位于广东省乳源县境内，1958 年 9 月动工。

12 月，柳江支流龙江洛东水电站建成，该电站位于广西宜山县境内，1970 年 1 月动工。

1972 年

4 月 21 日，广西成立区防汛抗旱指挥部，在自治区水利电力局办公。

7 月，珠江三角洲潭江干流锦江水库竣工，该水库原名河排水库，位于广东省恩平县境内，1959 年动工，1960 年停工，1970 年 10 月续建。

10 月 18 日，经广东省革命委员会生产组批准，广东省水利电力局恢复省水利电力勘测设计院。

12 月 16 日，广东省水利电力局革命委员会复函增加香港供水。同意每年由东深工程增加供水 1590 万立方米。

12月，柳江干流融江麻石水电站建成，该电站位于广西融水县境内，1970年5月动工。

1973 年

2—3 月，广东、贵州、云南各省组织力量进行水利工程大检查。

3 月，北江支流滃江长湖水电站枢纽工程竣工，该工程位于广东省英德县境内，1969 年 10 月动工。

4 月 28 日，广东省革命委员会防汛防旱防风（简称“三防”）总指挥部组成。

5 月 14 日，云南省成立省水利局。

7 月 15 日，广西壮族自治区革命委员会成立区水利电力局勘测设计院。

是年，北江支流泉水水电站基本建成，该电站位于北江支流南水上游广东省乳源县境内，1970 年 5 月动工，1981 年获国家基本建设委员会 70 年代优秀设计奖。

1974 年

2 月，云南省水利局发出试行《云南省水利管理试行条例》（草案）和《云南省机电排灌工程（水轮泵站）管理试行办法》（草案）的通知，要求各地把管理工作搞上去。

5 月 1 日，珠江三角洲甘竹滩微水头发电站竣工，该电站位于广东省顺德县境内，是全国水头最小的水电站。1971 年元旦动工，1978 年获全国科学大会奖。

5 月，中顺大围联成闭口大围，该围于 1957 年建成为下游开口堤围。1971 年兴建西河口水闸，1972 年又兴建东河口水闸。

9月，西江支流贺江合面狮水电站建成，该电站位于广西贺县境内，1970年1月动工。

11 月，中共贵州省委员会 8 月 17 日决定，贵州省水利电力局再次分设为水利局和电力局两个局。12 月 20 日正式成立省水利局。

12 月 17 日，广东省成立农田基本建设指挥部。

是年，广东省在珠江流域内的南海、斗门、云浮、高要、清远等县兴建了官山、西安、宋隆、六都、泥塘嘴、茅舍岭和黎塘 7 座大型水泵站，总装机 2.08 万千瓦。其中斗门县西安大型水泵站是当时国内最大的卧式抽水机组。

是年，位于广东省高要县的九坑河水库建成 1 座净跨 100 米的钢筋混凝土双曲拱渡槽。

1975 年

2 月 25 日，云南省抗旱防洪指挥部成立。

4 月 20—28 日，贵州省水利局在独山县召开全省水利管理工作会议，会上讨论并拟订了《贵州省水利管理办法（试行）》。

4—5 月，水电部派出由著名水利专家、华东水利学院院长严恺为组长的专家组，全面考察珠江三角洲，历时 45 天，对珠江三角洲整治规划及科学研究提出了较系统的意见。

10 月，北江支流连江渠化工程完工，成为珠江流域航运为主的渠化河流，该项工程于1959年冬在广东省阳山县成立工程指挥部，以省航运部门为主，地方水利部门参加，共同规划、设计、施工。

12月，东江干流枫树坝水电站竣工，该电站位于广东省龙川县境内。1970年7月动工。

1976年

2月，水利电力部先后部署编制“全国可能最大暴雨等值线图”和“全国暴雨径流查算图表”。珠江流域片由广东省水文总站任片长，流域内各省（自治区）均分别编制，陆续出版。

11月，水电部派规划设计管理局专家组，就珠江三角洲整治规划问题，再次赴现场考察研究。

11月，南盘江跃进水库大坝加高工程完工，该水库原名羊街水库，位于云南省建水县，1958年2月动工兴建大坝，1959年发挥效益。

1977年

3月15日，南盘江支流黄泥河大寨水电站第1台机组通水发电并入电力系统，该电站位于云南省罗平县境内，1972年3月15日动工。

6月30日至8月10日，广东省水利电力局珠江三角洲整治规划办公室牵头，省水文总站、水利电力勘测设计院、水利水电科学研究所、交通局、交通部广州航道局、佛山地区水文分站、惠阳地区水文分站、黄埔新港、东莞县水电局和番禺县水电局等单位参加，就电厂与港口建设等需要，联合在广州至虎门出海水道进行同步水文测验。

7月，广东省水利电力局珠江三角洲整治规划办公室编成《珠江三角洲整治规划报告》。

10月，贵州省基本建设委员会、贵州省水利局共同发布关于《贵州省水利、农田基本建设工程竣工验收办法》的试行通知，要求自1970年以来已建成的基本建设工程，均应按该办法立即组织人员编写竣工资料上报。

是年下半年，广东省水利电力局珠江三角洲整治规划办公室委托中国科学院南海海洋研究所、广东省水文总站、海军海测大队、中山大学等单位，开展了磨刀门河口滨海区洪、枯季水文泥沙调查工作。

是年，水利电力部命名位于东江中游的广东省博罗县水文站为“全国水文战线标兵”。

1978年

1月，南盘江朱家桥水电站建成，该电站位于云南省澄江县境内。1975年5月动工，电站引用抚仙湖吐口河道——清水河水发电。

2月，广东省科学技术委员会将1978—1980年国家重点科研项目列为省01号重点科研项目，由广东省水利电力局珠江三角洲整治规划办公室牵头（后由珠江水利委员会接办），广东省水利水电科学研究所、广州地理研究所、中山大学、华南师范学院、广州师范学院、华南农学院、广东土壤研究所、新会县科学技术委员会等单位承担试验研究。分年陆续开展了《珠江口滨海区河口湾水文调查》《伶仃洋浅滩的形成和发育趋势的研究》《西、北江三角洲和东江三角洲历史时期河道变迁调查研究》《珠江三角洲的形成、发育和演变规律的调查研究》等共 27 个课题的试验研究工作。

3 月，滇、黔、桂、粤 4 省（自治区）水利、水电项目获全国科技成果奖。在全国科学大会上，云南省的喷灌技术、全国可能最大暴雨等值线图（云南部分）、岩溶水及岩溶基础处理方法、定向爆破筑坝、松软地区大型管涌试验；贵州省修文县岩鹰山水库砌石拱坝，遵义县小龙塘、兰光、红岩 3 个高扬程水轮泵站；广西壮族自治区的岩溶水的勘察及岩溶地基处理技术、砌石坝建坝技术；广东省的南水水电站定向爆破筑坝、堤防防治白蚁研究、橡皮坝新技术、新丰江混凝土大坝抗震分析、中小型水库（土坝、溢洪道）安全检查技术及加固措施、预应力钢筋混凝土压力水管、大型水电站机组设备安装新技术、水坠法筑坝、装配式水工建筑物及渠系配套建筑物、滑动模板在水工混凝土工程中的应用、锦江梯级开发、地下排灌技术、悬辊制管法、甘竹滩微水头发电站等项目获科技成果奖。

3 月，组成伶仃洋水文调查领导小组，伶仃洋水文调查是国家重点科研项目《珠江三角洲综合治理的调查和关键技术试验》的课题之一。1981 年获广东省优秀科研成果三等奖。1984 年 7 月获水电部优秀科研成果二等奖。

5 月 15 日，广东省电力建设业务从广东省水利电力局分出，单独设置广东省电力工业局。

6 月，贵州省革命委员会批准恢复省水利科学研究所。

8 月 9 日，广东、广西计划委员会联合上报国家计委《西江航道计划任务书》。

8 月 30 日至 9 月 9 日，中共云南省委召开县委书记会议。会议对全省的农田基本建设作了研究讨论，主要是：①坝区要向“双纲田”“吨粮田”进军，建成有水利保证、能排能灌、排灌分家的高产、稳产农田。②全省山区、半山区的 2700 万亩坡地，要求在 1985 年以前全部改为水、土、肥配套的水平梯地。

11 月 26 日，东深供水第 1 期工程扩建竣工，1974 年 3 月动工，年供水能力增至 1.68 亿立方米。同月 29 日，粤港双方在广州签署《关于从东江取水供给香港、九龙的协议》，商定供水量自 1978 年 10 月 1 日起逐年增加至 1.68 亿立方米。

1979 年

4 月 6 日，水电部报告国家计委，请求加快南盘江、红水河水电基地建设。

6 月，珠江三角洲官山大型水泵站 1 期工程完工，该工程位于广东省南海县樵北大围，1975 年 11 月动工。

6 月，水利部与广东省协商，指派广东省建委主任刘兆伦筹组珠江流域机构，16—24 日，刘兆伦和广东省水利电力局副总工程师廖远祺到水利部具体商议成立珠江水利委员会事宜。25 日，水利部召开党组扩大会议，研究关于成立珠江水利委员会的报告，以及有关组织机构、任务、领导班子等问题。

8 月 13 日，国务院批转同意水利部《关于成立珠江水利委员会的报告》。指出：“珠江系我国南方一条大河，跨越滇、黔、桂、粤等省（自治区），治理开发任务都很重，成立珠江水利委员会，对全流域进行统一规划，综合开发，加强管理很有必要。”刘兆伦任珠江水利委员会主任，蔡勇为兼任顾问，申田、甘苦兼任副主任。珠江水利委员会（简称珠江委，下同）设在广州，属水利部领导，主要任务是：①负责珠江流域治理开发和水资源的统一管理；②制订珠江干流的河流规划和其他支流的规划汇总工作；③担任西江、北江及三角洲地区重大关键性工程的设计、施工、管理运用；④有关科学研究工作。

8月底，设置珠江委西江局。水利部副部长李化一、珠江委主任刘兆伦到广西南宁，与中共广西壮族自治区委协商珠江委在广西设置机构等问题。9月1日，区党委副书记周光春、肖寒会见李化一、刘兆伦，区农委主任兼珠江委顾问蔡勇为和区水电局长兼珠江委副主任甘苦参加了会见。对珠江委在西江流域的任务以及成立西江局问题，取得协商一致的意见。珠江委西江局设在南宁市，指派区水电局副局长张作良负责组建工作。

是年秋，在江门河与睦洲河分别动工兴建北街、睦洲两座分洪闸和北街船闸，于1979年5月基本建成，将天河、礼东、睦洲等堤围基本联成一个大围。还陆续修建5座挡潮排水闸、2座节制闸、5座小船闸，使原来296.4千米江海堤防缩短为防洪干堤91千米，提高了防洪排涝能力，还改善了灌溉和城市排污的条件。

9月22日，珠江委正式办公，钱正英部长主持水利部办公会议，听取珠江委主任刘兆伦汇报珠江委筹建工作情况，决定珠江委于10月1日开始工作，并研究了珠江委近期要抓的有关业务工作。

10月1日，水利部珠江委在广州正式办公。广东省水利电力局属下的珠江三角洲整治规划办公室和水利水电科学研究所移交给珠江委。

10月，开展“全国水资源综合调查与评价和合理利用研究”，水利部下达该项任务，珠江流域片由珠江委任片长，负责协调、汇总流域内各省（自治区）的成果。调查与评价工作分为初步成果与正式成果两阶段进行。

11月27日至12月6日，全国水库养鱼和综合经营经验交流会在广东省东莞县举行，由财政部、水利部、水产总局联合召开，水利部副部长李伯宁主持。会后，国务院批转了会议的报告，明确了水库渔业“按水库归属由水利、电力部门经营管理”。

12月6日，水利部党组任命刘兆伦、张浙、王一民、张作良、戴良生、廖远祺6人组成中共珠江委党组。刘兆伦任党组书记，张浙、王一民任党组副书记，张作良、戴良生、廖远祺为党组成员，并任命张浙、王一民、张作良、戴良生、廖远祺5人为珠江委副主任，廖远祺兼总工程师。

12月10日，中央批准，任命刘兆伦为水利部副部长、党组成员。28日，中共水利部党组转发刘兆伦的任职通知。翌年1月14日，水利部党组重申这一任命，并明确刘兆伦仍兼任珠江委主任。

1980年

1月29日，水利部批复同意珠江委设立办公室、总工程师室、计财处、规划处、科技情报处、水土保持处、勘测总队以及科研所、西江局，核定珠江委编制为1200人。西江局于1月在南宁成立，其余机构均在广州组建。

3月，广西水利电力规划小组提出了《红水河综合利用规划报告》。规划在南盘江下游、红水河至黔江，布置天生桥一、二级和龙滩、岩滩、大化、大藤峡等10级开发方案。

3月，中共广东省委、省人民政府联合发出《关于大力发展水产养殖业的决定》。

4月9日，广东省水利电力局更名为广东省水利电力厅。

4月13日，珠江委向水利部提交《对于建设珠江流域大藤峡、龙滩关键性水利水电枢纽工程的意见和建议》。

4月中旬至5月上旬，珠江委为开展流域规划作准备，刘兆伦主任、廖远祺副主任兼总工程师率领规划、设计、勘测部门的工程技术干部，查勘了红水河以及柳江、郁江、浔江、桂江的部分河段，沿途得到广西区水电局和各市（县）政府、水电局以及电力部中南、东北设计院的支持和配合。

5月1日，贵州省水利局更名为贵州省水利厅。

5月10—20日，广东省人民政府派珠江委副主任王一民为组长，带领由珠江委、省计委、农委、水电厅有关人员组成的工作组，就规划项目飞来峡水库的淹没影响问题，进行现场调查，并与韶关地区、英德县的领导及水利部门交换了意见。事后，工作组向省人民政府提交了专题报告。

5月14日，粤港代表在广州签署“关于从东江取水供给香港、九龙的补充协议”，协议商定对港年供水量自1983年5月1日起由2.2亿立方米增至1994年的6.2亿立方米。为此，东深供水第2期扩建工程于1981年初开始施工。

5月16日，水利部将珠江委《对于建设珠江流域大藤峡、龙滩关键性水利水电枢纽工程的意见和建议》的报告报国家农业委员会转报国务院。报告认为，大藤峡、龙滩两工程的兴建都必须在流域综合利用原则下统一规划，应作全面比较论证后，再作出决定。

7月12日，广西壮族自治区人民政府批准区水利电力局分设为区水利局和区电力工业局。

7月14日，水利部复文同意将已移交珠江委的广东省水利水电科学研究所重新划归广东省水电厅，珠江委另建科学研究所。

8月22—28日，珠江委根据水利部下达的任务，在广州召开了珠江流域及东南沿海水利化区划和水资源调查评价协调工作会议。

10月25—31日，珠江委在广东省佛山市召开珠江流域规划协作会议，水利部部长钱正英就编制珠江流域规划的必要性以及如何搞好规划讲了话，会议商定编制流域规划的原则、分工。

11月3—16日，珠江委和广州地理研究所等19个单位，应用遥感技术，对珠江三角洲的南海、顺德、高鹤、中山、珠海等7个县（市、区）部分或全部范围、面积共5400平方千米，进行珠江三角洲航空遥感摄影，为综合整治和开发利用珠江三角洲取得了较完整的科学依据。

11月中旬，西江局部署郁江规划工作，珠江委副主任、西江局局长葛冲霄带队，组织西江局和广西壮族自治区水利局的技术人员现场查勘郁江，历时20多天，研究部署郁江流域规划工作。

12月3—5日，珠江委就广州市防洪（潮）、城市建设与港口、航道建设的急切要求，结合广州至虎门出海水道岸线与口门整治开发规划，在珠江口虎门召开现场座谈会。广东省、广州市的水利、交通、城建部门与交通部驻穗的有关机构共21个单位的代表参加了会议。

是年，珠海市根据与澳门签订的“扩大对澳门供水协议书”，增建南屏河抽水站，抽取淡水，扩大对澳门供水，计划年供水 800 万立方米。

是年，以防治血吸虫为主的位于北江上游的广东省曲江县罗坑水库建成。

年底，位于云南省沾益、曲靖、陆良、宜良的南盘江河段治理工程竣工。该工程于 1977 年 11 月动工，历时 3 年。工程包括新开河道 39.7 千米，并在废去的老河床上造田 4000 亩。

1981 年

1 月 1 日，云南省水利局改为水利厅。

2 月上旬，水利部将《珠江流域规划任务书》（征求意见稿）送云南、贵州、广西、广东、湖南、江西 6 省（自治区）及国家电力、交通、林业、农牧渔业等部征求意见。

2 月 16 日，珠江委和广东省水利电力厅，联合向广东省人民政府提出《关于建设兴建飞来峡水利枢纽的报告》。

2 月 18—26 日，在广州召开的国家科学技术委员会海洋专业组——学科组海岸河口分组第三次会议，讨论了珠江河口治理问题，就珠江三角洲整治方向、广州出海水道、黄埔出海航道的整治，以及磨刀门口门的治理等提出意见。

3 月，云南省水利厅公布《云南省小水电建设和管理暂行办法》（试行草案）和《云南省关于大、小电网并网问题若干规定》（试行草案）。

3 月下旬，珠江委副主任兼西江局局长葛冲霄带队，组织西江局以及广西壮族自治区水利、交通部门的技术人员现场查勘柳江，研究部署柳江流域规划工作，历时 24 天。

4 月下旬，珠江委副主任王一民带队现场查勘西江干流大藤峡以下河段，研究梯级开发方案与坝址比较。

3—4 月，电力工业部和广西壮族自治区共同召开龙滩水电站选址会议并到现场勘察，初步确定了坝址。该电站位于红水河上游广西天峨县，是珠江流域规划中规模最大的水电站。

5 月 13 日，国家计委向国务院上报“关于西江航运建设工程设计任务书”的审查报告。后经国务院批准，国家计委于 6 月 5 日批复交通部、广西和广东两省（自治区）人民政府，将西江航运干线南宁至广州全长 854 千米列为国家三级航道，通航 2×1000 吨顶推船队，并修建贵县与桂平 2 座梯级及西江东平水道整治。由交通部负责组织广东、广西两省（自治区）共同安排设计和施工。

5 月，红水河恶滩水电站建成，该电站位于广西忻城县境内，利用原有航运枢纽发电，于 1977 年 3 月动工。

5 月中旬至 6 月上旬，珠江委为开展北江流域规划，组织广东省水电厅、航运厅以及韶关地区、各有关市（县）现场查勘，历时 20 天，重点研究北江防洪规划以及飞来峡水利枢纽等北江干流梯级开发方案。

6 月，贵州省恢复省水土保持委员会。

7 月 2—4 日，珠江委在广州召开广州市区河道岸线规划座谈会，讨论规划市区岸线有关问题。广州市政、城市规划、航运、港务、园林、环保、水电以及广州地理研究所等 20 多个单位代表参加了会议。

8 月，云南省人民政府委托省水利厅召开专题会议研究南盘江的蒙自、开远、个旧地区的工农业用水问题，决定每年由南洞提水 5200 万立方米，输给大屯海 3800 万立方米、长桥海 1400 万立方米；由南溪河提水 1700 万立方米，输给长桥海、响水河、小新寨等水库；每年 10 月至次年 2 月，大屯海给云锡公司供水 1000 万立方米。

8 月中旬，国家建委韩光主任主持会议，召集建委、计委、农委、水利、电力、交通、林业、水产总局等部门负责人，听取水利部部长钱正英、副部长刘兆伦关于开发珠江流域的汇报，研究了规划的领导机构及各部门间互相支持、协调等问题。

9 月 7 日，水利部向国家建委报送关于《珠江流域规划任务书》的报告。

9 月，《贵州省洪水调查资料》在由贵州省水利学会主持在贵阳召开的验收、鉴定会议中验收鉴定合格，是该省第一次比较系统汇编的洪水调查资料。

9 月，贵州省水利厅制定《贵州省水利工程管理试行办法》。

10 月 6—13 日，国家能源委员会和国家计划委员会在北京联合召开红水河综合利用规划审查会议。会议审查并基本通过了广西壮族自治区人民政府报送的《红水河综合利用规划报告》，同意上至南盘江天生桥、下至黔江大藤峡的 10 个梯级开发方案。

10 月 26 日，向国务院报送的《关于红水河综合利用规划审查会议的报告》于 11 月 24 日批复同意，指出："开发红水河的丰富水力资源是解决华南地区能源问题的一项战略性措施，应当列入'六五'计划和长远规划，有计划、有步骤地进行。红水河的开发方针，总的是以发电为主，兼顾防洪、航运、灌溉、水产等综合利用效益。"

12 月 9 日，国务院批准交通部门整治西江，重点先放在中、下游的南宁至广州段。整治疏浚西江的第一期工程，主要建设桂平航运梯级，整治东平水道，建设贵县港和扩建广州港。

12 月中下旬，珠江委结合西江干流南宁至广州的航运建设，分别会同广西、广东交通部门，现场查勘浔江、西江河段，研究梯级开发方案以及防洪、航运、发电统筹规划的问题。

1982 年

1 月 22 日，国家基本建设委员会批复水利部 1981 年 9 月上报的《珠江流域规划任务书》，同意成立一个由珠江委任组长，由有关部门、有关地区厅局级干部参加组成的规划协调小组，珠江流域规划工作由珠江委负责完成。该项任务书是国家建委于 1981 年 12 月 17 日报国务院后批复的。

3 月，国务院将水利、电力两部合并为水利电力部。水利部珠江水利委员会易名为水利电力部珠江水利委员会。刘兆伦仍任珠江委主任，免去原水利部副部长职务。

3 月，交通部召集云南、贵州、广西、广东 4 省（自治区）交通部门召开珠江水系航运规划工作会议。

3 月 23 日至 4 月 1 日，水利电力部水利水电建设总局与广西壮族自治区建委在桂平县共同主持召开黔江大藤峡水利枢纽选坝会议，选定了坝址。

4月4—20日，水利电力部水利水电建设总局和广西壮族自治区建委在南宁联合召开红水河岩滩水电站初步设计审查会，广西壮族自治区电力局勘测设计院汇报设计情况，并现场查勘了坝址，确定枢纽规模以及施工方案等重大技术原则。

4月6—10日，珠江委在广州召开珠江流域规划协调会议。珠江流域4省（自治区）的水利、电力、航运、水产部门及部属勘测设计院等23个单位参加。对规划任务、分工、进度和中小河流规划等进行了协调。

4月17日，广西壮族自治区人民政府颁布《广西壮族自治区农田水利管理试行办法》。

4月21日，广东省人民政府召开省长办公会议，研究讨论了北江飞来峡水利枢纽兴建涉及京广铁路改线的问题。会议议定：飞来峡枢纽工程一定要搞，方针是以防洪为主，兼顾发电和航运；京广铁路受影响路段应按兴建飞来峡枢纽工程来设计，实行一次过改线搬迁；先行加固北江大堤，请求列入国家“六五”计划项目。

6月下旬，珠江委副主任戴良生带队向水电部汇报磨刀门口门治理开发规划阶段报告的成果，水电部组织有关单位在北京讨论后同意了磨刀门口门治理开发试验工程规划（阶段报告），并同意规划阶段报告中推荐洪湾水道北片和鹤洲北片作为治理开发试验工程。

6月，贵州省人民政府同意省水利厅和财政厅联合颁发《贵州省小水电管理试行办法》。

7月26—31日，珠江流域规划协调小组在广州召开防洪规划和中小河流规划工作两个协调会议。着重协调西江、北江的中、下游防洪问题，研究中小河流规划的方针任务。

8月16—21日，交通部水运规划设计院在北京召开了第二次珠江航运规划工作会议。会议讨论同意规划工作提纲，安排了各阶段的水运规划工作。

9月20—24日，珠江委在广东省德庆县召开珠江第二次小流域水土保持试点座谈会，贯彻全国第四次水土保持工作会议精神。此前，1981年召开了珠江第一次小流域水保座谈会。

10月10—21日，召开南方省级地表水资源成果检查试点讨论会。会议对广东、湖南两省的地表水资源成果进行检查评价，为南方省级地表水资源正式成果检查提供经验。

10月，岩滩水电站开始筹建。广西壮族自治区人民政府副主席甘苦任筹建领导小组组长。1984年1月，经国务院批准，正式列入国家1984年建设项目。

11月下旬，贵州省水利厅在贵阳召开贵州省境珠江流域中、小河流规划协调会议，将流域内25条主要河流（段）的规划、汇总任务落实到省、地（州、市）、县，要求1983年年底完成南盘江、北盘江、红水河、樟江和都柳江规划及各江规划汇总工作。

11月，云南鲁布革水电站动工建设。工程位于云南省罗平县和贵州省兴义市交界处黄泥河，是中国水电史上第一个引进外资并实行国际竞争性招标承建的重点工程。

12月，广东省成立水土保持协调小组。

是年，广东省推广使用的水文测站缆道、水库用笼式张网捕鱼等两个项目，获国家农业委员会、科学技术委员会奖。珠江流域水力资源普查项目被水利电力部评为重大科技成果奖。

年底，由广东省科委立项、珠江委牵头组织、广州地理研究所编写的研究成果通过评审验收。这是国家《珠江三角洲综合治理的调查和关键技术试验》重点科研项目中的课题之一，获广东省 1983 年优秀科研成果三等奖。

1983 年

1 月 11 日，广东省人民政府颁发《广东省发展小水电暂行办法》。

2 月，《珠江流域片地表水资源水质调查与评价正式成果》由珠江委编印出版，范围包括珠江流域暨东南沿海诸河。

3 月 28 日至 4 月 1 日，水利电力部和广东省人民政府在广东省佛山市共同主持审查会议，原则同意《北江流域规划初步报告》和《飞来峡水利枢纽可行性研究初步报告》。

4 月，珠江委受水利电力部委托，在昆明召开滇、黔、桂、粤、湘 5 省（自治区）地表水资源正式成果检查、拼图会议，并进行珠江流域片的成果汇总工作。

5 月 21—25 日，水利电力部委托珠江委在广州主持召开“北江大堤加固工程总体设计”审查会议。

6 月 6 日，位于北江支流高坪水的广东省仁化县高坪水库水坠坝竣工蓄水，该工程于 1976 年动工。

6 月，珠江水利委员会科学研究所建成大型珠江口磨刀门河工试验模型。

7 月 12 日，国家计划委员会批复《北江流域规划初步报告》和《飞来峡水利枢纽可行性研究初步报告》。指出：北江基本上属于地方性河流，该流域规划可由水电部、广东省核定，国家计委不再审批，同意水电部、广东省人民政府对《飞来峡枢纽可行性研究初步报告》的审查意见。

8 月 3 日，东深供水工程第 2 期扩建工程项目之一的深圳水库坝下有压输水涵管动工，管径为 3 米。

8 月 10 日，水利电力部批复珠江委报送的《磨刀门口门治理开发（鹤洲北片）试验工程初步设计》，同意磨刀门口门鹤洲北片列为治理开发试验工程。

8 月 23—27 日，珠江流域规划协调小组在广州召开珠江流域规划协调会议。会议总结、交流了 1982 年 4 月珠江流域规划协调会议以来流域规划工作的情况及经验，协调了水文资料、西江中下游防洪规划、主要干支流航运规划、电力系统规划、广州至虎门出海水道治理规划、供水与渔业专业规划等主要问题，并提出了下阶段的工作安排意见。

9 月 26 日，北江大堤加固工程指挥部成立，计划工期 6 年，广东省人民政府要求提前在 4 年内完成。

10 月 4 日，贵州省人民政府颁发《贵州省水利工程供水收费和使用管理办法》，自当年 10 月起执行。

10 月 27 日，广东省人民政府同意成立“珠江磨刀门治理开发委员会”和“磨刀门鹤洲北片治理开发工程指挥部”，由珠江委、广东省水电厅以及佛山、珠海、中山、斗门等市（县）派出人员组成。

11 月 4 日，广西壮族自治区财政局、水利局、物价委员会颁发《广西壮族自治区水利工程供水收费和使用管理试行办法》，从 1984 年 1 月 1 日起试行。

11 月 19 日，珠江委和广东省水利电力厅、佛山市、珠海市、中山县、斗门县人民政府签署“联合治理开发磨刀门协议书”。同日，珠江委和佛山市、斗门县人民政府签署“联合开垦磨刀门鹤洲北片滩涂资源协议书”。

12月12日，国务院批准水利电力部报请在全国范围内选定100个农村初级电气化试点县名单，在珠江流域内的有18个县，其中，属云南境内的有陆良、泸西、华宁、澄江4个县，贵州境内的有镇宁布依族苗族自治县，广西境内的有昭平、贺县、恭城、岑溪、大新、容县6个县，广东境内的有龙门、曲江、仁化、阳山、乳源、新丰、封开7个县。

12月21—23日，受广东省科委委托，广东省科学院召开“伶仃洋浅滩形成发育演变”科研成果评议会，会议通过了评审意见书，同意验收。该项目是国家“珠江三角洲综合治理的调查和关键技术试验”重点科研项目中的课题之一，其成果获广东省1984年优秀科研成果三等奖。

12月24日，云南省水利厅改为云南省水利水电厅。

12月，红水河大化水电站建成投产，该工程位于广西马山、都安县交界处。1975年10月28日动工，1985年6月22日4台机组全部投产。

是年冬，广东省南雄县在北江支流黄坑河、邓坊河、大源水、瀑布水4条河的水土流失治理中推广珠江委于1980年10月在该县珠玑区小坑河进行小流域水土流失综合治理经验。

是年，南盘江水系的板桥河水库扩建完工，该水库位于云南省泸西县境内，于1957年初建，1963年及1976年两次续建，此次扩建工程于1979年11月动工，1983年完工。

1984年

2月，广西壮族自治区水利局改为水利电力厅。

3月1—3日，珠江委及广东省水利电力厅在佛山市联合召开西江、北江三角洲重点堤围加固工程前期工作会议。

3月6—7日，珠江委在广州召开水库移民安置座谈会。会议讨论了水库移民的路子和经验教训，以及飞来峡水库移民的设想。

3月，根据水利电力部、城乡建设环境保护部关于流域机构水资源保护局（办）更改名称的通知，珠江水利委员会科研所水源保护研究室改称为水利电力部、城乡建设环境保护部珠江水资源保护办公室，10月，珠江委决定，该办公室属处级机构，挂靠在珠江委科学研究所。1985年3月，改与珠江委水文局合署办公。1990年5月经水利部批准，又改为副厅级机构，易名为水利部、国家环境保护局珠江流域水资源保护局。

4月4—11日，珠江水系航运规划第四次工作会议在北京召开。会议讨论了航运规划报告编写的原则、要求和提纲，进一步落实分工与完成的进度。

4月，贵州省水电厅发出《关于在水利、农电上普遍推行经济承包责任制和积极扶持发展“两户”的通知》（“两户”指农田水利和农村水电站）。

4月，珠江委编印出版《珠江流域片地表水资源》《珠江流域片地表水资源图集》和《珠江流域片地表水资源表集》。

6月18—23日，水电部规划院就珠江委提出的《飞来峡水利枢纽防洪区防洪标准及漼江分洪方式讨论专题报告》和《飞来峡水利枢纽坝址选择专题报告》在北京召开审查会议。

7月3—6日，西江支流贺江白垢水电站第一台灯泡型贯流式水轮发电机组经72小时试运行，正式投产向系统送电，为我国自行研究、设计、制造、安装的第一台大型低水头灯泡贯流式机组。

7月4日，广东省人民政府公布《广东省河道堤防管理条例》。

7月，珠江委在昆明主持召开华南诸河片（包括珠江流域片）水资源合理利用与供需平衡分析成果协调审定会议，协调审定了各省（自治区）分析计算资料及现状（1980年）供需平衡成果。

9月3日，水利电力部批复珠江委报送的《磨刀门口门治理开发第一期工程（洪湾北片）初步设计》，把洪湾北片作为磨刀门口门治理开发的第一期工程，先行开发利用。

9月18日，磨刀门围垦工程开工仪式在广东省斗门县白藤山举行。

9月，珠江委在广州主持召开珠江流域片七省（自治区）地下水资源正式成果检查、拼图会，并进行珠江流域片的成果汇总工作。

10月，广州出海水道大型潮汐河口模型及其科学试验模型由珠江委科学研究所建成，其数值采集与处理用微型电脑同步控制，自动完成。模型对广州市岸线规划、伶仃洋治理开发、航道整治、港口选址和防淤，以及水质污染等问题进行研究。

12月10—14日，珠江流域规划协调小组在广州召开珠江流域规划协调会议。珠江委主任、珠江流域规划协调小组组长刘兆伦作了题为《抓好重点，全面完成珠江流域规划》的工作报告。会议要求确保1985年全面完成流域规划。

12月下旬，珠江委在广东省斗门县召开珠江流域片水资源合理利用与供需平衡工作会议，会议研究了成果汇总及报告编写等问题。

是年，南盘江支流鲁布革水电站引水工程发包施工。该工程的辅助工程于1976年开始陆续修建，1982年正式开工。

是年，南盘江天生桥（坝索）二级水电站动工，该电站位于广西隆林县与贵州龙县间的南盘江天生桥。1979年筹建，1980年停工缓建，1982年复工。

是年，陈村水道扩建工程动工，该水道是广州通往珠江三角洲各地最短捷的航道。扩建后，航道底宽从原来的30米扩宽到50米，水深2米，常年可通航500吨级驳船组成的分节驳顶推船队。

是年，珠江委编写的《珠江流域基本资料汇编》审定付印，这是珠江委成立后第一次系统汇编河流水系、社会经济的基本资料，编写工作历时4年。

1985年

1月10—14日，珠江委召开珠江流域水土保持工作协调会。汇报会上交流了试点经验，讨论了第二批试点的验收和新试点的选点与规划。协调会主要解决用遥感技术编制土壤侵蚀图的问题。

1月29日至2月2日，水利电力部与广西壮族自治区人民政府在南宁联合召开会议，审查了珠江委西江局编制的《郁江流域综合利用规划报告》。国家计委于1985年7月15日批复，原则同意审查意见。

3月5—7日，贵州省北盘江流域规划协调小组在贵阳市召开了《贵州省北盘江及珠江流域中小河流规划成果汇报》审查会。

3月20日，水利电力部水利工程综合经营公司与中国科学院水库渔业研究所、广东省南海县大沥区水电管理所三方签订“关于建立广东省仙溪水利综合经营开发公司协议书”。以珠江三角洲的仙溪水库为基地，发展名贵鱼类、名贵花卉及其他产品，提高工程经济效益。

3月，红水河岩滩水电站动工，该电站经1年准备，主体工程正式动工。

3月，珠江委邀请珠江流域片有关省（自治区）代表，对珠江流域片地表水资源调查评价的正式成果进行审查。

3月，珠江委调整机构，撤销勘测总队、规划处、设计处，成立珠江水利委员会勘测设计院。

3月，珠江委与斗门县联合投资的磨刀门鹤洲北片治理开发试验工程其东西堤工程合龙，该工程1984年2月正式动工。

4月6—10日，珠江流域规划协调小组在广州召开大藤峡水利枢纽规模论证会。会议还对大藤峡水利枢纽的库区淹没补偿、通航建筑物规模和电站规模等提出了意见。

4月25日，恢复广西壮族自治区水土保持委员会。

5月15—20日，国家计划委员会委托水利电力部在北京主持召开了《红水河龙滩水电站开发可行性研究报告》审查会。

5月30日，广东省人民政府颁发《北江大堤管理实施细则》。

5月，东江中游和西枝江的水位、雨量自动测报系统建成投入使用，该系统由联合国教科文组织援建，为全国两个测报系统之一。设置中心站1个、中继站1个、遥测站18个。

6月10—12日，珠江流域水质站网规划审议会在广州召开。

6月，南盘江麦子河水库险工工程竣工。该工程位于南盘江水系的陆良县。1984年采用高压定向喷射灌浆、形成防渗墙的沙基固结防渗新技术，并在坝后倒滤体和反滤层运用土工织物代替过去常用的砂卵石滤层，解决了水库30年来一直带“病”运行的问题。

7月15日，国家计划委员会批复广西壮族自治区人民政府、水利电力部于4月15日联合上报的《关于珠江流域西江水系郁江综合利用规划报告审查意见》，同意南宁市防洪近期提高到20年一遇标准，指出百色水利枢纽是开发治理郁江的关键工程，应及早进行可行性研究。

7月23—27日，广西壮族自治区计划委员会主持召开了审查《桂江（平乐以下干流河段）综合利用规划报告》的审查会议。会议肯定了规划报告提出的桂江以开发水能、发展航运，兼顾旅游、防洪、灌溉、水源保护、水产养殖等综合利用开发原则。同意平乐至昭平河段采用巴江口、昭平两级开发方案，并建议作为近期工程开发。同意昭平以下河段分白沙、京南、旺村三级开发。

7月30日至8月1日，珠江委在南宁召开柳江综合利用规划协调会议。指出，榕江水利枢纽是柳江干流的龙头水库，自然条件较好，航运、发电、防洪等综合效益显著，淹没损失不大，对开发黔东南及黔南少数民族地区极为有利，一致认为应列为近期开发工程。

8月2日，广东省水电厅批复属下水电设计院关于《东江流域规划报告》的审查意见。

8月17日，珠江委和云南、贵州、广西、广东4省（自治区）水电（水利）厅及中共云南省曲靖地区地、市委的负责人和工程技术人员近百人，在云南省曲靖市马雄山东麓举行“珠江源”立碑仪式。

8月27—31日，由珠江委在梧州市主持召开贺江流域规划协调会议，着重讨论流域规划的方针任务、干流梯级开发方案、现有闸坝碍航和复航工程措施、规设工程标准等。

8月，白盆珠水库电站投产发电，该水库位于广东省惠东县境内。1959年动工兴建，1960年停工，1976年复工。

9月19—23日，云南省人民政府在昆明市召开《南盘江流域综合利用规划报告》审查会。会议认为规划报告符合国家建设委员会下达的《珠江流域规划任务书》的要求，可作为《珠江流域综合利用规划报告》的组成部分。

10月，珠江委审复南宁市防洪堤工程收尾续建报告。南宁市防洪堤工程全长46.7千米，市区按20年一遇、郊区按10年一遇防洪标准进行设计。1973年，经水电部批准兴建。至1985年，完成堤线总长32千米，防洪闸11座，交通涵闸52座，穿堤涵管78条，河道护岸5千米，但未达设计标准。珠江委审复同意按原设计标准收尾续建，并请该委向城乡建设环境保护部和水电部申请列项。

11月18—22日，珠江委副主任孔宪志、顾问刘兆伦会同广东省水电厅、航运局，广西壮族自治区水电厅、航运局、交通厅设计院，梧州地区水电局，梧州市人民政府、梧州市建委等单位的领导和技术人员，现场查勘了西江干流大藤峡至高要河段的登洲、长洲、龙湾、长岗坝址。

11月，广东省第六届人民代表大会通过《关于防治北江上游严重水土流失》的议案。

12月7日，中共广东省委书记林若、广东省副省长杨德元、匡吉、凌伯棠在省委听取珠江委主任戴良生关于飞来峡水利枢纽建设问题的汇报，同意在“七五”期间兴建该项工程。

12月9日，广东省人民政府召开消灭血吸虫病庆功大会，以水利工程措施消灭了血吸虫。

12月初，国务院副总理万里、中共中央书记处书记胡启立在铁道部部长丁关根、水电部部长钱正英、中共广东省委书记林若、中共湖南省委毛致用等陪同下，视察了衡广铁路复线建设、调查了北江飞来峡水利枢纽工程建设问题。

12月19日，《中华人民共和国北江飞来峡综合利用水利枢纽建设规划可行性调查实施细则》在北京签字。

12月26日，红旗水库左右干渠完工。该水库位于云南省丘北县境内，1958年11月动工。

12月，珠江委编印出版《华南诸河水资源利用》。

年底，南盘江花山水库除险加固工程完工。该水库位于云南省曲靖市，大坝于1958年1月26日动工，5月完成，1959年10月，国务院表彰了该项工程在石灰岩地区建蓄水库取得成功。1984年进行除险加固。

是年，南盘江篆长河独木水库配套工程完成，工程于1977年动工。

年底，广东省仁化、龙门两县达到水电部颁标准，成为农村初级电气化县。

1986年

1月11日，磨刀门供水澳门第1期工程动工。工程分两期实施，第1期由洪湾涌引水至澳门青洲，第2期由磨刀门水道挂定角引水至洪湾抽水站。1985年12月11日，在广州签订“珠海对澳门供水、磨刀门对澳门供水计划协议书”。1988年6月，第1期工程完成并通水。

2月20日至3月4日，中国国土经济研究会理事长于光远和中国水利经济研究会理事长张季农等20多位经济、航运、水利专家组成珠江水利经济考察团，考察了珠江三角洲的八大口门和西江中下游，对口门治理和围垦的开发经营方式及其社会、经济综合效益；西江中下游（浔江河段）水利、航运、水电的综合开发及大藤峡、长洲枢纽开发的经济合理性；发展横向联系，组织地区间、行业间的合作，联合建立经济实体，以加速流域的开发治理等重大技术、经济政策问题提出意见。

3月，广东省人民政府批准成立飞来峡水利枢纽移民安置规划领导小组，由副省长凌伯棠任组长。省农委主任陈白、珠江委副主任孔宪志、省水电厅副厅长孙道华任副组长。3月3日，召开了第一次领导小组会议。领导小组下设办公室。

3月4日，广东省人民政府颁布《广东省水土保持工作管理规定》。

3月20—24日，珠江流域规划协调小组在广州召开珠江流域规划第五次协调会议。会议主要审议和通过了珠江委汇编的《珠江流域综合利用规划报告》（初稿），同时审议《西江干流大藤峡至高要段综合利用规划报告》（初稿）。规划协调小组研究决定，将下阶段规划协调的工作，结合补充完善规划报告，交由珠江委完成。

4月16日，广西电力局副局长冯大彬在美国华盛顿参加岩滩水电站利用世界银行贷款谈判，同意了项目协定和贷款协定，向世界银行贷款5200万美元。

4月18日，西江干流封开至郁南河段炸礁工程竣工验收。这一河段长18千米，炸礁工程于1985年11月动工，清炸礁石近6000立方米，航道最小水深3米。

4月30日，广东省人民政府颁发《广东省水利工程水费核订、计收和管理办法》，于6月1日起施行。

4月，贵州省人民政府在全省水利管理工作会议上决定：整顿水利管理机构，落实经营承包责任制；充实管理人员，提高队伍素质；做好水费征收工作，增加水利管理资金；把好水利建设主攻方向。

4月，郁江马骝滩航运梯级动工，该航运梯级位于广西桂平县郁江与黔江汇合处的马骝滩，以航运为主，发电装机3台，容量共4.65万千瓦。

5月初，珠江委副主任薛建枫等与广西壮族自治区水电厅副厅长陈顺天等，现场勘察与协商，议定由广西区水电设计院和珠江委西江局组成百色水利枢纽联合设计处，合作开展百色水利枢纽可行性研究工作。

6 月初，根据中日有关协议，日本国际协力事业团专家组津田等 6 人及监理小组山住有巧等 3 人先后到珠江委共同开展北江飞来峡枢纽可行性的调查研究工作。同年 10 月中旬，此项工作基本完成，日方专家分批返回日本编制报告书。

8 月 4—9 日，加拿大地质专家卡倍尔到岩滩水电站进行技术咨询。

11 月 16—17 日，美国碾压混凝土专家理查森到岩滩水电站对碾压混凝土的设计、施工等问题进行技术咨询。

11 月 19 日，南盘江天生桥（坝索）二级水电站大坝截流一次成功。

11 月 26—29 日，水电部水利水电规划设计院和中国水利学会环境水利研究会在广东省东莞县召开了东江流域规划环境影响评价成果鉴定会。会议认为，东江环评工作既为《珠江流域综合利用规划报告》提供了重要的补充成果，又对流域规划环评的步骤、内容、方法进行了探索。

12 月 1—5 日，珠江委副主任薛建枫等到南宁参加水电部水利水电规划设计院主持召开的西江干流长洲枢纽前期工作会议，与广西有关方面协商，明确长洲枢纽可行性研究阶段的工作，由珠江委牵头组织，珠江委设计院和广西电力设计院两院合作完成，并就两院的合作分工原则达成了协议。

12 月 25—27 日，云南省省长和志强视察了南盘江流域的泸西、弥勒两县水利冬修情况，现场察看了白水塘水库西大沟的施工。

12 月下旬，珠江委编制的《珠江流域综合利用规划报告》完成并上报水电部，流域规划编制工作历时 6 年多。

12 月，贵州省水电厅的“珠江水系贵州江段渔业自然资源调查”和“南盘江流域大、中洪水降雨的天气成因分析及预报的研究”获贵州省科技进步三等奖。

1987 年

1 月 6—12 日，水电部和广东省人民政府共同主持在广州召开“北江飞来峡枢纽设计任务书”初审会议。会议基本同意任务书（修改稿）的各项内容。

1 月 23—25 日和 2 月 21—23 日，广西大新县和恭城县初级农村电气化验收合格，成为广西壮族自治区最早的两个农村初级电气化达标县。

2 月 16—22 日，法国罗讷河公司代表、驻外经理马耶到珠江委进行工作访问，双方就合作进行西江长洲水利枢纽可行性研究工作的可能性举行多次讨论。

3 月 5 日，广西壮族自治区人大常委会通过《广西壮族自治区水利工程管理条例》，自 7 月 1 日起施行。

3 月 5 日，珠江委代表戴良生与斗门县人民政府代表周英尧签署了“关于鹤洲北垦区产权转让协议书”。协议书确认珠江委将磨刀门鹤洲北垦区产权连同固定资产，有偿转让给斗门县人民政府。

3 月 24 日，贵州省小水电开发公司改名为贵州省水利电力厅地方电力局。

4 月上旬，根据水电部和国家环保局联合下文批复的规划任务书，珠江委在广州主持召开珠江水系水资源保护规划协调会议。

5月8日，珠江委与番禺县签署“合资经营蕉门围垦开发合同书”，由珠江蕉门综合开发公司，分期分批整治蕉门，计划围海造地约13万亩，划入公司范围的为6.1万亩。

6月，水电部批准贵州省与国家能源投资公司合资兴建位于北盘江支流打帮河的镇宁县关脚水电站。10月动工，至1990年年底已完成拦河闸坝、引水渠、隧洞、厂房主体和升压站等6大土建项目，进入机电工程安装。

7月16—26日，广东省人大常委会组织全省河道清障检查。珠江委主任戴良生等应邀参加了检查北江及珠江三角洲河道的清障情况工作。

7月19日，广西壮族自治区人民政府副主席张春园率领自治区防汛指挥部、水电厅、南宁市人民政府以及南宁市城建局、水电局，邕江大堤管理处、大堤防汛指挥部等单位的领导，检查南宁市的防洪及邕江清障工作，要求在3月上旬完成第一期清障工作，并尽快部署第二期清障工作。

7月，北江大堤加固工程提前完工。该项工程从广东省清远县骑背岭至南海县狮山，长63千米。工程于1983年11月动工，计划工期6年，实际施工仅用3年零9个月，于1987年7月提前完工。10月14—17日通过了“广东省北江大堤加固工程竣工验收鉴定书”。

8月7日，中华人民共和国政府与挪威王国政府关于为岩滩水电站项目提供财政援助（200万美元赠款）的协议在北京签订。9月2日，挪威专家爱德华森·阿马如德到达岩滩，帮助水电站工程建设提高管理水平。

8月10日，广东省水电厅经省人民政府批准，发布《广东省水利劳动积累制度暂行规定》。12月28日，贵州省水电厅经省人民政府批准，发布《贵州省农村水利劳动积累办法》。

8月18日，贵州省水电厅和省环保局举行联席会议，商定了贵州省境内珠江水系水资源保护规划的任务、分工协作、工作进度等事宜。

9月3日，贵州省人民政府发布《贵州省农田水利工程管理暂行规定》。

9月24—27日，云南省人民政府召开全省水利工作会议。和志强省长在会上要求水利建设要迈一大步：一要努力增加水利投入；二要改进水利建设资金的使用办法；三要讲求实效；四要坚持劳动积累用工制度；五要切实加强领导，实行行政首长负责制。

10月10日，东深供水2期扩建工程竣工验收，2期扩建工程完成后，每年对香港供水能力增加至6.2亿立方米。

11月21日，广西壮族自治区人民政府批准，由区水电厅、区编委、区财政厅、区劳动局联合发出通知，在全区1114个乡（镇）建立水利、水土保持管理站，为事业单位。

12月25日，云南省江川县隔河工程竣工，当日“星抚一号”轮船从星云湖通过隔河进入抚仙湖。

12月，贵州省小水电第一个110千伏输变电工程——镇宁变电站及52000米线路建成投产。

是年，贵州省水电厅向水电部汇报，贵州的水利问题主要是：灌溉面积少，水利化程度低；蓄水工程少，骨干工程少；渠系配套差、渗漏大；工程老化、效益衰减；管理跟不上。同时，提出了增强农业发展后劲的水利对策。

1988 年

1月6—10日，全国河口治理、泥沙研究和航运等方面的专家45人在广东斗门县白藤湖和番禺县市桥镇，研讨珠江河口治理开发规划问题。专家们认为：根据珠江河口八大口门的水沙与潮汐特征和自然、经济特点，采取以开发促进整治的指导思想是正确的，并认为从磨刀门整治开始，分片治理的措施是积极的，有利于规划的全面实施和取得经验推动其他口门的整治。

1月30日，珠江委珠江水利水电开发公司与东莞市农业委员会、虎门镇企业总公司三家合资组成珠江虎门综合开发公司。在遵守珠江流域规划的原则下，合资开发虎门一带的滩涂资源。同年11月7日，中国港湾工程公司加入开发威远围。

2月8日，南盘江流域的云南省澄江县由省水电科研所和县梁王河节水改造工程指挥部共同首次使用U型混凝土薄壳衬砌田间渠道方法，获得成功。

3月1—6日，由云南省计委、水利水电厅主持，国家经委、中国科学院、水利电力部等单位和省（市）领导及有关专家近100人参加的柴石滩工程可行性研究审查会议在宜良县召开。

3月7日，广西电力局勘测设计院承担的大化水电站枢纽工程设计和地质勘察，分别获得国家优秀工程设计金质奖和全国优秀工程勘测银质奖。此前，同年1月20日，广西水电工程局负责施工的大化电站工程获国家优秀工程银质奖。1987年6月25日，水电部评定大化水电站工程为部级优秀工程。

4月上旬，水电部验收了应用遥感技术调查珠江流域片土壤侵蚀现状编制的土壤侵蚀图。该项工作于1983年年底开始。

5月3日，珠江委改隶水利部。国家机关体制改革，水利电力部撤销，新设水利部，水利电力部。珠江水利委员会随之改称为水利部珠江水利委员会，8月22日启用新章。

5月7日，岩滩水电站碾压混凝土围堰建成。

6月15—18日，珠江委与澳门签署了《关于合作进行澳门周围水域模型研究之备忘录》。

7月10日，位于流溪河上游支流广东省从化县吕田区镇安乡境内的广州抽水蓄能电站动工。

7月19—29日，广西水电厅副厅长陈顺天率百色水库联合设计组与珠江委副主任孔宪志等研究设计力量、规划方案等问题。此后，8月19—29日，珠江委薛建枫副主任与陈顺天副厅长等与云南省水电厅、交通厅等有关部门，研究了百色水库的移民、库区通航和库区生态环境问题。

7月28日，广东省人民政府发出《关于确定水行政主管问题的通知》，明确规定省、市、县水电厅、局为同级政府的水行政主管部门，并负责水利行业管理工作。

8月2日，广西壮族自治区人民政府决定：自治区水电厅为区人民政府水行政主管部门，负责全区水资源的管理工作。全区县以上地方人民政府的水电局为同级人民政府的水行政主管部门。

8月11日，中共贵州省委提出全省1988年冬至1989年春的水利工作主攻方向：

治理险库，抓紧渠道防渗配套，推广水浇地。同时积极解决人畜饮水困难，搞好水土保持点，在商品粮基地适当新建蓄水工程；发展地方电力；贯彻好水法。

8月中旬，珠江委顾问刘兆伦等考察了东江流域，提出《关于统一东江水资源开发管理的建议》，建议设置东江流域机构，统一开发利用保护和管理东江水资源。

9月，国家防汛办公室副主任陈德坤等在广州市召集珠江委、华南电网办公室、广东省水电厅、广西壮族自治区水电厅的负责同志，共同商定利用天生桥至广州电力微波干线建设开通珠江流域防汛通信支线的有关事宜，同意以合资的原则着手该工程的筹建工作。

11月9—20日，交通部会同水利部、能源部及滇、黔、桂、粤4省（自治区），以及国家计委、4省（自治区）有关部门、大专院校等对南盘江、北盘江、红水河进行了航运开发考察。考察后认为：“两江一河”水量丰沛，河床稳定，含沙量少，既是开发水电的“富矿区”，又是发展航运的“黄金水道”，是滇、黔两省出海的捷径，对发展滇、黔经济具有重要的作用。

11月15日，贵州省水电厅向珠江委报送了《贵州省珠江流域部分水资源保护规划报告》和《兴义市、安顺市城镇水资源保护规划报告》。

12月8—10日，广西水电厅副厅长陈顺天陪同水利部总工程师何璟、珠江委副主任薛建枫等，勘察了郁江马骝滩、黔江大藤峡和西江长洲水利枢纽坝址，现场讨论珠江流域规划有关问题。

7—12月，珠江流域内云南省的澄江、陆良、泸西3县验收合格成为农村初级电气化县。

12月1—3日，广西壮族自治区贺县验收合格，成为农村初级电气化县。

12月，桂江昭平水电站动工，该电站位于广西昭平县境内，发电装机3台，容量共6.3万千瓦。

1989年

2—3月，《珠江流域综合利用规划报告》审查委员会组织了“两广组”和“云贵组”，对珠江流域规划进行现场考察。2月23日至3月7日，“两广组”由水利水电规划设计院副总工程师陈清濂带队，对百色、大藤峡、长洲、龙湾、飞来峡等规划坝址，进行了重点查勘，并察看了北江大堤、景福围、江新联围等重点堤围以及磨刀门、崖门、横门、洪奇沥、蕉门、虎门等河口及滩涂围垦。3月10—26日，“云贵组”由审查委员会副主任、水利水电规划设计院副院长朱承中、珠江委顾问刘兆伦带队，在贵州对龙滩水电站库区北盘江盘江桥、响水等规划梯级、黄泥河鲁布革水电站等进行了实地考察。在云南查勘了南盘江上游河段及柴石滩水利枢纽坝址，曲靖、陆良、宜良、蒙自、开远、个旧地区等。珠江委副主任丁树清、薛建枫等分别随同作现场汇报与答疑。

3月27日至4月9日，中国水利学会理事长、中国科学院学部委员、河海大学名誉校长严恺等一行，应交通部珠江航务局邀请，到珠江重点考察珠江河口磨刀门、崖门等西部4个口门综合治理开发及航道、港口建设问题。

4月8—15日，珠江委和广西水电厅在南宁共同召开郁江上游百色水利枢纽选坝会议。会议一致同意设计单位推荐的平圩下坝址。

5 月 4 日，增江天堂山水利枢纽复工，广东省增江天堂山水利枢纽于 1982 年停工，1989 年决定复工，广东省水电厅成立了天堂山水利工程指挥部。

5 月，珠江流域内的广东省新丰、乳源、阳山、封开 4 县相继达到部颁标准，通过验收，成为农村初级电气化县。

6 月 12 日，贵州省人民政府批复能源部、水利部贵阳勘测设计院完成的《北盘江干流（茅口以下）规划报告》。

7 月 21—29 日，广东省水电厅和珠江委、广东省电力局、航道局、环保局、广州市自来水公司等组成专家调查组，前往东江流域各有关市（县）及水利水电工程管理单位调查，办理广东省七届人大二次会议《关于统一管理和综合治理开发东江流域》议案情况，并于 8 月 6 日向广东省人大常委会作了汇报。12 月中旬，广东省水电厅再与有关单位协商，将办理情况报经广东省人民政府协调研究后报省人大。

9 月 24—26 日，珠江委和贵州、广西两省（自治区）计委、水利厅、电力局、交通厅以及航务管理局等单位的代表组成考察团，对都柳江的八开—榕江—从江约 100 千米的河段进行实地考察，重点考察了榕江水利枢纽。

10 月 20—21 日，广东省环境保护委员会在广州召开会议，审查并通过了由广东省水电厅和广东省环保局经过两年多时间共同完成的《广东省珠江水系水资源保护规划》。

10 月 31 日至 11 月 4 日，珠江流域综合利用规划审查委员会在北京召开第二次会议。认为该规划符合国家建委下达的规划任务书的要求，原则同意《珠江流域综合利用规划报告》及《珠江流域综合利用规划纲要》，建议按审查意见作必要的修改后，上报全国水资源与水土保持工作领导小组审批。

11 月 20—23 日，由水利部和国家环保局主持，珠江委和广东、广西、贵州、云南 4 省（自治区）水利、环保部门及有关单位代表参加，在广州审查并通过了《珠江水系水资源保护规划报告》。

11 月 23—25 日，广东省副省长兼北江大堤管委会主任凌伯棠主持管委会第一次全体委员会议，会议分析了北江大堤防洪体系存在的主要问题并提出了对策，决定按广东省人民政府规定征收堤围防护费。从 1990 年开始，每年广东省从地方财政拨 1000 万元，受益地区征收防护费 2500 万元，以完善大堤工程的安全配套建设。北江大堤管理委员会是 1988 年 10 月 30 日由广东省人民政府批准组建的。

12 月 21 日，广东省水电厅厅长关宗枝代表广东省人民政府与香港签订了“东深工程第 3 期扩建协议书”。双方协定，到 2008 年，广东对香港的供水量达到每年 11 亿立方米的供水规模。

12 月 23 日，国家计委复函广东省计委，同意建设东江—深圳供水第 3 期扩建工程，1990 年工程开始施工。

12 月，由珠江委牵头，会同贵州省水电厅、水电设计院开展榕江水利枢纽的前期工作。

1990 年

是年初，磨刀门口门整治结合围垦首期工程完成，该工程结合整治口门计划围垦造地 20 万亩，分两期进行。首期工程从 1984 年开始，历时 6 载，在三灶湾、鹤洲北、洪湾北（西）共围垦造地 8 万多亩。第 2 期工程在继续施工中，规划的 54 千米治导大堤已有 30 多千米露出水面。

4 月 1—7 日，召开了华南片农业综合开发区水利规划成果汇总会议。会议对广西、广东、福建、海南 4 省（自治区）提交的农业发展水利规划报告进行了讨论，就经济计算粮、油等指标作了部分调整、协调。

5 月 6 日，水利部以水办〔1990〕6 号文批准了珠江委的“三定”（定机构、定职能、定编制）方案。规定：七大江河流域机构是水利部的派出机构。国家授权其对所在流域行使水法赋予水行政部门的部分职责。此外，珠江委受部委托负责海南省、韩江流域和云南、广西国际河流的有关水事工作。

5 月 9—12 日，广东省电力局在英德县召开北江白石窑水电站可行性研究报告审查会议，会议基本同意珠江委勘测设计院在可行性研究报告中的主要结论。该水电站设计装机容量为 7.2 万千瓦。

7 月，位于广东省仁化县境北江支流的锦江水电站动工兴建。

8 月 1 日，云南省委书记普朝柱在中共云南五大会议工作报告中提出：“省委、省政府确定从今年起，用 6 年时间即到 1995 年建成 2500 万亩不同层次的稳产高产农田，并以此为中心，全面安排水利建设。”

8 月 17—21 日，由能源部主持的龙滩水电站初步设计审查会议在北京召开，会议审查通过了中南勘测设计院提出的初步设计报告。

9 月 13—21 日，大藤峡水利枢纽可行性研究审查会议在广西南宁市召开。会议审查后原则同意东北勘测设计院提出的《大藤峡水利枢纽可行性研究报告》，并对下一步进行初步设计提出了意见。

10 月 5 日，由中山大学、华南理工大学和有关单位专家、教授组成专家鉴定组，对珠江委科学研究所完成的《珠江口磨刀门潮汐河口模型试验研究技术总结》进行了鉴定，获得通过。

10 月 23—25 日，国家防汛办公室副主任陈德坤在广西南宁主持召开了“天生桥—广州数字微波通信防汛支线工程建设前期工作会议”，商定加快该工程的设计与施工，争取 1993 年汛期投入使用。

12 月 18—20 日，珠江委在广东省江门市召开天河水文站流量自动测记系统审查会议。会议通过审查，确认该系统具有静止性能好、保养维修方便的优点，属国内首家创建，有推广使用价值。

12 月 22 日，贯通“两广”的西江广东段航道整治工程正式通过国家计委、交通部验收。该项工程是国家“七五”重点建设项目，于 1985 年动工，1990 年 11 月全面竣工，达到国家三级航道标准。

1991 年

1 月 10 日，广东省七届人大常委会第十七次会议通过《广东省东江水系水质保护条例》，2 月 18 日颁布实施。

1月10—12日，珠江委在广州召开珠江流域水利（水电）厅（局）长会议。

1月10日至2月8日，《蕉门口围垦开发工程可行性研究报告》通过世界银行评估团的评估。

1月下旬，全国第二批水利执法试点单位广西壮族自治区武宣县、藤县的水利执法试点工作通过审查验收。

2月7日，水利部成立亚行技援海南项目领导协调小组，7月，亚行援助海南琼北水资源开发项目开展工作，先后完成项目起始报告、中间报告和项目最终报告。1992年11月，通过评审验收。

3月17—19日，水利部水利水电规划设计总院（简称水规总院）主持召开韩江规划工作座谈会。

3月20日，水利部珠江水利委员会水资源保护局更名为水利部、国家环保总局珠江流域水资源保护局。

3月，由珠江委和中国科学院西南资源环境综合研究中心、自然资源综合考察委员会、华南资源环境综合研究中心共同组织的《西江流域经济开发与环境整治中存在的重大问题研究报告》通过专家论证；1992年5月，联合上报国家科委，被批准为国家“八五”重大软科学研究课题；1994年夏，1个总体报告和13个专题报告全部完成。

3月下旬，珠江委设计院和贵州省水利水电勘测设计院在贵州省榕江县主持召开榕江水利枢纽可行性研究初选比较坝址研讨会，同意将雅岗和下都江坝址作为选坝阶段的比较坝址。

4月22—28日，珠江委会同广东省水利电力厅对韩江三角洲进行防洪规划勘查，为珠江委汇总综合《韩江干流防洪梯级开发规划补充报告》做准备。

5月，水利部珠江水利委员会勘测设计院更名为水利部珠江水利委员会勘测设计研究院。

10月23日，五里冲水库建设工程举行开工典礼。工程为云南省“八五”期间重点水利工程，包括一期水库枢纽工程、二期引水工程、三期灌溉工程，总库容1亿立方米。1995年7月1日，水库下闸蓄水；1996年3月22日，引水工程开工建设；2000年6月，工程竣工并试引水成功。

10月，珠江委科研所研究成果“磨刀门口门治理工程模型试验研究”“广州市过江隧道、地铁选址巨幅影像图的研制”“利用卤化银感光材料的感色特性提取海洋遥感微弱信息”分别获水利部科技进步三等奖、水利部科技进步二等奖、水利部科技进步奖二等奖。

11月，海南省三亚赤田水库动工兴建。水库为中型水库，库容7710万立方米，年供水量5475万立方米。1993年8月，水库基本建成。

12月11—13日，水规总院在广州主持召开海南松涛灌区续建配套工程总体规划审查会议，通过了珠江委设计院提出的《松涛灌区续建配套工程总体规划报告》。

1992年

2月26—28日，珠江流域片1992年水利水电基建贷款项目计划座谈会在广州召开。

6 月 23—24 日，珠江委在广西柳州市主持召开柳江综合利用规划补充协调会议，听取珠江委西江局关于柳江规划补充成果的汇报，就柳州市的防洪规划和柳江红花梯级规划中的正常蓄水位问题进行讨论。

6 月 25—28 日，珠江委在海南儋县主持召开松涛水库安全加固和灌区“七五”配套工程验收会议。

6 月，珠江委水文局完成《珠江流域实用水文预报方案汇编》的审查刊印出版工作，并发送流域各省（自治区）防汛、水文部门使用。

7 月 23—24 日，珠江委在贵州省安顺市召开南北盘江中上游水土流失重点防治区第一次工作会议，并启动重点防治区的水土流失治理工作。

8 月 8 日，广东白石窑水电站动工兴建。

8 月 26—28 日，珠江流域主要城市入河排污口调查会议在广州召开，研究部署有关水污染调查的具体进度和要求。云南、广西、广东 3 省（自治区）有关水资源保护局等单位的 30 名代表出席会议。

9 月 24 日，江西斗晏水电站动工兴建。电站位于江西省寻乌县龙廷乡斗晏村附近，是一座具有发电、防洪、养殖等综合效益的中型水库。1998 年 10 月，第一台机组发电；1999 年 6 月，3 台机组全部发电投产。

10 月 19—23 日，珠江委、澳门土木工程实验室、葡萄牙国家土木工程实验室联合在澳门举办珠江河口—澳门附近水域国际学术会议，就河口工程、海岸工程、海洋地质及澳门河流、海岸和海洋交界处的多学科技术问题进行交流。

10 月，广东大亚湾供水工程动工；1993 年 4 月，下闸蓄水；同年 10 月，向大亚湾开发区供水。

11 月 5 日，海南北部地区水资源规划项目结束。项目由亚洲开发银行（简称亚行）援助资金 230 万美元，国内配套 600 万元。1991 年 7 月，项目开始实施；1992 年 8 月，提出《海南北部地区水资源规划项目最终报告》；1992 年 9 月，通过评审。

11 月 21—24 日，能源部、水利部召开部级质量管理小组成果发布会，珠江委设计院的“松涛灌区土地利用现状图的减色印刷”“优化蕉门口整治方案”“推动党支部目标管理”获三等奖。

11 月 25 日至 12 月 2 日，全国城市防洪工作会议在广西南宁召开。会议就尽快完成城市防洪规划、解决城市防洪问题等进行研究。

11 月 28 日，广西天湖水电站一期工程建成。1994 年 12 月，二期工程开工建设；1999 年 7 月，二期工程竣工。

12 月 8 日，广西左江水利枢纽工程动工兴建。工程位于左江上游，是一座以发电为主，兼有灌溉、航运和旅游效益的综合性工程，为国务院重点扶贫项目和广西“八五”期间重点建设工程。1999 年 12 月，工程竣工。

12 月 13 日，北江孟洲坝水电站动工兴建。工程位于北江干流上游，1996 年 12 月，第 1 台机组并网发电；1997 年 3 月 31 日，工程通航；1998 年 12 月，4 台机组全部投产。

12 月，云南鲁布革水电站竣工，通过国家验收。1982 年 11 月，工程开工；1985 年年底，截流成功；1988年年底，第1台机组发电；1991年6月，4台机组全部投产。

是年，广州市人民政府将流溪河灌区整治工程列为“为群众办实事”项目之首。1991年12月，工程开工；1997年，工程完成。

1993年

2月2日，北盘江响水电站动工建设。电站位于云南、贵州省的界河上，属于北盘江干流开发规划中的第六级，由北盘江水利水电开发有限责任公司投资建设。2002年，电站建成投产。

2月10日，国务委员陈俊生在北京主持第五次全国水资源与水土保持工作领导小组会议，审查通过《珠江流域综合利用规划纲要》。5月23日，国务院以《国务院关于珠江流域综合规划的批复》（国函〔1993〕70号）文批复水利部，同意全国水资源与水土保持工作领导小组的审查意见，批准珠江流域综合利用规划，就防洪、航运、水力发电、灌溉、供水、水土保持、水资源保护、河口治理开发、渔业和旅游、近期工程选择等方面作了11点批示。

3月25日，开平市大沙河供水第一期工程建成通水。工程由珠江实业发展总公司、广东省供水工程管理总局、江门市水利电力局、开平市水利电力局4家合资兴建。

3月，北盘江关脚水电站建成。电站位于北盘江打帮河的贵州省镇宁县，为引水式电站，1988年3月，工程动工建设；1993年3月，工程竣工。

4月，广东都平水电站建成。电站位于广东省封开县，为低水头河床式径流电站，1988年3月，工程动工建设；1993年3月，工程竣工。

7月，深圳市人民政府撤销市水利局，成立市水务局，实行城市供水行业管理与传统水利工程统一管理，是全国第一个水务机构。

8月，广西大埔水电站动工兴建。1995年年底，工程暂时停工；1997年年底，恢复施工；1998年6月，再次被迫停工；2001年1月，电站再次复工；2004年年底，工程竣工。

9月25日，云南省颁布《云南省抚仙湖管理条例》，自1994年1月1日起施行。

9月28日，广西浮石水电站动工兴建。电站位于广西融安县，2000年工程竣工。

9月，福建九龙江南一水库竣工。1988年2月，工程动工；1993年，电站并网发电。

10月1日，广东天堂山水利枢纽工程3台机组全部并网发电。工程位于增江上游龙门县，1979年冬，工程动工；1981年，工程停工；1987年，工程复工；1993年10月，工程通过竣工验收。

11月15日，贵州大七孔水电站一期工程动工建设。工程位于贵州省黔南州荔波县境内，2002年12月，电站建成。

11月16—17日，广东艾坝水电站通过竣工验收，为广东省第一个安装低水头轴伸式贯流机组的水电站。

12月28日，澜沧江大朝山水电站动工建设。

12月，“广东核电站港口和取水口布置方案研究”获国家科技进步奖一等奖。

1994年

1月23日，东江—深圳供水三期扩建工程（简称东深供水工程）建成通水。1990

年 9 月，第三期工程扩建。

3 月 8—10 日，珠江委在广州主持召开红河、湄公河等国际河流开发利用问题讨论会，就河流规划、治理、开发、利用、保护等问题进行研论。

3 月 26 日，水利部办公厅印发《珠江水利委员会职能配置、机构设置和人员编制方案》（办秘〔1994〕22 号），批复珠江委“三定”方案，明确珠江委是水利部在珠江流域和海南省、韩江流域、云南、广西国际河流范围内的派出机构，授权其在上述范围内行使水行政管理职能，按照统一管理和分级管理的原则，统一管理本流域水资源和河道；负责流域的综合治理，开发管理具有控制性的重要水工程，搞好规划、管理、协调、监督、服务，促进江河治理和水资源综合开发、利用和保护；事业编制 1180 人。

4 月 22 日，经广西壮族自治区机构编制委员会批复，同意广西壮族自治区水利电力设计院更名为广西壮族自治区水利电力勘测设计研究院。

5 月 31 日，国家科委组织对“西江流域经济发展与环境重大问题研究”进行验收，珠江委水源局完成的“西江流域水环境保护与污染防治”专题通过验收，并受到好评。

5 月，汀江青溪水电站建成投产。电站位于广东省大埔县境内，1988 年 3 月，工程动工兴建；1991 年年底，第 1 台机组投产；1995 年 5 月，4 台机组建成投产。

7 月 11 日，海南省大广坝高干渠一期工程建成通水。1992 年 3 月，高干渠一期工程三角路分干渠长 7.15 千米与各分支渠动工建设；1999 年 7 月，高干渠二期工程复工；2000 年 7 月，大田分干渠首段长 9 千米的主干渠工程建成通水。

9 月，位于流溪河上游的广州抽水蓄能电站一期工程建成。1988 年 9 月，一期工程装机容量 120 万千瓦电站动工兴建；1989 年 5 月，主体工程开工；1993 年 6 月，首台机组发电；1994 年，一期工程建成。1994 年 9 月，二期工程（装机容量 120 千瓦）继一期工程后开工；1999 年 4 月，二期首台机组发电；2000 年 6 月，4 台机组全部投入商业运行。

10 月 11—13 日，珠江委和广西壮族自治区水利电力厅在梧州市共同主持召开评审会，审查通过《广西梧州市城市防洪规划修订报告》。

10 月 28 日，珠江堤防整治建设工程第一期工程开工建设。按 200 年一遇洪水标准设防，计划到 2010 年，分 3 个阶段基本完成珠江前航道、西航道、后航道两岸共长 57 千米堤防的整治建设；工程建设范围在番禺撤市设区前为广州市辖区内珠江干流两岸堤防，包括前航道、后航道、西航道共长 126 千米；番禺撤市设区后，广州市珠江堤防整治建设工程延伸至南沙一带，整治建设规模 200 千米。

10 月，广州至南宁 1000 吨级航道建设第二期工程动工建设；崖门出海航道动工整治。

11 月 23—24 日，珠江委在珠海市主持召开珠江河口珠海—澳门附近水域规划工作协调会议，国务院港澳办、新华社澳门分社、水利部和广东省有关部门以及珠海市的领导出席会议。

12 月 26 日，广西防汛调度中心建成，广西壮族自治区水电厅举行广西壮族自治区水电厅成立 40 周年暨广西防汛调度中心落成庆典活动。

12 月，水利部印发《关于授予珠江水利委员会取水许可管理权限的通知》（水政资〔1994〕555号），明确珠江委在珠江流域片实施取水许可管理的权限。

12月，日方提出中日技术合作广东省顺德市齐杏联围排水改良计划调查最终报告。1993年8月，为解决农田排水问题，中方向日本政府提出合作要求，项目调查内容以农田排水为主，同时协调好土地利用、农业与水产业、农村发展、技术推广和环保等问题。1994年3月，开始调查项目。

1995年

1月，大沙河二期供水工程建成供水。1991年12月，工程动工兴建；1993年3月，一期工程建成供水。

1—3月，受广东省人民政府委托，珠江委水源局完成《珠江三角洲经济现代化建设规划纲要》中“水资源保护规划”专题编制工作。

3月15日至4月2日，珠江委与云南省水利电力厅共同组织查勘队，对云南省境内澜沧江中下游和红河流域进行综合性现场查勘。

4月21日，中日合作福建闽江洪水预警报系统建成并投入试运行。项目为日方无偿援助23.7亿日元器材装备，包括信息自动收集系统、通统和信息处理系统3部分。

5月2日，为加强珠海—澳门附近水域综合治理和管理工作，经国务院办公厅批复，同意成立珠江河口附近水域综合治理规划协调小组。协调小组办公室设在珠江委。

5月7—8日，召开云贵响水水电站工程质量监督站成立会议，这是珠江委在珠江流域省际工程上派出的第1个工程质量监督站。

5月24—29日，水规总院在广西柳江县主持红花水利枢纽可行性研究报告技术审查会和红花水利枢纽环境影响报告预审会，审查了红花水利枢纽可行性研究报告。

6月1—5日，水规总院与广西壮族自治区水电厅审查通过桂林南山水电站可行性研究报告。

6月6日，广西壮族自治区编委批准广西壮族自治区水电厅机构改革“三定方案”。核定广西壮族自治区水电厅机关行政编制95名，内设办公室、计划财务处、人事教育处、水政水资源处、科技处、农田水利处、水土保持处7个职能处、室和机关党委（纪检、监察、审计另列编），同时批准组建机关服务中心，核定事业编制15名。

6月，珠江委编制完成《珠江流域水土保持监测网络规划报告》。

7月18—22日，世行代表藤本直也和张泽濂实地考察百色水利枢纽现场，经世行总部批准确认百色水利枢纽工程为1999年世行贷款项目。

7月，广东省水利电力厅更名为广东省水利厅。

11月22日，高州水库后评价通过水利部水管司组织的专家评审。1995年4月，开展湛江市鹤地水库（雷州青年运河）后评价工作；1996年8月，完成后评价工作。

12月12—22日，受水利部委托，水规总院会同珠江委在海南省儋州市对《海南省昌化江大广坝水利水电（二期）工程初步设计报告》进行审查，基本同意该报告。

12月29日，珠江委提出《珠江流域片主要缺水城市供水水源规划》。

12月，海南大广坝水利水电枢纽电站投产发电。电站位于海南省东方县的昌化江中游，1990 年 6 月，一期工程动工兴建；1992 年 3 月，电站蓄水，列入国家“八五”计划重点建设项目；1993 年 12 月，第 1 台机组并网发电；1995 年 3 月，第 4 台机组并网发电，投入商业运行；同年 12 月，工程完工。

1996 年

1 月 6 日，广西壮族自治区水电厅在青狮潭电厂举行扩建 5 号机组开工典礼。

1 月，珠江委完成天生桥至广州（简称天广）水利系统数字特高频通信工程西江局微波站的建设。1998 年 10 月 31 日，天广微波防汛支线一期工程竣工。

2 月 6 日，水利部授予珠江委在云南、广西境内的国际跨界河流、国际边界河流红河、北仑河流域实施取水许可管理权限，并明确澜沧江、怒江、滇西诸河和红河等云南省境内国际跨界河流、国际边界河流的对外事务、计划管理等工作由珠江委负责。

4 月 8—11 日，水规总院在广东省汕头市和梅州市主持召开韩江干流及梯级开发补充规划报告审查会议，听取珠江委关于韩江干流防洪及梯级开发补充规划的汇报和上海勘测设计院有限公司、广东省水利电力勘测设计院有限公司关于汀江梯级规划、永定水电站防洪规划、梅江及韩江干流规划工作的汇报，进行现场查勘，并对下一步工作提出建议。

6 月 10 日，广东省人民政府在惠州市召开珠江三角洲经济区规划协调领导小组第七次会议，研究组织实施《珠江（广州—虎门）两岸综合整治开发规划纲要》。

10 月 31 日，根据取水许可管理有关规定，珠江委核准并发放鲁布革发电总厂取水许可证。取水许可证有效期 5 年，年发电取水量 31568 万立方米。

11 月 5—8 日，为切实抓好滩涂开发治理规划，珠江委在海南省主持召开珠江片滩涂开发治理座谈会，水利部规计司和广西、广东、海南、福建等省（自治区）水利（水电）厅（局）及深圳市水务局计划部门的负责人参加会议。

11 月，珠江委提出《珠江片水中长期供求计划报告》编制成果。

12 月，桂平航运枢纽工程全部竣工。工程为西江航运建设一期工程的骨干工程，1986 年 8 月，工程动工。建成后，工程达到三级航道通航标准要求。

1997 年

1 月 2 日，珠江委设计院编制完成《澜沧江干流出境水量分析报告》。

1 月 23 日，东深供水工程东江太园抽水站在东莞市举行开工典礼，动工兴建。

6 月 9 日，受水利部规计司委托，珠江委组织审查《深圳市东深供水水源工程可行性研究报告》。

6 月 28 日，广西梧州市京南水电站 1 号机组（容量 3.45 万千瓦）启动验收。1993 年 9 月，电站动工建设；1997 年 12 月，2 台机组并网发电；1998 年 12 月，主体工程全部完工；2000 年 11 月，通过竣工验收。

7 月 18 日，珠江委与云贵两省有关部门联合成立北盘江水利水电开发有限责任公司。

8 月 13 日，北江锦江电站通过竣工验收。电站位于北江支流广东仁化县，称仁化锦江电站。1990 年 6 月 1 日，工程动工兴建；1993 年 12 月，主体工程完工。

11 月，广东北江大堤管理局通过国家一级河道目标管理考评验收。

12月，珠江委组织完成《珠江流域（片）水利滩涂开发治理规划》编制。

1998年

1月7日，珠江委主任薛建枫与澳门港务局局长马志在澳门签署“合作开展珠江河口澳门附近水域综合治理规划协议书”。24日，应珠江委要求，广东省港澳工作协调领导小组在广州主持召开珠江河口澳门附近水域综合治理规划工作汇报讨论会。

3月24—30日，应广西水电厅的要求，由珠江委水源局牵头，联合贵州、广西2个省（自治区）的水利、环保等部门组成调查组，对近年水污染严重的红水河进行现场调查。

4月底，广东汤溪水库除险加固工程完成。1992年11月，除险加固工程动工；1995年3月，完成一期、二期施工工程；1998年1月，续建工程动工；同年4月底，工程建成，总投资1300万元。

4月，广西壮族自治区水利电力厅更名为广西壮族自治区水利厅（简称广西水利厅）。

5月11日，水利部重点科技项目“珠江三角洲顺德河网三防信息系统研究”通过水利部科技成果鉴定委员会的专家鉴定，项目由珠江委水利信息中心和广东省顺德市水电局共同承担。

5月11—15日，珠江委和澳门土木工程实验室、葡萄牙水文学院等机构在广州和澳门两地共同举办第二届珠江河口澳门附近水域国际学术研讨会。

5月14—15日，珠江委在广州市主持召开珠江片水资源公报编制工作会议。

6月，为进一步加强珠江河口的治理开发工作，在征求有关方面意见后，水利部批复珠江委组织编制的《珠江河口伶仃洋治导线规划报告》《珠江河口黄茅海及鸡啼门治理规划报告》《广州—虎门出海水道治理规划报告》，并重申，在规划区域内进行任何工程建设，必须严格按基建程序要求履行报批手续。

6月，珠江委编制完成《珠江流域南北盘江水土保持生态工程建设规划》。

9月19—20日，《深圳市水资源保护规划报告》通过评审。

10月，珠江委委托云南、贵州2省水土保持部门组成验收小组，对南北盘江中上游水土流失重点防治区重点治理工程（1992—1996年）进行竣工验收，共有21条小流域通过竣工验收。1991年10月，珠江委汇总提出《珠江流域南北盘江中上游水土流失重点防治区水土保持规划报告》；1992年，经水利部批准列为国家水土流失重点防治区，并在14个县（市、区）中选定工作基础相对好的7个县（市、区）先行实施。

11月27日，广东省第九届人民代表大会常务委员会第六次会议通过《广东省珠江三角洲水质保护条例》，自1999年1月1日起实施。

12月28日，红水河天生桥一级电站首台机组并网发电。电站为红水河规划梯级电站的第一级，1991年6月，工程开工建设；1998年12月，第一台容量30万千瓦的机组并网发电；2000年年底，4台机组全部建成投产。

12月，桂林市利用世行贷款项目——“桂林漓江环境综合整治”工程动工兴建。项目期1998—2008年，利用世行贷款2297万美元。项目共分为污水治理、漓江补水、小区改善以及机构加强4大类。

12月，贵州省人民政府以《省人民政府关于划分水土流失重点防治区的公告》（黔府发〔1998〕52号）对全省水土流失重点治理区、重点监督区、重点预防保护区予以公告。

1999年

2月，云南省人民政府以《云南省人民政府关于划分水土流失重点防治区的公告》（云政发〔1999〕51号），对全省水土流失重点治理区、重点监督区、重点预防保护区予以公布。

4月19—21日，珠江委在广州主持召开珠江流域实用水文预报方案修编汇审会。

4月，广州抽水蓄能电站试运行。1988年9月，工程动工兴建；1993年6月，第1台机组发电。

5月21日，红水河百龙滩水电站投产发电。1993年2月，电站动工兴建；1996年2月，首台机组并网发电；1999年5月，6台机组投产运行。

5月23日，漠阳江大河水库电站2台机组并网发电。工程位于漠阳江支流西山河，1992年8月，工程经国家计委批准立项；1994年4月，主体工程开工；1998年10月，水库下闸蓄水；1999年5月，水库建成。

7月2—3日，百色水利枢纽建设领导小组会议在广西召开，会议决定对右江公司进行股份制改造，珠江委作为水利部的出资人代表参股建设百色水利枢纽。

9月17—19日，水利部、财政部西南4省集雨灌溉考察组到广西的天峨、凤山、东兰等地，进行地头水柜集雨灌溉工程考察。

9月21日，珠江河口澳门附近水域综合治理规划协调领导小组第三次工作会议在北京召开。

9月24日，水利部部长汪恕诚签署中华人民共和国水利部第10号令，颁布《珠江河口管理办法》。

9月30日，珠江委向珠江片各省（自治区）政府、社会各部门发布水资源情势的综合性年报，这是珠江委首次以《水资源公报》形式向社会通报来水、用水和水质状况，反映重要水事活动和水资源开发利用情况，为政府宏观调控决策提供科学依据，为国民经济各部门开发利用水资源提供指导。

9月，贵港航运枢纽工程建成。工程为西江航运建设二期工程的骨干工程，是国家计划在2000年前重点建设的“两横一纵”水道出海主通道之一，以航运为主，兼顾发电、防洪、灌溉、公路交通，“以电养航”的航运枢纽。1994年，工程开工；1998年，船闸通航；1999年9月，电站4台机组全部并网发电。

10月，飞来峡水利枢纽工程建成。1992年，经国务院批准动工兴建；1993年，成立建设总指挥部；1994年10月，主体工程动工；1998年，大江截流；1999年3月，水库蓄水；同年10月，机组全部并网发电。

10月，《海南省防洪（潮）规划总报告》编制完成。

11月3—4日，珠江委在广西南宁市主持召开《广西防洪体系规划报告》审查会议。

12月17日，广西水利厅与桂林市政府在桂林举行青狮潭水库交接仪式。从2000

年 1 月 1 日起，青狮潭水库移交桂林市管理。

2000 年

1 月 12—13 日，珠江委组织专家审查通过《广西梧州市城市防洪近期工程河东堤可行性研究报告》。

1 月 23—25 日，珠江委审查通过“广西桂西北山区节水灌溉工程项目建议书”。

3 月 20—31 日，珠江委派出检查组，对珠江口门区深圳、珠海、中山、江门等市进行《珠江河口管理办法》的执法检查。

3 月，水利部印发《关于珠江水利委员会审查河道管理范围内建设项目权限的通知》（水建管〔2000〕81 号），明确珠江委在珠江流域片的审批权限。

4 月 16—19 日，珠江委在云南省曲靖市召开珠江片水利厅（局）长座谈会，就 21 世纪的珠江水利建设特别是水资源配置问题，以及贯彻实施国家西部大开发战略、加快西部水利发展进行座谈和讨论。

5 月 19—25 日，国家防总副总指挥、水利部部长汪恕诚率国家防总珠江防汛检查组到广西、广东检查防汛工作。听取珠江委就珠江防汛工作和珠江委发展情况的汇报，检查广西梧州市、贵港市、柳州市、南宁市的防洪堤和广西壮族自治区贵港防汛物资仓库，考察百色水利枢纽施工现场。

5 月 26 日，云南省九届人大常委会第十六次会议审议通过《云南省防洪条例》。

6 月 19—22 日，珠江委会同广西水利厅对《柳州市防洪工程河东堤初步设计报告》进行审查，认为基本达到初步设计的深度要求，原则通过审查报告。

7 月初，广西壮族自治区人民政府办公厅印发《自治区人民政府办公厅〈关于印发广西壮族自治区水利厅职能配置内设机构和人员编制规定的通知〉》（桂政办发〔2000〕104 号），核定自治区水利厅人员编制 52 人。内设职能处（室）7 个以及机关党委和离退休人员工作处。

7 月 5 日，珠江委会同广东省水利厅审查通过《广东江门市锦江水库除险加固工程初步设计报告》。

7 月，珠江委水源局会同贵州、广西 2 个省（自治区）政府派出的协调小组在贵阳市召开红水河水污染协调会，研究处理因贵州省境内北盘江、拖长江沿岸众多洗煤企业将大量未完全沉淀处理的洗煤废水直接排入江河造成的严重污染事故。

7 月，云南省水利水电厅更名为云南省水利厅，贵州省水利电力厅更名为贵州省水利厅。

8 月 13—19 日，水规总院在贵阳市主持召开“珠江上游南北盘江水土保持生态环境建设项目建议书”审查会议，审查通过该项目建议书。同年，贵州省、云南省政府以《关于请求国家立项治理珠江上游南北盘江水土流失的请示》（黔府呈〔2000〕8 号）上报国务院，并附“珠江上游南北盘江水土保持生态环境建设项目建议书”。

8 月，广西壮族自治区人民政府以《自治区人民政府关于划分水土流失重点防治区的通知》（桂政发〔2000〕40 号），对全省水土流失重点治理区、重点监督区、重点预防保护区予以公布。

9 月，红水河天生桥二级水电站建成。1979 年，电站开始筹建；1982 年，电站复工；1984 年，工程开工，1999 年 9 月完工。

9 月，珠江两岸景观工程基本完成。工程为广州市“三年一中变”的重点工程项目之一，将白鹅潭至华南大桥沿江两岸共长 23 千米的堤岸建成景观长廊，1999 年 4 月，工程动工建设。

9 月，广东省人民政府授权广东省水利厅向社会发布《广东省水土流失重点防治区划分的通告》（粤水农〔2000〕23 号）。

10月11日，广西、广东2省（自治区）政府联合发文，批准由珠江委水源局编制的《九洲江水系水资源保护规划纲要》。

12 月 20 日，珠江委主任薛建枫主持召开主任办公会议进行专题研究，决定尽快提出《关于加强海南水利工作、加快水利建设步伐的意见》，并向海南省人民政府作专题汇报。

12 月 25—26 日，广东省研究解决粤东地区水资源保护和利用问题。

12 月，云南省水利厅完成机关机构改革，行政编制由 109 名减少到 60 名，行政处室由 12 个减少至 9 个。

2001 年

1 月 12 日，珠江委会同广东省水利厅对《广东省北江大堤三堤段应急加固达标工程初步设计报告》进行审查，原则同意该报告。

2 月 23 日，珠江河口整治工程动工建设。以行洪纳潮为重点，兼顾航运，保护生态环境，合理、适度地开发利用，实现与自然界相协调的目的；采取清淤疏浚、河道清障、开卡还河、建导流建筑物等措施相结合，进行分期综合治理，到 2005 年实现近期治理目标，到2010年基本完成总体治理任务，使珠江河口达到安全畅泄100年一遇洪水，并使河口资源得到合理开发利用，为区域可持续发展提供保障。

4 月 27 日，三亚市水务局挂牌，为海南省第一个挂牌的水务管理机构，它的成立标志着三亚市结束“多龙管水”局面，向实现水资源一体化管理转变。

5 月 25 日，珠江委在广州市组织召开大藤峡水利枢纽前期工作座谈会，就建设大藤峡、加快前期工作达成共识。

6 月底，南盘江柴石滩水库工程建成。工程位于南盘江上游的宜良、陆良县境内，是南盘江梯级开发中的控制性龙头水库，1995 年 3 月，进行施工准备；1997 年 10 月，大坝枢纽工程开工；2001 年 2 月，水库下闸蓄水；同年，坝后电站 3 台机组先后并网发电。

7 月 1 日，红水河龙滩水电站开工建设。电站位于广西天峨县境内，是红水河规划的第 4 个梯级，建设工期 9 年。

7 月 20 日，广东丹竹水电站机组全部并网发电。电站位于广东省梅县，1999 年 8 月，工程动工；2000 年 5 月，第 1 台机组发电。

8 月，广东省的龙川和广西的苍梧、灵山等 3 个县被命名为第三批全国水土保持生态环境建设示范县，广东省吴川市覃巴等 26 条小流域被命名为第三批全国水土保持生态环境建设示范小流域。2000 年 3 月，广东省梅县菏泗水、兴宁市石马河，贵州省盘县双龙，云南省麒麟区西山、盈江县浑水沟、临沧县遮奈河 6 条小流域被水利部、财政部命名为首批全国水土保持生态环境建设示范小流域。同年 12 月，深圳市、景洪市 2 个城市被水利部、财政部命名为第二批全国水土保持生态环境建设示范城市，广东省的梅县、兴宁和云南省的宣威等 3 个县（市、区）被命名为第二批全国水土保持生态环境建设示范县，广东省始兴县尖背水等 36 条小流域被命名为第二批全国水土保持生态环境建设示范小流域。

9 月，水土保持监督管理规范化试点建设试点地（市）、县（市、区）的监督管理规范化建设基本完成任务，达到水利部制定的验收标准，通过珠江委组织的达标验收。1999 年 9 月，云南省玉溪等 10 个地（市）〔含地（市）所属的 54 个县（市、区）〕、广西横县等 77 个县（市、区）被列为“全国水土保持生态环境监督管理规范化试点县（市、区）”。

10 月 9 日，广东省韩江流域管理局在汕头市挂牌成立。

10 月 11 日，郁江百色水利枢纽主体工程动工兴建。工程是以防洪为主，兼顾发电、灌溉、航运、供水等综合利用的大型水利水电工程。

10 月 16 日，桂林漓江补水思安江水利枢纽工程开工建设。工程位于桂林市灵川县潮田、大境两乡交界的漓江支流潮田河上游思安江上，为广西“十五”期间重点工程，属中型水利水电枢纽工程，主要作用是调蓄汛期洪水水量，枯水期向漓江补水，并利用补水水能发电。

10 月 18 日，云南省首家地级市曲靖市水务局挂牌成立。

11 月，横门北汊—洪奇门调整汇流工程完工。工程河段长 4.5 千米，包括修筑民众围导流堤、沥沁沙尾导流堤和水泥围导流堤及疏浚河槽。2001 年 3 月，工程开工。

12 月 9 日，汀江棉花滩水电站并网发电。工程位于汀江干流棉花滩峡谷福至亭处，以发电为主，兼有防洪、航运、水产等综合效益。1998 年 4 月，工程动工建设；2001 年 12 月，4 台机组全部发电投产。

12 月底，广东省水利水电科学研究院（简称广东水科院）挂牌成立。

2002 年

2 月，珠江委对天生桥一级电站因黔、桂 2 个省（自治区）征收水资源费标准不一而引发的纠纷进行协调处理；同年，协调处理广西苍梧县因开发高岭土污染广东郁南县大河水库等跨省（自治区）水事纠纷。

3 月 25 日，磨刀门治理工程在珠海开工建设。工程为珠江河口整治首期项目之一，包括横门北汊—洪奇门清淤疏浚及调整汇流、磨刀门主干河道疏浚（一期）和洪奇门鸭仔沙河段进口疏浚等工程。

3 月 29 日，珠海市水务管理局挂牌成立，标志着珠海市水管理体制的重大转变。

3 月，中共中央政治局常委、国家副主席胡锦涛在广西壮族自治区党政领导陪同下，前往百色水利枢纽视察。

5 月 28 日，珠江委水源局科研所《珠江口陆源污染对伶仃洋近海水域水质和生态环境影响研究报告》获得2001年度广东省科技进步奖二等奖。

6月14日，广西南宁市在建的江北东堤、白沙堤、韦村三津堤、亭子泵站4项防洪工程主体全部完工，特别是新建的白沙堤工程全部合龙，标志着南宁市防洪体系初步形成。

6月18—19日，珠江水资源综合规划全面启动。珠江委在广西南宁市召开珠江水资源综合规划第一次工作会议，部署珠江片水资源综合规划工作，全面启动第一阶段工作。

7月12日，水利部批复珠江委设计院体制改革实施方案，由现行的部属事业性质整体转制为股权多元化的有限责任公司。水利部珠江水利委员会勘测设计研究院更名为中水珠江规划勘测设计有限责任公司。

7月17日，水利部批转中央机构编制委员会办公室《关于水利部派出机构主要职责、机构设置和人员编制调整方案的通知》，明确珠江委是水利部在珠江流域、韩江流域、澜沧江以东国际河流（不含澜沧江）、粤桂沿海诸河和海南省区域内的派出机构，代表水利部行使所在流域内的水行政主管职责，为具有行政职能的事业单位。

7月，“虹吸式放水涵管技术”在广东省的小型水库除险加固中得到推广应用，成果被评为广东省农业技术推广奖一等奖。

7月，珠江委编制完成《珠江上游南北盘江石灰岩地区水土保持综合治理试点工程可行性研究报告》，并通过水规总院的审查。10月，水利部将审查意见报送国家发展改革委。

8月28日，广东清凉山水利枢纽工程通水。日供水量20万立方米，2000年9月，工程动工建设。

9月，海南南圣河综合整治工程动工建设。工程包括改建春雷坝为大（2）型水闸，改建防洪堤长2千米，加高加固已建防洪堤长2千米，新建防洪堤长3千米，清挖河床长1千米，整治太平溪和阿陀岭溪，工期3年。

10月，广东省委、省政府作出《关于加强珠江综合整治工作的决定》，提出“一年初见成效，三年不黑不臭，八年江水变清”的目标。

10月，珠江委成立水政监察总队，配备专职人员15人、兼职人员18名，并配备执法装备。

10月，珠江委首次开展建设项目水资源论证工作，组织完成第1个建设项目——《云南开远电厂4300兆瓦工程水资源论证报告书》的评审。

12月18日，广东省人民政府举行高陂水利枢纽工程奠基仪式，工程动工建设。

12月底，广东高塘水电站投产发电。电站位于广东省怀集县，为引水式电站，是广东省已建和在建水利工程中的第一高坝。1993年，动工兴建；2002年，首台机组发电。

12月底，珠江委组织编制完成《珠江流域（片）水资源保护规划》。

2003年

2月9日，贵州省六盘水市“国家农村人饮解困工程”通过检查验收，约12万饮水困难群众告别吃“望天水”的历史。

2 月，珠江委对广西龙胜县在浔江支流同伟江上因兴建长滩坪水库与湖南省城步县引发的水事纠纷进行协调处理。

3 月 17 日，水利部国科司在海口市主持召开“海南省南渡江、万泉河流域中下游防汛决策支持系统”项目成果鉴定会。会议认为，项目结合了海南省的防汛实际需要，有所创新，项目成果为防汛决策支持系统建设进行了有益的探索，有较高的推广价值。

3 月 19 日，广东省梅江两岸改造项目获得建设部 2002 年度中国人居环境范例奖，这是广东省水利项目首次获此殊荣。

3 月 31 日，南盘江（宜良段）防洪二期治理项目开工建设。工程为云南省重点水利工程项目之一，主要包括狗街闸改造、高古马炸滩、疏挖及河道险段加固支砌 3 大部分，南盘江防洪工程曾经数次对高古马实施炸滩，两次对南盘江坝区段马蹄湾、古城湾进行裁弯改直，护岸支砌治理河堤长 20 多千米，建成狗街桥闸和古城桥闸，并在坝区沿岸兴建 300 多个排灌抽水站，使南盘江坝区河段得到初步治理。

3 月 31 日，抚仙湖星云湖出流改道工程举行开工仪式，标志着玉溪市的“三湖”治理迈出重要的一步。

3 月，珠江口磨刀门主干道疏浚整治工程完成疏浚。工程北段北起东八围、南至鹤洲冲下游，主要以疏浚河道、增大行洪断面、顺畅下泄洪水为目的。2002 年 1 月，工程开工建设。

4 月 25 日，保护北江流域水质项目建成。广东省英德市西城污水处理厂建成启用，使城区生活污水处理率达到 70% 以上，可确保北江中下游珠江三角洲等地区水资源优化更为可靠。2000 年 12 月底，项目动工兴建，2000 年 4 月，首期每日 3 万吨的处理厂竣工，成为粤北建成使用的最大污水处理厂。

4 月，受国家发展改革委委托，中国国际工程咨询公司（简称中咨公司）经现场考察评估，通过对《珠江上游南北盘江石灰岩地区水土保持综合治理试点工程可行性研究报告》的评估。6 月，中咨公司发文向国家发展改革委报送评估报告。

5 月，海南省委、省政府决定成立海南省水务局，这是继上海市之后我国第 2 个成立省级水务体制改革一体化的管理部门，标志着海南省水务体制改革进入一个新的发展时期。

6 月 28 日，东江深圳供水改造工程（简称东改工程）全线完工。2000 年 8 月，东改工程动工兴建。改造后的东深供水工程年供水量 24 亿立方米。

9 月 15 日，广东省珠江河口管理局挂牌成立。

9 月 22 日，大亚湾引水工程动工兴建。

9 月 25 日，云南麻栗坝水库导流工程开工。工程为云南省建在边疆少数民族贫困地区的第一座大型水库，以灌溉、防洪为主，兼有水产养殖、发电等功能，由水库枢纽及灌溉工程两大部分组成。

9 月 26 日，深圳水库实现无污染排污工程贯通。工程是广东省整治珠江流域水环境污染的一个子项目，也是深圳市“净畅宁工程”的重点项目之一，主要解决深圳、香港两地 1000 多万人饮放心水问题。工程将深圳水库流域面积 62.8 平方千米的生活及工业污水，通过深圳水库接口处设置的闸坝拦截在沙湾河内，再通过 7075.59 米长的地下隧道，引流到莲塘河边的罗芳污水处理厂处理后，排放至深圳河。

9月，应珠江委邀请，经水利部和国务院港澳办批复，澳门社会各界人士和新闻媒体约40人前往沪、浙和粤等地，考察珠江河口和长江河口。通过考察，使澳门社会各界人士了解珠江河口澳门附近水域综合治理规划的意义和作用，为今后依照“一国两制”共同治理和管理好水域打下基础。

10月17日，云南省人民政府作出《关于加快水利发展与改革的决定》（云政发〔2003〕137号）和《关于加快中小水电发展的决定》（云政发〔2003〕138号），全方位推动水利事业超常规发展。

10月23日，广东省作出决定，全面加强城乡防灾减灾工程建设，将在未来的5—8年，投资539亿元用于城乡防灾减灾水利工程的建设。

10月29日，北江大堤加固达标工程举行开工仪式。全长63千米，干堤按国家1级堤防标准100年一遇洪水防御能力整治，对沿线30座穿堤建筑物重建、加固或封堵，“两涌一河（西南涌、芦苞涌和白泥河）”河道长121.8千米、左右两岸长229.6千米，按照广东省委、省政府提出城乡水利防灾减灾工程新的抵御能力整治加固。

11月，黄龙带水库管理处通过国家一级河道目标管理考评验收。

12月11日，南北盘江石灰岩地区水土保持综合治理试点工程动工建设。

12月27日，广西长洲水利枢纽工程动工兴建。工程位于梧州市西边的浔江、桂江、西江汇合处，为具有发电、航运、灌溉、水产养殖等综合利用的大型水利枢纽，是国家“西电东送”计划和广西实施西部大开发战略的重点项目。2004年12月，外江截流；2005年年底，内江截流；2006年11月，中江截流和船闸通航；2007年，首台机组发电。

12月，洪奇门水道鸭仔沙进口河段疏浚整治工程完工。工程以清障、疏浚河道、增大行洪断面、顺畅下泄洪水为目的。2003年6月，工程动工建设。

12月，“基于3S技术的深圳市水土保持管理信息系统研究”项目获2003年大禹水利科学技术三等奖。

2004年

2月29日，深圳治水项目列入2004—2006年国家外债计划。这是深圳市水环境建设国际融资上取得的新突破。

3月21日，水利部和国务院西部办在北京召开珠江上游喀斯特地区水土流失防治战略研讨会。

4月2日，全球水伙伴中国“水与珠江流域可持续发展研讨会”在广州召开。

4月9日，广西壮族自治区水利厅批复《广西古顶水电站工程初步设计报告》。该水电站工期3年，位于融江干流，是柳江综合利用规划中第7个梯级水电站，也是一座以发电、航运为主，兼有灌溉、旅游等综合效益的水电站。

5月21日，由中共中央政治局委员、广东省委书记张德江提议，珠江委和广东省水利厅在广东联合举办首届“泛珠三角”区域水利发展协作会议，会议主题是加强“泛珠三角”区域水利合作与发展，共商东西部共同发展大计。会议就加快“泛珠三角”地区流域防洪减灾能力建设、加强“泛珠三角”水资源保护和水生态环境建设、推动“泛珠三角”水资源整体优化配置，加强水资源流域统一管理、“泛珠三角”区域水利信息、科技规划和政策理论研究，建立“泛珠三角”区域水利厅（局）协作例会制度，多形式、多渠道开展水利协作与发展达成共识，并签订倡议书，提出共同携手，加强合作，共谋发展，共建安澜珠江、生态珠江、绿色珠江。水利部总工程师刘宁、广东省副省长李容根出席会议并分别讲话，珠江委主任薛建枫主持会议并宣读倡议书，滇、黔、桂、粤、琼、闽、湘、赣、川 9 省（自治区）水利（水务）厅（局）长出席会议。

5 月，流溪河灌区总管理处通过国家一级河道目标管理考评验收。

6 月 1 日，西江航运建设二期工程通过交通部验收。南宁至广州 847 千米长的航道达到常年通航 1000 吨级船队的 3 级航道标准。工程总投资 20.08 亿元，为国家“九五”期间的重点建设项目，也是我国首批利用世行贷款建设的内河航运建设项目之一，包括建设贵港航运枢纽、渠化贵港至西津 102.8 千米长的航道，整治南宁至西津 169 千米长的航道。1995 年 1 月，工程动工；1997 年 10 月，实现大江截流；1998 年 1 月，船闸通航；1999 年 9 月，机组全部并网发电。

8 月 6 日，海南省三届人大常委会第十一次会议审议通过《海南经济特区水条例》，从 2004 年 10 月 1 日起施行。

9 月 20—25 日，受国家发展改革委委托，由中咨公司组织的全国水利专家组一行，分别到贵阳、安顺和六枝特区，就贵州省向国家申报的黔中水利枢纽工程项目作现场查勘和全面评估。

9 月 27 日，桂中引水灌溉工程动工建设。工程位于来宾市和南宁市境内，属红水河综合利用灌溉规划的内容之一，列入全国九大灌区之一，也是广西最大的引水灌溉工程，以引用乐滩水库水源为主的国家大（2）型灌区工程，是桂中治旱工程的主要组成部分。

11 月 4 日，红花水电站蓄水。电站位于广西柳江县，由广东梅雁集团股份有限公司投资兴建。2003 年 10 月，工程开工；2006 年 1 月，工程建成。

11 月 8 日，贵州王二河水库下闸蓄水。王二河水库为贵州省重点水利工程之一，也是安顺市地方性建设最大的水利工程。水库位于镇宁布依族苗族自治县境内，安顺龙宫景区下游、黄果树瀑布上游，具有旅游、灌溉、发电、补水等综合效益，并向黄果树瀑布补水。

11 月 16 日，国务院西部办和水利部在北京召开珠江上游喀斯特地区水土保持与石漠化治理座谈会。

11 月 19 日，以“保东江源一方净土，富东江源一方百姓，送粤港两地一江清水”为目标的江西省东江源头区域生态环境保护和建设工程全面启动。江西省投资 14.2 亿元，近中期实施包括生态林建设工程、水土保持工程、矿山生态恢复工程、生态农业工程、防洪工程、生态旅游工程等在内的九大重点生态建设工程，促进东江源区生态系统良性循环和经济社会可持续发展。总体目标是：到 2010 年，东江源区水环境得到明显改善，水质总体上达到国家Ⅱ类水标准。实施九大生态工程，将使东江源头区域 2010 年森林覆盖率达到 85%，综合治理水土流失面积 9.7 万公顷，建立起完善的水土流失预防监督体系，有效控制人为造成的新水土流失。此外，还将关闭大批工艺落后的矿山和迁移 3.3

万名农民。

11 月 24 日，桂林市防洪及漓江补水枢纽工程启动建设。工程位于漓江上游兴安县境内，由斧子口水库、小溶江水库、川江水库 3 座水利工程组成，以城市防洪和漓江生态补水为主，结合发电、灌溉等综合利用。工程建成后，可改善漓江的生态环境、通航条件和旅游景观，解决桂林汛期洪水泛滥成灾、枯水期缺水严重的问题。

11 月 30 日，红水河平班电站首台机组并网发电。电站位于广西隆林县与贵州省册亨县交界的南盘江上，为红水河规划的第 3 座梯级电站。电站 2002 年开工建设。

12 月 6 日，云南麻栗坝水库实现大坝截流。工程位于瑞丽江一级支流南宛河上游的德宏傣族景颇族自治州陇川县境内，是一座以灌溉、防洪为主，结合发电、水库养殖、旅游等综合利用的大（2）型水利枢纽工程。

12 月 6—8 日，第八届海峡两岸水利科技交流研讨会在广州珠江委召开。就流域规划与管理，河道、河口综合整治与环境建设，信息技术在水利中的应用等进行研讨。

2005 年

1 月 16 日，东改工程通过 2004 年度中国建筑工程“鲁班奖”评审。该工程荣获 2003 年度广东省科学技术特等奖。

1 月 17 日，珠江压咸补淡应急调水启动仪式在贵州省天生桥一级电站举行。

2 月 24 日，珠江压咸补淡应急调水取得成效，中央驻澳门联络办和澳门自来水公司派出代表专程向珠江委赠送由全国政协副主席、澳门中华总商会会长马万祺先生题写的锦联“千里送清泉，思源怀祖国”。

4 月 26 日，国家防总在广州召开 2005 年珠江压咸补淡应急调水工作总结会议。

4 月，经水利部批准，珠江委主任岳中明与澳门特区港务局局长黄穗文在北京签订“水利部珠江水利委员会与澳门特别行政区政府运输工务司港务局合作协议”，双方决定在促进珠江河口水资源和其他自然资源的保护和合理利用，共同防御洪、涝、旱、风暴潮、咸潮等自然灾害，防治水污染，维护珠江河口的良性水循环和生态环境等领域进一步加强友好合作。

4 月，经水利部批准，珠江水利科学研究所更名为珠江水利科学研究院（简称珠江委水科院），并举行挂牌仪式。

5 月 31 日，珠江流域防洪规划通过由水利部组织的审查。防洪规划绘制了珠江流域到 2010 年的防洪蓝图。

5 月，根据水利部的要求，珠江委首次开展珠江入河排污口普查登记工作，范围包括珠江流域、韩江流域、澜沧江以东国际河流（不含澜沧江）、广东和广西及海南沿海诸河，同时普查范围还包括上述区域的水库、闸坝、渠道等蓄水、输水水域排放污废水而设置的人工或自然的汇流入口。

6 月，珠江委编制完成《珠江河口综合治理规划纲要》。主要内容包括河口泄洪整治、河口水域水资源保护、河口岸线及滩涂利用、规划管理信息系统四大部分。同时，开展拦门沙治理、河口演变机理、水资源优化配置等专题研究。

8 月 1 日，珠江委和广西壮族自治区水利厅在桂林共同举办第二届“泛珠三角”区域水利发展协作会议。围绕“加强防汛抗旱职能、作用及加强流域协作、提高防洪减灾能力”等进行专题交流和研讨。

8月17日，水利部批准在桂林市开展水生态系统保护与修复试点工作，时间为2005—2008年。同年7月，广西壮族自治区水利厅和桂林市政府组织编制完成《桂林市水生态系统保护与修复规划》，并申请作为水利部开展水生态系统保护与修复工作的试点。

8月17日，“两涌一河”整治工程白坭河综合整治工程开工。工程是北江大堤的分洪道，为北江防洪体系的重要组成部分，包括芦苞涌、西南涌、白坭河，总长121.8千米，按20年一遇的防洪标准整治，加固堤防长229.56千米。通过“引水”，让北江水流经广州市花都区、白云区，于鸦岗与流溪河汇合后注入珠江西航道，改善珠江水环境，特别是广州北部地区饮水问题。

8月26日9时，在百色水利枢纽工程工地现场举行下闸蓄水仪式。2006年7月28日，首台机组并网发电。

12月，为加强珠江流域泥沙问题研究，珠江委水科院与国际泥沙研究培训中心签署合作协议，设立国际泥沙研究培训中心珠江研究基地。

2006年

1月10日，应广东省防汛抗旱防风总指挥部（简称广东省三防总指挥部）的请求，国家防总批准实施珠江压咸补淡应急调水。在各电站不弃水的前提下，应急调水总调水量5.5亿立方米，中山、珠海以及广州番禺等市累计抽取淡水2230万立方米，利用河涌蓄淡1900万立方米。珠海市通过抢蓄淡水，有效库容达1600万立方米，从1月19日开始，珠海、澳门供水含氯度已由每升800毫克降低至每升400毫克，实现抢淡蓄水、提高供水水质、保障供水的总目标。

1月21日，北江白石窑水电站扩机增容工程全面竣工投产。工程为广东省英德市地方建设项目，原装机规模4台发电机组，总装机容量7.2万千瓦，扩机增容后总装机容量达到9.2万千瓦。2004年2月，扩机增容工程开工；2005年11月，投产发电。

1月，潭江小榄水道整治工程建成并通过验收。工程项目包括疏浚、护岸、站房、码头、水位站、航标、航标工作船、通信设备等。工程建成后，可通航1000吨级江轮和海轮，还有利于排洪排涝。

1月，柳江红花水电站6台机组全部并网发电。电站位于柳江下游河段红花村附近，电站由中水珠江公司设计，广东梅雁水电股份有限公司投资兴建。

3月2日，水利部批复珠江委编制的《珠江上游南北盘江石灰岩地区水土保持生态建设规划》。

3月11日，西江航运干线贵港至梧州航道整治工程全线开工。工程包括航道整治、护岸工程、航运航标基础设施三大部分，按照二级航道标准建设，可双向通航2000吨级船舶，计划3年时间完成。

3月12日，广东省西江下游整治工程全部完工。1996年12月，工程开工。1999年5月，莲沙容水道航道整治工程开工；2006年3月，工程全部建成。

3月20日至4月15日，右江流域遭遇特大干旱，为保障右江沿岸的生活用水、生产用水和水环境安全，实施右江应急补水，应急补水量4400万立方米。

3月25—28日，为配合广东省委、省政府关于综合整治珠江的有关工作，加强与上游福建省的沟通与联系，共同促进韩江的水资源开发、利用、保护与管理，饮水思源，团结治水，应珠江委的邀请，广东省政协人口资源环境委员会的领导和专家前往韩江上游进行考察。

4月29日，水利部以《关于划分国家级水土流失重点防治区的公告》（2006年第2号）对国家级水土流失防治区予以公布。其中，东江上游列为国家级重点预防保护区，东南沿海列为国家级重点监督区，珠江上游南北盘江和红河上中游重点治理区列为国家级重点治理区。

4月，水利部珠江河口海岸工程技术研究中心组建。

5月，《保障澳门、珠海供水安全专项规划报告》通过水利部组织的审查。

6月，国家防总批准成立珠江防汛抗旱总指挥部。7月11日，珠江防总在桂林宣布成立。珠江防总由广西、云南、贵州、广东、福建5省（自治区）政府和珠江委组成。

7月，珠江委编制完成《珠江上游南北盘江石灰岩地区水土保持综合治理工程建设规划》，并通过水规总院组织的审查。

9月6日，今冬明春珠江骨干水库调度实施。

9月26日，云贵鄂水土保持世行贷款项目启动会在武汉市召开，贵州省珠江流域有4县被列为世行贷款项目县。

9月30日，广西龙滩水电工程下闸蓄水。2001年7月，主体工程开工；2003年11月，实现截流；计划2009年12月工程全部完工。

9月30日，海南大隆水利枢纽工程下闸蓄水。工程位于海南省三亚市西部的宁远河中下游，是一座防洪、供水、灌溉兼发电的综合大型水利枢纽。2004年12月，工程动工建设。

9月，为表彰广州市在水环境治理方面取得的突出成绩，建设部授予广州市中国人居环境奖（水环境治理优秀范例城市）。

10月27日，惠州东江水利枢纽工程并网发电。工程为广东省东江流域水力开发规划的第11个梯级电站，是以改善水环境为主，结合发电，兼顾航运、城市供水、防洪、旅游、农田灌溉等综合功能的大型水利枢纽工程，2004年11月，工程开工建设。

11月30日，港深联合治理深圳河工程完工。1992年，两地政府成立港深联合治理深圳河工作小组，专责推行这项工程。1995年5月，第一期工程对料坐和落马洲2个弯段进行裁弯取直。1997年4月，第一期工程竣工；同年5月，第二期工程对罗湖铁路桥以下至河口除一期工程外的河段进行拓宽、挖深。2000年6月，第二期工程竣工。2001年12月，第三期工程对罗湖桥以上河段进行整治。2006年11月，第三期工程完工。

11月，南北盘江石灰岩地区水土保持综合治理试点工程通过验收。

12月1日，由珠江委主办、海南省水务局协办、三亚大隆水库有限责任公司承办的第三届“泛珠三角”区域水利发展协作会议在海南省三亚市召开，会议围绕加强水利工程建设与管理、维护区域水安全和河流健康进行专题交流和研讨。

12 月 23 日，珠江委在昆明市组织召开南盘江黄泥河梯级开发补充规划座谈会议，就完善河流规划、促进黄泥河水电开发等有关问题进行讨论。

12 月 26 日，珠海首期咸期应急供水工程通水。建设内容为扩建平岗泵站、新建平岗至广昌压力输水管道（含跨江管）、新建广昌新围仔平原水库、市区水库群加坝扩容、配套完善市区输水管网、新建长约 20 千米输水管，建设年限 2 年。2006 年 2 月 13 日，首期咸期应急供水工程动工兴建；同年 12 月 26 日，首期工程建成通水。

12 月，潮州供水枢纽工程最后 1 台机组并网发电。2002 年 9 月，工程开工；2005 年 9 月，电站下闸蓄水；2006 年 10 月，顺利通航；同年 12 月，电站首台机组并网发电。

2007 年

2 月 26 日，海南大广坝水利水电二期（灌区）工程开工。工程位于海南省西部，由戈枕枢纽工程、陀兴水库扩建工程和灌区渠系工程组成。

4 月 27 日，国务院以《国务院关于珠江流域防洪规划的批复》（国函〔2007〕40 号）批复水利部，原则同意《珠江流域防洪规划》。同时要求在规划实施过程中坚持“堤库结合、以泄为主、泄蓄兼施”的方针，进一步完善珠江流域防洪总体布局，全面提高珠江流域防御洪水灾害的综合能力。

5 月 30 日，韩江北堤城堤达标加固工程通过珠江委与广东省水利厅联合组成的竣工验收委员会竣工验收。工程于 2000 年 6 月开工，2003 年年底完成建设任务。

6 月 13 日，顺德水道航道整治工程启动建设。工程包括对顺德水道紫洞口至潦滘口 46 千米航道及其支航道甘竹溪水道三槽口至甘竹滩船闸 15 千米航道，合计长 61 千米的航道进行整治。

6 月 28 日，广东省北江流域管理局挂牌成立。

10 月 9 日，国家防总批准 2007—2008 年度枯水期珠江水量统一调度工作实施。

10 月 22 日，珠江委与贵州省水利厅在贵阳共同举办第四届“泛珠三角”区域水利发展协作会议。会议围绕水资源与人口、社会、经济、环境协调发展，切实做好水资源节约与保护工作和水资源可持续发展战略等议题进行专题研讨。会议期间，相关省（自治区）水利部门还签署“珠江流域片跨省河流水事工作规约”。

11 月 8 日，中法合作项目珠江流域水质生物监测方法研究成果交流会在广州召开。

2008 年

1 月 9 日，珠江流域洪水风险图编制试点项目顺利通过国家防办组织的技术审查。

1 月 22 日，珠江委与澳门特别行政区政府运输工务司港务局在澳门签署合作协议，水利部副部长矫勇应邀出席并访问澳门。

3 月，国务院批复《保障澳门、珠海供水安全专项规划》《珠江河口澳门附近水域综合治理规划》。

4 月 11 日，水利部副部长周英一行在珠江委黄远亮副主任、海南省水务局领导等陪同下，对海南省病险水库除险加固工作进行现场检查。

7 月 20 日，《珠江三角洲水文站网规划》通过水利部水文局评审。

9 月 28 日，珠江防总办印发《珠江防汛抗旱总指挥部办公室防汛、抗旱、防风应急响应（试行）》。

10 月 17 日，百色瓦村、那比梯级水电站共同投资合作签约仪式在百色市举行。

10 月 20—22 日，黔、桂跨省（自治区）河流水资源保护与水污染防治协作机制 2008 年工作会议在广西天峨召开。

10 月 30 日，珠江流域（片）水利信息化工作座谈会在广西桂林召开。

11 月 14 日，珠江委印发《2008—2009 年枯季珠江水量调度工作制度》。

11 月 18 日，《珠江流域取水许可总量控制指标方案》在北京通过水利部审查。

11 月 22 日，《韩江水资源总量控制方案》在北京通过水利部审查验收。

11 月 25 日，国家防总批准实施 2008—2009 年枯季珠江水量调度工作，这是第五次实施珠江流域水量统一调度。调度时段是自 2008 年 11 月下旬开始的，至 2009 年 2 月底结束。

12 月 15 日，响水电站扩机工程质量监督站挂牌仪式在响水电站举行，标志着响水电站扩机工程质量管理体系全部建立健全。

2009 年

1 月 13 日，珠江委在云南召开《珠江流域重点地区中小河流近期治理建设规划》编制工作会议。

1 月 14 日，珠江委在广州召开岩溶地区石漠化综合治理水利专项规划协调会。

1 月 19 日上午，田林瓦村梯级那比水电站开工。

4 月 24—25 日，珠江防汛抗旱总指挥部 2009 年工作会议在广西南宁市召开。

6 月 2 日，全国首家省级水务厅——海南省水务厅在海口市举行成立揭牌仪式。

6 月 17—21 日，珠江委联合广西壮族自治区水利厅组成检查组，对黔桂铁路扩能改造工程（广西段）和洛湛铁路（广西段）等 2 个水土保持违法违规生产建设项目的整改落实情况进行了监督检查。

6 月 25 日，珠江委组织召开水政监察基础设施建设项目竣工验收会议，对珠江委水政监察基础设施建设项目（2000—2008 年）进行竣工验收。

7 月 20—26 日，由珠江委水文局和中山大学地理科学与规划学院联合举办的泰国气象局工作交流及业务培训在广州举行。

7 月 25—31 日，珠江委联合贵州省水利厅及当地水行政主管部门，对贵州发耳电厂、汕头至昆明公路贵州境内、板坝至江底段工程、国家高速厦蓉线贵州境水口（黔桂界）至榕江格龙段和贵州境内的兴仁至独山通道等西电东送网络完善工程的水土保持工程实施情况进行监督检查。

8 月 18 日，《岩溶地区水土流失综合治理规范》顺利通过了审查。

8 月 25—26 日，珠江委在广西壮族自治区北海市组织开展了北海市节水型社会建设试点中期评估工作。

9 月 15 日，启动 2009—2010 年度珠江枯水期水量调度工作。

9 月 18 日，珠江防总组织贵州、广西、广东省（自治区），南方电网、广西电网，大唐、粤电、右江、中电投等发电企业、航运部门以及珠海水务局、珠海水务集团公司等相关单位和部门在广州召开了 2009—2010 年枯水期珠江水量调度协调会。

10 月 15—16 日，2009 年珠江水文工作会议在昆明召开。

10 月 28 日至 11 月 1 日，珠江防办主任会议在湖南长沙市召开。

11 月 9 日，第五届“泛珠三角”区域水利发展协作会议在云南隆重召开。会议围绕“搞好水土保持，共建绿色珠江”主题，就加强和深化“泛珠三角”区域水利协作，推进区域水土保持等进行专题交流和研讨。

11 月 12—15 日，首次珠江洪涝灾情统计工作会议在海南三亚市召开。

11 月 26 日，澳门特别行政区政府与水利部珠江水利委员会在澳门签署了“援建大藤峡水利枢纽工程合作协议书”。

12 月 7 日，“珠江河口河海管理范围划定研究”通过专家评审。

2010 年

1 月 16 日，那比水电站成功截流，标志着那比水电站工程建设迈出里程碑意义的一步。

1 月 19 日，珠江委成立珠江防汛抗旱总指挥部调度研究中心。该中心以珠江设计公司为依托，负责对流域防汛抗旱、水量调度开展科学研究，制订流域抗洪抢险、枯水水量调度工作方案，及时为珠江防汛抗旱总指挥部提供决策支持。

2 月 28 日，国家防总于 2009 年 9 月 15 日批准实施的 2009—2010 年度枯水期珠江水量调度工作结束，取得圆满成功。

4 月 2 日，珠江委部署开展西南五省（自治区）水源工程规划编制工作，成立了由王秋生副主任任组长、赵晓琳副总工任副组长的规划工作小组，并派出 3 个规划调研小组于 4 月 3—7 日分赴云南、贵州、广西等省（自治区）开展西南地区水源工程规划调研工作。

4 月 20—21 日，2010 年珠江水文工作会议在贵阳召开，总结 2009 年水文工作，分析当前水文形势，交流经验和研究部署 2010 年水文工作。

5 月 9 日，中共中央政治局常委、中央书记处书记、国家副主席习近平在国家防总副总指挥、水利部部长陈雷和广西壮族自治区党委书记、自治区人大常委会主任郭声琨，自治区主席马飚等陪同下，视察百色水利枢纽工程。

5 月 26—28 日，中荷合作项目研讨会在广州召开，中荷双方同意在咸潮预测预报实施方案的基础上全面开展合作。

6 月 16 日，珠江委召开保障澳门供水安全和水资源可持续利用战略研讨会，会议在《保障澳门供水安全和水资源可持续利用战略研究》总报告出炉的背景下举行，共同探讨以开源节流为本，寻求长期保障澳门供水的策略。

7 月 1 日，珠江委向流域内印发《珠江流域重要河道采砂管理规划实施方案》。

8 月 31 日，珠江委印发《珠江委广州亚运会水资源安全保障行动方案》。

10 月，国务院批复《珠江河口综合治理规划》《珠江流域及红河水资源综合规划》。

10 月 28 日至 11 月 21 日，珠江防总圆满实施珠江水量应急调度，保障亚运会开幕式顺利举办及亚运赛事水环境安全。

10月，珠江委为应对北江流域突发性水污染事件，保障亚运会供水安全，实施了北江水量调度。

11月1日，珠江防总、珠江委第七次组织开展2010—2011年枯水期珠江水量调度工作。本次调度至2011年2月28日结束。

11月23日，2010年珠江流域水资源保护工作会议在云南召开。

11月25日，珠江委组织召开《〈珠江河口管理办法〉立法后评估研究报告》审查验收会，《珠江河口管理办法》立法后评估研究成果通过验收。

11月26日，珠江委组织召开《2009年珠江片河流泥沙公报》审查会。

12月1日，云南省人民政府领导、水利厅厅长周运龙一行到珠江委访谈，双方就云南水利发展和流域水利建设交换了意见和建议。

12月1—2日，水利部在北京主持召开《珠江流域综合规划》专家审查会，《珠江流域综合规划》修编成果通过审查。水利部矫勇副部长、周学文总规划师出席会议。

12月1—3日，珠江委在海南召开2010年珠江流域水土保持工作座谈会。

12月4日，国家防总下达《关于做好2010—2011年枯水期珠江水量调度工作的通知》，要求切实保障今冬明春澳门、珠海等珠江三角洲地区供水安全。

12月7日，珠江防总召开2010—2011年枯水期珠江水量调度动员会，研究枯水期珠江流域来水形势、咸情预测和枯水期珠江水量调度方案编制和水量调度工作情况，安排部署调度工作。

12月7—9日，珠江委主持召开首次珠江流域片水利安全生产工作座谈会。

12月7—10日，2010年珠江水文站网工作会议暨水文年鉴工作总结会议在广州召开。

12月上旬，陈洁钊总工、赵晓琳副总工率工作组分赴广东省、广西壮族自治区开展病险水库除险加固完成情况抽查工作。

12月12日，响水水电站扩机工程引水隧洞全线顺利贯通。

12月14日，珠江防总办组织召开调度会商会，分析演算当前水量调度情况，部署下一阶段的调水方案。

12月15日，珠江委在广州主持召开2010年珠江海河防办主任会议，交流防汛抗旱工作经验和做法。

12月16日，陈洁钊总工主持召开《珠江流域水资源管理系统总体实施方案编制工作大纲》评议审查会议。

12月18日，陈洁钊总工主持召开《天生桥一级水电站库区水资源保护与水污染防治行动计划研究报告》审查会。

12月20日，崔伟中副主任主持召开枯水期水量调度会商会，宣布保障亚运会、残运会期间水环境安全任务圆满完成。

12月20日，珠江委组织召开今冬明春珠江水量调度和珠江河口综合治理规划新闻通报会。

12月20—23日，珠江委在贵阳组织召开黔、桂跨省（自治区）河流水资源保护与水污染防治协作机制工作会议。

12 月 22 日，珠江委在福州组织召开 2010 年珠江流域水利信息化工作研讨会，推进流域水利信息共享与交换工作。

12 月 22—24 日，陈泽健副主任率水利部坡耕地水土流失综合治理试点工程检查组对广西壮族自治区 2010 年坡耕地水土流失综合治理试点工程实施情况进行督促检查。

12 月 25 日，《珠江河口管理办法》立法后评估研究成果通过验收。

12 月 26 日，那比水电站工程一期下闸蓄水顺利完成。

2011 年

1 月 27 日，珠江委印发《珠江委第一次全国水利普查领导小组办公室工作暂行办法》。

2 月 24 日，国家发展改革委正式批复大藤峡水利枢纽工程项目建议书。

2 月 28 日，自 2010 年 11 月 1 日开始的 2010—2011 年度珠江枯季水量调度圆满结束，实现了澳门、珠海等珠江三角洲地区供水量足质优和广州亚运会水环境安全的双目标。

3 月 22—23 日，珠江委在广州召开首届珠江水论坛，主题为“珠江及三角洲城市水安全问题与对策”。

3 月 31 日，百色那比水电站首台机组顺利并网发电。

4 月 7 日，珠江防总 2011 年工作会议在福州召开。会议总结了珠江 2010 年防汛抗旱工作，分析 2011 年防汛抗旱形势，安排部署 2011 年工作。

4 月 22 日，《珠江流域（广西部分）重要河道采砂管理规划报告》通过评审。

6 月 9—10 日，2011 年珠江流域片水政工作座谈会在桂林召开。

6 月 30 日，国家防总正式批复《珠江枯水期水量调度预案》。该预案是七大江河中首个规范和强化枯水期水量调度工作的预案。

8 月 14 日，珠江委派出由技术人员组成的调查组赶赴云南省曲靖市调查铬渣污染事件。

9 月 4—8 日，珠江委派出两个小组分别联合云南省水利厅、贵州省水利厅对云南省、贵州省部分生产建设项目进行了水土保持监督检查。

9 月 7—8 日，珠江委组织召开了珠江片主要江河水量分配方案编制工作讨论会。

10 月 14 日，广西壮族自治区发改委以《广西壮族自治区发展和改革委员会关于瓦村水电站项目核准的批复》核准批复瓦村水电站项目。

10 月 26 日，珠江委信息化工作领导小组组织召开了《珠江委信息化顶层设计》和《珠江水利信息化发展“十二五”专项规划》评议会。会议由珠江委总工程师陈洁钊主持。

11 月 1 日，中澳环境发展伙伴项目（Australia China Environment Development Partnership，简写为 ACEDP）整合专家组考察研讨会在桂林市顺利召开。

11 月 22 日，那比水电站竣工暨瓦村水电站开工庆典仪式在百色市举行。

12 月 1 日，大藤峡水利枢纽前期工程开工仪式在广西桂平市举行。

12 月 9 日，第六届“泛珠三角”区域水利发展协作会议在厦门召开。

2012 年

1 月 9 日，珠江委召开“重视科技、培育人才、提升流域管理能力和委属单位核心竞争力”调研座谈会。

2月8—11日，针对云南省部分地区日趋严峻的干旱形势，按照国家防总副总指挥、水利部部长陈雷指示，珠江委副主任谢志强率领国家防总工作组赶赴云南，深入一线检查指导抗旱减灾工作。

3月6日，珠江防总办召开2012年防汛抗旱工作会议。珠江防总常务副总指挥、珠江委主任岳中明出席会议并讲话。

3月16日，水利部国科司在北京主持召开由珠江委编制的“珠江压咸补淡关键技术与实践”成果鉴定会。

3月23日，第一届珠江水文水资源学术研讨会在广州召开。

4月23日，珠江防汛抗旱总指挥部2012年工作会议在广东省佛山市召开。

5月17—20日，水利部副部长胡四一率领国家防总珠江防汛抗旱检查组检查了广西、广东两省（自治区）的防汛抗旱工作。

5月17—23日，水利部副部长李国英率国家防总检查组，检查了福建、海南两省的防汛防台风工作。

7月11日，珠江委召开主任办公会，贯彻落实国务院、水利部领导同志关于滇桂黔石漠化片区区域发展与扶贫的重要讲话精神，专题研究部署滇桂黔岩溶区水土流失综合治理与定点扶贫相关工作。

7月17—19日，珠江干流南盘江上的龙头水库——柴石滩水库竣工验收会议在昆明召开。

7月27日，右江水利公司成立15周年庆祝大会在南宁召开。

8月13日，珠江委在广州召开滇黔桂岩溶区农业综合开发水土流失治理工程前期工作布置会，部署安排工程前期有关工作。

8月22日，2012年珠江流域片水政工作座谈会在贵阳召开。

8月31日，珠江流域片农村水利工作座谈会在广州召开。

10月12日，第七届“泛珠三角”区域水利发展协作会议在张家界召开。水利部水资源司副司长（正司长级）许文海出席会议并讲话。

10月18日，滇、桂、黔石漠化片区水利扶贫规划通过水利部审议。

10月29日至11月1日，黔、桂跨省（自治区）河流水资源保护与水污染防治协作机制工作会议在桂林召开。

12月，《绿色珠江建设战略规划》正式印发。

2013年

1月，“珠江委压咸补淡关键技术与实践”获大禹奖一等奖。

3月，国务院批复《珠江流域综合规划（2012—2030年）》。

3月14日上午，珠江防总办2013年工作会议在广州召开。

3月29—30日，2013年珠江流域水利信息化暨水资源监控能力建设技术交流会在昆明召开。

5月下旬，广西全区农村饮水安全工程全面实施。

5月28日，中共中央政治局委员、广东省委书记胡春华到珠江委开展防汛抗灾专题调研。

5月31日至6月2日，以全国人大常委会委员、澳门特别行政区立法会副主席贺一诚为团长的澳门特别行政区全国人大代表一行实地考察大藤峡水库规划及开建情况。

6月4日，珠江防汛抗旱总指挥部2013年工作会议在广西南宁召开。

6月6—9日，珠江委联合广东省水利厅组成检查组，对广东省内西气东输二线工程广州—深圳支干线、深圳机场飞行区扩建工程、珠海金湾液化天然气接收站项目一期工程等7个生产建设项目水土保持方案的实施情况进行了监督检查。

6月24日，珠江委在广州主持召开广东政协《关于加大珠江水资源保护力度，促进流域生态文明建设的建议》重点提案办理工作座谈会。

7月18日，珠江委召开了珠江水利改革发展重大问题讨论会。

8月25日，全国政协提案委员会“加快推进西江经济带建设”重点提案督办调研组乘船考察大藤峡水利枢纽工程。

9月6日，广西壮族自治区人民政府办公厅制定印发了《广西壮族自治区实行最严格水资源管理制度考核办法的通知》（桂政办发〔2013〕100号），标志着广西落实最严格水资源管理制度又迈出了重要一步。

9月，广西壮族自治区水利厅制定了《广西2013—2014年度冬春水利建设实施方案》，为2013—2014年冬春水利建设大会战的实施提供了依据。

10月，广西完成了重点小（2）型病除水库除险加固开工1304座、完工708座，一般小（2）型病险水库除险加固实现开工515座、完工295座。经过除险加固，兴利除害能力提升，实现经济效益、社会效益和生态效益的多赢。

10月，广东广州、东莞，海南琼海，福建长汀县，广西南宁市，贵州黔西南州列入国家第一批水生态文明建设试点。

11月11—13日，珠江委第一次全国水利普查项目顺利通过水利部验收。

11月19日，珠江委会同云南省水利厅在云南省玉溪市组织开展玉溪市节水型社会建设试点验收工作。

2014年

1月27日，珠江委成立新闻宣传中心（简称中心）。中心的成立，是进一步提高珠江水利舆论引导能力的重要举措，对全面深化水利改革、建设绿色珠江和加快珠江委自身发展营造良好的舆论氛围具有积极作用。

2月10日，珠江委印发《绿色珠江建设规划近期任务分解方案》。

3月4日，珠江委印发《珠江委水利数据共享使用管理办法（试行）》。

3月13日，珠江流域水资源保护局有毒有机污染物在线监测技术科研应用成果通过水利部国科司组织的成果鉴定。

3月20—27日，根据水利部《岩溶地区石漠化综合治理工程水利水保项目年度国家核查办法》要求，珠江委组成2个核查组分别对广东乐昌，广西宁明、扶绥、忻城、武宣和兴宾6个县（市、区）的岩溶地区石漠化综合治理工程水利水保项目进行了年度核查，重点了解项目县（市、区）的岩溶地区石漠化综合治理工程水利水保项目的2012年度任务完成情况、2013年度工程进展情况。

4月15日，珠江委在江西省南昌市召开2014年珠江流域水利信息化工作交流会。

5月15日，珠江防总办在广东省肇庆市召开粤、桂两省（自治区）跨境河流（贺江）2014年安全度汛工作会议。

6月12—30日，按照水利部《关于开展全国重要饮用水水源地安全保障达标建设的通知》要求，珠江委会同广东、海南及广西3省（自治区）水利（水务）厅，对列入水利部全国重要饮用水水源地名录的东深供水东江桥头水源地等19个水源地进行了安全保障达标建设检查评估工作。

6月，珠江委探索、推进滇、黔、桂、粤跨省（自治区）河流水资源保护与水污染防治协作机制。

8月4—6日，珠江委珠江流域水土保持监测中心站在云南省昆明市组织召开了2014年珠江流域水土保持监测技术交流座谈会。

10月8日，《大藤峡水利枢纽工程可行性研究报告》获得国务院批准。

10月9日，珠江防总常务副总指挥、珠江委主任岳中明主持召开2014—2015年珠江枯水期水量调度工作会，正式启动今冬明春水量调度工作，全力保障澳门、珠海等地供水安全。

10月11日，珠江片水资源管理工作座谈会在广东省广州市召开。

10月27日，广西壮族自治区印发了《关于深化小型水利工程管理体制改革实施方案》，明确了小型水利工程管理体制改革总体目标、改革范围、改革内容、实施步骤、保障措施等，实施主体是各县级人民政府。改革主要内容包括：明晰工程产权、落实工程管护主体和责任、落实工程管护人员和经费、探索工程管护模式等。

10月，广西壮族自治区人民政府批复了《广西水资源综合规划》，该规划作为水资源开发、利用、节约、保护和管理，落实最严格水资源管理制度的重要依据。

11月15日，水利部、广西壮族自治区人民政府、广东省人民政府在广西桂平市召开大藤峡工程建设动员大会，表明大藤峡水利枢纽工程建设全面启动。

12月25—26日，珠江委会同贵州省水利厅在贵阳市主持召开了《贵阳市水生态文明城市建设试点实施方案》和《黔南布依族苗族自治州水生态文明城市建设试点实施方案》审查会。

12月31日，针对广西农村饮水安全建设存在的问题，自治区政府紧急部署了检查和整改工作，要求各市人民政府、各有关部门务必要严肃对待，认真扎实地做好整改工作。

2015年

1月27—30日，水规总院在北京组织召开大藤峡水利枢纽工程初步设计报告审查会议，会议形成并通过了初步审查意见。

4月15—22日，根据《水利部水土保持司关于开展国家水土保持重点工程专项督导的通知》要求，珠江委分别组成以委副主任陈洁钊、委副巡视员杨德生为组长的两个督导组，对海南、广西2省（自治区）国家水土保持重点工程进行了专项督导。

4月18日，珠江委在广州主持召开了《珠江片水资源保护规划（2015—2030年）》评审会。

4月20—28日，为贯彻落实党中央、国务院关于加快推进节水供水重大水利工程建设的决策部署，珠江委分别派出由委副主任陈洁钊、总工程师程国银、副总工程师胥加仕带队的检查组对珠江流域6省（自治区）节水供水重大水利工程开展督导检查工作。

4月27日，珠江防汛抗旱总指挥部在福建省福州市召开2015年工作会议。

5月20日，水利部批复了大藤峡水利枢纽工程初步设计，标志着工程由前期准备阶段正式转入全面建设阶段。

6月2日，珠江委在广州组织召开2015年珠江流域水利信息化工作技术交流会暨水资源监控能力建设项目建管工作会。

7月27—31日，珠江委副主任陈洁钊带队，联合广东省水利厅，对广东省粤东（北）地区的宁莞高速公路粤闽界至潮州古巷段、广东粤电大埔电厂“上大压小”新建工程、汕昆高速公路龙川至怀集段工程、大庆至广州高速公路粤境连平至从化段、广东省乐昌峡水利枢纽工程等5个项目开展了水土保持监督检查。

8月24—28日，珠江委巡视员崔伟中、副巡视员杨德生分别带队对云南、广东两省2015年大型灌区续建配套与节水改造、规模化节水灌溉增效示范项目、牧区节水灌溉示范项目、中央财政农田水利设施建设补助专项资金项目进行专项进度督查。

9月7—10日，珠江委副主任黄远亮、水源局（水文局）党委书记黄建强分别带队稽察督查组，抽调建管、财务和水质等专业技术骨干，分赴海南省、广东省就2015年度农村饮水安全项目和水质检测中心项目的建设情况进行了稽察督查。

9月10日，珠科院与中国水产科学研究院珠江水产研究所战略合作框架协议举行签约仪式。9月，九洲江列入国家第一批跨省（自治区）生态补偿试点。

9月29日，柳江防洪控制性工程落久水利枢纽建设动员大会在融水县召开，标志着工程进入全面建设阶段。

10月13日，广东韩江高陂水利枢纽工程开工，该工程是国务院部署2015年动工建设的27项重大水利工程之一，也是国家发展改革委、财政部、水利部三部委和省政府确定的第一批引进社会资本参与重大水利工程建设运营的试点项目之一。

10月13—16日，国家防办副主任张家团率领督导组对广西山洪灾害防治、洪水风险图编制、防汛抗旱指挥系统及抗旱规划实施等防汛抗旱专项工作进行了督导检查，督导组一行先后现场检查了桂林市阳朔县、永福县，柳州市柳江县及来宾市兴宾区的各类防汛抗旱专项工作开展情况，并分别听取了相关市、县（自治区）及自治区防办的工作汇报。

10月16日，珠江委总工程师程国银主持召开第五批水利部5151人才工程部级人选候选人推荐评议会。

10月26日10时30分，大藤峡水利枢纽工程1期导流工程纵向混凝土围堰子堰实现合龙。

10月27日，珠江委主任岳中明与澳门特区运输工务司司长罗立文一行在珠海进行会谈，双方就澳门内港海傍区防洪排涝问题进行交流，并就水雨咸情及保障澳门供水安全等工作交换意见。

10 月 28—29 日，水利部水利水电规划设计总院在北京召开会议，审查通过了珠江委组织编制的《北盘江流域综合规划》及《北盘江流域综合规划环境影响报告书》。

11 月 12—13 日，珠江委组织召开桂江、贺江、柳江、右江、西江水量分配方案协调会议。

11 月 13 日，2015 年珠江流域防办主任会在广西北海市召开。

12 月 21—25 日，水利部国家水资源监控能力建设项目验收委员会组织验收工作组在广州对国家水资源监控能力建设珠江流域项目（2012—2014 年）进行最终验收。

12 月，国务院批复澳门附近水域划界。

2016 年

1 月 5 日，水利部与澳门特区签署了《关于澳门附近水域水利事务管理的合作安排》，主要内容包括规划管理、涉水建设项目管理、水资源保护管理、基础资料监测、合作方式等。

1 月 27 日，珠江委组织召开西江干流生态调度 2016 年试验调度方案讨论会。

1 月 28 日，珠江委主任束庆鹏主持召开珠江防总枯水期水量调度会商会，并深入珠海联石湾水闸、竹银水库、广昌泵站、竹仙洞水库、大镜山水库等地调研，了解掌握供水现状，分析研判水雨咸情形势，安排部署下一步工作。

3 月 14—16 日，珠江委主任束庆鹏及委相关部门和单位负责同志一行先后赴贵州、云南省水利厅就防汛抗旱、节水供水重大工程建设管理以及“十三五”规划重点水利工程安排等情况进行调研。

5 月，国家防总批准实施《西江干流鱼类繁殖期水量调度方案》。

5 月，珠江委与澳门特别行政区政府成立澳门附近水域水利事务管理联合工作小组。

6 月 12—16 日，珠江委组成两个督查组，对云南、广西两省（自治区）国家水土保持重点工程实施情况进行了督查，随机抽查了云南省罗平、砚山，广西壮族自治区巴马、上思、凤山等 5 个县实施的国家水土保持重点工程。水利部水土保持司有关人员参加了云南省的督查工作。

6—7 月，在流域各省（自治区）支持配合下，珠江委完成珠江流域 2016 年在建水利水电工程基本信息收集与汇编。

7 月 27 日，水利部水利工程建设质量与安全监督总站珠江流域分站联合贵州省水利厅质量监督中心设立贵州省马岭水利枢纽工程质量监督项目站。

7—8 月，珠江委分两批次对珠江河口管理范围内深圳、珠海及江门市的涉水建设项目进行了专项执法检查。

8 月 5 日，珠江防总办组织审查了《2016 年龙滩、岩滩水电站汛末联合调度蓄水方案》；8 月 10 日，批复《2016 年龙滩、岩滩水电站汛末联合调度蓄水方案》，组织开展骨干水库汛末蓄水调度。

8 月，水利部批复珠江流域第一批 5 条跨省河流（东江、韩江、北江、北盘江、黄泥河）水量分配方案。

9 月 1—2 日，珠江委组织召开韩江、北盘江、南盘江、柳江流域综合规划环境影响评价会商会议。

9 月 8 日，珠江防总组织召开 2016—2017 年珠江枯水期水量调度会商会，正式启动第 13 次枯水期水量调度工作。

9 月 13 日，珠江委印发《珠江委水利法治宣传教育第七个五年规划》，规划明确了“七五”普法工作的指导思想、主要目标和工作原则，制定了 8 项主要任务。

9 月 22 日，由珠江委、水源局，云南、贵州、广西、广东 4 省（自治区）环境保护厅、水利厅共同组建的滇黔桂粤跨省（自治区）河流水资源保护与水污染防治协作机制在广州正式成立。

10 月 20 日，珠江委编制印发《珠江水利科技发展“十三五”规划》。

10 月 27 日，左江治旱驮英水库及灌区工程开工建设动员大会在宁明县那堪镇垌中村召开。

10 月 18—28 日，珠江委派出 3 个督导检查组，对广西、广东、海南 3 省（自治区）2016 年高效节水灌溉项目开展了专项督查。

11 月 8—13 日，水利部水库移民开发局会同广西、云南两省（自治区）移民局、有关政府部门及特邀专家组成验收专家委员会在广西百色市共同对百色水利枢纽工程竣工移民安置进行验收，百色水利枢纽工程竣工移民安置顺利通过，标志着百色移民安置规划任务已全面完成。

12 月 28—29 日，右江百色水利枢纽工程顺利通过由水利部、广西壮族自治区人民政府和云南省人民政府共同主持的竣工验收。

2017 年

1 月 25 日，水利部分别以《水利部关于北盘江流域综合规划的批复》（水规计〔2017〕40 号）、《水利部关于南盘江流域综合规划的批复》（水规计〔2017〕41 号）批复《北盘江流域综合规划》及《南盘江流域综合规划》。这是水利部依据国务院关于流域综合规划审批授权，在全国率先批复的两条跨省（自治区）河流综合规划。

2 月 6 日，珠江防总召开珠江枯水期水量调度会商会，总结春节期间澳门珠海供水工作，部署后期调度任务。

2 月 17 日，珠江防总办召开 2017 年防汛抗旱工作会议，深入贯彻落实国家防总全体会议和全国防汛抗旱视频工作会议精神，分析形势，安排部署 2017 年防汛抗旱工作。

2 月 28 日，第 13 次珠江枯水期水量调度圆满完成。

3 月 15 日，珠江委在广州召开珠江—西江经济带岸线资源开发利用与保护规划，珠江—西江经济带沿江取水口、排污口及应急水源布局规划工作启动会。

3 月 16—17 日，珠江委会同海南省水务厅主持召开红岭水利枢纽工程首台机组启动验收。

3 月 31 日，广东省人民政府召开珠江三角洲水资源配置工程前期工作部署会议，听取珠江三角洲水资源配置工程进展情况汇报，研究部署下一步工作计划。

4 月 7 日，珠江防总在广东省肇庆市召开 2017 年工作会议，贯彻落实国家防总第一次会议和全国防汛抗旱工作视频会议精神，总结经验，分析形势，部署 2017 年工作。

4 月 18—29 日，珠江委派出由委领导担任组长的 5 个督导检查组，前往云南、贵州、广西、广东、海南 5 省（自治区）开展 2017 年第一次全面推行河长制工作督导检查。

4 月中下旬，珠江委分别派出由委领导带队督导检查组，对云南、贵州、广西、广东、湖南、海南 6 省（自治区）节水供水重大水利工程开展督导检查。

5 月 8 日，珠江委印发《推进珠江流域片全面建立河长制工作方案》。

6 月 6—23 日，珠江委组成 4 个督查组，分别对云南、贵州、广西、海南 4 省（自治区）国家水土保持重点工程实施情况进行督查。

7 月 2—7 日，西江干流发生“西江 2017 年第 1 号洪水”，珠江防总启动防汛Ⅲ级应急响应。

7 月 10—12 日，珠江委联合贵州省水利厅，对黄家湾水利枢纽工程和马岭水利枢纽工程开展水土保持监督检查。

7 月 11—15 日，西江干流发生“西江 2017 年第 2 号洪水”，珠江防总启动防汛Ⅳ级应急响应，15 日，珠江防总终止应急响应。

7 月 23 日至 8 月 3 日，珠江委会同广西壮族自治区水利厅、云南省水利厅等各级水行政主管部门，对广西桂林市防洪及漓江补水枢纽工程斧子口水利枢纽、云南省曲靖市阿岗水库工程等 10 个生产建设项目水土保持方案的实施情况进行监督检查。

7 月下旬至 8 月中旬，珠江委派出 5 个督导检查组，前往云南、贵州、广西、广东、海南 5 省（自治区）开展了 2017 年第二次全面推行河长制工作督导检查。委副主任王秋生、黄远亮、谢志强、胥加仕、李春贤带队参加。

8 月 14—18 日，西江干流发生“西江 2017 年第 3 号洪水”。14 日，珠江防总启动防汛Ⅳ级应急响应，18 日，珠江防总终止应急响应。

8 月 27—31 日，珠江委组成 2 个督导检查组，对广西、海南 2017 年第二批高效节水灌溉工程建设情况进行专项督导检查。

9 月中下旬，珠江委派出多个督导检查组对珠江流域云南、贵州、广西、广东、湖南、海南 6 省（自治区）节水供水重大水利工程开展督导检查，完成 2017 年第三次督导检查任务。

9 月 26 日，广西壮族自治区副主席、河长制办公室主任张秀隆主持召开自治区河长制办公室工作会议，听取水利厅、环保厅关于全区全面推行河长制工作进展情况汇报，研究部署近期全面推行河长制工作。

9 月 30 日，珠江委完成《水利部珠江水利委员会优秀科技成果汇编（1998—2016 年度）》。

10 月，水利部批复《贺江流域综合规划》。

11 月 16 日，珠江委完成对云南、贵州、广西、广东、海南 5 省（自治区）2017 年国家水土保持重点工程第二次督查。

11 月 17 日，2017 年珠江流域片防办主任会议在云南省普洱市召开。

11 月中下旬，珠江委派出由委领导担任组长的 5 个督导检查组，分别赴云南、贵州、广西、广东、海南 5 省（自治区）开展 2017 年第三次全面推行河长制工作督导检查。

12 月 7 日，珠江委在云南省曲靖市组织召开滇黔桂粤跨省（自治区）河流水资源保护与水污染防治协作机制工作会议，云南、贵州、广西、广东 4 省（自治区）环保厅、水利厅参加会议。委主任束庆鹏、委巡视员王秋生出席会议并讲话。

12 月 25—28 日，珠江委派出 4 个检查组，分别赴云南、贵州、广东、海南 4 省对大中型水库大坝安全隐患排查工作进行重点抽查。

2018 年

1 月 3—17 日，珠江委派出 4 个工作组对云南、贵州、广西、广东 4 省（自治区）水土保持三项重点任务进行考核。

1 月 10 日，《珠江水资源保护规划（2016—2030 年）》通过水利部审查。

1 月 16 日，水利部批复《柳江流域水量分配方案》。

1 月 20 日，广东省人民政府常务会议审议并原则通过《韩江、榕江、练江水系连通工程建设总体方案》。

2 月底，2017—2018 年珠江枯水期水量调度工作结束。

3 月 17 日，水规总院审查通过《郁江流域综合规划》。

3 月 19—23 日，珠江委完成广西 2018 年高效节水灌溉工程建设第一批督导检查。

3 月中下旬，珠江防总检查组完成珠江流域片云南、贵州、广西、广东、海南 5 省（自治区）汛前检查和水毁工程修复督查工作。

3 月，广东省支持澳门内港海傍区防洪（潮）排涝工程论证和建设工作协调小组第一次会议召开，听取工程前期论证工作有关情况汇报，研究部署下一阶段工作。

4 月 11 日，珠江防总在广西南宁召开 2018 年工作会议，贯彻落实全国防汛抗旱工作视频会议和全国国土绿化、森林防火和防汛抗旱工作电视电话会议精神，总结交流十八大以来流域防汛抗旱防台风工作经验，分析面临形势，部署 2018 年工作。

4 月 16 日，澳门特区附近水域水利事务管理联合工作小组第四次会议在澳门特区召开。

4 月 26—27 日，澳门广西社团联合总会一行 60 余人赴大藤峡工程建设现场，开展“饮水思源”考察活动。

4 月下旬至 5 月上旬，珠江委派出由委领导担任组长的 5 个督导检查组，分别前往云南、贵州、广西、广东、海南 5 省（自治区）开展 2018 年第一次全面推行河长制湖长制工作督导检查。

4 月中下旬至 5 月中旬，珠江委派出督导检查组前往云南、贵州、广西、广东、湖南、海南 6 省（自治区）开展节水供水重大水利工程督导检查。

5 月 14 日至 6 月 10 日，珠江委对云南、贵州、广西、广东和海南五省（自治区）开展实行最严格水资源管理制度考核现场检查工作。

5 月 22 日至 6 月 1 日，珠江委对云南、贵州、广西、广东和海南 5 省（自治区）开展中小河流治理工作 2018 年第一次指导检查。

6 月 1—6 日，珠江委对云南、贵州、广西、广东、江西、海南、福建和湖南 8 省（自治区）开展小型水库安全运行专项督查。

6月5—15日，珠江委对广东省和海南省2018年高效节水灌溉工程建设第二批进行督导检查。

6月7日，珠江防总举行2018年珠江流域防洪调度演练。

6月8日，云南全省农业水价综合改革现场会在大理召开。

6月，珠江流域全面建立河长制。

6月，粤东水资源优化配置一期工程韩江、榕江、练江水系连通工程开工建设。

6月，广东省委办公厅、省政府办公厅正式印发《关于在全省湖泊实施湖长制的意见》，要求到2018年6月底，在广东省行政区域内所有湖泊全面建立湖长制，到2020年年底，持续提升湖泊生态系统质量和稳定性。

7月20日，百色水库灌区工程可行性研究报告获得国家发展改革委批复，7月31日，工程环境影响报告书、单项工程银屯—凡平隧洞工程初步设计分别获生态环境部、广西壮族自治区发展改革委批复。

7月23—24日，澜湄水资源合作中心与珠江委联合举办中泰水资源管理广州段交流活动。

7月31日，深汕特别合作区水资源和供水保障工程在合作区圆墩林场三角山水库应急引水工程工地现场正式启动。

9月上旬，珠江委联合广东省水利厅、广东省海洋与渔业厅对珠江河口管理范围内中山、珠海市涉水建设项目开展执法检查。中山、珠海市水行政主管部门及海洋行政主管部门派员参加检查。

9月上旬，珠江委派出13个督查组，对云南、贵州、广西、广东、海南等5省（自治区）开展水库安全度汛、山洪灾害防御和河道防洪专项督察。

9月25日，珠江防总召开2018—2019年珠江枯水期水量调度会商会，分析研判今冬明春水雨咸情及澳门珠海供水形势，正式启动第15次水量调度工作。

9月中下旬，珠江委组织完成2018年第三次珠江流域节水供水重大水利工程建设督导检察。

9月底，珠江委全面完成2018年珠江流域小型水库安全运行专项督察工作。督察工作共进行7轮，累计派出59个督察组261人次，完成流域内8省（自治区）734座水库的督察。

11月12日，《韩江流域综合规划环境影响报告书》通过生态环境部审查并印发审查意见，标志着韩江流域综合规划环境影响评价工作圆满完成。

11月14日，根据广东省水利厅关于协调处理跨湘、粤两省水事纠纷的请求，珠江委组织开展广东乐昌市和湖南宜章县水事矛盾调处工作。

11月29日，滇黔桂粤跨省（自治区）河流水资源保护与水污染防治协作机制工作会议在贵州省贵阳市召开。

12月下旬，珠江委组织完成珠江流域片云南、贵州两省重点中型灌区调查工作。

2019年

2月下旬至3月上旬，珠江委分别派出工作组对贵州省、云南省农村饮水安全脱贫攻坚工作进行暗访调研。

3月6日，湖南莽山水库工程通过下闸蓄水阶段验收，完成关键性建设任务。

3月初至4月上旬，珠江委开展珠江流域片各省（自治区）和直管工程的汛前检查及水毁工程修复督察。截至4月上旬，检查组已全部完成云南、贵州、广西、广东、海南5省（自治区）和直管工程的现场检查及督察工作。

3月28日，广东省人大常委会公布了最新修订的《广东省防汛防旱防风条例》，规定防汛防旱防风工作实行各级人民政府行政首长负责制，以属地管理为主，统一指挥、分级负责。指挥机构的日常工作由同级应急管理部门承担，具体负责本行政区域内防汛防旱防风的组织、协调、监督、指导等工作，条例还明确了其他成员单位的职责与分工等。

4月2—3日，珠江流域岩溶石漠化区重大水利问题研讨会在贵阳市召开。

4月25日，珠江委、贵州省水利厅、地方政府及有关部门代表、各相关单位组成竣工验收委员会，主持通过贵州响水水电站扩机工程竣工验收。

4月底至5月初，珠江委组织贺江、长洲水利枢纽，南北盘江，棉花滩水库等跨省河流及重点水库2019年防洪调度协调工作。

4—5月，珠江委派出35个暗访督察组93人次，完成对云南、贵州、广西、广东、海南5省（自治区）河湖管理工作情况的第一轮暗访督察。

5月6日，水利部部长鄂竟平带队调研广州市河长制及河湖“清四乱”工作，察看广州市车陂涌系统治理、和龙水库“清四乱”现场、花都区新街河整治和碧道建设情况，听取广州市河长制工作汇报，深入了解广州市河长体系建设情况、各级河长履职情况，以及广州市推进河长制+信息化、“四洗”（洗楼、洗管、洗井、洗河）、“网格化”治水等情况。

6月6日，流域内38条中小河流57个站点发生超警洪水，珠江委多次会商，滚动分析研判水雨汛情，部署落实各项防御工作，并于7日11时启动防汛Ⅳ级应急响应。流域各省（自治区）有序开展各项防御工作。

6月，广东省西江干流治理工程可行性研究报告获国家发展改革委批复。广东省西江干流治理工程是列入《珠江流域防洪规划》《珠江流域综合规划（2012—2030年）》和《全国水利改革发展“十三五”规划》的重大水利项目，也是纳入2020—2022年拟新开工的重大水利工程建设清单项目。

6月22日以来，珠江委协调指导福建、广东两省水利厅开展韩江流域骨干水库群联合调度，有效减轻茶阳镇受淹灾情，保障在建工程高陂水利枢纽施工度汛安全。

7月2日，珠江委主任王宝恩参加在梧州召开的两广推进珠江—西江经济带发展规划实施联席会议第六次会议暨粤桂联动加快珠江—西江经济带建设会议。

7月30日，珠江委组织完成2019年度云南、贵州、广西3省（自治区）县域节水型社会达标建设现场检查工作。

7月下旬至8月上旬，珠江委派出督察组，开展云南省、贵州省长江经济带生产建设项目水土保持监督执法专项行动督察。

8月26—30日，由珠江委主办的东亚峰会河口海岸治理保护与管理研讨会在广州召开，东亚峰会各国、国际组织专家学者以及特邀专家代表共同交流研讨河口治理、管理与保护经验，分享最新科学技术成果。

9月5日，大藤峡水利枢纽工程左岸首台机组定子启动吊装成功。

9月20日，水利部珠江水利委员会为保障今冬明春对澳门和珠海的供水，启动了2019—2020年珠江枯水期水量调度工作。

9月，“湘赣边区域河长制合作协议”签署仪式在江西省水利厅举行。协议明确双方建立跨省河流信息共享机制、协同管理机制、联合巡查执法机制、跨省河流管护联席会议制度、河流联合保洁机制、水质联合监测机制、流域生态环境事故协商处置机制、联络员制度等，将进一步加强湘赣边区域跨省河流管理，构建省际河长协作机制，推动湘赣边区域合作示范区建设战略合作框架落地见效，实现流域联防联控。

10月11日，第八届“泛珠三角”区域水利发展协作会议在广州召开。会议围绕贯彻落实粤港澳大湾区发展战略、全面落实水利改革发展总基调、推进流域与区域发展协作等议题进行深入探讨，通过并共同签署了《第八届“泛珠三角”区域水利发展协作行动倡议》。

10月26日，13时58分，大藤峡水利枢纽工程成功实现大江截流，较计划提前一个月完成，二期工程建设正式启动。

11月4日，水利部印发珠江委组织编制的《珠江—西江经济带岸线保护与利用规划》。

11月中旬，珠江委完成云南、贵州、广西3省（自治区）农村饮水安全脱贫攻坚分片包干暗访工作。

12月1日，珠江委印发《珠江委落实〈国家节水行动方案〉工作方案》，进一步加强流域节约用水管理。

12月6日，由珠江委主办，广西壮族自治区水利厅、珠江委水文水资源局联合承办的2019年珠江流域滇黔桂粤琼跨省（自治区）水资源保护协作会议在广西南宁召开。流域各省（自治区）水利厅分管领导及水文水资源局（中心）主要负责人参加会议并进行交流。

12月上旬，珠江委派出5个督察组，完成对贵州、云南、广西、广东、海南5省（自治区）水行政主管部门在专项整治自查自纠阶段、排查整改阶段工作开展和落实情况的现场督察。

12月13日，水利部在北京组织召开审查会，珠江委组织编制的《粤港澳大湾区水安全保障规划》通过审查。

12月16日，珠江委组织召开珠江流域片跨省江河流域水量分配工作启动会，启动珠江流域片第三批跨省江河流域水量分配工作。

12月中旬，珠江委组织完成对贵州、广西、广东、海南4省（自治区）水利（水务）厅节水机关建设验收。

12月25日，珠江三角洲及河口同步水文测验工作正式启动。本次同步水文测验是珠江委继2005年之后，时隔15年，又一次组织的大范围同步水文测验。

12月29日，新会双水发电厂有限公司成功获批取水许可电子证，标志着广东省第一张取水许可电子证照正式落地。作为全省水利系统首个实现电子证照管理改革的行政许可事项，在推进取水许可审批制度改革方面取得重大进展。

2020 年

1 月 6 日，珠科院参与完成的“流域水生态系统综合调控关键成套技术及应用”项目获 2019 年中国产学研合作创新成果奖一等奖。

2 月 1 日，珠江委圆满完成 2019—2020 年度韩江流域水量调度工作。

2 月 15 日，珠江委组织完成 2019 年度云南、贵州、广西、广东、海南 5 省（自治区）县域节水型社会达标建设备案资料审核工作。

2 月 18 日，珠江委专题研究部署推进第三批跨省江河流域水量分配工作。

2 月 20 日，珠江委部署开展疫情防控期间农村饮水安全分片包干联系工作。截至 3 月 31 日，共电话抽查云南、贵州、广西 3 省（自治区）227 个县（市、区）“千吨万人”以上水厂 417 座。

2 月 29 日，2019—2020 年珠江枯水期水量调度圆满结束。

3 月 1 日，汀江闽粤省界断面出现水质异常，珠江委接报后第一时间加密水质自动监测，联合珠江流域南海海域生态环境监督管理局成立核查组开展现场监测和核查。3 月 5 日，水质监测数据总体稳定。

3 月 6 日，贵州省第十三届人民代表大会常务委员会第十六次会议审议通过了《贵州省节约用水条例》，自 2020 年 9 月 1 日起施行。

3 月 10 日，大藤峡水利枢纽正式下闸蓄水，标志着工程投入初期运用。

3 月 11 日，珠江委印发《2020 年珠江委强监管工作实施方案》，包括水资源、河湖、水土保持及农村饮水、水旱灾害防御等 10 大项监管任务、62 项具体任务。

3 月 18 日，珠江三角洲水资源配置工程首台盾构机“粤海 1 号”在佛山顺德鲤鱼洲交通隧洞正式始发，标志着这项国家重大水利工程、粤港澳大湾区标志性项目正式进入盾构施工阶段。2019 年 2 月 3 日，工程初步设计获水利部批复，输水线路总长 113.2 千米。2018 年 6 月 28 日上午，珠江三角洲水资源配置工程试验段项目首台盾构机在广东深圳始发。

3 月 20 日，珠江流域在建的 21 项重大水利工程全部复工，其中 16 项工程恢复正常建设水平。

3 月 31 日，大藤峡水利枢纽船闸试通航通过验收，标志着工程进入发挥航运效益的新阶段。

3 月，珠江委全力推进环北部湾水资源配置工程前期工作，派出工作小组分赴广东湛江、茂名、阳江，广西贵港、玉林、北海等地开展勘察测量。

3 月中旬至 4 月 24 日，珠江委完成云南、贵州、广西、广东、海南等 5 省（自治区）和直管工程的防汛备汛检查。

4 月 14 日，珠江防总 2020 年工作视频会议在广西南宁召开。

4 月 29 日，珠江委联合广西、广东水利厅，以迎战“05・6”流域特大洪水为背景，组织开展 2020 年珠江流域防洪调度演练。

4 月 29 日，珠江委主持召开大藤峡水利枢纽工程首台机组启动验收会。4 月 30 日，大藤峡工程首台机组投产发电。

5月19日，大藤峡水利枢纽工程顺利通过水利部主持的一期下闸蓄水（52米高程）阶段验收。水利部副部长蒋旭光出席会议。

5月19日至6月13日，珠江委分两批对贵州省、市、县三级水利主管部门和所属部分工程建设项目开展第一阶段安全生产巡查。

5月25—31日，珠江委派出工作组赴贵州黔南州、安顺市开展农田水利“最后一千米”暗访调研。

5月28日，珠江委与广西、广东省（自治区）水利厅召开工作协调会，协调推进环北部湾水资源配置工程前期工作。

5月28日，珠江委组织完成珠江河口狮子洋水域堆渣填土整治验收，清理渣土约67.38万立方米。

5月28—29日，珠江委在广西南宁组织开展九洲江、黄华河、罗江、六硐河（含曹渡河）、谷拉河5条跨省河流水量分配方案成果协调工作。

6月上旬，珠江委派出工作组赴广西壮族自治区北海市、广东省湛江市开展北部湾地区重点区域地下水超采治理与保护方案编制前期工作。

6月2—10日，珠江流域出现持续性大范围强降雨过程，98条河流发生超警洪水。珠江委科学实施干支流水库群联合调度，拦蓄洪水近28亿立方米，确保流域防洪安全。

7月28日，珠江水利科学研究院主持召开科技基础资源调查专项“西江流域资源环境与生物多样性综合科学考察”项目启动会暨技术培训视频会。

7月28日，珠江委完成2020年云南、贵州、广西3省（自治区）、8个县（市、区）农田水利“最后一千米”集中暗访调研。

7月31日，大藤峡水利枢纽工程左岸最后一台机组接入广西电网投产发电，标志着左岸工程全面投产运行。

4—7月，珠江委派出9个工作组44人次，对贵州、广西、广东、海南4省（自治区）陈年积案“清零”行动进行抽查复核，共抽查复核案件184个。

4—7月，珠江委派出64个暗访组164人次，对云南、贵州、广西、广东、海南5省（自治区）861个河段湖片进行检查。

5—8月，珠江委开展2020年水利稽察项目复查工作，分5批次对部委托的14个水利建设工程项目共578个问题的整改情况逐一复查。

6—9月，珠江委对贵州省遵义市、毕节市、安顺市水行政主管部门，以及仁怀市梭萝坪水库工程等8宗水利工程建设项目开展安全生产专项巡查。

8月3—28日，珠江委派出5个督察组对云南、贵州、广西、广东、海南5省（自治区）2020年度生产建设项目水土保持监督管理情况进行督察。

8月10日，国家发展改革委、水利部批复西江流域水量分配方案。这是健全西江流域水资源刚性约束指标体系，促进落实以水定需、量水而行的重要举措。

8月13日，珠江委联合广西壮族自治区河长办、广西壮族自治区水利厅、贵港市水利局，赴广西平南县督办年产60万吨纳米级轻质碳酸钙生产线违建整治拆除工作。

8月21日，珠江委提前完成云南、广西、广东3省（自治区）37座中型水库建设管理问题专项整顿工作监督检查。

8月25日至9月17日，珠江委派出5个工作组33人次，赴云南、贵州、广西、广东、海南5省（自治区）开展用水定额检查。

8月，珠江委开展广东、贵州2省151座小型水库病险问题书面核查，现场核查22座。

9月24日，水利部与广东省人民政府座谈，共同研究加快推进环北部湾水资源配置工程前期工作。

10月22日，珠海平岗—广昌原水供应保障工程正式通水。

10月22日，珠江委组织编制的北部湾地区重点区域地下水超采治理方案通过水规总院技术审核。

10月28日至11月13日，珠江委赴广西、广东、海南3省（自治区）开展中小河流治理现场督导检查工作。

11月3日，澳门附近水域水利事务管理联合工作小组第六次会议在澳门召开。

11月4日，水利部印发《郁江流域综合规划》。

11月9—11日，珠江委组织完成莆田市木兰溪、韩江潮州段示范河湖建设验收。

11月10日，珠江委印发《珠江水利科技发展“十四五”规划》。

11月13日，珠江委与珠江流域南海海域生态环境监督管理局共同签署《珠江流域跨省河流突发水污染事件联防联控协作机制》。

11月18日，珠江委印发北盘江、黄泥河、柳江、北江、东江、韩江等河流生态流量保障实施方案。

12月4日，广东省水利厅与澳门特别行政区海事及水务局签署“粤澳供水协议之补充协议（五）”。

12月17日，珠江委组织编制完成的《粤港澳大湾区水安全保障规划》。

12月25日，环北部湾广东水资源配置工程合江支洞试验段项目开工建设。